高等学校智能制造工程系列教材

离散型制造智能工厂

主　编　卢秉恒
副主编　张　俊

中国教育出版传媒集团
高等教育出版社·北京

内容简介

本书是“高等学校智能制造工程系列教材”的第四本，是智能制造新兴领域“十四五”高等教育教材。

数字化、网络化、智能化技术等赋能技术与先进制造技术深度融合形成的智能制造技术，是新一轮工业革命的核心技术，正在成为新一轮工业革命的核心驱动力。智能制造是我国建设制造强国的主攻方向和主要路径。以飞机、汽车、高铁、船舶、机床、能源装备等为代表的离散型制造业是一个国家制造业的基础和核心竞争力所在，其数字化转型和智能化升级，对我国推动经济结构特别是产业结构调整、实现经济高质量可持续发展至关重要。

本书从离散型制造业的相关概念及其工厂的特点出发，介绍了离散型智能工厂的系统组成、智能装备与生产线环节的物理实体和数据采集、智能工厂的生产运作管理、智能工厂的数字孪生系统、智能工厂的建设实施与路径等内容，并给出了汽车、航天、工程机械等领域离散型制造智能工厂的若干实践案例。

本书可作为高等学校机械类各专业以及与制造业相关专业的教材或教学参考书，也可供从事制造业的工程技术人员和管理人员参考。

图书在版编目（CIP）数据

离散型制造智能工厂 / 卢秉恒主编. -- 北京：高等教育出版社，2024. 9. -- ISBN 978-7-04-063049-7

Ⅰ. TH166

中国国家版本馆CIP数据核字第20242DJ607号

Lisanxing Zhizao Zhineng Gongchang

策划编辑　宋　晓　　责任编辑　宋　晓　　封面设计　李树龙　　版式设计　李彩丽
责任绘图　黄云燕　　责任校对　马鑫蕊　　责任印制　张益豪

出版发行	高等教育出版社	网　　址	http://www.hep.edu.cn
社　　址	北京市西城区德外大街4号		http://www.hep.com.cn
邮政编码	100120	网上订购	http://www.hepmall.com.cn
印　　刷	河北鹏盛贤印刷有限公司		http://www.hepmall.com
开　　本	787mm×1092mm　1/16		http://www.hepmall.cn
印　　张	19.25		
字　　数	410千字	版　　次	2024年9月第1版
购书热线	010-58581118	印　　次	2024年9月第1次印刷
咨询电话	400-810-0598	定　　价	46.00元

本书如有缺页、倒页、脱页等质量问题，请到所购图书销售部门联系调换

物 料 号　63049-00

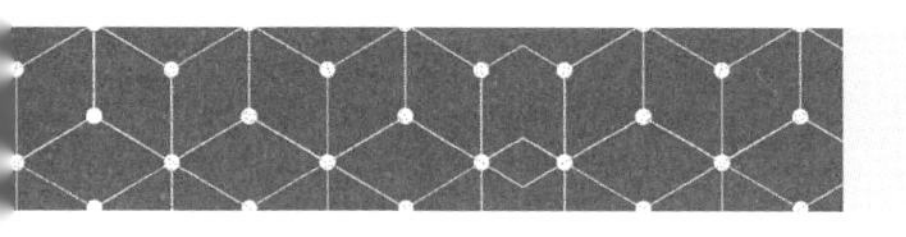

新形态教材网使用说明

离散型制造
智能工厂

主编
卢秉恒

计算机访问:

1 计算机访问https://abooks.hep.com.cn/1258756。

2 注册并登录，进入“个人中心”，点击“绑定防伪码”，输入图书封底防伪码（20位密码，刮开涂层可见），完成课程绑定。

3 在“个人中心”→“我的学习”中选择本书，开始学习。

手机访问:

1 手机微信扫描下方二维码。

2 注册并登录后，点击“扫码”按钮，使用“扫码绑图书”功能或者输入图书封底防伪码（20位密码，刮开涂层可见），完成课程绑定。

3 在“个人中心”→“我的图书”中选择本书，开始学习。

课程绑定后一年为数字课程使用有效期。受硬件限制，部分内容无法在手机端显示，请按提示通过计算机访问学习。

如有使用问题，请直接在页面点击答疑图标进行问题咨询。

https://abooks.hep.com.cn/1258756

前　言

智能制造作为制造强国建设的主攻方向，日益成为整个经济和社会智能化转型的重要推动力量。智能生产是制造产品的物化活动，智能工厂作为智能生产的主要载体，是智能制造及其系统的集成形态。从20世纪后期到21世纪初期，随着计算机、互联网、大数据、人工智能等技术的逐代发展及应用，离散型制造业作为制造业的重要组成部分，其工厂从由人－机器组成的传统工厂（HPS）也随之发展到由人－机器－信息系统组成的数字化工厂（HCPS1.0）、数字化网络化工厂（HCPS1.5）。在今后相当长一段时间里，数字化网络化智能化工厂（HCPS2.0）将是未来的主攻方向。

技术的发展和工厂的演变是相互呼应的，其中人的作用是不可替代的。国家制造强国战略提出的“创新驱动、质量为先、绿色发展、结构优化、人才为本”20字培养方针，智能制造人才是推进制造强国战略根本。无论是传统学科机械工程的交叉发展，还是新兴学科智能制造工程的内涵发展，离散型制造智能工厂的建设都是这两大专业所培养人才的就业目标。学习智能制造知识，掌握智能工厂核心技术，培养建设智能工厂的能力和素质，是当代智能制造工程专业及其相关专业学生的艰巨任务和伟大使命。

在此背景下，本书从离散型制造业及其工厂的概念和特点出发，梳理了工厂的组织与生产管理模式，总结了工厂发展的四个重要阶段及未来的发展方向。还系统阐释了智能工厂各个层级的物理系统、信息系统以及二者之间的网络连接与信息集成系统，分类介绍了智能装备与产线的物理实体及特点，概述了智能装备的状态感知技术和数据采集方法。针对智能工厂的生产运行管理，介绍了市场分析与客户关系管理、产品设计与生命周期管理、供应链与仓储物流管理、生产计划与企业资源管理、制造执行管理与运行优化、质量在线检测与智能管控等系统。围绕工厂数字孪生系统，阐述了其关键技术、框架以及应用成效，给出了汽车、航天、工程机械等领域离散型制造智能工厂的若干实践案例，帮助读者对技术原理及发展趋势有更加直观和深入的理解。本书是“高等学校智能制造工程系列教材”的第四本。全书分为6章，除了绪论，包括离散型制造智能工厂的系统组成、智能装备与智能产线、智能工厂生产运作管理、智能工厂的数字孪生系统、智能制造工程实践案例等内容。

本书由卢秉恒任主编，张俊任副主编。具体编写分工如下：第一章由卢秉恒、张俊编写，第二章由王磊编写，第三章由吕盾编写，第四章由高建民、高智勇、马登龙、王荣喜、姜洪权、黄军辉编写，第五章由郭文华、张俊编写，第六章由张俊、于颖、刘弘光、唐宇阳编写。全书内容由张俊统稿。

感谢东北大学赵继教授认真细致的审阅；感谢陕西法士特汽车传动集团有限责任公司寇植达、杜超为本书提供了大量的案例素材；感谢中国航天科工集团第三研究院31所罗远锋、王永飞提供的智能工厂案例；感谢中国工程院教育委员会、教育部高等学校机械类专业教学指导委员会、高等教育出版社给予本书出版工作的精心策划和指导。

本书是在智能制造新时代下对工厂生产组织架构及运行模式的一种总结，鉴于编者精力有限，本书难免有不足之处，希望广大读者多提宝贵意见和建议，以便编者对本书进行不断修改、完善，为智能制造人才培养做出贡献。作者邮箱为 junzhang@xjtu.edu.cn。

编　者

2024年5月

目　　录

第一章

绪论

智能制造是数字化网络化智能化技术等赋能技术与先进制造技术深度融合，贯穿于设计、生产、管理、服务等制造活动的各个环节，具有自感知、自学习、自决策、自执行、自适应等功能的新型生产方式。随着互联网、云计算、大数据等信息技术的飞速发展，智能制造作为制造强国建设的主攻方向，日益成为整个经济和社会智能化转型的重要推动力量。智能工厂是智能生产的主要载体，是智能制造及其系统的集成形态。随着新一代人工智能的应用，在今后相当一段时间里，生产线、车间、工厂的智能升级将成为推进智能制造的主要战场。数字化网络化智能化技术与先进制造技术的深度融合，将使生产线、车间、工厂发生革命性变革，使生产能力提升到前所未有的新高度，从根本上提高制造业的质量、效率和核心竞争力。本书主要围绕离散型制造，介绍智能工厂的系统组成、智能制造的关键技术及系统集成、智能工厂实践案例以及未来智能工厂的发展趋势等内容。

1.1 离散型制造业

1.1.1 离散型制造业的概念及其意义

制造业是指利用某种资源（物料、能源、设备、工具、资金、技术、信息和人力等），按照市场要求，通过制造过程，转化为可供人们使用和利用的大型工具、工业品与生活消费产品的行业。制造业直接体现了一个国家的生产力水平，是区别发展中国家和发达国家的重要因素，在国民经济中占有重要地位。

根据在生产中使用的物质形态，制造业可划分为离散型制造业和流程型制造业，图 1-1 显示了国民经济行业中若干重要制造业的离散和流程工业分布。离散型制造业一般将产品分解成若干个零件，每个零件经过一系列并不连续工序的加工，最后将每个零件按一定顺序装配而形成产品。在离散型制造业的生产过程中，基本没有发生物质改变，而只是物料的形状和组合发生改变，产品与所需物料之间有确定的数量比例，包括产品设计、原料采购、零部件制造、设备组装、仓储运输、订单处理、批发经营、零售等环节。流程型制造是以资源和可回收资源为原料，不间断地通过生产设备，使原材料进行化学或物理

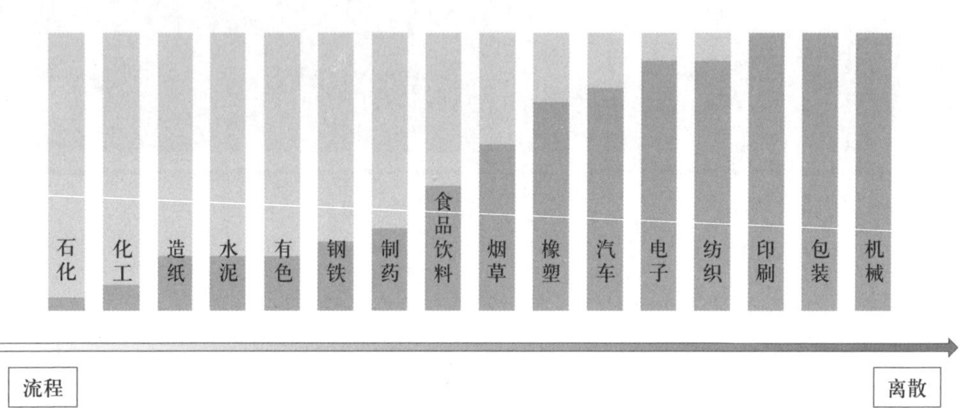

图 1-1 若干重要制造业的离散与流程工业分布

变化，最终得到产品。由于流程型制造中物料的变动性强，制约工艺流程的变量多，造成了其在生产、物流管理上与离散型制造有很大不同。

在《国民经济行业分类》（GB/T 4754—2017）中，制造业共有 31 个大类，其中属于离散型制造业的有 13 个大类，其他 18 个大类属于流程型制造业或流程 - 离散混合型制造业。离散型制造业在国民经济行业中占有非常重要的地位，其典型行业及其典型产品如表 1-1 所示。飞机、汽车、火车、船舶、机床、能源装备、电子设备、家电和国防装备等为代表产品的行业都属于离散型制造业，以航空航天为代表的高端装备制造业，更是一国制造业的基础和核心竞争力所在，是为我国经济发展和国防建设提供技术装备的基础性产业，对我国推进经济结构战略性调整、推动产业升级、扩大国内需求、实现经济可持续发展至关重要。这些行业以高新技术为引领，处于价值链高端和产业链核心环节，决定着整个产业链的综合竞争力，是现代产业体系的脊梁，是推动工业转型升级的引擎。大力培育和发展这些离散型制造业，是提升我国产业核心竞争力的必然要求，是抢占未来经济和科技发展制高点的战略选择，对于加快转变经济发展方式、实现由制造大国向制造强国转变具有重要意义。

表 1-1 离散型制造典型行业及其典型产品

序号	行业	产品
1	铁路、船舶、航空航天等运输设备制造业	飞机、火车、航空母舰
2	汽车制造业	汽车及零部件
3	通用设备制造业	锅炉、机床、起重机
4	专用设备制造业	挖掘机、盾构机、搅拌机
5	计算机、通信和其他电子设备制造业	计算机、手机、电视机
6	电气机械和器材制造业	电机、开关、电缆
7	仪器仪表制造业	电表、绘图仪、相机
8	金属制品业	集装箱、铁锅、压力容器
9	金属制品、机械和设备修理业	机车、船舶、航空航天器材等的修理设备

续表

序号	行业	产品
10	木材加工和木、竹、藤、棕、草制品业	木桌、木椅、竹篓
11	家具制造业	衣柜、床、餐桌
12	文教、工美、体育和娱乐用品制造业	笔、球拍、玩具
13	其他制造业	毛刷、伞、扫把

1.1.2 离散型制造业的特点

离散型制造业具有生产过程复杂、产品种类繁多、非标程度高、工艺路线和设备使用灵活、车间形态多样、运营维护复杂等特点，总结如下。

1. 产品结构层次明晰

离散型制造业的产品相对较为复杂，包含多个零部件，零部件之间的关系可以用树状结构进行描述，最终产品一定是由固定数量的零件或部件组成，相互间的关系是固定和明确的。如图 1–2 所示，商用汽车总体可分为发动机、车身、底盘以及电子电气设备等部件。其中底盘部件由传动系、转向系、行驶系和制动系等部件装配而成，而传动系又包括离合器、变速器和万向联轴器等，每个部件还可以再细分为若干个零件，零部件之间可通过如图 1–3 所示的树状关系来表示。

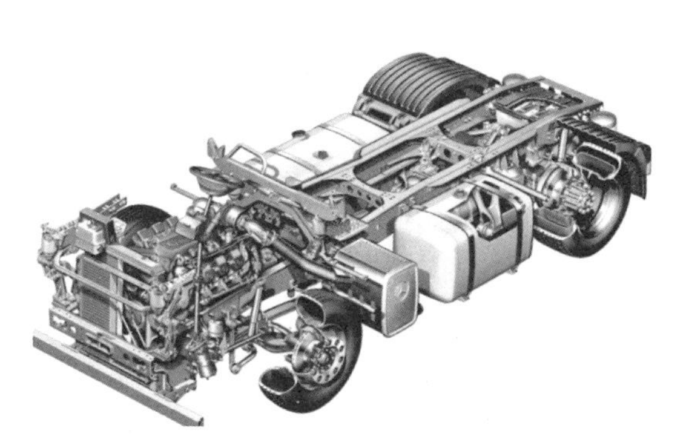

图 1–2 商用汽车结构图

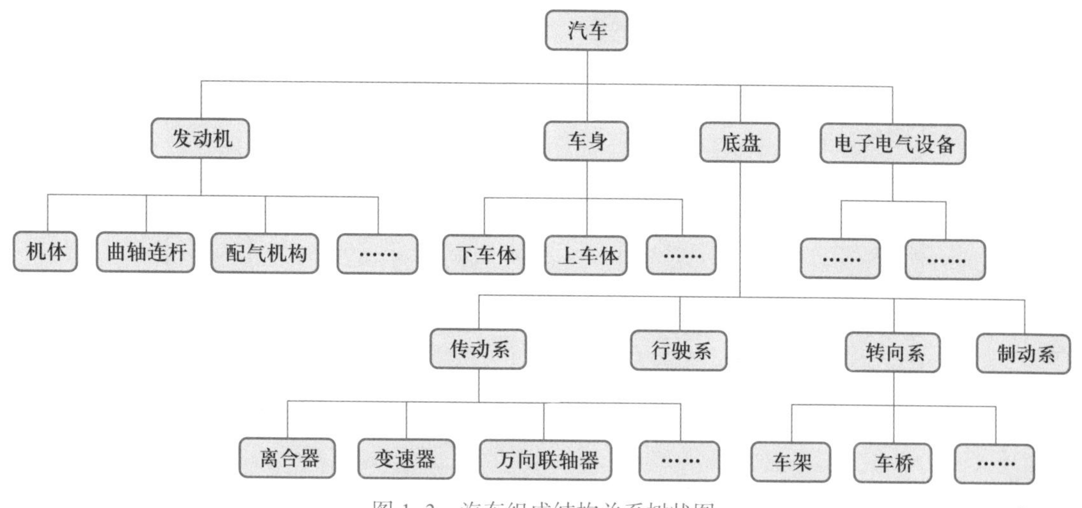

图 1–3 汽车组成结构关系树状图

2. 产品的工艺流程复杂多变

离散型制造业的产品一般是多品种、小批量（相对流程型制造业而言）。原材料主要是固体，产品也为固体形状，因此存储多为室内仓库或室外露天仓库。整个生产过程是由不同零部件加工子过程或并联或串联组成的复杂的过程，生产过程是断续的，包含着更多的变化和不确定因素。以机械制造行业为例，产品零件主要的生产工艺方法有铸造、锻造、焊接、机械加工、塑性成形等，不同零件所选的生产工艺方法不同，其工艺流程有所不同，同一零件当批量不同时，其工艺流程也会有很大区别。图 1–4 所示是一种商用汽车变速器的总成装配结构图和内部结构图，将其按照树状分解为壳体、盘齿、轴齿和齿圈等零件。由于这些零件的加工工艺流程、所使用的设备均不相同（图 1–5），所以离散型制造产品的工艺流程复杂而且多变。

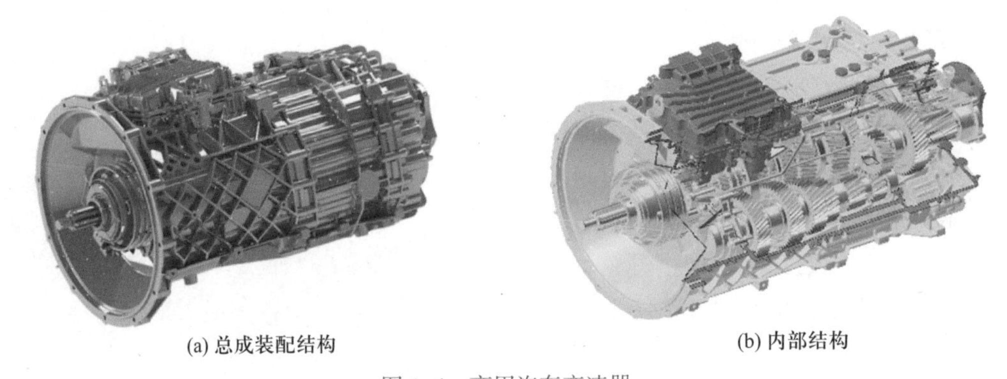

图 1–4　商用汽车变速器

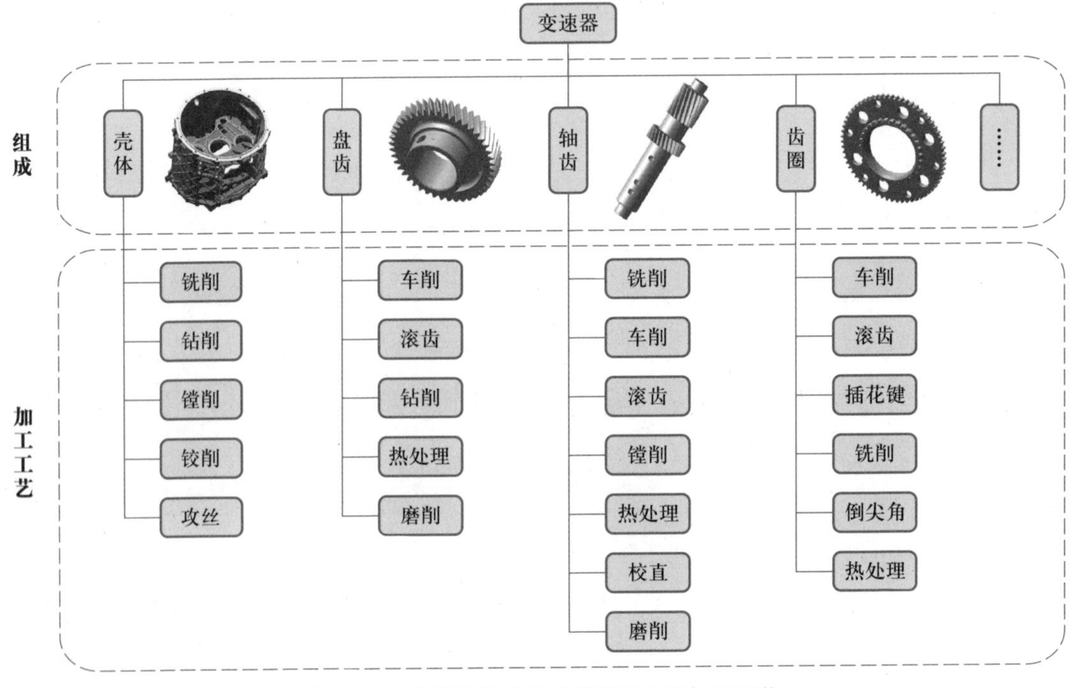

图 1–5　变速器零件关系树状图及主要加工工艺

3. 生产系统集成化水平低

离散型制造企业由于是离散加工，传统生产的产品质量和生产效率很大程度依赖于工人的技术水平。企业的生产自动化主要在单元级，例如数控机床、数控成形设备、柔性制造系统等，各个单元之间还缺乏有效的连接及协调控制。流程型制造企业则大多采用大规模生产方式，广泛采用过程控制系统，控制生产工艺条件的自动化设备比较成熟。因此，离散型制造企业往往人员密集，自动化水平相对较低。如变速器中各个零件（壳体、盘齿等）的加工均采用了不同的数控设备来完成，但各工序或各设备之间的零件传输大都通过人工转运来实现，如图 1–6 所示齿轮加工车间。

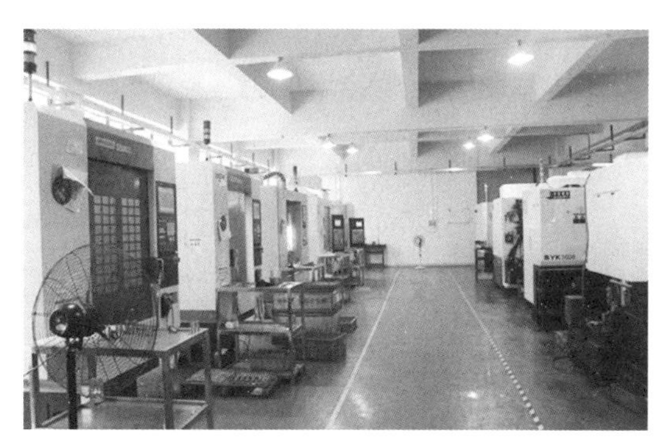

图 1–6 齿轮加工车间

4. 生产计划管理要求高

离散型制造企业的产能不像流程型制造企业主要由硬件（设备产能）决定，而主要以软件（加工要素的配置合理性）决定。企业按订单组织生产，产品品种多、工艺环节也较多，生产组织难度大，对采购和生产的快速响应提出了较高要求，常需要应用计算机进行生产计划排产及管理工作，以达到对生产任务快速响应的目的。同样规模和硬件设施的离散型制造企业会因其管理水平的差异可能导致天壤之别的效果，从这个意义上来说，离散型制造企业可通过软件（此处为广义的软件，相对硬件设施而言）方面的改进来提升竞争力，即建立集成制造企业物流、资金流、信息流的管理信息系统，实现生产计划的统一管理和调度，如图 1–7 所示。因此，离散型制造对生产计划管理系统建设的要求较高。

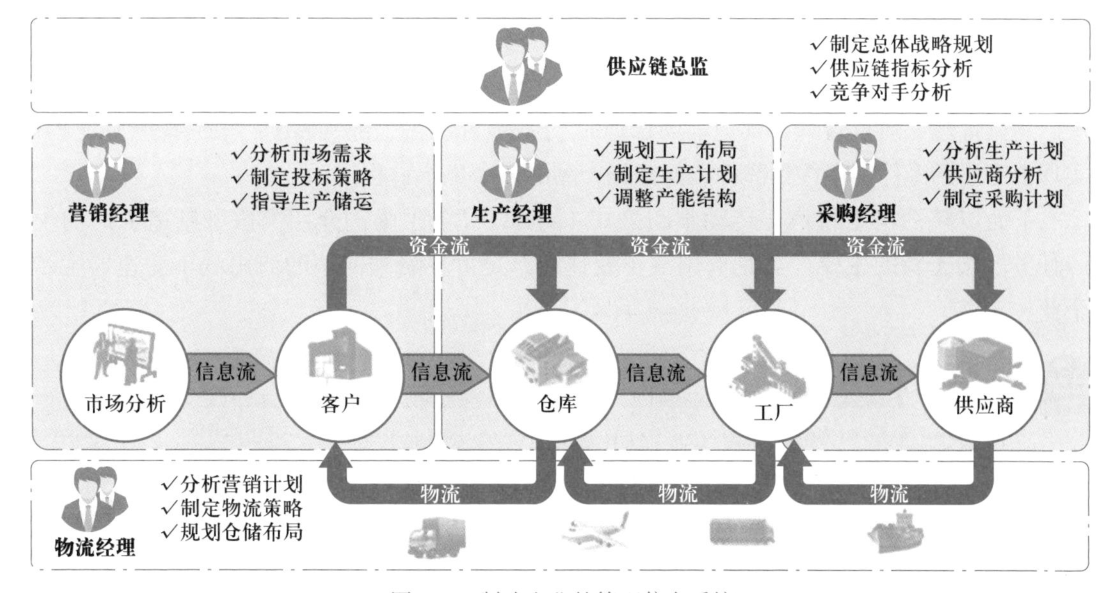

图 1–7 制造企业的管理信息系统

1.2 离散型制造工厂

1.2.1 工厂的概念与任务

离散型制造业的基本生产组织单位称为离散型制造工厂。

工厂广义上包括产品的设计、生产、采购、管理、销售、服务等环节（图 1-8），其中工厂生产是工厂的主要任务，从产品零件的工艺设计到零件的制造和装配，再到产品的测试，共同组成了整个生产过程。

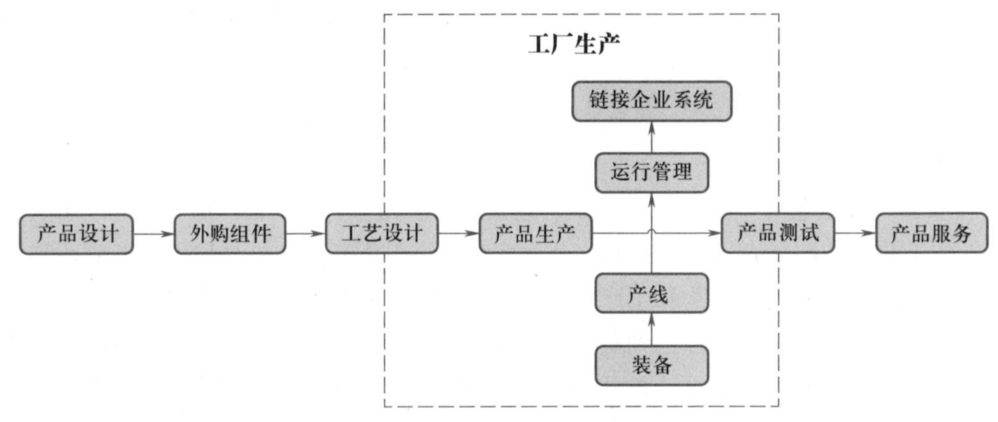

图 1-8 工厂生产是工厂的主要任务

工厂通常根据制造工艺的特性，将产品的生产过程分解为多项生产任务，每项生产任务仅需要工厂的部分能力和资源。因此，通常将工艺方法类似的设备按照空间和行政管理建成不同的生产组织（小组、工段或部门）。在每个部门，工件从一个工作中心到另外一个工作中心进行不同类型的工序加工。通过各生产组织进行任务作业、过程管理（成本管理、物流管理、质量管理、其他辅助管理），完成零件加工、部件装配、成品检验等流程，实现由毛坯到零件、零件到部件、部件到产品的整个生产过程。

下面以陕西法士特汽车传动集团公司（简称法士特）为例介绍离散型制造工厂的生产任务。法士特的主要产品是商用汽车变速器，是世界名列前茅的商用汽车变速器生产企业。

案例 1-1

法士特的生产任务

工厂接到变速器销售订单后，会根据客户需求制定生产计划和采购计划，生成自制件（壳体、盘齿、轴齿等）生产工单和标准件（轴承、密封圈、螺栓等）采购订

单，车间进行零件生产及过程管理，最后将自制件与标准件装配成变速器产品，如图 1-9 所示。

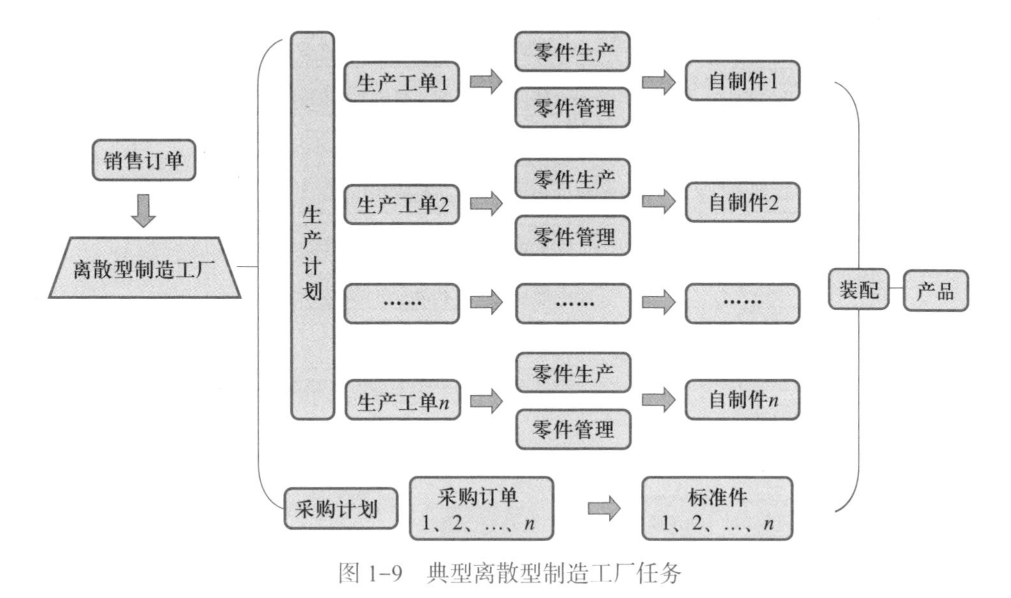

图 1-9　典型离散型制造工厂任务

1.2.2　工厂组织

1. 组织架构

企业组织架构是指为实现组织的目标，在理论的指导下，经过组织设计形成的组织内部各个部门、各个层次之间固定的排列方式，即组织内部的构成方式。它是在企业管理要求、管控定位、管理模式及业务特征等多因素影响下，在企业内部组织资源、搭建流程、开展业务、落实管理，其本质是为了实现企业战略目标而进行的分工与协作的安排。组织架构的设计受到环境、发展战略、生命周期、技术特征、组织规模人员素质等因素的影响，并且在不同的环境、不同的时期、不同的使命下有不同的组织架构模式。制造企业同其他领域企业不同的是，它不仅包括市场、销售、财务、行政、研发等部门，还有生产、采购、质检等部门，而离散型制造企业相比流程型制造企业而言，其组织架构的差别主要在生产部门。离散型制造企业的生产流程主要包含生产用料采购、物料储存、零部件加工、装配、检测等，而这些流程之间相对独立，因此在组织架构上需要更加细分，以来满足它离散的特点。

案例 1-2

法士特的人员架构

法士特是一家典型的离散型制造企业，包括销售、投资、运营、采购、制造、工程管理、质量管理、信息化管理以及行政等部门。其组织架构如图 1-10 所示。

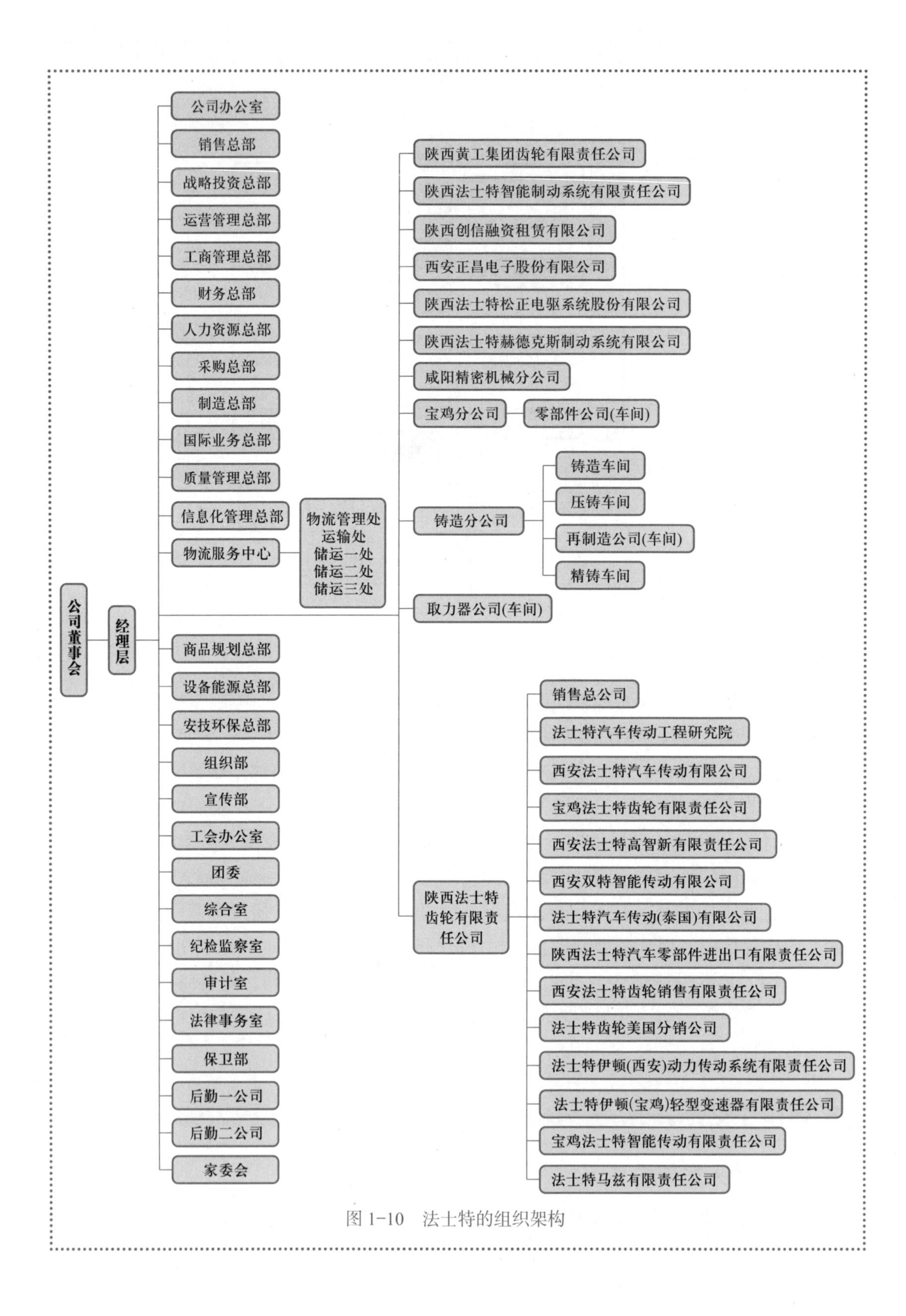

图 1-10 法士特的组织架构

2. 生产环节组成

如前所述，离散型制造工厂的生产过程一般包含产品零件的加工、部件装配、测试与检验等过程。各生产过程的实施主体有制造装备/单元、生产线、生产车间和工厂。每个主体均有自己的任务，制造装备/单元主要是完成零件单工序或多工序加工；生产线主要进行同系列零部件的集中加工或装配；生产车间主要进行同类产品的加工及装配；工厂主要完成生产组织及生产。离散型制造工厂的生产主体和主体任务如图1-11所示。就工厂而言，其优化目标是实现产品质量高、成本低、生产时间短，而对企业而言，目标还需增加产品服务好。

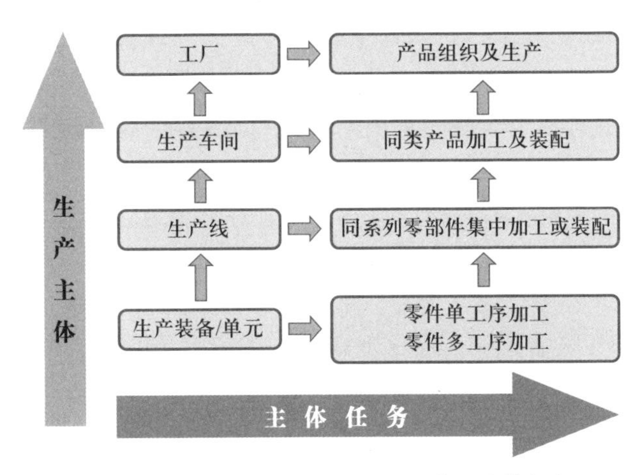

图1-11 离散型制造工厂的生产主体和主体任务

 **案例 1-3**

法士特生产环节的组成

法士特设计部门根据客户需求设计出变速器的结构，之后交付给工艺部门，工艺员将产品分解为不同的零部件，综合考虑企业生产能力、生产任务、管理水平等约束条件，安排生产计划，进行生产过程控制，完成变速器生产。

（1）生产设备/单元。变速器生产设备主要是具有铸、锻、车、铣、镗、磨、珩等功能的冷、热加工设备，将加工设备与上下料机构配合在一起即可组成生产单元，负责变速器某一类别零件的生产，主要以车削（输入输出轴、齿轮、凸轮、盘类零件）、铣削（壳体、箱体等）、磨削（齿轮）为主，零件加工工艺方案的优劣直接关系零件生产成本及产品质量。通过零件加工工艺的优化，在保证加工质量的条件下提升加工效率。机床和刀具的条件相对固定，工艺方案的制定却依赖于工艺员。同样一个零件，选择不同的加工顺序、加工路径、加工参数，零件服役寿命明显不同。零件各工序加工的高精高效是生产单元层级追求的目标。

（2）生产线。变速器生产线主要由各类生产单元、专用机床和检测设备以及物流设备组成，根据零部件工艺流程安排生产单元和相关设备的安放位置，并组织变速器一类零件的生产。该生产线一般完成变速器某个零件（如轴、壳体、齿轮等）从毛坯到精加工在内的全部工序，零件的传输采用滚道和桁架机械手方式，实现生产线的高柔性化和高自动化。由于变速器零件具有多品种、大批量的特点，生产线的平面设计应当保证零件的运输路线最短，生产工人操作方便，辅助服务部门工作便利，最有效地利用生产场地，并考虑制造、装配和检测设备之间的相互衔接。零件工序间的高效传输和零件的总体精度效率是生产线层级追求的目标。

（3）生产车间。变速器生产车间主要由生产单元、生产线组成，组织变速器多种零件进行生产，或将生产出来的零件进行装配，得到部件等。由于零件品种繁多、尺寸大小不一、制造和装配工艺复杂，需要组织生产调度和对生产过程进行控制，如目前已有的车间自动控制系统（PLC、DCS 等）、生产过程数据采集与实时监控系统（process acquire and supervisor system，PASS）、制造执行系统（manufacturing execution system，MES）都是为了实现生产过程的控制，这些直接关系最终产品的质量。

（4）生产工厂。变速器生产工厂由包括轴、壳体、齿轮等核心零部件生产车间组成，并负责将各车间生产的部件进行总装。该层级除了作为生产厂家产出产品，更需要承担物料管理（广义）、成本管理、辅助管理等一系列任务。工厂层的战略部署、管理策略、产品产出直接关系企业在市场环境中的竞争力。通过企业资源计划（enterprise resource planning，ERP）系统，提供质优价廉的产品。

1.2.3 工厂的生产管理

离散型制造企业的生产过程常常分解成很多个加工任务，而每一个加工任务只需要极少的资源就可以完成，但零件两个环节之间常进行不同类型和要求的多种加工任务。又因离散型制造企业产品定制程度高，其零件加工工艺及设备使用过于灵活，使其品质控制上难度极高。离散型制造工厂在生产管理上有以下难度。

1. 混合生产、标准难制定

离散型制造工厂的产品既有用于以大型设备为主，定制化程度高的采矿、冶金、建筑等专用设备，也有以小型设备为主，通用化程度高的日常生活、学习娱乐等通用设备。以法士特的商用车变速器产品为例，变速器有液力自动变速器（AT）、机械无级自动变速器（CVT）、电控机械自动变速器（AMT）、双离合器变速器（DSG）等不同种类，每种按挡位、功率、转速等又有相当多的种类。如图 1-12 所示为 AT（图 1-12a）、CVT（图 1-12b）、AMT（图 1-12c）等产品谱型图，因此在工厂的生产车间经常会存在混合生产的行为，标准难以制定，结果造成品质管理过程中漏洞增多。这就要求企业一方面在生产管理流程方面有足够的规范性和灵活性，另外一方面又能够提供足够方便的业务流程处理方式。

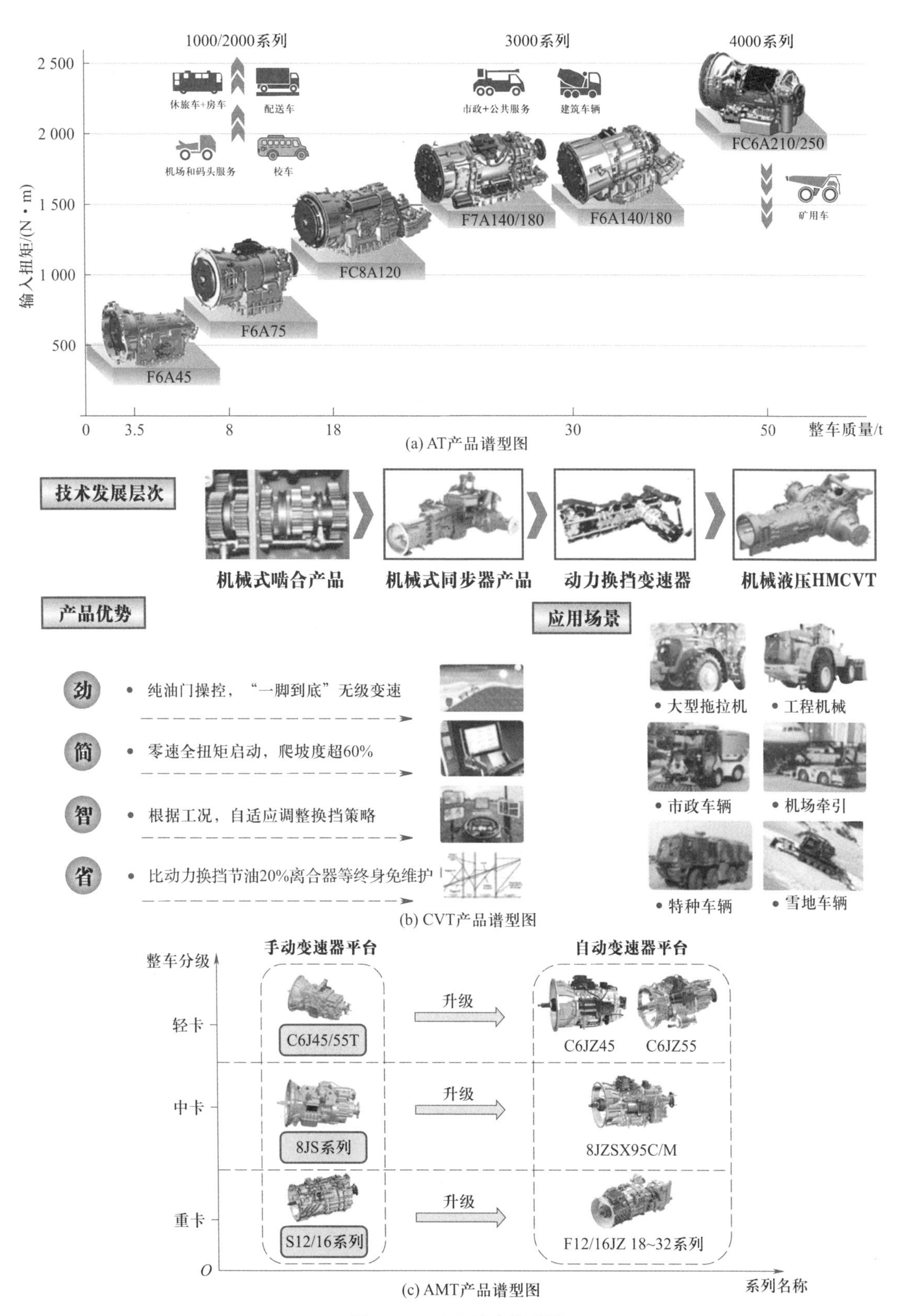

图 1-12 法士特产品种类

2. 生产数据多、数据维护工作量大

对于离散型制造企业来说，产品的多样化及零部件的标准不同造成了检查难度的升级。一台商用车变速器的零部件就不下千件，每个零部件都有相应的规范要求，如果要质检部门一件件去检查，是非常复杂的。一方面要从工作规范上定义各部门的品质管理的职责，由生产部门提供数据，检查部门对数据进行核实和管理，再由质检部门对已经处理归类过的数据进行审核并判定。企业发展到一定阶段，借助相应的信息化系统进行操作，会更加便利，职责也可更加清晰地定义和追溯。

3. 产品非标准程度高、经验依赖性强

在离散型制造企业中，常常会有“师徒”这种称呼，原因是生产过程中包括设备使用多取决于操作者的技术、经验，多数企业为了请一位老师傅来教导学徒煞费苦心，不惜以高薪聘请，离散型制造企业对于经验依赖的程度可见一斑。找师傅教，“让经验留下来”，但师徒关系往往会出现“留一手”的情况，结果造成生产经验越来越少，人员素质日渐下降。

如果可以在生产管理甚至是车间管理过程中，将原本的“口口相传”变更为“以文字相传”的方式，让教学的过程“显性化、留痕迹”，将经验及无法固定的工作内容及方式通过软件系统记录，并以此来约束和要求，从而达到管理标准及产品品质的提升。

1.3 离散型制造工厂的发展历程

1.3.1 传统工厂

从 17 世纪初至 1830 年，在专业化协作分工、蒸汽动力机和工具机的基础上，出现了制造企业的雏形——工场式的制造厂，人类社会的生产效率开始出现大幅度飞跃。到了 1900 年前后，制造业成为一个重要的产业，这些制造业中基本由人和物理系统（如机器）两大部分所组成，也就是人 - 物理系统（human-physical systems，HPS）。这种由人和机器所组成的制造系统一方面替代了人的体力劳动，大大提高了制造的质量和效率。但另一方面，HPS 系统中人起主导作用，机器是由人来掌控的，单个工匠或者一组工匠首先使用工具制作出产品的每一个零件，然后通过试验法对每个零件进行打磨加工使其能够良好配合，最后将其组装为最终产品。因此在制造过程中每个零件或产品都会因人技能的不同而表现出不同的质量，其生产效率极低，制造成本高，质量保证全凭技术工人的技艺和经验。

1. 第一阶段：手工生产

起源于英国的第一次工业革命（工业 1.0），主要代表是蒸汽机、织布机的出现和水力、煤炭的应用。有了蒸汽机提供的动力，手工生产不再受到煤矿和水利的限制。

在发明蒸汽机之前，主要的机械驱动力是水力，矿井抽水、市政排水、磨坊磨面粉、粉碎矿石、驱动织布机都用水力，工业发展受到很大的限制。蒸汽机发明和改进后，用蒸汽动力驱动火车和轮船将煤从煤矿运到全国各地的工厂，用煤作为能源驱动蒸汽机工作，然后再用蒸汽机驱动机械化的织布机等机器，从而大大提高生产效率。因此，在城市里用机械设备在工人的操作下进行手工生产，如图 1-13 所示。人类历史上第一次找到了一种可以用自然化学能来高效驱动自动化机械装置进行半自动化或全自动化生产的方法，生产效率比之前提高了几十倍几百倍，这是革命性的进步。

图 1-13 手工生产

2. 第二阶段：集群生产线

福特汽车公司（简称福特）早期的厂房为三层式，一层加工缸体、曲轴等 18 个大件，二层加工一些小件，三层进行装配，此时具备大量生产的基本形态。20 世纪 20 年代，传送带引入了制造系统，福特开创了机械自动流水线生产，如图 1-14 所示。这种生产方式使产品的生产工序被分割成一个个的环节，工人间的分工明确，大大提高了生产效率，降低了产品成本。汽车流水线制造初期主要是将同工序加工设备集中放置形成同序加工单元，每一个单元完成零件同一工序的加工，物料在单元之间的转运即为工序转运，也被称为集群生产线，其特点是在生产线上生产单元布局面积大，同类型设备数量多，便于互换和维保，单元内操作工多为同工种工人，适应于大批量生产。

装配线不仅有助于在装配过程中通过生产设备使零部件连续流动，而且便于根据制造技能对工人进行分工，把复杂技术简化、程序化。组装一辆汽车由原定制式的 750 分钟缩短为 93 分钟，工厂单班生产能力达 1 212 辆。当时有专用机床约 1.5 万台，工人 1.5 万人，这就是后来为全世界汽车厂继承的汽车大批量生产方式的原型。福特发明的流水线生产方式的成功，不仅大幅度地降低了汽车成本，扩大了汽车生产规模，创造了一个庞大的汽车工业，而且大规模生产方式是以标准化、大批量生产来降低生产成本、提高生产效率的。它将产品的生产工序分割成一个个环节，工人的分工更为细致，产品的质量和产量大幅度提高，极大促进了生产工艺过程和产品的标准化。

图 1-14 福特汽车的第一条汽车装配生产线

20 世纪 20 年代，随着汽车、小型电动机和缝纫机等工业的发展，机械制造中开始出现由组合机床构成的自动化生产线（简称自动线）。自动化生产线初期是在机械化的基础上形成的，自动化的控制系统主要靠凸轮、挡块、分配轴、弹簧等机构来实现。自动化生产线由各种自动及半自动专用机床、组合机床、机械手和运输工件的装置等组成。生产线有严格的生产节拍要求，即根据年产量计算出每一台产品所允许的生产时间，还有重要工序的自动监控、故障停机报警等装置。其优点是生产率很高，降低了工人的劳动强度，节省劳动力，保证制造质量，降低生产成本，适于大批量生产，这种生产方式也被称为刚性自动化。但是，刚性自动化生产线系统调整周期长，过程控制主要靠硬件，控制方式不能轻易变更，更换产品不方便，只适用于固定产品的大量生产，不适于多品种、小批量生产的自动化。

3. 第三阶段：精益生产线

第二次世界大战后，工业发达国家进入一个市场需求向多样化发展的新阶段，相应地要求工业生产向多品种、小批量的方向发展，单品种、大批量的刚性流水线生产方式的弱势日渐明显。制造企业改变原有大规模的经营方式、管理方式和工作方式，探索新的模式来响应市场变化的需求越来越高。日本丰田汽车公司较早地进行了探索和转变，精益生产（lean production）由大野耐一等人于 20 世纪 50 年代开始实施，实现了准时制生产，提高了生产柔性。20 世纪 70 年代之后，随着日本汽车制造商大规模海外设厂，丰田生产方式以其在成本、质量、产品多样性等方面的优秀效果在全球范围内得到了广泛的传播和应用。1981 年，丰田生产方式的创始人之一大野耐一先生应邀到中国长春第一汽车集团公司进行访问，首次将丰田生产方式介绍到我国，我国制造企业开始了对精益生产的研究和实施应用。在集群生产线的基础上引入精益生产思想，包括生产及时性、消除浪费和持续改进提升的理念，针对生产单元中过度生产、库存积压、运输路线长，以及操作员等待时长、过多走动、动作冗余等生产弊端，引入相关方法予以消除，将生产单元布置优化为集合型流水线方式。通过精益生产的推广，使生产弹性增大、空间节省、生产能力增加、员

工素养提升。

精益生产线致力于改进生产流程和流程中的每一道工序，是对集群生产线上单一和重复生产操作的标准化过程，它的零库存通过精确计算和优化调度实现，尽最大可能消除生产中一切不能增加价值的活动、提高劳动利用率、消灭浪费，按照顾客订单生产的同时也最大限度地降低库存。精益生产作为一种从环境到管理目标都是全新的管理思想，也是一个永无止境的精益求精的过程。

案例 1-4

法士特早期的工厂模式

法士特成立于 1968 年，在建厂初期，变速器零部件的生产设备全部为手动操作设备，生产布局主要依据工序的不同实行集群化生产，生产方式主要以手工作业为主，如图 1-15 和图 1-16 所示的手持浇注工具进行铸造和手动齿轮加工。受加工方式的限制，当年公司生产汽车齿轮 50 万个，汽车变速器、分动器各 1 500 台。

图 1-15　法士特早期铸造车间

图 1-16　法士特早期齿轮加工设备

1.3.2 数字化工厂

20 世纪中叶以后，随着计算机技术的发明和广泛应用，制造业进入了数字化制造时代，以数字化为标志的信息革命引领和推动了第三次工业革命。数字化制造是智能制造的第一种基本范式，也可称为第一代智能制造。离散型制造工厂因此也进入了数字化制造时代，也称为第一代智能工厂，又称数字化工厂。

与传统制造工厂相比，数字化工厂最本质的变化是在人和物理系统之间增加了一个信息系统，从原来的“人－物理”二元系统（HPS）发展成为“人－信息－物理”三元系统（human-cyber-physical systems，HCPS）(图 1-17)。信息系统体现在以下三个方面。

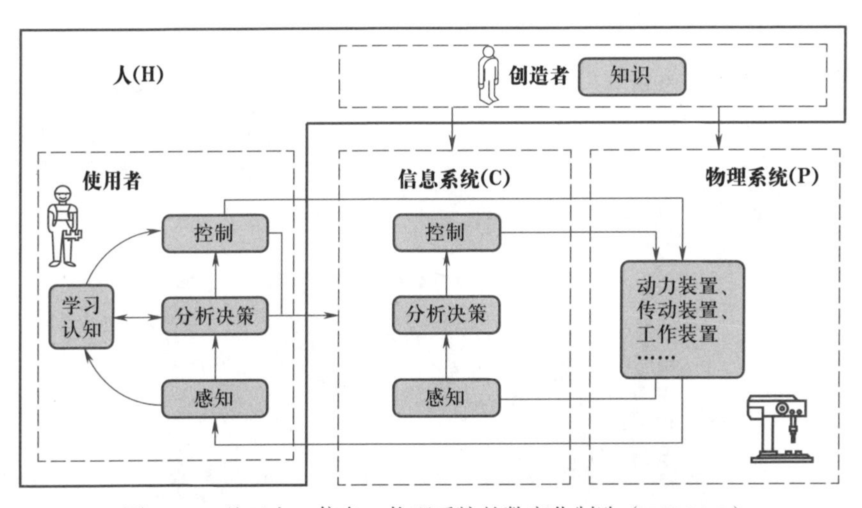

图 1-17 基于人－信息－物理系统的数字化制造（HCPS1.0）

1. 数控机床

20 世纪 40 年代，美国生产直升机螺旋桨时需要大量的精密加工，因此麻省理工学院受美国空军委托，开始根据美国帕森斯（Parsons）公司的概念研究数字控制机床以达到更高的加工精度。1952 年帕森斯公司与麻省理工学院结合数字控制系统与辛辛那提公司的铣床，研发出世界第一台三轴数控铣床。1958 年，卡尼特雷克（Kearney & Trecker）公司成功开发出具有自动刀具交换装置的加工中心，麻省理工学院也开发出自动编程工具（automatic programming tools，APT）。同年北京第一机床厂与清华大学合作，试制出中国第一台数控机床——X53K1 三坐标数控机床。在后面的几十年中大量的数控机床等数字化制造装备进入了离散型制造工厂。原先的机械加工都是用手工操作普通机床作业的，精度和效率取决于工人的经验和技术水平，而数控机床能够按照工艺人员事先编好的程序主动加工零部件，精度和效率都得到大大提高，同时产品的一致性也大幅提升。

2. 柔性制造系统

随着科学技术的发展，人类社会对产品的功能与质量的要求越来越高，产品更新换代的周期越来越短，产品的复杂程度和多样性也随之增高，传统的大批量生产方式受到了挑战。在大批量生产方式中，柔性和生产率是相互矛盾的。众所周知，只有品种单一、批量

大、设备专用、工艺稳定、效率高，才能构成规模经济效益；反之，多品种、小批量生产，设备的专用性低，在加工形式相似的情况下，频繁地调整工具和夹具，工艺稳定难度增大，生产效率势必受到影响。为了同时提高制造的柔性和生产效率，使之在保证产品质量的前提下，缩短产品生产周期，降低产品成本，最终使中小批量生产能与大批量生产抗衡，柔性自动化系统便应运而生。近几十年来，从单台数控机床的应用逐渐发展到加工中心、柔性制造单元、柔性生产线和计算机集成制造系统，使柔性自动化得到了迅速发展。

20 世纪 70 年代初，柔性制造系统（flexible manufacturing system，FMS）进入了生产实用阶段，它由数控加工装备、物流输送系统、电气控制系统及信息软件系统等组成，如图 1–18 所示。柔性自动化生产线由自动加工系统、物流输送系统、信息控制系统及软件系统等组成。其中，自动加工系统主要是以加工工艺为基础，把外形尺寸相似（形状不必完全一致）、重量相似、材料相同、工艺相似的零件集中在一台或数台数控机床或专用机床等设备上加工的系统；物流输送系统由多种运输装置构成，如传送带、轨道、转盘以及机械手等，完成工件、刀具等的供给与传送的系统；信息控制系统对加工和运输过程中所需各种信息收集、处理、反馈，并通过计算机或其他控制装置（液压、气压装置等），对机床或运输设备实行分级控制；软件系统工具包括设计、规划、生产控制和系统监督等软件，对柔性生产线进行有效管理和生产控制。

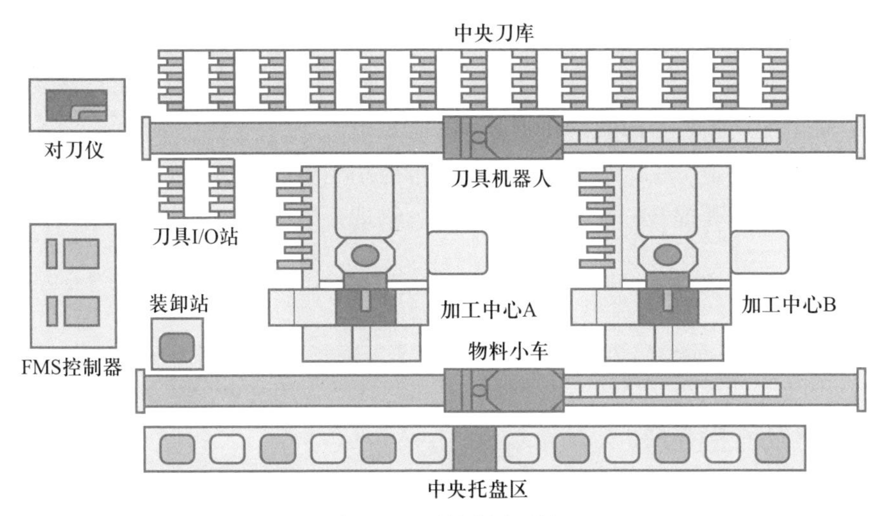

图 1–18　柔性制造系统

3. 制造资源计划

20 世纪 60 年代，计算机被用来辅助生产管理，物料需求计划（material requirement planning，MRP）被提出用来解决采购、库存、生产、销售之间的管理。它根据产品结构各层次物品的从属和数量关系，以每个物品为计划对象，以完工时间为基准倒排计划，按提前期长短区别各个物品下达计划时间的先后顺序，是一种工业制造企业内物资计划管理模式，如图 1–19 所示。MRP 是根据市场需求预测和顾客订单制定产品的生产计划，然后基于产品生成进度计划，组成产品的材料结构表和库存状况，通过计算机计算所

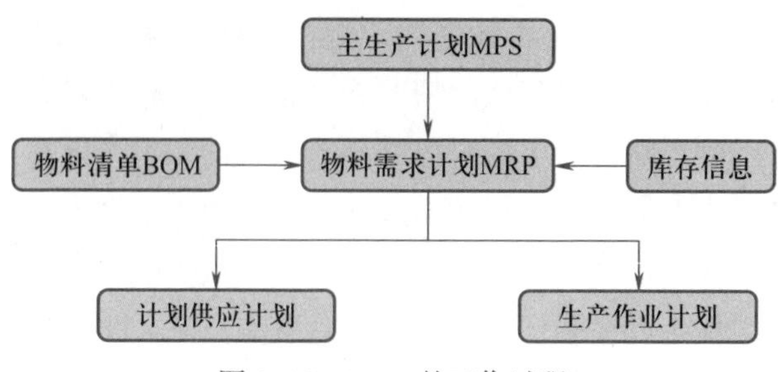

图 1-19 MRP 的工作过程

需物料的需求量和需求时间，从而确定材料的加工进度和订货日程的一种实用技术。到了 20 世纪 80 年代针对设计、加工和管理中存在的信息孤岛问题，实现制造信息的共享和交换，采用计算机采集、传递、加工处理信息，形成了一系列的信息集成系统，如 CAD/CAPP、CAPP/MRP。

制造资源计划（manufacturing resources planning，MRP Ⅱ）是以生产计划为中心，把与物料管理有关的产、供、销、财各个环节的活动有机地联系起来，形成一个整体进行协调，使它们在生产经营管理中发挥最大的作用。其最终目标是使生产保持连续均衡，最大限度地降低库存与资金的消耗、减少浪费、提高经济效益。从物料需求计划（MRP）发展到制造资源计划（MRP Ⅱ），是对生产经营管理过程的本质认识不断深入的结果，体现了先进的计算机技术与管理思想的不断融合，因此 MRP 发展为 MRP Ⅱ是一个必然的过程。MRP 和 MRP Ⅱ相继在离散型制造企业中使用，对制造过程各种信息与生产现场实时信息进行管理，提升生产各环节的效率和质量。

数字化的制造装备、生产线和管理系统相继应用于离散型制造企业，无论是产品加工质量和效率都得到显著提升，使人、信息系统、物理系统构成的数字化制造工厂实现了制造业质的飞跃。

案例 1-5

法士特的数字化建设

法士特从 1984 年开始通过一系列的技改扩建工程，通过新增锻压机、数控滚齿机、挤齿机等齿轮加工机床，数控车床等工艺设备，生产方式逐步过渡为数控加工方式。零件加工由精确编程的数控系统来控制，提升了零件加工精度和质量的稳定性，同时也获得了较高的加工效率。1993 年实现年产变速器 11 202 台，年增长率达 77.08%，创建厂 25 年来最好成绩。为进一步扩大产能和提升加工效率，2000 年后，法士特逐渐应用流水作业生产线加工方式，包括消失模铸造、热模锻、热处理、齿轮及轴加工和总成装配等生产线，如图 1-20 和图 1-21 所示。2009 年开始逐步引进精益生产的概念，通过现场标准化管理，研究标准化作业节拍，制定生产线工序定岗、定机、定员、定标准班产量等精细化作业管理，追求质量成本时间（quality,

cost and delivery，QCD）的最大化。通过精益化生产线的应用推广大幅提升了公司产能。

图 1-20 法士特自动化机加工生产线

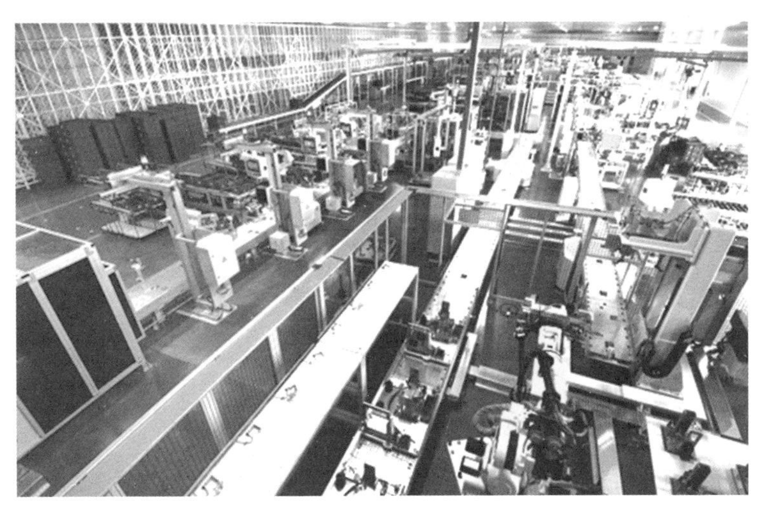

图 1-21 法士特自动化装配生产线

1.3.3 数字化网络化工厂

20 世纪末，互联网技术快速发展并得到广泛应用，“互联网 +”不断推进制造业和互联网融合发展。制造技术与数字技术、网络技术的密切结合重塑制造业的价值链，促进了离散型制造企业从数字化工厂向数字化网络化工厂的转变。互联网和云平台成为信息系统的重要组成部分，一端接入信息系统各部分，另一端连接物理系统各部分，同时还与人进行交互。虽然工厂的组成仍然是人、物理系统和信息系统，但此时的信息系统已比数字化阶段的信息系统内容丰富了很多，因此这种工厂可以称为数字化网络化工厂（HCPS1.5 工厂），也称为第二代智能工厂。

数字化网络化工厂将信息、网络、自动化、现代管理等技术与制造技术相结合，在工厂形成数字化网络化制造平台，改善工厂的管理和生产等各环节，从而实现了敏捷制造（agile manufacturing，AM）。管控系统是生产线层级的核心，制造执行系统（MES）是车间层级的核心，企业资源计划（ERP）是工厂层级的核心。MES 通过数字化生产过程控制，借助自动化和智能化技术手段，实现车间制造控制智能化、生产过程透明化、制造装备数控化和生产信息集成化。ERP 系统利用从产品数据管理（product data management，PDM）/ 计算机辅助工艺过程设计（computer aided process planning，CAPP）系统中获取的信息制订主生产计划。主生产计划传递给 MES，用于车间级排产和车间生产准备。与物料相关的信息需传递给数字化立体仓库，用于指导仓库管理。数字化立体仓库中物料的存储信息以及财务信息反馈给 ERP 系统，用于指导采购与财务管理。通过 MES、ERP 系统、PDM/CAPP 系统、分布式数字控制（distributed numerical control，DNC）/ 制造数据采集（manufacturing data collection，MDC）系统的集成，实现从设计、工艺、管理和制造等多层次数据的充分共享和有效利用。

2013 年德国推出了“工业 4.0”计划，利用信息物理系统（cyber physical system，CPS）将生产中的供应、制造、销售信息数据化，最后达到快速、有效、个性化的产品供应，如图 1-22 所示。“工业 4.0”的核心是连接，把设备、生产线、工厂、供应商、产品、客户紧密地连接在一起。“工业 4.0”适应了万物互联的发展趋势，将无处不在的传感器、嵌入式终端系统、智能控制系统、通信设施通过信息物理系统（CPS）形成一个网络，使产品与生产设备之间、不同生产设备之间以及数字世界和物理世界之间能够互联，也使机器、部件、系统以及人类可通过网络持续地保持数字信息的交流。在连接过程中单机设备的互联是核心，不同类型和功能的单机设备的互联组成生产线，不同的生产线间的互联组

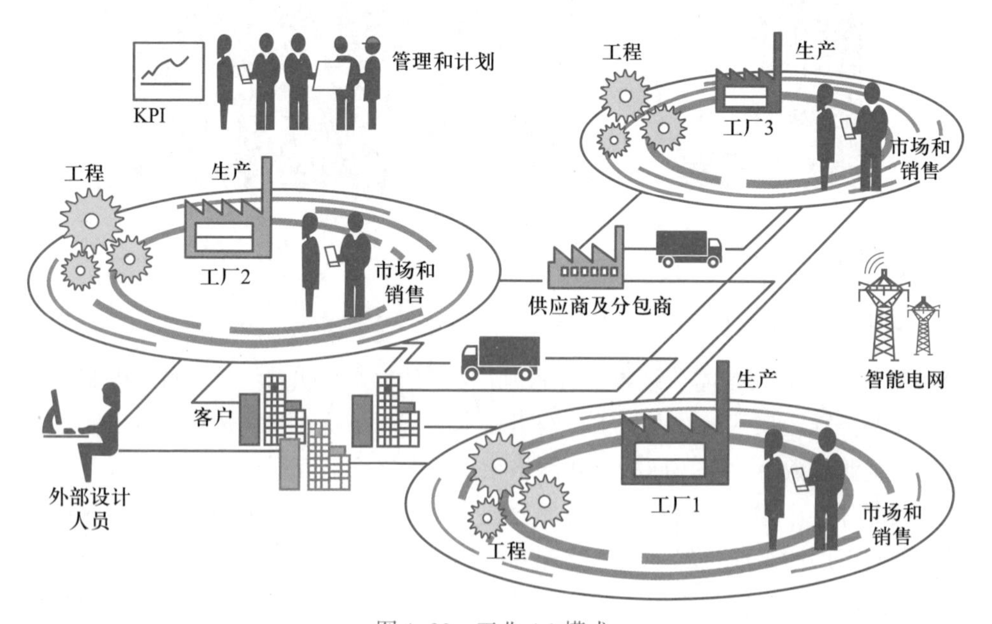

图 1-22 工业 4.0 模式

成车间，车间的互联组成工厂，不同地域、行业、企业的智能工厂的互联组成一个制造能力无所不在的大型制造系统，以满足离散型制造工厂不断变化的制造需求。

智能生产是以智能工厂为核心，将人（制造产品的人员）、机（制造产品所用的设备）、料（制造产品所使用的原材料）、法（制造产品所使用的方法）、环（产品制造过程中所处的环境）五个影响产品质量的主要因素连接起来，如图 1-23 所示。在智能工厂的体系架构中，质量管理的五要素也相应地发生变化。在未来智能工厂中，人类、机器和资源能够互相通信。智能产品“知道”它们是如何被制造出来的细节，也知道它们的用途。它们将主动地对制造流程回答诸如“我什么时候被制造的”“对我进行处理应该使用哪种参数”“我应该被传送到何处”等问题。

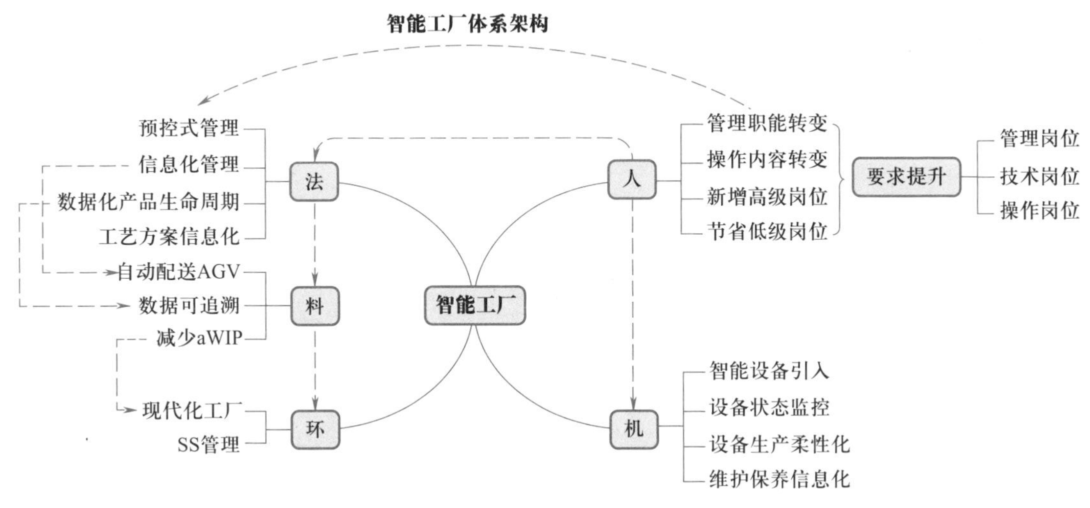

图 1-23　智能工厂五要素的关系

案例 1-6

法士特的数字化网络化建设

法士特在装备数字化和自动化升级的基础上，依据工厂实际运行和生产管理方式，全局规划并稳步推进数字化网络化建设。2004—2012 年，公司推广 ERP 系统，该系统可实时、准确地掌控采购、物流、制造、销售、财务等状况，进行统一管控。同期，研究院也上线了产品生命周期管理（product lifecycle management，PLM）系统，该系统建立了以产品结构为核心的产品数据存储和管理体系，实现了设计更改的有效控制和企业内部的业务协同，加快了产品投放市场的速度。2013—2018 年，公司各厂区 ERP 系统全面上线，实现了业务的统一管理。同时，各厂区仓库管理系统（warehouse management system，WMS）也同期上线，实现了物流业务的过程管控，为提高库存周转率和公司精益生产提供数据支撑。期间上线的供应商关系管理（supplier relationship management，SRM）系统实现了采购过程和供应商的有效管

理。生产管理系统的实施体现了公司对生产过程的精细化管理，该系统实现了产品生产过程可追溯性及生产过程透明化，提高了对生产的管控能力。建立了大数据平台（图 1–24），将产品研发、制造生产与办公进行无缝集成，实现产品全生命周期的管控，提高数据共享与高效协同。厂区 5G 网络试点示范地应用，实时采集并监控工厂车间环境温度和湿度、生产过程数据、质量测量数据等参数，进而提升制造合格率，促进节能降耗，保障产品加工质量。到 2019 年，公司实现销售汽车变速器 100 万台，产销收入双超 200 亿元。

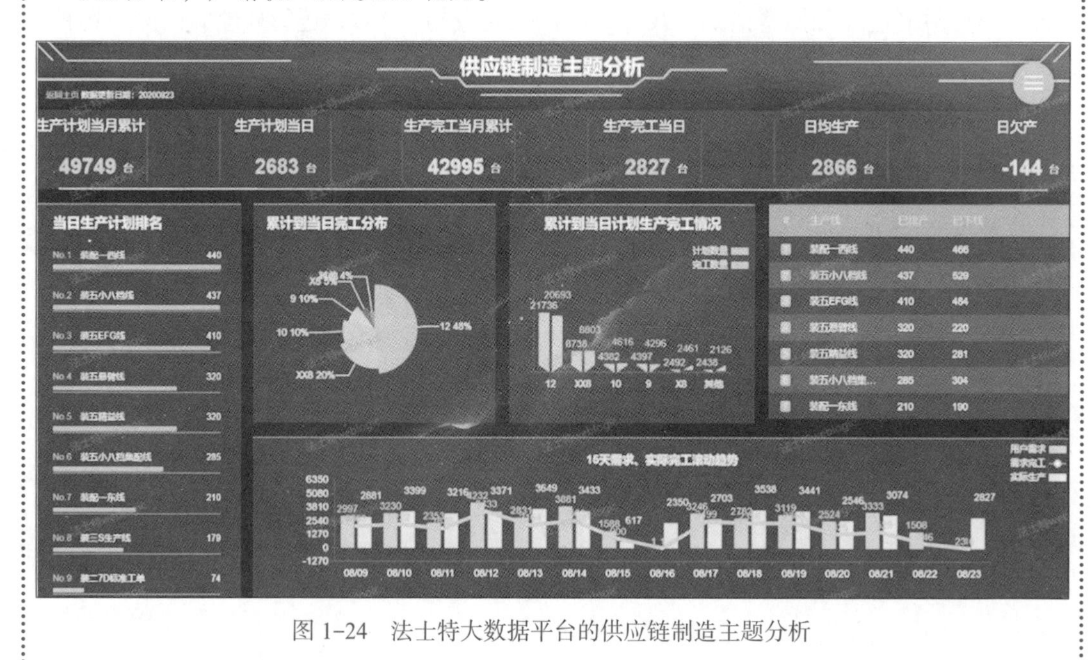

图 1–24 法士特大数据平台的供应链制造主题分析

1.3.4 数字化网络化智能化工厂

21 世纪以来，信息技术特别是人工智能技术继续发展，以 5G、大数据、云计算、区块链、数字孪生等为代表的信息技术，特别是以深度强化学习智能、人机混合智能等为代表的人工智能技术正加快与制造技术深度融合，逐渐形成“人工智能 + 互联网 + 数字化制造”的新一代智能制造（HCPS2.0），如图 1–25 所示。人工智能技术赋予了 HCPS2.0 中信息系统更强的学习认知功能，从而使信息系统中的“知识库”从以前的仅靠人来充实增加向人和系统自学习来共同完善转变，一方面提升了制造系统建模能力，可以真正实现数字孪生；另一方面更加融合了人的智慧与信息系统的自学习，促进了人 – 信息系统 – 物理系统的三元融合。

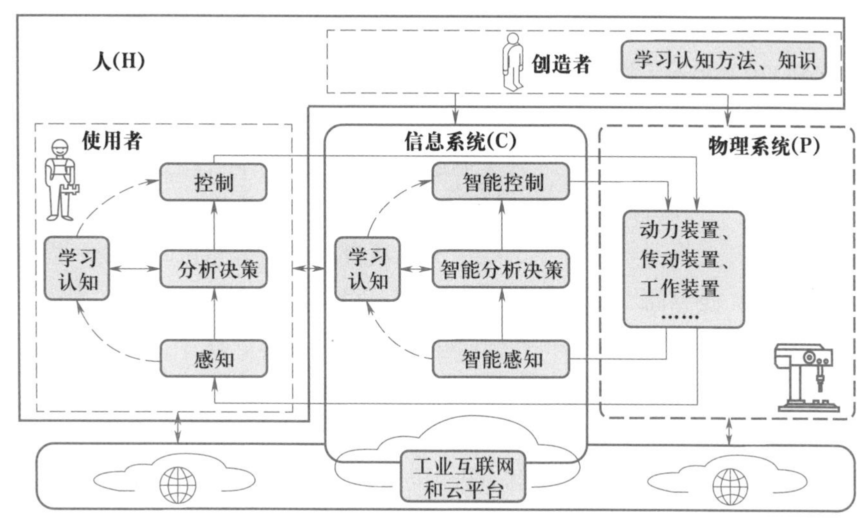

图 1–25 基于人 – 信息 – 物理系统的新一代智能制造（HCPS2.0）

1.4 智能工厂是我国制造业转型升级的发展方向

1.4.1 全球离散型制造智能工厂的发展状况

近 10 多年来，全球的智能工厂飞速发展，国际上通常用“灯塔工厂”来形容最先进的智能工厂。所谓“灯塔工厂”，是指规模化应用第四次工业革命（4th industrial revolution）技术的真实生产场所工厂，由世界经济论坛与麦肯锡咨询公司合作开展遴选，代表着当今全球制造业领域智能制造和数字化最高水平。“灯塔工厂”的评选有四个主要标准：工厂要有重大的影响；拥有多项数字化网络化智能化技术运用的成功案例；有可拓展的技术平台；在关键的推动因素方面表现出众，比如管理变革、能力构建以及与第四次工业革命社区展开协作。其评价标准主要看是否大量采用自动化、工业互联网、云计算、大数据、5G 等第四次工业革命新技术，以此实现生产效率和质量的提升。截止到 2023 年 1 月全球“灯塔工厂”有 132 家，中国的“灯塔工厂”已达 50 家，持续排名全球第一。

“灯塔工厂”网络正组成一个联盟，带动各个行业和地域的企业合作，释放第四次工业革命技术的全部潜力。入选“灯塔工厂”，需要对产业有明确的价值创造。在制造成本降低、生产效率提升以及绿色环保可持续等方面，需集成至少 5 个达到世界级领先的技术应用，并搭建可扩展的工业互联网平台，支撑用例的规模化复制。此外还需要有匹配的数字化管理模式、人才队伍和企业文化。具体要求包括：以数字化生产为主，逐步实现从研发、采购、制造、物流、供应链和客户服务的全价值链数字化；实现有效制造，能在关键运营指标上展现出卓越的改善成效，如生产效率、能耗、上市速度等方面；要可复制，能在多个工厂进行复制推广，推动其生产、管理、研发转型升级。

在工业 4.0、工业互联网、物联网、云计算等热潮下，全球众多优秀制造企业都开展了智能工厂建设实践。例如，西门子安贝格电子工厂实现了多品种工控机的混线生产；发那科公司（FANUC）实现了机器人和伺服电动机生产过程的高度自动化和智能化，并利用自动化立体仓库在车间内的各个智能生产单元之间传递物料，实现了最高720小时无人值守；施耐德电气有限公司实现了电气开关制造和包装过程的全自动化；美国哈雷戴维森公司广泛利用以加工中心和机器人构成的智能生产单元，实现大批量定制；三菱电机有限公司采用人机结合的新型机器人装配生产线，实现从自动化到智能化的转变，显著提高了单位生产面积的产量；曼恩商用车辆股份公司搭建了完备的厂内物流体系，利用自动导引车（automated guided vehicle，AGV）装载进行装配的部件和整车，便于灵活调整装配线，并建立了物料超市，取得明显成效。综合来看，全球离散型制造智能工厂都呈现如下几个特点。

1. 工厂自动化程度高，实现了少人化自动生产

一流制造企业的工厂在建立之初就引进当时最先进的生产设备与管理理念，这为工厂自动化生产奠定了良好的基础。通过购买自动化设备和自动化生产线替换原来的手动或者半自动的生产模式。同时，也因离散型制造企业的行业差异，相比较航空航天制造领域，汽车、家用电器等行业的自动化程度更高，极少需要车间工人的参与。工业机器人、数控机床、AGV、RGV、桁架式机械手等核心设备搭建的柔性制造系统为自动化工厂的建立奠定基础。此外，自动化仓储系统、自动化厂内物流系统以及自动化软件等大面积使用，使少人化自动化生产贯穿在订单、产品设计、配置、生产、物流、总装、交付等离散型制造的各个环节。在自动化生产技术上，通过机器换人实现了生产少人化，逐步迈向柔性化定制加工。

案例 1-7

德国博世力士乐洪堡工厂

博世力士乐是工业4.0的领先践行者，其位于德国洪堡的液压阀工业4.0生产线（图1-26）便是最有力的证明。博世力士乐对原有的生产线进行工业4.0改造，改造后的生产线能够切换生产6大产品家族的2 000种不同产品，实现小批量定制化生产甚至是单一产品生产，生产效率提高了10%，减少30%的库存。博世力士乐采用了各类创新技术，包括无纸化的动态看板、自我制导产品、独立工作单元、员工和产品自动识别、实时质量检测等。通过配合基于无线射频识别的电子看板和拣选等成熟技术，不仅能提升效率和产量，同时在流水线上生产更多的产品变体。通过在生产线上利用这些技术并提升柔性，使批量定制从经济上成为可能。工业制造企业等客户目前在自己的生产线上对博世的液压运动控制单元进行后期的定制化，确保后续生产。操作人员可以被自动识别及工作指令智能调整，组装线所需物料也可基于射频识别技术（radio frequency identification，RFID）被自动识别和分配，一旦程序出错或质量偏离，生产线还会进行自动预警管理。此外，所有生产工序经车间自动化控制平台实现自动化控制，生产数据由车间管理系统收集、分析、处理。

图 1-26 博世力士乐德国洪堡液压阀工业 4.0 生产线

2. 工厂网络化程度高，实现了柔性化生产连接

智能化制造企业之间合作一般非常紧密，为提升制造水平的竞争力，利用各自优势探索最先进的生产方法与工具。在智能化离散型制造企业的工厂，数控设备的接口统一且开放，通过应用工业互联网技术大大加速了制造设备的互联。充分利用生产制造各个环节产生的数据，基于 MES 实现了生产过程的透明化，生产进度完全掌控。此外，在柔性制造系统及柔性制造单元的基础上，基本实现了同类型产品的柔性化制造，这为大规模定制提供了很好的基础，大大缩短了产品的供货周期。这些全球领先的离散型制造工厂可根据市场真实需求及未来订单趋势，快速对各类多款式小批量产品做出反应，这些都得益于网络化工厂的柔性生产特点及清晰的生产进度掌控。方便快速排查产品出现的零部件失效问题，并进行零件质量追溯。

案例 1-8

德国西门子安贝格智能工厂

德国工业巨头西门子股份公司旗下的安贝格电子制造工厂（简称安贝格工厂，EWA）是欧洲乃至全球最先进的数字化工厂（图 1-27），是目前被业界认为最接近工业 4.0 概念雏形的工厂。该工厂拥有高度数字化的生产流程，能灵活实现小批量、多批次生产，每 100 万件产品残次品仅有 10 余件，生产线可靠度达到 99%、可追溯性高达 100%。为提高生产效率，安贝格工厂采取了结构化、精益化的数字工厂策略，部署了智能机器人、人工智能工艺控制和预测维护算法等技术，在产品复杂性翻倍、电力和资源消耗量不变的情况下，将工厂产量增加了 40%。安贝格工厂体现了数字化工厂的理念，整个厂内没有一台六轴机器人，员工主要从事计算机操作和

生产流程的监控。一条生产线有6～8名操作工人，同时有30～40名技术人员作为支持，确保物料、设备、产品检验等工作有序进行。安贝格工厂发展到今天，已经建设成为数字化网络化智能化工厂，“质量第一”仍然是其发展战略的重中之重。历经多年，通过对产品、工艺进行持续改进，在员工没有增加的情况下，安贝格工厂将产能提高到了原来的8倍，质量水平达到了99.998 9%。集数字化、模拟仿真、模块化及相对标准化的产品设计为一体，对产品品质和工艺持续改进，实现了信息化系统与自动化装备的结合。

图1-27 西门子安贝格电子制造工厂（EWA）

3. 底层智能决策与控制不足，工厂智能化仍在提升阶段

7×24小时无人化生产（unmanned production）、黑灯工厂（dark factory）、数字孪生（digital twins）、零缺陷制造（zero defect manufacturing）等先进理念是世界上离散型制造工厂共同追求的目标。人工智能、传感器、工业互联网等技术的成熟发展为上述前瞻性目标提供了很好的基础。然而，离散型制造企业差异大，很多场景个性化特征明显，新技术尽管在实验室等场景下取得了较好的效果，但距离真实应用还存在较大的差距。对于数控加工技术迫切需要的先进辅助技术距离工业生产应用还需要不断改进与优化。例如，刀具磨损状态的自动识别与换刀、切削颤振的识别与快速抑制以及切削参数动态自适应调节技术等尽管出现了部分商业化的产品，但整体上由于产品的成熟度、通用性不足，应用受限。究其原因，主要还是离散型制造过程复杂，不确定性因素很多，目前学术界与商业公司还在同步探索。

1.4.2 我国离散型制造工厂存在的普遍问题

纵观20世纪50年代以来我国离散型制造工厂的发展过程，也同样经历了以人和物理（机器）系统为主的传统工厂（HPS）阶段。80年代后，部分企业陆续经历了融入计算机、通信和数字控制等信息化技术的数字化工厂（HCPS1.0）阶段。到了2010年前后，部分企业又逐渐形成了以“互联网+”技术渗透的数字化网络化工厂（HCPS1.5）。由于离散型制造涉及的领域非常广泛，航空、汽车、家电、机床、电子等各行业的发展需求、速度和规模也不尽相同。部分企业已进入HCPS1.5阶段数年，也有一部分企业刚完成HCPS1.0阶段而正准备跨入HCPS1.5，还有部分企业仍停留在HPS阶段，发展程度不尽相同。

企业的数字化、网络化、智能化程度不高，必将难以优化生产过程的四大目标：质量、价格、时间和服务（quality，cost，time and service，QCTS）。随着科技发展速度加快，新理念、新技术、新设备、新工艺更新换代速度的日趋加快，无论是哪类离散型制造企业，都面临不断适应环境变化和市场竞争的挑战。当前，处于各个发展阶段的离散型制造企业都不同程度地面临以下一些共性问题。

1. 数字化转型不充分导致生产自动化基础不足

制造企业数字化转型过程中，对传统高端装备进行适度的数字化改造再利用，是当前推进制造企业数字化转型的必经路径。传统制造企业设备供应商呈现多元化，导致设备通信接口协议关联难度大，部分设备通信系统封闭改造难度及成本大，还有一些设备在设计之初并没有考虑数据采集、联网管控功能。此外，很多企业在进行技改时往往更注重车间和工厂的自动化，即采用自动化较好的数控机床代替普通机床，通过可编程逻辑控制器（programmable logic controller，PLC）将数控机床连成生产线实现零件多工序的自动化加工等，这些措施的确提高了效率，但还未充分发挥其功能，这些设备在生产过程中会产生很多有价值的信息，如生产设备的开机率、主轴运转率、主轴负载率、运行率、故障率、生产率、零部件合格率等没能通过数据采集而实现指标的统计，导致生产环节中的数字化程度低，未能进行生产数据可视化及通过数据分析进行生产决策、产量预测、质量监控等操作。

2. 网络化程度低导致生产进度无法及时掌控

当前已有部分制造企业采用了信息化系统，从产品原材料的供应链前端开始，在产品设计、产品加工、后处理、产品测试、仓储与物流等各个环节都使用了信息记录与管理系统收集了大量的数据，开发了企业内部网、建立企业数据管理网站和电子商务网站。因为缺乏对设备的有效物联、监测与控制，导致大型的MES或数字化工厂项目无法有效实施，也导致其他各类生产制造相关的业务系统无法与设备自动关联。

企业多年来分散开发或引进的信息系统，互相之间不能信息共享，业务不能顺畅执行和有效控制，形成了许多“信息孤岛”，既影响了现有系统的继续运行，也影响了新系统的实施。信息孤岛导致设备离散或仪器各自孤立封闭，无法获取到正在生产使用中设备的实时或历史运行状态和生产信息，从而无法做出及时的生产决策和计划；有效利用这些海量数据，进行精确的、深入的市场分析，并将分析的结果应用于企业发展决策当中，将会对企业发展带来巨大的推动作用。为此，如何打通企业内现有的各类信息系统，让数据灵活运用，从海量数据中挖掘价值数据，为企业决策提供即时有效的支持，实现运营可视化和数字化辅助决策，成为信息化建设中的新方向。

3. 智能化程度低导致生产过程难以自主优化

尽管有些企业的数字化和网络化已开展多年，但在很大程度上离不开人的参与决策和判断。在加工前零件的加工工艺仍然需要工艺员根据现场采集到的信息来优化，生产线中各台数控机床的刀具是否磨损仍然要靠人工来判断更换。加工过程中产生的切削颤振不能主动识别与快速抑制，设备运行状态也只能在出了问题后才能由人去鉴别原因，不能主动诊断发现问题及时避免风险等。在社会高速发展的今天，离散型制造企业越来越趋向多品种小批量的制造方式，使生产、物流、质量管理的复杂性日益提高，但由于智能化程度低，导致生产过程无法进行优化，也就无法快速满足客户产品个性化和高质量的需求。

1.4.3 我国离散型制造工厂的数字化网络化智能化升级

随着用户需求多样化，离散型制造业生产方式由传统批量规模生产转向个性化大规模定制。大规模定制能够以大规模生产的低成本和高效率生产出个性化客户定制的产品，在短时间内满足不同客户的多样化需求。在这种形势的驱动下，我国离散型制造工厂的数字化网络化智能化升级需求越来越迫切。通过互联网、大数据、云计算、物联网、人工智能等新一代信息技术不断融入离散型制造企业内部的生产单元、生产线、车间，甚至工厂层面，产品的制造过程则愈加高精、高效、低成本，对企业的高质量发展具有重要意义。因此，可借助以下途径不断推动我国离散型制造工厂的数字化网络化智能化升级。

（1）借助数字化网络化智能化技术，使生产线、车间和工厂具有柔性生产能力，同时实现部分或者全部环节的数字化检测、全面质量智能控制，提升企业产品质量，避免因人为因素出现产品质量参差不齐，并提高企业运行效率。

（2）借助工业互联网和大数据技术，对企业生产经营、运行管理等数据进行综合分析，更加精准地把脉企业的运营效率和能耗水平，促进管理优化和流程再造，降低企业综合成本。

（3）促进智能控制系统、工业机器人、自动化立体仓库、自动化物流、工业网络、信息安全、5G 通信、传感器件等先进制造和信息技术在企业的深入应用，倒逼企业在供应链管理、生产管理、质量管理、运营管理、决策模式和商业模式上不断创新。

当然，目前我国的工业基础方面还有短板，德国提出工业 4.0，他们已经做到了工业 3.0 的程度，而我国大多处于工业 2.0 阶段。数字化网络化智能化技术是产品创新和制造技术创新的共性赋能技术，并深刻改革制造业的生产模式和产业形态，是新的工业革命的核心技术。以数字化技术为基础，在互联网、物联网、云计算、大数据等技术的强力支持下，制造业的产业模式将发生根本性的变化，使企业具备快速响应市场需求的能力，特别是形成了适应全球市场上丰富多样的客户群，实现远程定制、异地设计、就地生产的协同化新型生产模式，使产品制造模式、生产组织模式以及企业的商业模式等众多方面发生了根本性变化。因此，数字化网络化智能化升级是引领我国制造业发展模式前进与革新的重要途径，也是离散型制造工厂转型升级的必由之路。

思考题

1-1 离散型制造工厂与流程型制造工厂最主要的区别是什么？请给出具体的案例并进行剖析。

1-2 数字化工厂、数字化网络化工厂和数字化网络化智能化工厂的定义分别是什么？这三者之间存在什么联系？

1-3 请根据所学知识，结合具体的离散型制造工厂案例回顾其数字化、数字化网络化发展历程，并给出其智能化的建议及具体措施。

1-4 通过网上了解世界顶尖的离散型制造工厂最先进的制造技术及理论，并结合实际分析哪些技术可以直接借鉴。

1-5 请分析中小企业如何应对智能制造时代的浪潮。

1-6 请结合国内离散型制造企业现状，剖析航空制造领域、汽车制造领域及机床制造领域工厂的特点及明显区别。

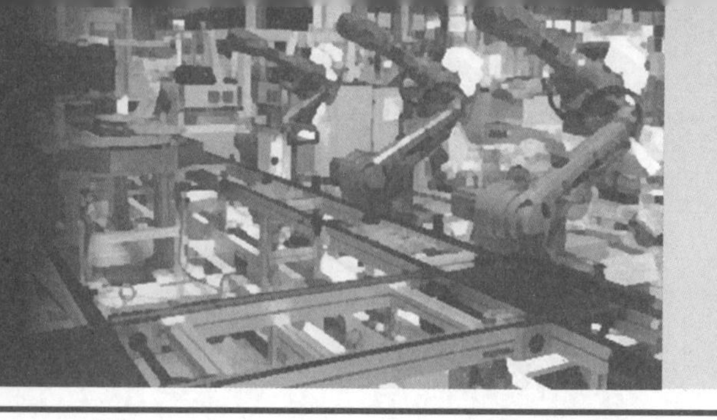

第二章

离散型制造智能工厂的系统组成

离散型制造智能工厂在各级架构上有别于传统工厂，它的组成是认识和理解智能工厂内涵的基础。本章针对离散型制造智能工厂的系统组成进行介绍。首先将离散型制造智能工厂根据产品的生产组织形式自底向上划分为装备级、产线级、车间级和工厂级四个层级；然后对每一层级的物理系统、信息系统进行讲述。最后讲述了智能工厂的系统集成，包括制造系统集成的内涵、工业网络互联、工业互联网云平台以及智能制造系统集成的体系架构等。

2.1 概　　述

2.1.1 离散型制造智能工厂层级

在离散型制造智能工厂，产品的生产组织具有明显的层级性，自底向上分为四个层级，分别是装备级、产线级、车间级和工厂级。当前，一些中小企业工厂级下面的产线级和车间级已不再严格区分。由于产品结构简单，工厂级下面不再设置车间级，而是直接下设产线级。但在部分大企业，由于产品结构复杂、部件较多，还会保留车间级，在车间级下细分产线级，以更好地开展生产组织活动。每一层级包含两个系统，分别是物理系统和信息系统。除此以外还包括各类操作和管理人员，共同构成每一层级的人 – 信息 – 物理系统（HCPS）。数字化网络化工厂的基本架构如图 2-1 所示。

离散型制造智能工厂四个层级的主要组成如下。

1. 工厂级 HCPS

工厂级物理系统的主体是不同功能的生产车间，用于解决产品整体的加工与装配问题；同时也包括连接与运输系统，用于解决车间生产的部件之间和工厂的原料输入、产品输出与仓储的物理连接问题。

工厂级信息系统的主体是企业资源计划（ERP），用于解决工厂资源协调优化问题；也包含网络连接与数据采集，用于解决车间之间的连接和信息集成问题。

人在工厂层 HCPS 中的主要作用是通过工厂级的信息系统将相关经验与知识应用于企

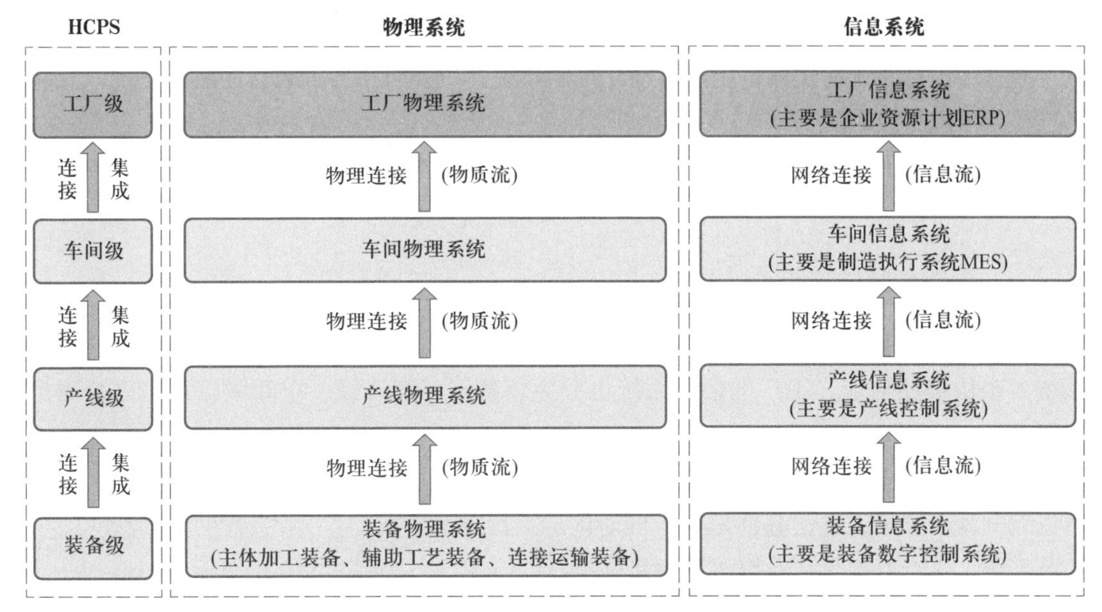

图 2-1 数字化网络化工厂的基本架构

业的生产、组织、决策和管理。

2. 车间级 HCPS

车间级物理系统的主体是不同功能的产线，用于解决产品主要部件的加工与装配问题；同时包括车间内的连接与运输系统，用于解决产线之间的物理连接，生产的工件、工具、材料的传输问题。

车间级信息系统的主体是车间制造执行系统（MES），用于解决整个车间内各条产线的调度管理问题；也包含网络连接与数据采集，用于解决产线之间的连接和信息集成问题。

人在车间级 HCPS 的主要作用是通过车间级的信息系统将相关经验与知识应用于车间生产的调度管理中，分析生产过程中的数据，优化整个车间的制造过程。

3. 产线级 HCPS

产线级物理系统的主体是各生产单元和装备的集成，用于解决一类零件的加工或装配问题；同时包含产线连接运输系统，用于解决各装备之间的物理连接和工件、工具、材料的传输问题。

产线级信息系统的主体是产线管控系统，用于解决生产调度的优化问题，该系统有时与车间管控系统集成在一起。同时还包括部分产线自动化控制系统，用于解决装备的控制问题。同样也包含网络连接与数据采集功能，用于解决装备之间的连接和信息集成问题。

人在产线级 HCPS 中的主要作用是通过信息系统对物理系统的运行状况、零件加工和装配信息等进行监控和处理。

4. 装备级 HCPS

装备级物理系统的主体是各类加工装备、辅助工艺装备和连接传输装备，一起完成零件某个工序的加工。

装备级信息系统的主体是生产自动化控制系统，主要包括各类装备的数控系统以及网络连接与信息集成系统。

人在装备级 HCPS 中的主要作用是通过信息系统为物理系统中的数控装备编写控制程序，监控装备运行状态和零件加工情况。

2.1.2　离散型制造智能工厂系统

离散型制造智能工厂系统总体上由工厂的物理系统和信息系统组成。与工厂的物理系统各个层级相对应，工厂的信息系统也分为装备级、产线级、车间级以及工厂级四个层级。

需要特别指出，智能工厂的信息系统又可以划分为三个子系统，分别是生产自动化控制系统、生产管控优化系统以及网络连接和信息集成系统，如图 2-2 所示。

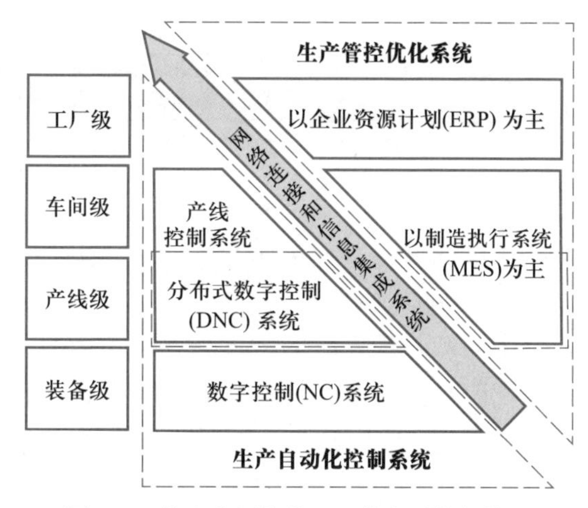

图 2-2　数字化网络化工厂信息系统架构图

1. 生产自动化控制系统

作为装备级最主要的信息系统，生产自动化控制系统侧重于解决底层设备的控制问题。该系统主要包括位于装备级的数字控制（numerical control，NC）系统和位于产线级、车间级、工厂级的分布式数字控制（distributed numerical control，DNC）系统，随着层级的提高，DNC 在信息系统中所占比例逐渐降低。

2. 生产管控优化系统

作为工厂级主要的控制系统，生产管控优化系统偏重于解决整个工厂所有生产资源的管控与优化问题。该系统主要包括位于工厂级的企业资源计划（ERP）系统和跨越车间级与产线级的制造执行系统（MES），而在装备级中不包含生产管控优化系统。

3. 网络连接和信息集成系统

存在于信息系统全部四个层级，用于解决工厂中所有物理装备的连接与信息交换问题。

 **案例 2-1**

法士特智能工厂的基本架构

法士特开展了具有自身特色的数字化网络化工厂建设。通过“人、机、料、法、环、测、能”七大要素互联，以齿轮生产、壳体生产及装配三大核心工艺的数字化为保障，借助数字化智能化手段，开展数字化智能化生产。在具体实施过程中，法士特结合企业自身情况，在数字化网络化工厂基本架构的基础上进行了部分调整，法士特智能工厂的四层基本架构如图 2-3 所示。

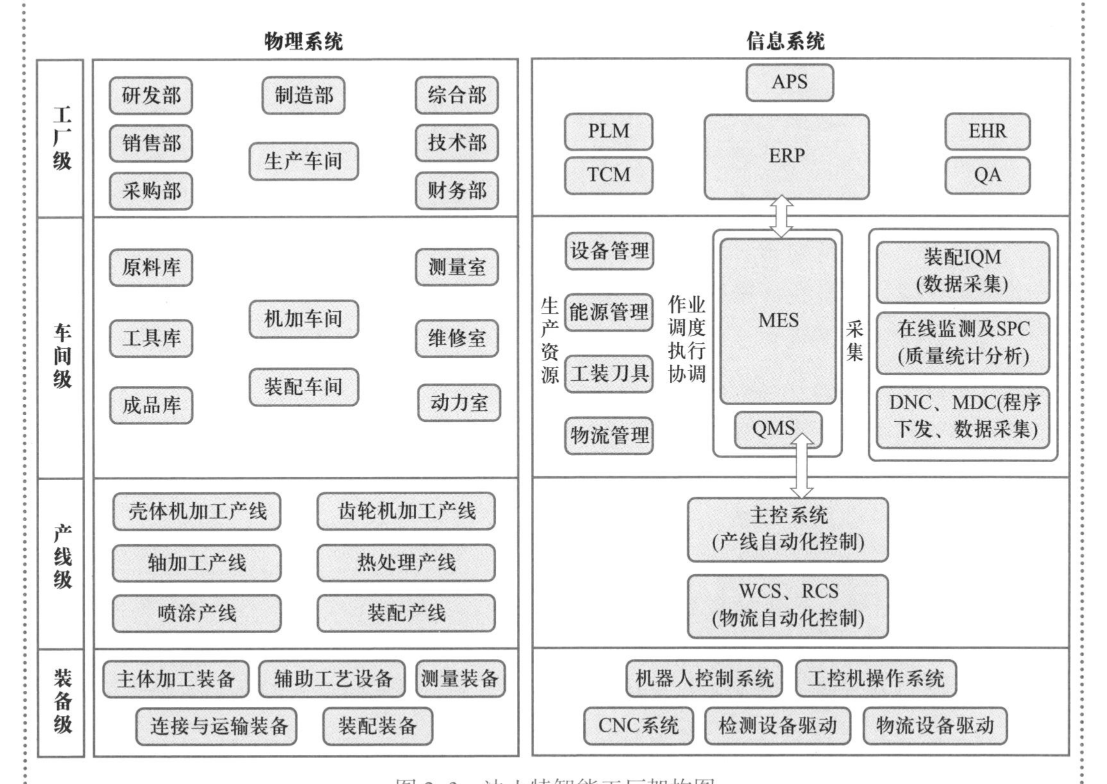

图 2-3　法士特智能工厂架构图

1）工厂级

变速器制造工厂级物理系统主要由轴、壳体、齿轮等核心部件的生产车间，以及对生产部件进行总装与测试的装配车间组成。在核心制造部分之外，还包含产品销售、设计、研发、人力资源、采购、财务等辅助部门。

工厂级信息系统主要由工厂级生产管控优化系统构成，主体是企业资源计划（ERP），配合高级计划与排产（APS）、产品生命周期管理（PLM），结构化工艺设计模块（TCM），实现企业中与生产制造和销售相关的供应链管理、订单管理、生产计划、库存管理等，以及人力资源系统（EHR）和办公自动化（OA）系统。工厂级的网络连接与信息集成系统主要由企业云平台构成。

2）车间级

变速器制造车间级物理系统主要由轴加工、壳体加工、齿轮加工以及装配生产线组成，用于完成变速器主要部件的生产和装配。原料库、工具库、成品库等物流设施实现了变速器主要部件以及夹具、刀具等其他生产资源的运输和存储问题。

车间级信息系统是车间级生产管控优化系统，主体是制造执行系统（MES），由于零件品种繁多、尺寸大小不一、制造和装配工艺复杂，需要组织生产调度和对生产过程进行控制，实现车间生产过程管理、计划管理、设备管理、能源管理等功能。配合质量管理体系实现零件的质量管理。另外，车间级网络连接与信息集成系统实现了生产过程的数据采集，为MES实现加工过程的优化与调度提供了数据支持。

3）产线级

变速器制造产线级物理系统主要由生产各类零部件的主体加工装备组成，主要包括机加工产线、热处理产线、喷涂产线和装配产线。根据零部件工艺流程安排生产单元和相关装备的安放位置，并组织变速器中一类零件的生产。生产线一般完成变速器某个零件（如轴、壳体、齿轮等）从毛坯到精加工在内的全部工序，零件的传输采用滚道小车和机械手方式，实现生产线的高柔性化和高自动化。

产线级信息系统由生产自动化控制系统和生产管控优化系统构成，实现产线中各种设备的自动化控制、物流自动化控制，以及零部件加工过程的优化与调度。同时也包含产线各类装备的网络与总线连接系统，实现生产过程数据采集与传输。

4）装备级

变速器装备级物理系统包括三类装备，分别是主体加工装备、辅助工艺装备和连接与运输装备。主体加工装备是完成零部件生产的主要装备，包括具有铸、锻、车、铣、镗、磨、珩等功能的冷、热加工等设备；辅助工艺装备用于完成零件检测、清洗等工艺步骤；连接与运输装备实现加工过程中的上、下料以及零件搬运功能。

装备级信息系统仅包含生产自动化控制系统，由各类装备的数控系统、机器人控制系统、检测设备驱动以及工控机操作系统等构成，利用数字指令实现单个生产设备/单元的动作控制，完成零件的加工、测量、清洗、装配等任务。

2.2　智能工厂的物理系统

2.2.1　装备级物理系统

数字化生产装备一般分为主体加工装备、辅助工艺装备、连接与运输装备三类，如图2-4所示。

主体加工装备主要有各类数控机床、数控成形加工装备、增材制造（3D打印）装备、热处理装备，以及各类复合机床等。主体加工装备特别是数控机床作为高端装备制造业的工作母机，一般是离散型制造工厂的核心装备。

辅助工艺装备主要用于零件精度和性能检测、零件清洗、打标等辅助工序、分总成及总成装配，如测量装备、清洗装备、打标装备、拧紧机、压装机、选垫机等。

连接与运输装备用于物料的搬运、传送、换工位等工序流转操作，主要包括搬运机器人、自动导引车、动力输送辊道、自动仓储等。

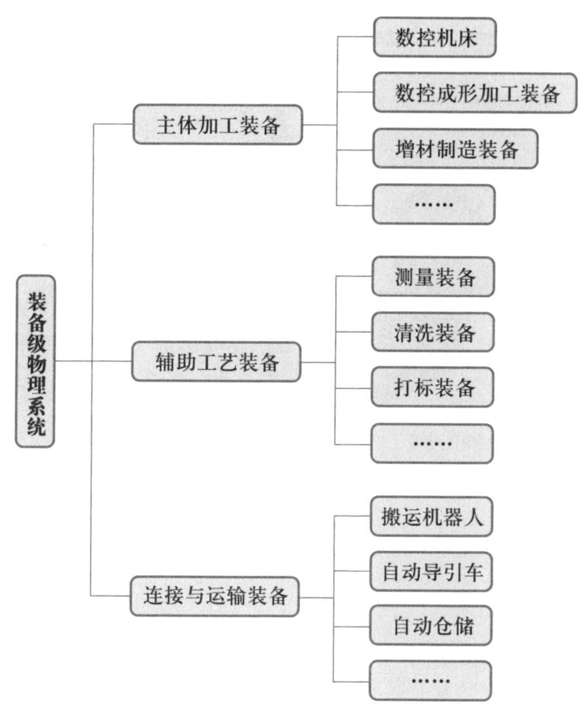

图 2-4 装备级物理系统的主要构成

其中，常见的主体加工装备主要包括如下几种。

1. 数控机床

数控机床是一种减材加工装备，是数字控制机床（computer numerical control machine tools）的简称，是一种装有程序控制系统的自动化机床。该控制系统能够逻辑地处理具有控制编码或其他符号指令规定的程序，并将其译码，用代码化的数字表示，通过信息载体输入数控装置。经运算处理由数控装置发出各种控制信号，控制机床的动作，按图样要求的形状和尺寸，自动地将零件加工出来。

数控机床主要分为机床大件、进给系统、数控系统和主轴系统等部分，以及各类机床附件、电气柜等。五轴联动数控机床作为高档数控机床代表，在航空航天、汽车、船舶、能源等领域的企业占据举足轻重的地位。当前，以传统加工中心“几种工序、一次装夹实现多工序复合加工”的理念为指导，发展起来新一类数控机床，它能够在一台主机上完成或尽可能完成从毛坯至成品的多种要素加工的机床，即复合数控机床。如车削铣削（车铣）复合机床、以铣削磨削（铣磨）复合机床，以及含增材、减材功能的复合机床。这里选取五轴卧式车铣复合加工中心为代表进行介绍，如图 2-5 所示。该机床为动柱式结构，配合单摆直角头、双工件主轴和中心架或下刀塔。采用斜床身结构，整体结构刚性较好，刀库采用圆盘方式，布局紧凑，具有较大的作业空间，冷却、润滑和排屑效果较好。这种车铣复合的特殊化设计，减少因传统工序多次装夹造成的时间损耗和精度损失，提高了加工效率和加工精度。

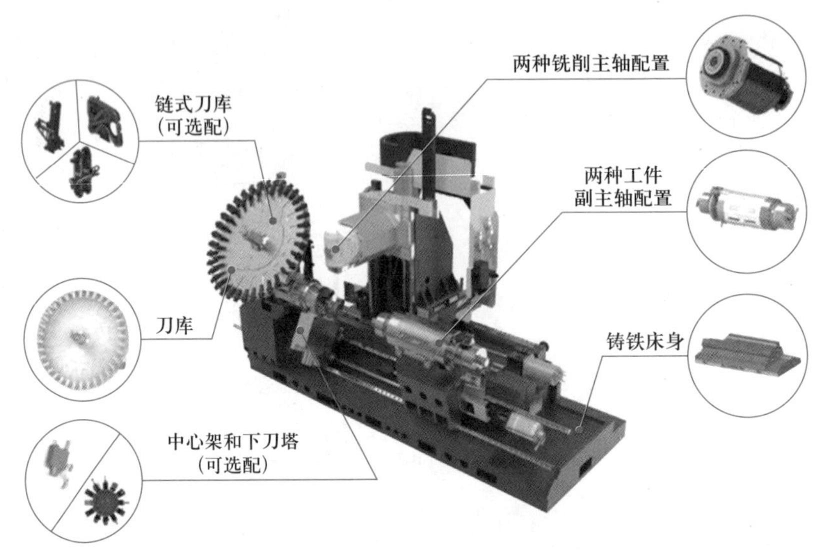

图 2-5　五轴卧式车铣复合加工中心（大连科德公司）

2. 数控成形装备

数控成形装备是一种等材加工装备，包括数字化铸造 / 锻造设备、数字化焊接装备、数字化铺丝机等，也是一种复杂的机电一体化系统。其中，数字化锻造设备包括数字化热模锻压力机，冷锻、温锻压力机和精冲压力机等精密锻压装备，其生产的锻件可以达到很高的精度水平，基本实现了近净成形。图 2-6a 所示为济南二机床集团有限公司（简称济南二机床）生产的伺服压力机，其传动系统采用多连杆式伺服驱动，具有八面直角导轨导向、液压过载保护、滑块装模高度自动调整和微调功能。图 2-6b 所示为机器人焊接系统。

当前，高速化、高度集成以及复合加工工艺的应用越来越普遍，比如将模具冲切与激光切割有机地结合起来，工件一次上料即可完成冲孔、冲切、翻边、浅拉深、切割等多道工序，最大限度地节省了辅助时间，特别适合孔型多、复杂的面板类工件的加工及多品种、小批量板料加工。

(a) 伺服压力机

(b) 机器人焊接系统

图 2-6　数控成形装备示例

3. 增材制造（3D 打印）装备

增材制造装备利用包括激光、电子束、特殊波长光源、电弧或以上能量源的组合对材料进行逐层增材制造，其成形材料包括金属、非金属、复合材料等。增材制造装备根据其材料种类、形态以及能量源分为若干类工艺装备，适应于创新设计、创新功能、复杂结构的零部件制造。当前，增材制造已经从最初的原型制造逐渐发展为直接制造、批量制造，成为工业领域的主流制造手段之一，主要用于多品种、个性化、小批量定制生产模式。

激光选区熔化（selective laser melting，SLM）成形技术是近十几年发展起来的一种用于成形尺寸精细、结构复杂金属零件的技术。因为 SLM 加工工艺不受零件结构复杂性的约束，能够直接制造出接近最终成形的零部件，在医用器械、飞行器结构件及军工装备等精密复杂部件的生产线中得到了规模化应用。激光选区熔化增材制造装备如图 2-7a 所示。与此同时，近几年出现的兼有增材制造与减材制造功能优势的增减材复合制造装备如图 2-7b 所示，主要用于航空航天中小型、复杂、难加工的零件，解决具有复杂型面、内

(a) 激光选区熔化增材制造装备及成形零件

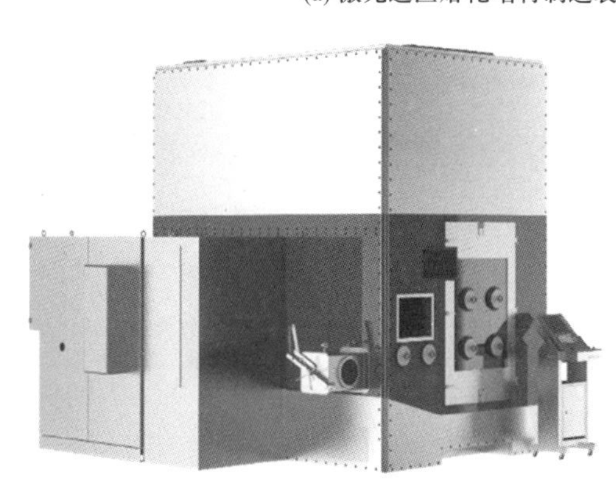

(b) 激光送粉式增减材复合制造装备及成形零件

图 2-7 增材制造装备与增减材复合制造装备

孔、内腔零件一体化成形问题，可以在一次装夹情况下实现复杂曲面零件（叶盘、叶轮、复杂机匣等）的高效加工。

案例 2-2

法士特的装备级物理系统

法士特生产变速器各零件的过程中，装备级物理系统包括如下几个部分。

1）主体加工装备

主体加工装备主要包括各类机加工数控机床、壳体类铸造装备、轴齿类锻造装备、渗碳和淬火等热处理装备。

其中，数控机床主要包括卧式五轴联动加工中心、卧式四轴联动加工中心、倒立车床、高效蜗杆磨齿机、高效滚齿机、滚插机等，如图 2–8 所示。

(a) 卧式五轴联动加工中心

(b) 卧式四轴联动加工中心

(c) 倒立车床

(d) 高效蜗杆磨齿机

(e) 高效滚齿机

(f) 滚插机

图 2–8 数字化加工装备

法士特生产变速器壳体机加工生产线主体加工装备主要是卧式五轴联动加工中心，主要完成加工定位面孔、钻孔、攻螺纹、铣面、钻镗孔等工序加工，如图 2–9 所示。其中，机床采用卧式布局和 *A*/*B* 轴摆动工作台，电主轴最大转速为 16 000 r/min，*X*/*Y*/*Z* 直线轴行程（mm）为 800/1 020/970，最大速度（m/min）分别为 65/50/80。

2）辅助工艺装备

辅助工艺装备包括各类检测装备、激光打标机、清洗机、烘干机和试漏机等。

检测装备主要包括在线测量机、齿测中心、光学检测机、圆柱度仪、三坐标测量机、机器视觉检测设备等，如图 2–10 所示。其中，在线测量机主要用于完成壳体加工孔径关键尺寸的测量。

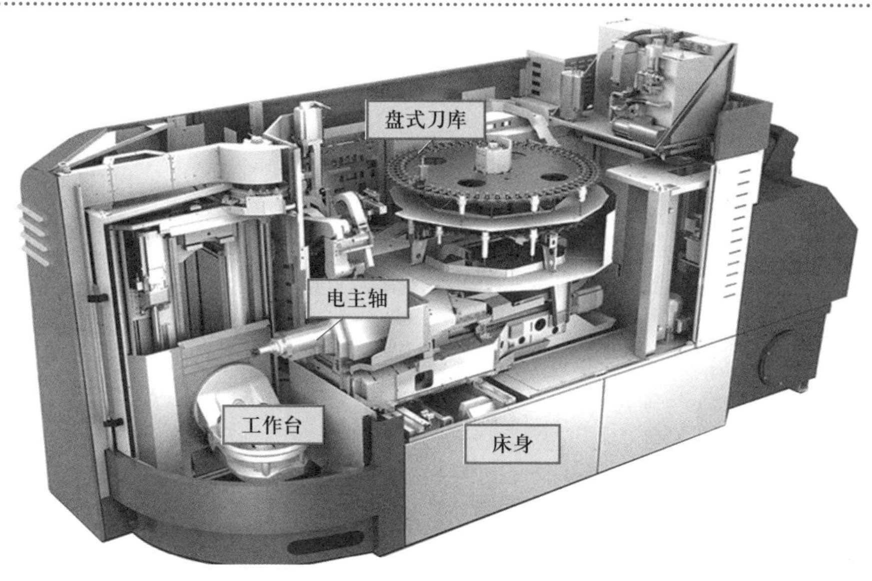

图 2-9 卧式五轴联动加工中心

(a) 在线测量机

(b) 齿测中心

(c) 光学检测机

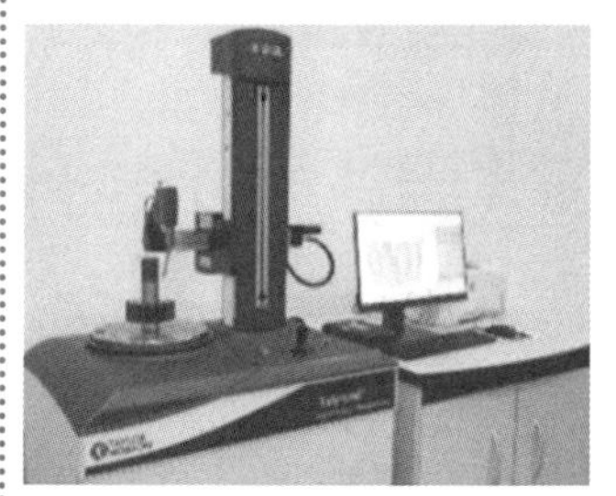
(d) 圆柱度仪

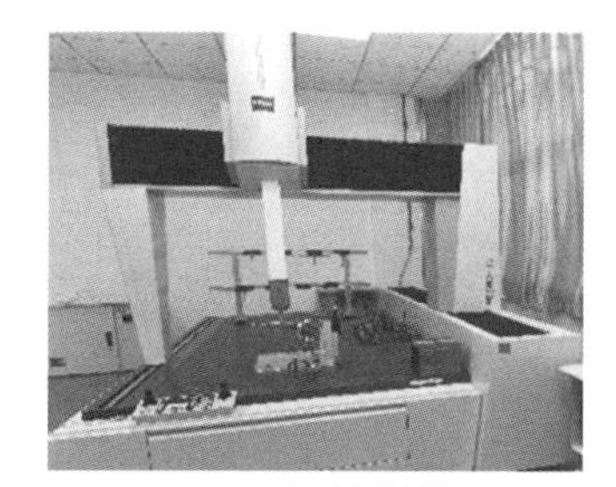
(e) 三坐标测量机

(f) 机器视觉检测设备

图 2-10 数字化检测装备

其他辅助装备有激光打标机、在线清洗机、高压清洗机、去毛刺机、试漏机、集中过滤系统等，如图 2-11 所示。在线清洗机主要用于零件的最终清洗和烘干，保证零件清洁度要求。

3）智能连接与运输装备

法士特变速器生产线的智能连接与运输装备主要包括工业机器人、桁架机械手、AGV、动力轨道、空中输送连廊、自动化立体仓库等，如图 2-12 所示。其中，上

(a) 激光打标机

(b) 在线清洗机

(c) 高压清洗机

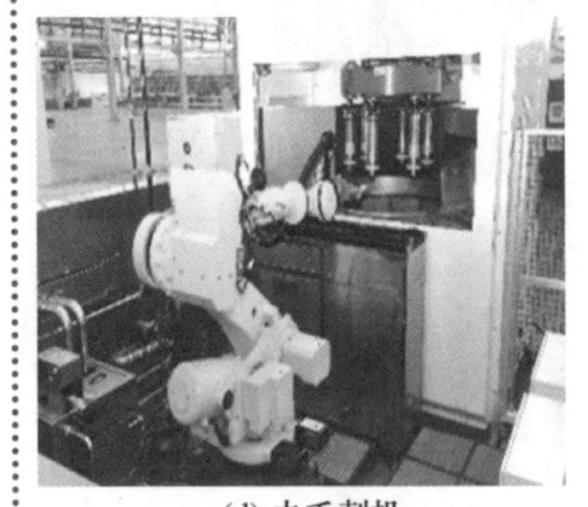
(d) 去毛刺机

(e) 试漏机

(f) 集中过滤系统

图 2-11　数字化辅助工艺装备

(a) 工业机器人

(b) 桁架机械手

(c) AGV

(d) 空中输送连廊

(e) 自动拆垛机构

(f) 自动化立体仓库

图 2-12　智能连接与运输装备

料工业机器人通过自动供料料仓、地轨输送等方式，高效地完成毛坯零件在各个加工装备之间的上下料功能，采用配置第七轴地轨的 6 轴关节机器人，自由度高、抓取灵活，同时采用零点快换手爪，提高换产效率。AGV 主要由 AGV 车体、定位装置等组成。在生产车间内，AGV 主要承担将半成品自动运输到上料机，将成品运输到成品缓存区。在装配车间，AGV 主要承担从箱体上线到变速箱装配完成过程的输

送、定位、辅助装配工作。AGV 调度灵活，采用惯性导航等技术可实现精确自主定位。应用激光及前置摄像头避障可实现安全可靠的运动控制，同时运维便捷。

自动化立体仓库的主体由高层货架、巷道堆垛起重机、有轨堆垛机、输送系统及周边设备组成（图 2-13），主要完成毛坯零件、加工品的仓储功能。自动化立体仓库拥有双工位堆垛机，行走速度为 160 m/min，采用防坠落设计和多重防护，确保安全可靠。

图 2-13　自动化立体仓库

法士特数字化加工装备

法士特数字化检测装备

法士特数字化辅助工艺装备

法士特数字化连接运输装备

2.2.2 产线级物理系统

1. 加工产线

产线的物理系统包括数控加工装备、辅助工艺装备、连接与运输装备。按照零件加工工艺过程顺序，产线级的连接与传输装备将毛坯或半成品零件从一个工位传送到下一个工位，工位上的主体加工装备与辅助工艺装备完成每个工序的操作。构成产线的各类数字化装备具有网络数据通信接口，能够实现设备运行状态数据采集和远程诊断的功能。产线的总体布局和结构形式往往取决于工艺流程、产能规划以及车间总体物流规划，并能够满足精益生产要求。下面以变速箱前壳体加工产线为例进行介绍。

 **案例 2-3**

法士特变速器前壳体的加工产线物理系统

法士特针对汽车市场需求多样化和产品更新换代快的特点，建设的变速器前壳体生产线的加工装备由以卧式五轴联动加工中心为主的柔性生产单元组成。变速器前壳体的毛坯与成品如图 2-14 所示，其主要生产工序及生产装备见表 2-1。变速器前壳体生产线的总体布局和实际现场分别如图 2-15a 和图 2-15b 所示。

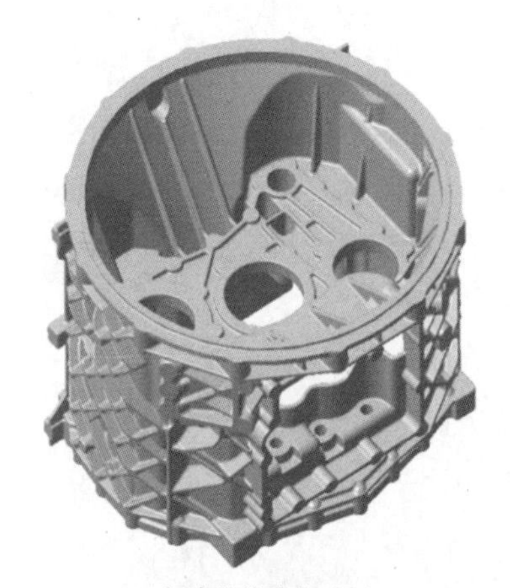

(a) 变速器前壳体毛坯

(b) 变速器前壳体成品

图 2-14 变速器前壳体示意图

表 2-1 法士特变速器前壳体的主要生产工序及生产装备

工序号	工序内容	生产装备	装备类型
OP010	机器人上料	机器人上料单元	连接运输
OP020	打标台打标	激光打标机	辅助工艺
OP030	加工定位面孔，钻孔，攻螺纹	卧式五轴加工中心	主体加工
OP040	铣面，钻镗孔，攻螺纹	卧式五轴加工中心	主体加工
OP050	预清洗	在线清洗机	辅助工艺
OP060	关键特性检测	测量机及测量工作站	辅助工艺
OP070	气密性检测	试漏机	辅助工艺
OP080	钢丝螺套安装	钢丝螺套安装单元	辅助工艺
OP090	钢丝螺套防漏检测	视觉检测单元	辅助工艺
OP100	最终清洗	高压清洗机	辅助工艺
OP110	机械手下线	桁架机械手单元	连接运输

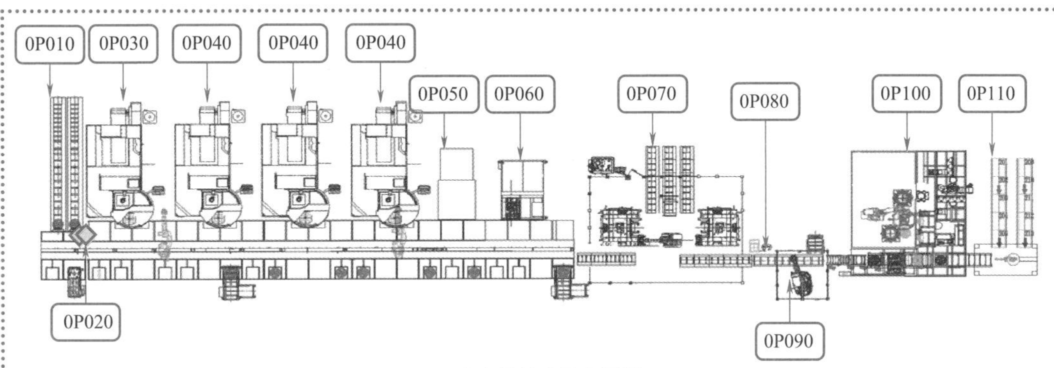

(a) 生产线的总体布局图

(b) 生产线实际现场

图 2-15 法士特变速器前壳体生产线

（1）主体加工装备是4台卧式五轴联动加工中心，辅助工艺装备包括激光打标机、在线清洗机、测量机及测量工作站、试漏机、钢丝螺套安装单元、视觉检测单元、高压清洗机，连接与运输装备主要包括上料机器人、桁架机械手单元等。

（2）变速器前壳体的生产线使用机器人、输送轨道将主体加工装备进行连接。机器人在轨道上运动将工件（如图2-14a所示的毛坯零件）在4台卧式加工中心和辅助工艺装备以及其他运输装备之间进行传送，如图2-15所示。各类装备设置有强制互锁程序，以确保操作人员、机器人以及其他设备之间不会发生任何碰撞。

（3）表2-1所示为变速器前壳体零件的加工工序。图2-16所示为变速器前壳体零件在生产线上被传送的几个典型状态。变速器前壳体毛坯零件由机器人上料（OP010）在激光打标台打标（OP020），通过机器人首先给1台卧式五轴联动加工中心上料，完成变速器前壳体定位面孔、钻孔、攻螺纹的加工（OP030），然后工件被传送到3台卧式五轴联动加工中心完成铣面、钻镗孔、攻螺纹的加工（OP040）。至此，壳体零件完成切削加工，通过产线运输装备传送到下一个清洗工序。

（4）工件由机器人搬运至清洗机进行清洗，清除切屑和切削液残留（OP050）。

经清洗烘干之后，机器人将零件传输至测量单元进行测量（OP060），若零件检测合格将进入下一加工环节，若零件检测不合格将被传输至NG料道，进行人工处理。检测合格的零件将被传送到试漏机进行气密性检测（OP070），检测合格后将进行钢丝螺套安装（OP080），此后零件通过视觉检测单元进行防漏检测（OP090），合格后经滚道送至高压清洗单元，零件将再次清洗和烘干（OP100），以满足零件清洁度要求。以上工序全部完成后，成品（图2-16b）由桁架机械手下线，并通过AGV直接传输至仓储或运送到装配生产线。

(a) 机器人抓取工件

(b) 机器人传送壳体

变速器前壳体产线加工过程仿真

(c) 传送到机床上加工

(d) 传送到清洗设备

图2-16　变速器前壳体在生产线上的传输

2. 冲压产线

钣金冲压产线是随着现代汽车工业发展出现的一种必然的批量生产加工方式，能够极大地提升钣金零部件的质量和成形效率。传统冲压产线的主要组成为多个单动数控压力机，在各个压力机之间安装有机械手，能够实现工件的翻转。这种加工方式由人工与机械相结合。智能钣金冲压生产线的物理系统主要由板料拆垛系统、清洗机、涂油机、对中装置、上料机械手或机器人、数控伺服压力机、下料机器人、带式输送机等组成。工业机器人作为一种可靠性强、灵活性高、安全性好的数字化产线连接装备，用于上下料、清洗、搬运传输等，越来越多地应用于冲压数字化产线上，对汽车制造具有重要的作用。

案例 2-4

汽车钣金冲压产线的物理系统

某汽车车身钣金零件结构如图 2-17a 所示，该零件由汽车金属板材经过冲压生产线加工完成。在汽车整车厂完成的冲压、焊装、涂装和总装四大工艺流程中，汽车车身的钣金冲压产线位居第一位，其生产效率和生产质量直接影响着汽车制造业的生产效率和生产质量。

济南二机床开发的高效柔性全自动冲压生产线，生产节拍达到世界先进的每分钟 18 次，整线全自动换模时间≤3 min，效率提高 20%，生产柔性也更加优越，可实现“绿色、智能、融合”的全伺服高速冲压生产，达到国际领先水平。高效柔性全自动冲压生产线是由以数控伺服压力机为主的柔性生产单元组成。生产线总体布局和实际现场如图 2-17b 和图 2-17c 所示。主要包括线首单元，垛料台车，磁力分

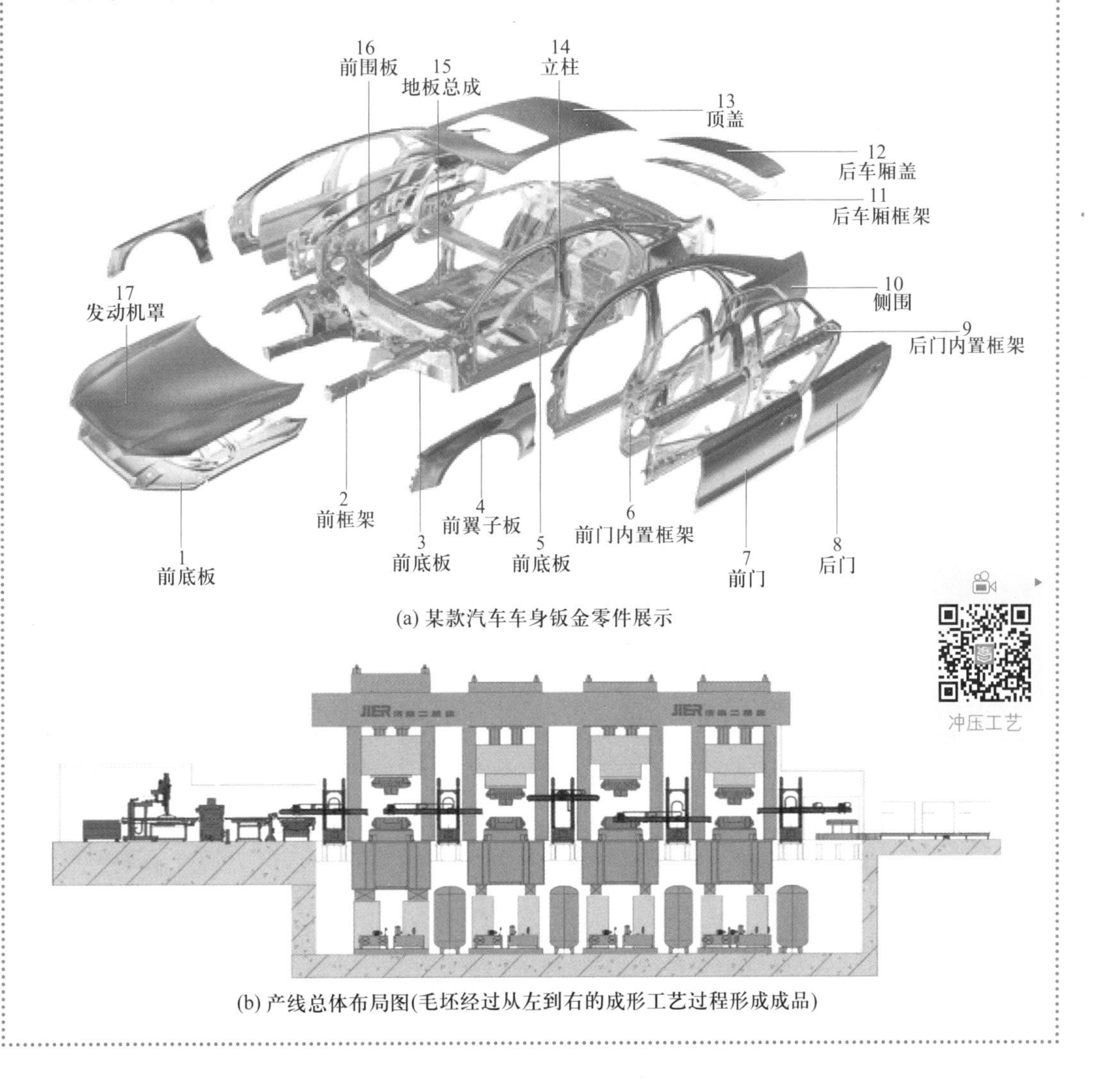

(a) 某款汽车车身钣金零件展示

(b) 产线总体布局图(毛坯经过从左到右的成形工艺过程形成成品)

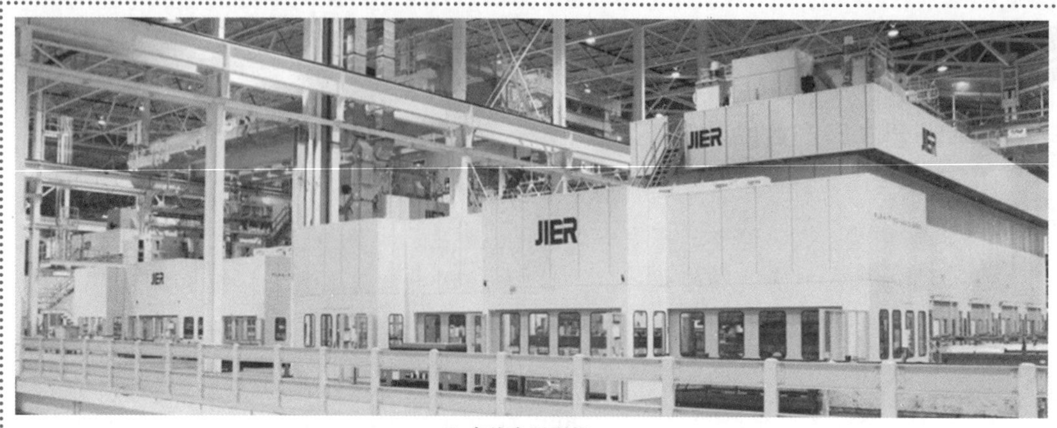

(c) 产线实际现场

图 2-17 汽车钣金冲压产线

张装置，高速桁架拆垛装置，清洗、涂油机，过渡装置，对中系统，上料装置，数控伺服压力机（4 台），高速传送机构上料、传送、下料线尾单元，质检台，下线系统等。该冲压生产线通过机器人实现零件的自动取放、翻转、传输等，可以实现高效、简便、灵活的柔性自动化生产。汽车钣金高速柔性冲压生产线部分装备与成品如图 2-18 所示。

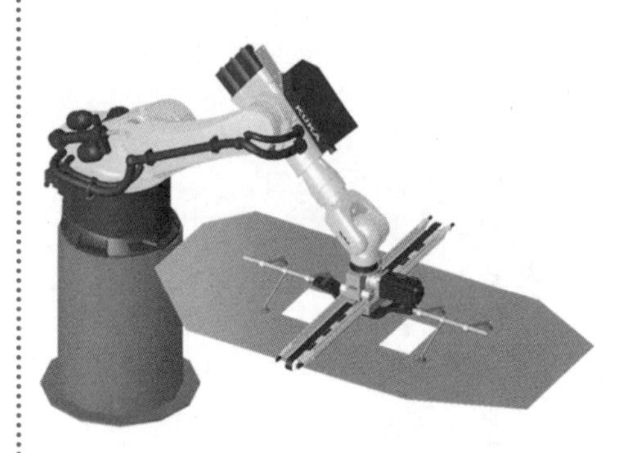

(a) 线首机器人送料装置

(b) 数控伺服压力机

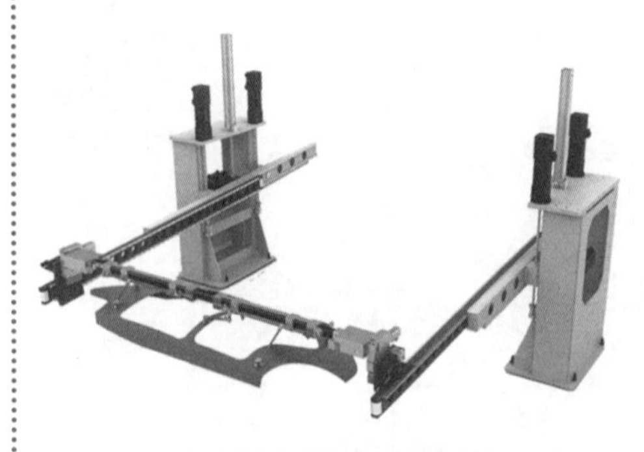

(c) 压力机间机械手送料装置

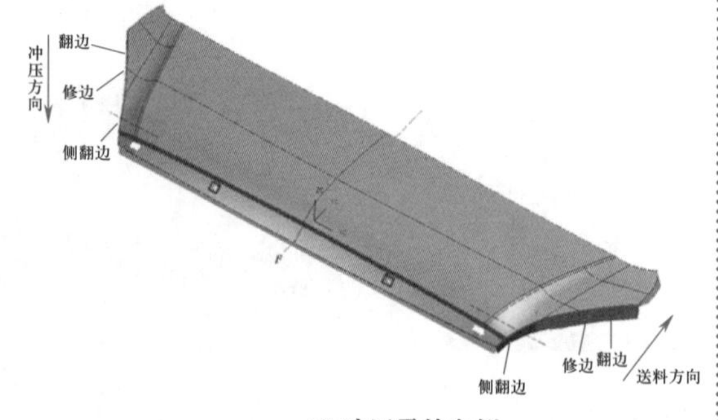

(d) 冲压零件实例

图 2-18 高速柔性冲压生产线部分装备与钣金零件

某款汽车前机盖外板的主要冲压生产工艺过程及生产装备如表 2–2 所示。

表 2–2 某款汽车前机盖外板的主要生产工序及装备

工序号	工序内容	生产装备	模具名称	装备类型
OP010	拆垛	拆垛机械手臂		
OP020	进料	进料机械手臂		
OP030	拉延	多连杆机械压力机	拉延模	主体加工
OP040	工件传送	机械手送料装置		连接运输
OP050	修边冲孔侧修边侧冲孔	闭式四点机械压力机	冲裁复合模	主体加工
OP060	工件传送	机械手送料装置		连接运输
OP070	翻边侧翻边	闭式四点机械压力机	翻边侧翻边模	主体加工
OP080	工件传送	机械手送料装置		连接运输
OP110	修边翻边侧翻边	闭式四点机械压力机	修边翻边侧翻边模	主体加工
OP120	工件传送	机械手送料装置		连接运输
OP130	检测	检测装备		辅助工艺
OP140	下线	机械手臂		连接运输

3. 焊接产线

数字化焊接生产线是利用各种数字化焊接手段将各种钣金零部件拼焊在一起的数字化生产线。汽车车身焊接工序繁多、工艺复杂，因此数字化焊接生产线以现代汽车工业应用场景最为典型。车身金属焊接过程伴随着高温、弧光、飞溅、烟尘等，生产环境相对恶劣，操作者劳动强度大。机器人焊接可以保证焊接位置、焊接角度的一致性，不会出现人为的错焊、漏焊，而且可以通过简单的机器人编程调整适应于不同的产品。因此，在汽车整车生产四大工艺过程中，焊装是自动化程度最高、应用工业机器人等数字化装备最多的生产线。数字化焊接生产线主要由各种自动化输送设备、焊装夹具、点焊机、激光焊接设备、焊接机器人、检测设备、焊烟净化除尘设备及其他辅助设备等组成。工件由机器人或自动化输送设备传输到工位，由数字化焊装夹具迅速准确定位，再通过点焊机和焊接机器人完成焊接作业。

 **案例 2–5**

汽车白车身焊装生产线的物理系统

汽车白车身焊装生产线是用于将冲压产线生产的各种冲压零配件及其总成焊接为一个整体车身结构。由于涉及各种零部件的焊装，所以整个焊接过程有比较明显的焊接顺序性。据统计，一辆轿车的白车身在焊装过程中要经历 3 000～5 000 个点焊步骤，用到 100 多个大型夹具、500～800 个定位器。广州明珞公司开发的白车身焊装全自动生产线由多个子生产线组成，通常包含发动机舱、侧围、地板及车顶顶盖等焊装分总成线及最后合装主焊生产线。每一个子生产线根据车身焊接点位需要包含若干个焊接工位。每个工位的基本组成包括车身自动定位夹具、数字化焊机、机器人及其配套系统。其中，机器人及其配套系统包括机器人本体、驱动系统、支撑构架和焊接系统。在白车身焊装生产线上，工件由输送线和定位夹具在不同工位间传递。

以某汽车车身钣金焊接为例，该焊接生产线是由200台机器人焊接单元为主组成，生产节拍为90 s。从冲压生产线出来的车体部件进入焊装生产线后分别在各自的焊接生产线上加工完成后，全部运送到主焊线进行合拼。图2-19a所示为车身焊接生产线总体布局图，图2-19b所示为汽车车身焊接生产线的主要作业流程，图2-19c所示为生产线实际现场。焊接生产线部分工位与工装如图2-20所示。

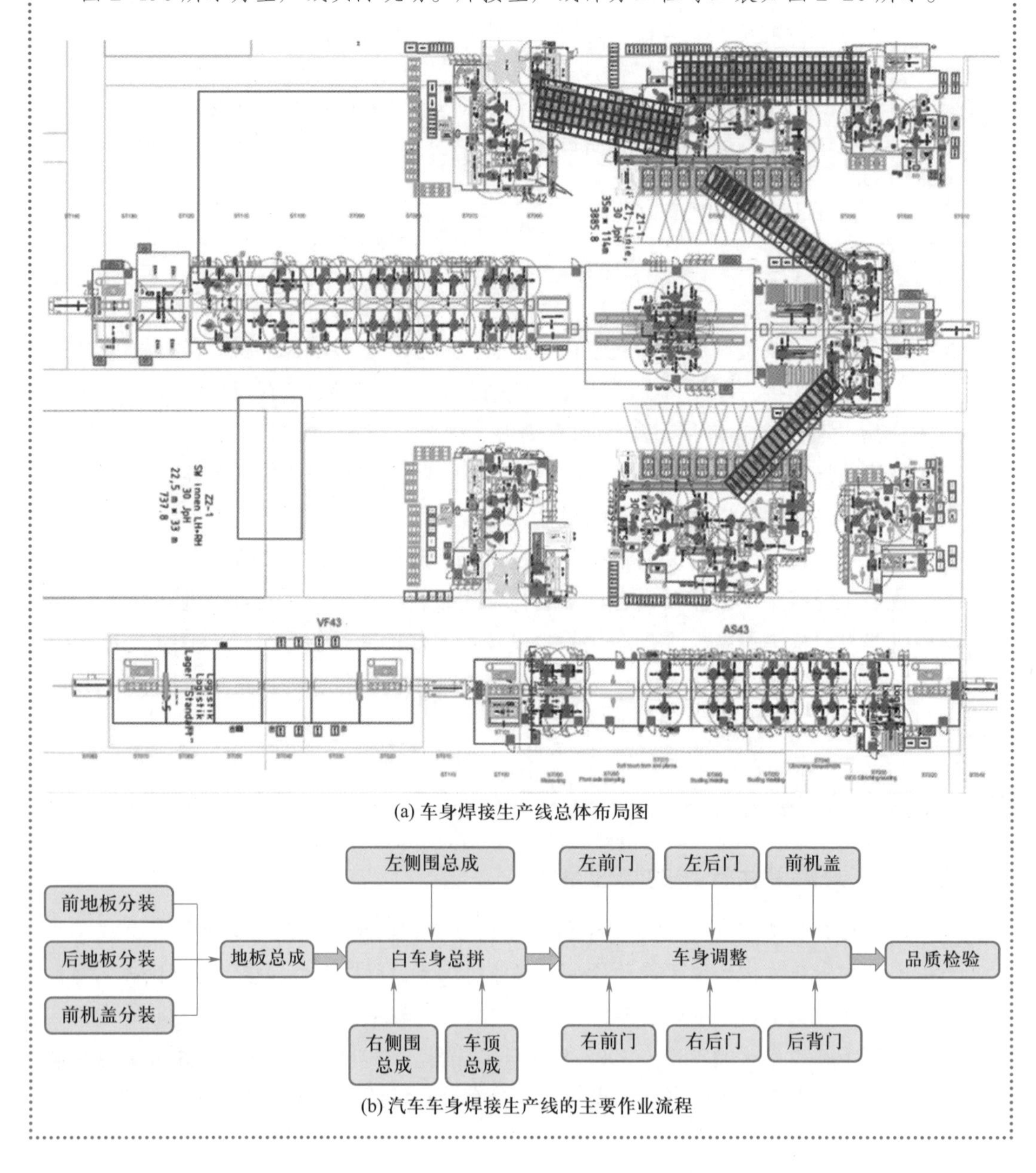

(a) 车身焊接生产线总体布局图

(b) 汽车车身焊接生产线的主要作业流程

(c) 生产线实际现场

图 2-19 某汽车车身焊接生产线（广州明珞公司）

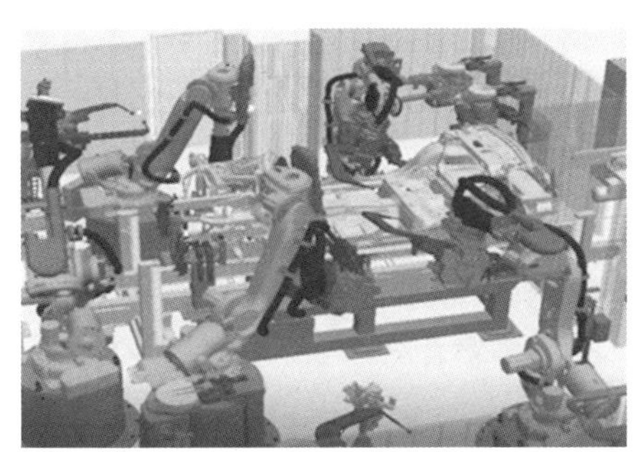

(a) 车身地板分总成焊接

(b) 车身侧围分总成焊接

(c) 数字化焊机

(d) 输送线

(e) 机器人搬运

(f) 定位夹具实例

图 2-20 焊接生产线部分工位与工装

4. 装配产线

数字化装配生产线是将产品零部件和分总成通过输送系统、随行夹具和在线专机、测试设备等数字化设备及工具的组合，根据装配工艺规范进行装配以满足产品的装配性能要求。为充分体现装配线的灵活性和柔性，一般装配生产线依赖于装配人员和机器的有效组合。在现代大型复杂产品的装配生产线中，为避免高强度的人工劳作和人员的安全问题，同时为了提高装配的精准度和一致性，生产企业在装配生产线上尽可能地采用自动化和智能化装备，通过工作人员和智能化设备的紧密配合，提高装配工作的效率和产品的整体品质。

 案例 2-6

汽车变速器装配生产线的物理系统

法士特重卡变速器总装生产线（以下简称总装线）主要完成变速器各组装部件的装配与性能调试。总装线以壳体类零件为基本组件，随着总装线的不断推进，依次向上面添加齿轮、轴系、轴承、变速器盖、副箱、操纵等组件，装配完成后则进行试车测试，主要测试变速器换挡性能、噪声和异响等，之后加油、试车并完成打包。

变速器装配线的主要设备和工具包括输送设备、变速器壳体和齿轮轴系统等分系统上线设备，各种油液加注设备，自动打标机，各种专用装配线设备及检测设备。

（1）输送设备。输送带、搬运机器人等，具有自动举升、翻转、转轨、搬运等功能，用于变速器壳体、齿轮、轴系等各大部件及其分总成上线的输送。

（2）各种油液加注设备。润滑油等装配线加注设备。

（3）专用装配线设备。压装机（自动对齿热装、轴承压装等）、螺纹紧固机器人设备、自动涂胶机、专用工装等。

（4）检测设备。各类测量设备和性能测试设备。测量设备主要用于自动检测齿轮和轴的摆放顺序，止动环、轴承等关键件是否漏装，装配精度等；性能测试设备主要进行自动变速器的电气性能测试、换挡机构测试、驻车机构测试、离合器特性测试等。

图 2-21 所示为变速器总成的装配线工艺流程图。

法士特于 2021 年在高智新工厂新建了一条智能化装配线，年产能 12 万台，兼容 S10、S12、S16 及集成式 AMT 系列变速器等 5 大系列，80 余种变型产品，实现多品种混线生产，换产节拍小于 100 s；全面应用了伺服压装、定扭拧紧、全面防错、精密压装、定量涂覆、视觉检测、自动焊接及 AMT 测试等新技术，通过数字化技术，实现了从感知到决策层的闭环管控；质量数据 100% 采集和追溯；在人机协作、视频动态监控、人体外骨骼、AR 技术、螺栓预紧力实时采集等智能化场景方面也有首次开发和应用。该生产线的特点如图 2-22 所示，其自动化、信息化、数字化程度在商用车行业内处于顶尖水平。

变速器装配线实际现场以及部分工位的装备如图 2-23 所示。

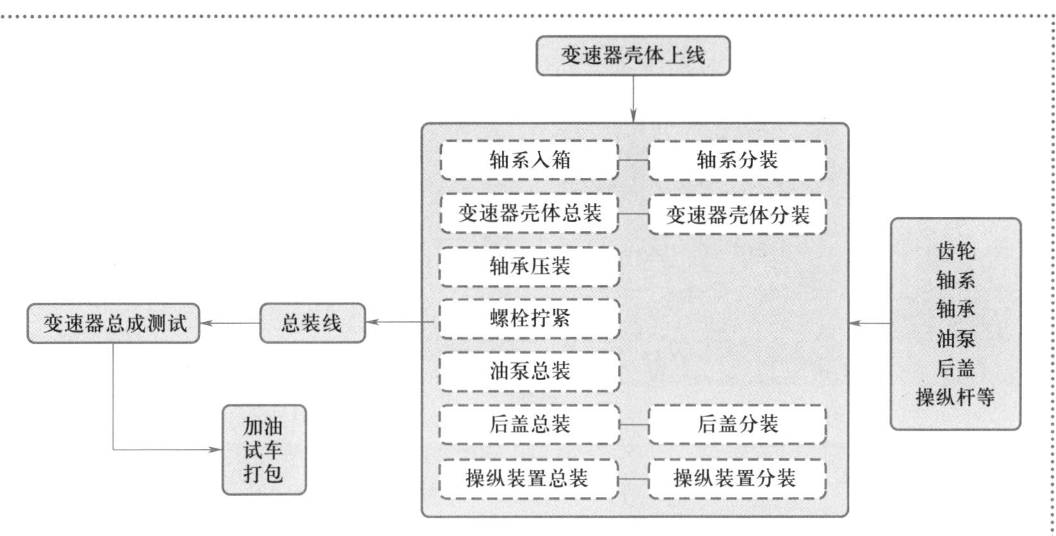

图 2-21　变速器总成的装配线工艺流程图

装备自动化	生产柔性化	核心技术自主化	流程数字化	质量透明化
S手动变速器：65%	兼容80余种机型	伺服压装　定扭拧紧	研发&生产信息驱动	过程防错：100%
集成化ATM：71.5%	全自动换产	全面防错　精密热装	从感知到决策闭环管控	在线检测：100%
关键分总成：100%	换产节拍<100 s	定量涂覆　视觉检测	产品全生命周期管理	数据采集：100%
物料配送：100%	订单无缝切换	自动焊接　AMT测试	提效增值，打造竞争优势	质量追溯：100%

图 2-22　法士特 S 系列变速器生产线的特点

(a) 生产线实际现场

(b) 搬运机器人

(c) 外观检测设备

(d) 螺钉自动扭紧设备

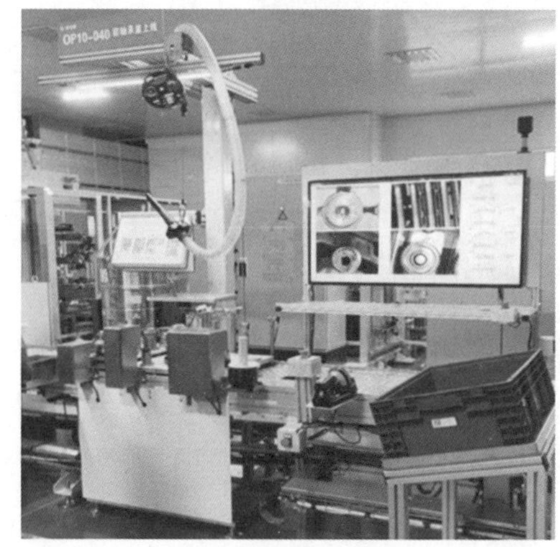

(e) 齿轮及轴测量设备

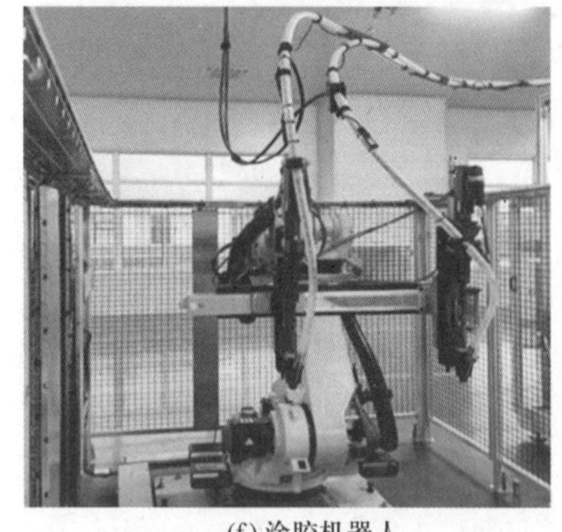

(f) 涂胶机器人

(g) 测试装备

图 2-23　装配线及部分装备

2.2.3　车间级物理系统

车间级物理系统由多条不同零件的生产线、半成品仓储设施以及连接与运输系统组成。智能车间连接与运输系统主要包括产线连接系统、物料识别系统、货位管理系统、自

动分拣系统以及物料传输系统。

在每个产线之间，使用刚性的物料传输设备如传送带、吊车、滑轮等，或者柔性的工业卡车、AGV 将加工零件或中间产品在不同产线之间进行传输。智能车间的仓储设施主要采用立体仓库实现半成品、成品的出入库管理。在当前阶段，仓储设施是车间的必要设施之一，然而车间的最终建设目标是在智能化技术的支持下做到即时生产，实现毛坯与成品的零库存。

案例 2-7

法士特的车间级物理系统

法士特变速器的壳体加工需要由一个车间来完成。根据生产组织的需要，在给定区域内规划多条相似的零件加工生产线，并辅助建设毛坯库以及工具库，上述单元构成了一个完整的主要部件加工车间。如图 2-24 所示，变速器壳体加工车间由毛坯库、工具库、变速器前壳生产线、变速器中壳生产线等组成。壳体加工所需的刀具、夹具等从工具库获得。毛坯出库后，AGV 将毛坯运送至产线上料道，由上料机器人搬运至产线不同工位，按工艺流程进行打标、机加工、预清洗、测量、试漏、钢丝螺套安装、最终清洗等一系列工序后得到变速器壳体成品，桁架机械手将成品搬运至下线滚道，再由 AGV 运送至成品立体仓库进行暂存，等待运输至总装车间进行装配。

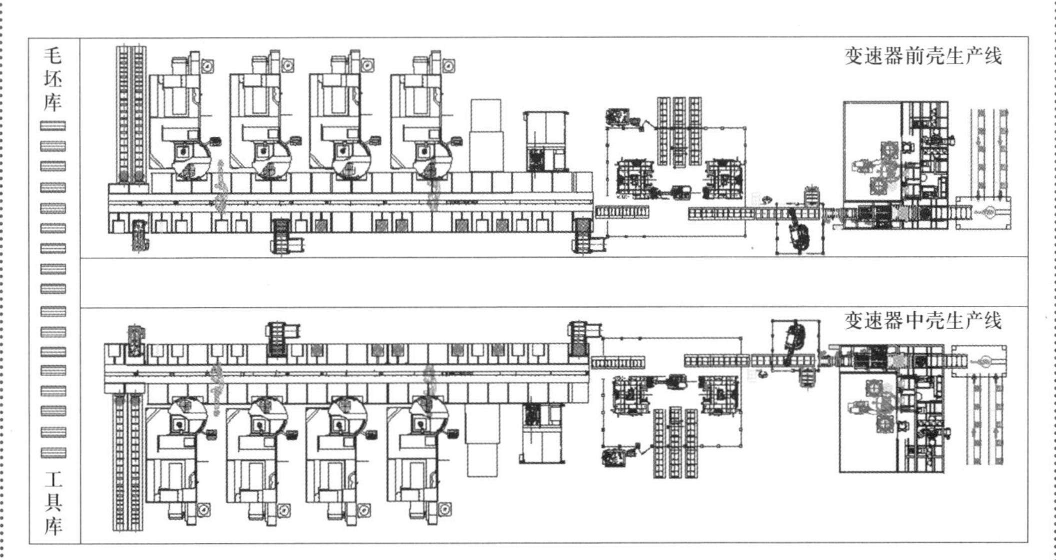

图 2-24　变速器壳体生产车间布局图

构成汽车变速器的主要零件除壳体以外，还包括盘齿、轴齿、齿圈、轴体，这些主要零件的加工还需要盘齿加工车间、轴齿加工车间、轴体加工车间来完成。如图 2-25 所示，每个车间在执行加工任务前需要从工具库中获得零件加工所需的刀具、夹具等，从毛坯库中获得零件加工的原材料或半成品。图 2–25 中左上部分为上一段详细描述的变速器前壳体和中壳体生产线的壳体加工车间。此外，图中右上角布置了变速器盘齿和轴体加工车间、图中左下角布置了一条轴齿加工生产线。然后，加工完成的零部件需要送至检测室进行精度、气密性等一系列测试。最终，变速器所有零部件运输至图中右下角所示的总装车间进行装配和测试，合格产品送至图中右侧中部的立体仓库进行存储。

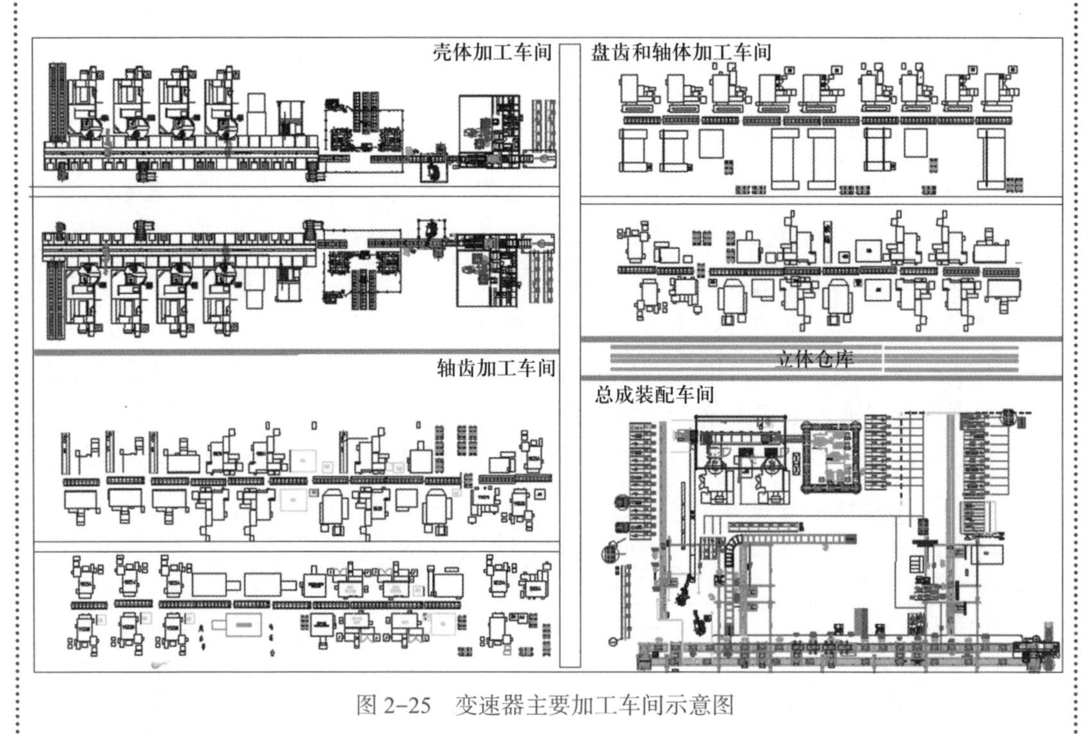

图 2–25　变速器主要加工车间示意图

2.2.4　工厂级物理系统

工厂级物理系统的构成重点考虑工厂布局与连接，通过将不同生产功能的生产车间以及其他辅助设施进行区域规划和布置而形成，布局是否合理、连接是否顺畅直接影响工厂的生产效率与生产成本。

 **案例 2–8**

法士特的产线级信息系统

如图 2–26 所示，法士特工厂规划布局了变速器主要零件的生产车间，包括轴齿加工车间、盘齿加工车间、壳体加工车间和装配车间等，以及毛坯库、立体仓库（用于存放成品，外购、外协加工零件等）、检测室等。车间生产的零件进入立体仓库暂存，然后运送至装配车间。总装完成并经测试合格后下线打包，通过销售物流

系统，以直运或中转的方式运输至用户手中，实现了变速器产品生产到销售的完整环节。

变速器工厂在已有的数字化生产装备和信息系统的基础上，通过工业互联网将车间设备的信息进行整合，进一步升级为数字化程度更高、网络化技术与制造技术融合度更深的智能工厂。

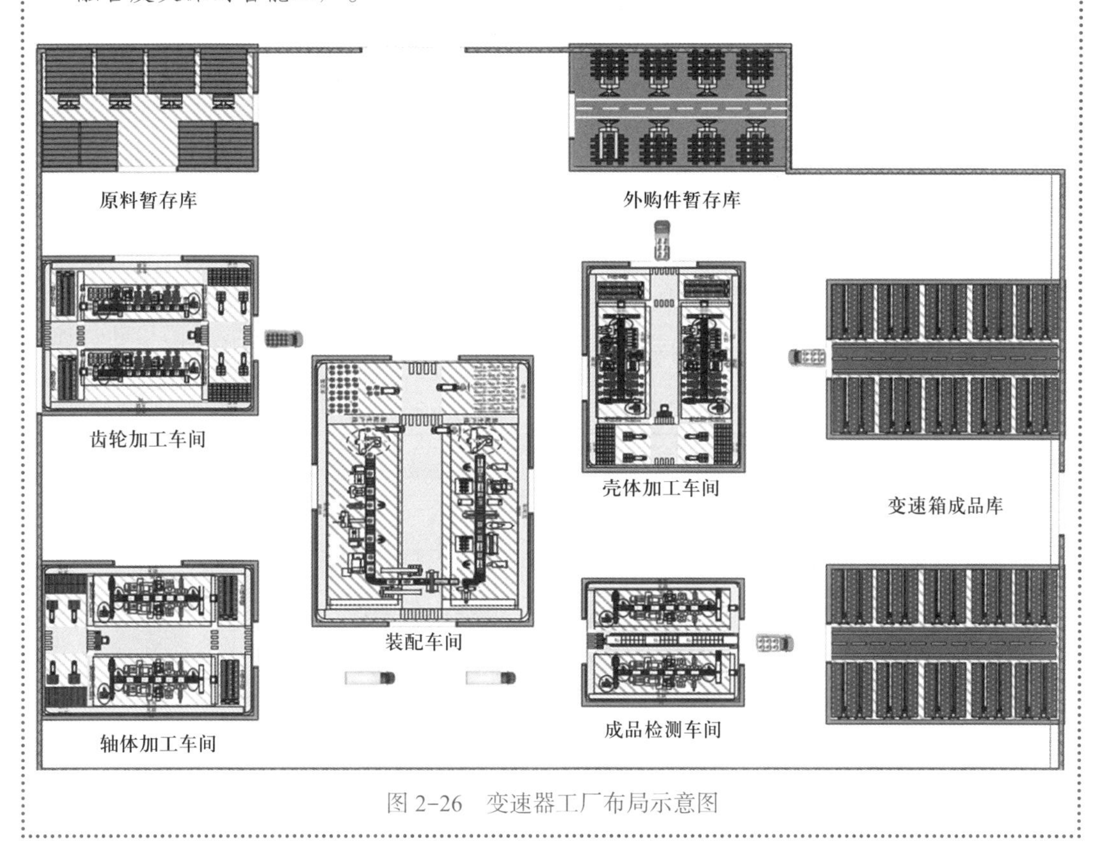

图 2-26　变速器工厂布局示意图

2.3　智能工厂的信息系统

2.3.1　装备级信息系统

装备级信息系统主要包括装备级生产自动化控制系统，即各台装备的数字控制（NC）系统。数字化装备都具有一个数字控制系统，在数控机床中一般称为数控系统，在工业机器人中则一般称为控制系统或控制器。

数控机床是在数控系统的管理控制下进行工作的。数控系统读取由外接传输的数控加工程序，将加工程序转化成机床可执行的指令，驱动伺服电机进行运动，实现零件的自动化加工。数控系统具备的基本功能一般包括① 运动控制功能与逻辑控制功能：通过分析传感数据与输入数据，计算得出运动与逻辑控制方法；② 驱动功能：根据算法控制功能得出的运动与逻辑控制的方法，驱动执行机构以达到算法控制目的；③ 传感检测功能：对机床运行过程中的某些物理量（如压力、振动、温度等）和开关量状态实时检测，为实施有关的控制、监控和诊断等功能提供必要的信息；④ 人机交互功能：用于控制系统与操作者之间的交互，包括用户界面、操控面板等；⑤ 二次开发功能：提供编程语言、编程界面和编程工具等，以方便用户编写以字符或图形表示的控制机床运行过程的程序；⑥ 保护功能：用于机床运行过程中因故障中断时提供对设备的保护（如数控编织机的断针、断纱保护等）；⑦ 总线扩展功能：提供模块扩展功能，使用总线连接系统各个模块进行数据传输，模块数量可以根据需求随时改变；⑧ 实时通信功能：将机械系统的观测量通过远程通信模块发送，以便远程监控与控制。

图 2-27 所示为数控系统逻辑架构，一般包括驱动控制装置、系统控制装置、传感检测装置、人机交互装置以及相关通信连接等几个组成部分。其中，最核心的是由系统控制装置和驱动控制装置所组成的产品控制系统。为使数控机床高精高效和可靠地工作，数控系统还需要提供如通信联网、零件程序管理、机床顺序控制、误差补偿、故障诊断、加工过程监控等方面的功能。

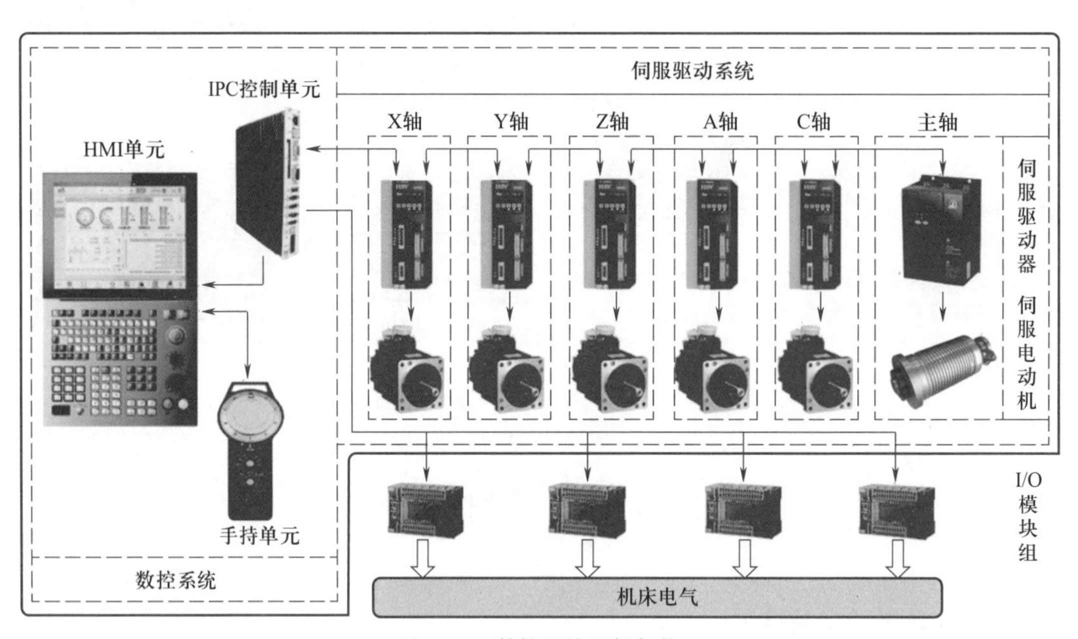

图 2-27　数控系统逻辑架构

图 2-28 所示为机床数控系统软件的一种体系结构，主要包括系统管理模块、应用控制模块、运动控制模块、总线适配模块、实时操作系统等几个部分。其中，除实时操作系统外的其他模块统称为应用软件，而实时操作系统则为应用软件提供与硬件无关的运行环境。

在工业控制领域，控制系统经历了集中控制系统、分散控制系统、现场总线控制系统，以及网络控制系统等不同阶段的发展变化。其中集中控制系统、分散控制系统、现场总线控制系统侧重于局域网，而网络控制系统侧重于分布式网络，使分布在不同地点的传

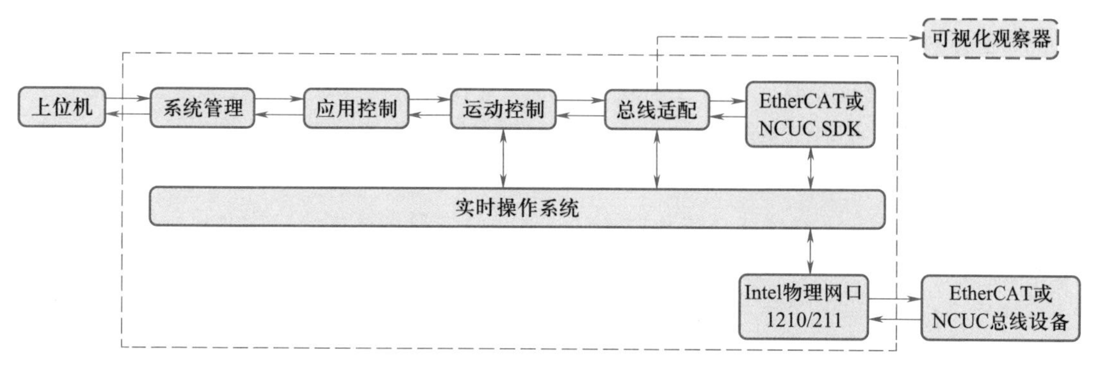

图 2-28　数控系统软件的一种体系结构

感器、控制器、执行器都通过网络连接起来，组成一个或多个控制闭环回路。

随着互联网技术的快速发展和普及应用，联网功能的引入也使数控机床由“数字一代”产品趋向“网联一代”产品发展。“网联一代”数控系统的组成架构发生了巨大变化，基于云平台的产品架构正变得越来越普及。基于云平台的架构是指“网联一代”产品可与云平台进行通信，从而可利用云端的各种资源。这种基于云平台的架构的实质是将产品信息系统的部分功能（如大数据的管理分析等计算与存储量大且对实时性要求不高的功能）部署到云端，形成一个由“云分析管理 + 本地实时分析控制”的广义信息系统，因此与纯本地架构的“数字一代”产品相比，“网联一代”产品的信息系统的功能和性能可实现质的飞跃。

案例 2-9

网联机床的组成特点

从组成方面看，与数控机床相比，网联机床的变化主要体现在信息系统方面。网联机床的系统架构如图 2-29a 所示，网联机床的信息系统组成如图 2-29b 所示。

网联机床以网络化数控系统为互联中心，图 2-30 为一种典型的网络化数控系统

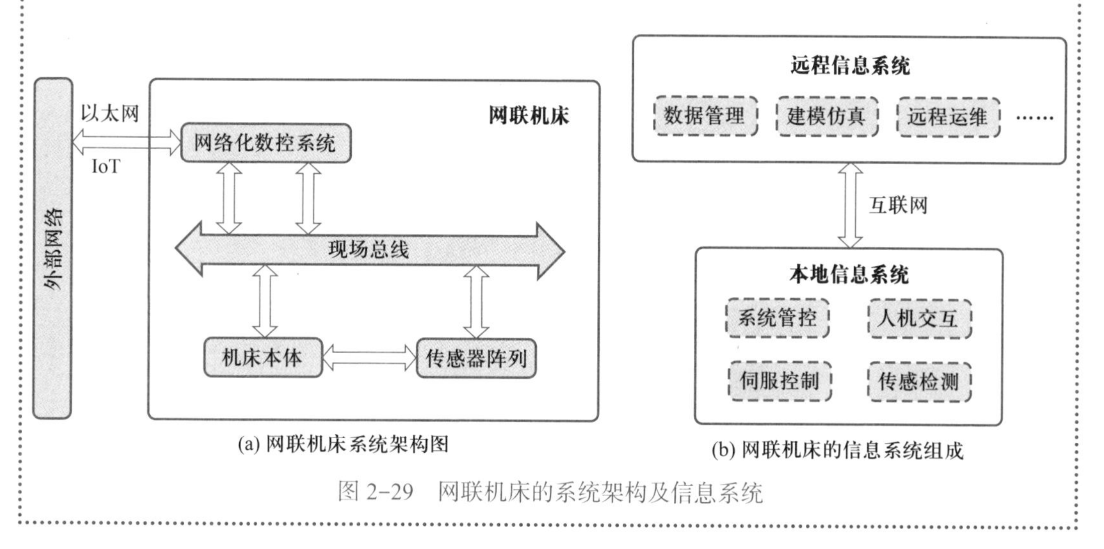

(a) 网联机床系统架构图　　(b) 网联机床的信息系统组成

图 2-29　网联机床的系统架构及信息系统

互联硬件架构。该架构划分为内部连接和外部连接两部分。内部连接是指开辟专用以太网通信物理接口，通过工业以太网现场总线技术将网联机床内部组成的各个子设备节点（包括伺服系统、I/O 模块、通过智能网关设备接入的传感器设备）有机互联。图 2–30b 为数控装置配置的以太网接口，以网线作为互联介质。外部连接是指设计通用有线 / 无线网络通信物理接口，通过特定网络通信协议技术与外部网络（如云端服务器）互联。网络化数控系统以太网中常用的有线传输介质包括双绞线、光纤等。此外，数控机床还可以通过窄带互联网（NB–IoT）、3G、4G、5G 等无线通信技术实现信号传输。

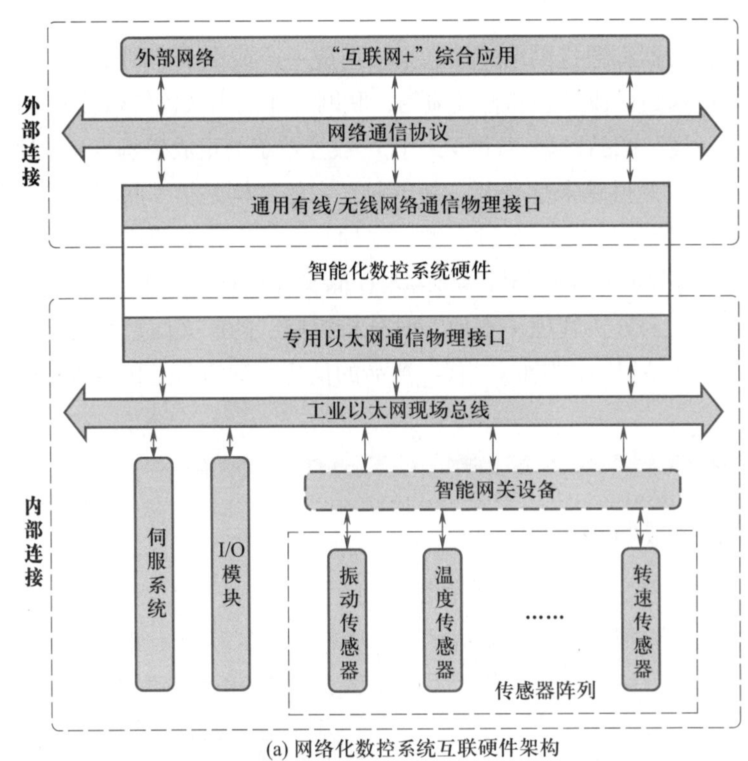

(a) 网络化数控系统互联硬件架构

(b) 网络化数控系统上的以太网口

图 2–30　网络化数控系统的硬件架构

工业现场的多数智能设备和I/O模块均配置有执行以太网协议（如TCP/IP、CoAP、MQTT、TSN、EtherCAT、NCUC等）的以太网通信接口，实现通信双方统一的数据交互。例如，FANUC的FOCAS动态链接库中封装了TCP/IP通信模块，华中数控系统的开放式二次开发接口也是基于TCP/IP协议实现机床与数据应用的数据互通。

2.3.2 产线级信息系统

产线级信息系统与装备级信息系统有所不同，除具有网络连接与信息集成系统以外，它既包括面向底层装备控制的生产自动化控制系统，又包括面向高层生产任务调度的生产管控优化系统，三者共同构成了一个混合型信息系统，被称为产线控制系统。系统中的自动控制软件接收来自生产管控优化系统发送的分布式控制指令，指导每个装备执行给定任务。

生产管控优化系统作为生产线运行的指挥中枢，一般由生产线排产、生产任务管理、NC程序管理、工艺管理、系统监控统计、生产现场管理、在制品管理、生产资源管理等模块组成。产线级的生产管控优化系统借助制造执行系统（MES）、高级计划与排产系统（APS）、产线的数字孪生仿真等技术，实现装备的分布式控制、状态数据的分析与处理、生产任务的优化与调度等。

在生产线上，通过各类设备的物联网连接，系统可实时获知工件所在位置、装备自身健康状况、装备的加工参数、工件的加工时间、已生产件数，以及物料库存数量等。工件的每一个生产环节中，借助感知与数据采集模块（图2-31），系统会自动采集基于多传感

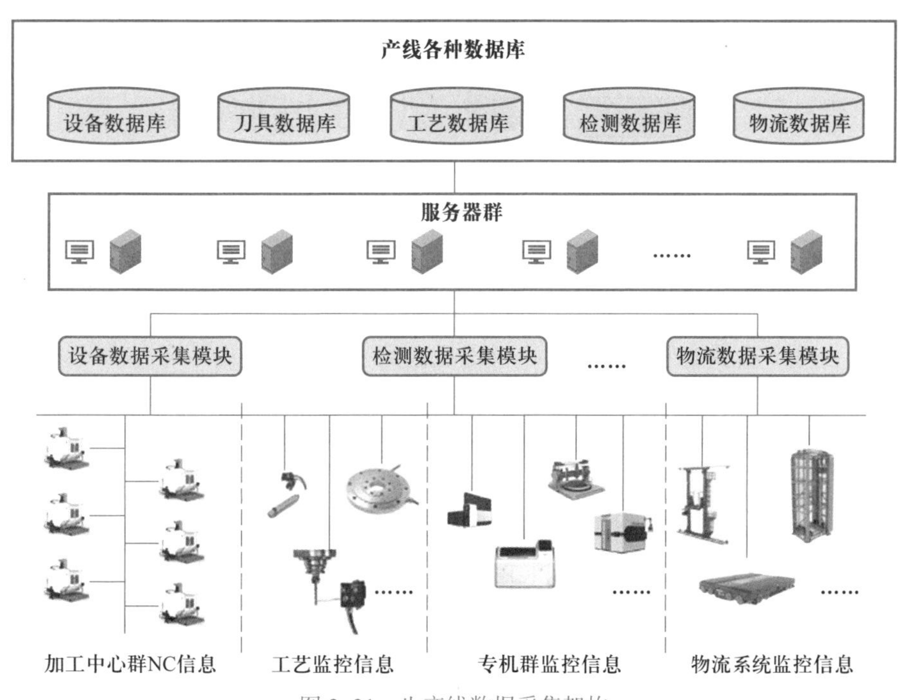

图2-31 生产线数据采集架构

器信息融合的机床工作状态等数据，并将相关数据发送给生产管控优化系统进行分析处理。这些信息可通过网络传输实现高效、实时的流动和可视化展示。

 **案例 2-10**

法士特的产线级信息系统

法士特壳体产线管控系统具有人员管理、数据采集、数据分析、刀具管理、物流管理、生产管理等六大功能，如图 2-32 所示。利用生产线管控系统，自动采集生产数据和设备信息，结合各产品的工艺特点、质量指标，进行重要生产环节状态信息的在线监测、分析与管理，帮助企业对生产过程中的毛坯、半成品、加工装备、刀具、夹具、参与人员等信息进行实时采集与跟踪。更进一步，通过车间和工厂的信息化集成，对采购和物流等供应链进行实时跟踪，销售及售后服务进行实时反馈，让企业实时掌握各种流程信息，对企业各项业务进行监管，优化企业资源。

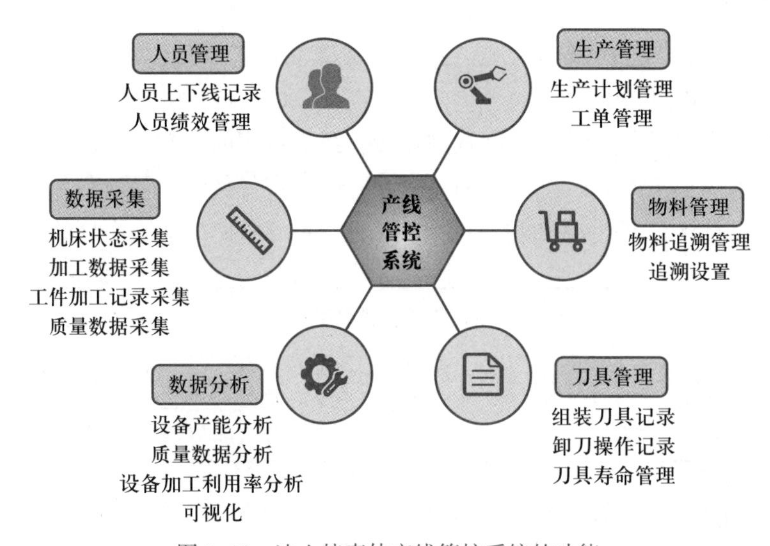

图 2-32 法士特壳体产线管控系统的功能

法士特产线智能管控的应用逻辑是通过赋予工件身份编号即追溯码。在毛坯上线时先打标，将追溯码写入二维码，通过扫码枪识别二维码、进而识别追溯码，调取机床辅机对应的加工程序，并将实施设备加工检测结果等写入追溯码中，实现整线的智能控制与反馈，最终实现全流程追溯及工件追溯表单的输出。产线信息连接的底层逻辑图如图 2-33 所示。产线所有设备的信息化通过该方式实现相互联系、传递信息和控制系统运行。

整线所有设备的信息化通过图 2-33 示意的底层逻辑，实现相互联系、传递信息和控制系统运行的功能。

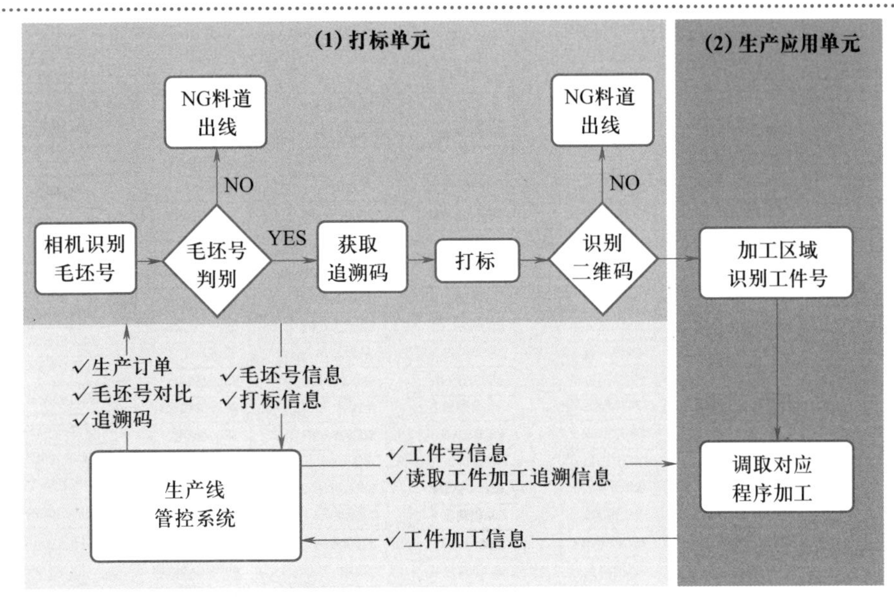

图 2-33 产线信息连接的底层逻辑图

排产计划的制定，针对 3 个上料道分别制定生产排产计划，按照生产计划分别安装对应的毛坯。产线的排产界面图 2-34 所示。

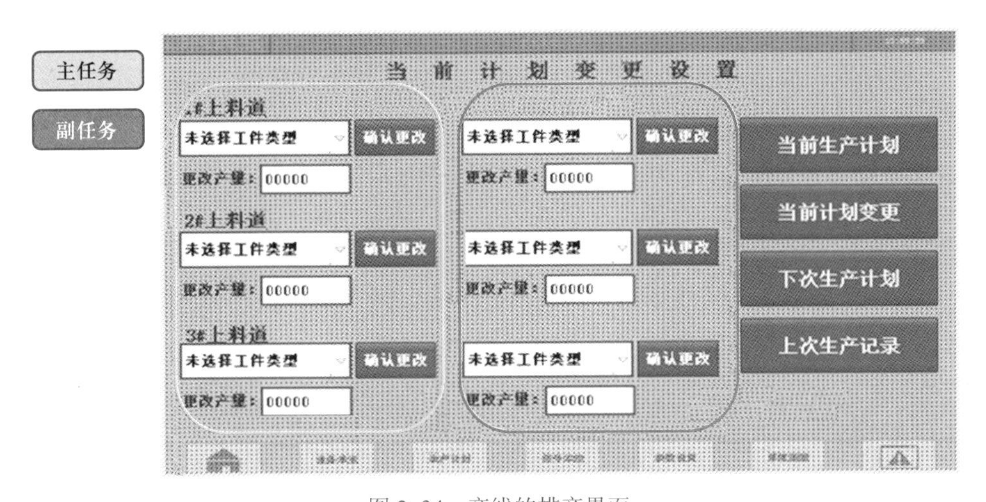

图 2-34 产线的排产界面

生产过程中有可能出现的异常情况，如设备故障、缺料、加工异常等情况。出现异常时，系统将异常信息推送给相关的操作、管理人员。产线各工位运行工件的实时数据管控如图 2-35 所示。

产线各工位运行工件的实时数据管控实现快速的信息传递、申请呼叫、实时显示、统计分析、报表生成等，将设备状态、质量问题、供应物料情况等过程的实时信息传递和管理，对生产全过程构成支撑。当质量、工艺、设备参数、设备出现异

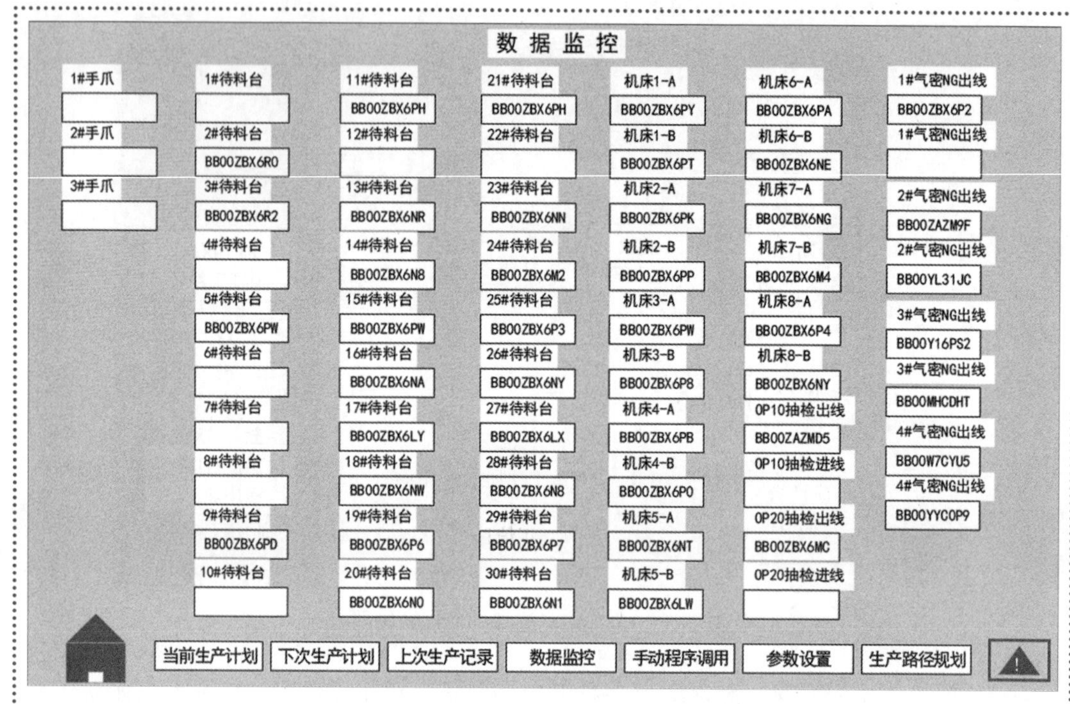

图 2-35 产线各工位运行工件的实时数据管控

常报警时，系统会根据提前预设的人员、处理时间及提醒方式，逐级进行提醒。

通过工件信息与追溯码绑定，加工前进行扫码上传数据、MES 分析、存储数据，将实现物料的全流程追溯。

使用产线控制系统，信息化将硬件打标机、扫码枪、加工中心、辅机等串联设备，进行信息化融合，实现生产过程的产线工件过程数据监控，加工完的工件通过识别追溯码，可以查阅整个生产过程信息，如图 2-36 所示。

S 系列变速器壳体智能化产线以智能考勤系统采集人员信息（姓名、照片、班组、工位、上下线时间），并将信息实时传送到 MES 进行分析管理，将人员与设备、产量、质量等生产数据绑定，实现人员绩效管理及追溯管理的信息化。

设备信息化管理是一套对生产设备、操作规程、管理制度、运行监控、故障诊断、维修保养、运行统计等进行全面管理的模块。该模块需要和设备联网系统集成，共同完成该功能。主要需求有设备报警统计、设备运行统计分析、效率趋势、产量统计、状态记录。设备实时上传设备报警信息与内容，MES 进行统计分析，提示操作人员进行维护，并预防保养。MES 采集、分析设备状态数据，统计设备运行时间占比，最大限度提高设备利用率。

通过数据采集集成了设备、质量、物流等多种数据信息，并通过信息化手段展示、监控、预警、决策是数字化赋能的有力保障。S 系列离合器壳体生产线信息化界面如图 2-37 所示。

工件信息

追溯码：LC41Y9J1T6　　标签：合格
班次信息：早班　　上线时间：2023-01-06 11:03:20　　下线时间：2023-01-06 14:42:08
小总成号：11856010-4　　零件号：11856015-4　　毛坯码：12076015DC
毛坯追溯码：0　　打标时间：2023-01-06 11:01:32

流程名称	设备编号	设备名称	设备路径	工位	进入时间	离开时间	流程状态	流程标签	操作人员	检测结果	流程参数	导出
工件进线	LKSLD	LK2D视觉待料台			2023-01-06 11:03:20	2023-01-06 11:03:33	完成					
待料台	LKDLT2	LK2#待料台			2023-01-06 11:03:33	2023-01-06 11:07:45	完成					
待料台	LKJC2MPDLT	LK6#CNC2毛胚待料台			2023-01-06 11:07:45	2023-01-06 11:09:07	完成					
OP10	LKCNC2	LKCNC2		B	2023-01-06 11:09:07	2023-01-06 11:26:20	完成		徐毅		查看	
待料台	LKZXDLT	LK10#转序待料台			2023-01-06 11:26:20	2023-01-06 11:33:13	完成					
待料台	LKJC4MPDLT	LK12#CNC4毛胚待料台			2023-01-06 11:33:13	2023-01-06 11:47:49	完成					
OP20	LKCNC4	LKCNC4		A	2023-01-06 11:47:49	2023-01-06 12:17:32	完成		雷通		查看	
待料台	LKJC4CPDLT	LK13#CNC 4 成品待料台			2023-01-06 12:17:32	2023-01-06 12:18:55	完成					
待料台	LKZXDLT325	LK25#3#柜转序台			2023-01-06 12:18:55	2023-01-06 12:18:56	完成					
待料台	LKZXDLT25	LK25#转序待料台			2023-01-06 12:18:56	2023-01-06 13:35:33	完成					
辅机	LKQXJ	L清洗机			2023-01-06 13:35:33	2023-01-06 13:42:21	完成					
辅机	LKLFJ	L冷风机			2023-01-06 13:42:21	2023-01-06 14:09:07	完成					
辅机	LKQMJC	L气密检测			2023-01-06 14:09:07	2023-01-06 14:20:48	完成	合格			查看气密机检测数据	
辅机	LKGSLTX	L钢丝螺套			2023-01-06 14:20:48	2023-01-06 14:42:08	完成					
工件出线	LKGYQXJ	L高压清洗机			2023-01-06 14:42:08	2023-01-06 15:22:36	完成					导出

图 2-36　S 系列变速器壳体生产线全流程追溯的数据应用

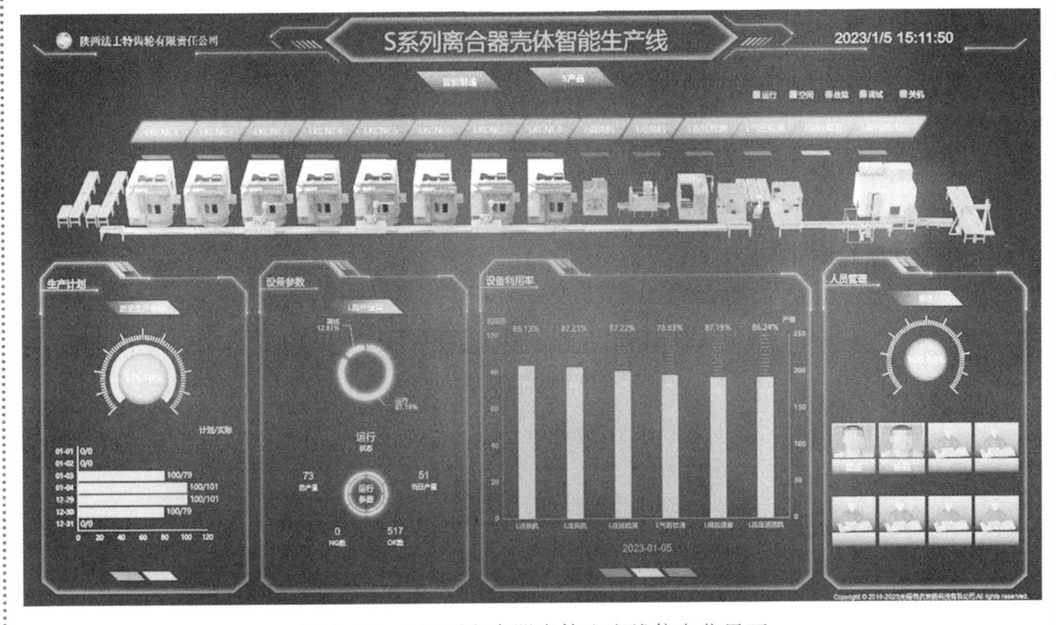

图 2-37　S 系列离合器壳体生产线信息化界面

2.3.3　车间级信息系统

车间级信息系统是智能车间的实施核心，其中最主要的是制造执行系统（MES）。

MES 的主要任务是解决制造计划如何执行的问题。在企业信息化规划中，MES 要求对外提供与 ERP、SCM、PLM、工艺平台等软件系统接口，实现数据的及时传递与信息集成。MES 实时接受来自 ERP 的主生产计划，包括工单、物料清单、制程、供货方、库存、制造指令等信息，同时把主生产计划细分为生产方法、人员指令、制造指令、物料需求等下达给人员、装备等，再实时把生产结果、人员情况、设备操作状态与结果、原材料库存状况、产品质量状况等信息动态地反馈给上层系统，最终形成信息闭环。MES 根据上层下达的生产计划，对丰富的实时现场信息进行加工与处理，对生产资源进行优化配置以及对生产过程进行优化管理，最终实现快速、低成本制造高质量产品的目标。

在离散型制造业中，MES 作为生产活动与管理活动之间信息沟通的桥梁，负责车间的生产管理和调度执行，通过现场的实时数据传递，有效地管理车间生产活动，在企业整个信息集成系统中起着承上启下的作用。MES 由车间资源管理、库存管理、生产过程管理、生产任务管理、车间计划与排产管理、物料跟踪管理、质量过程管理、生产监控管理和统计分析等功能模块组成，涵盖了制造现场管理各方面。

1. 车间资源管理

车间资源是车间制造生产的基础，也是 MES 运行的基础。车间资源管理主要对车间人员、设备、工装、物料和工时等进行管理，保证生产正常进行，并提供资源使用情况的历史记录和实时状态信息。

2. 库存管理

库房管理针对车间内的所有库存物资进行管理。车间内物资有自制件、外协件、外购件、刀具、工装和周转原材料等。其功能包括：通过库存管理实现库房存储物资检索，查询当前库存情况及历史记录；提供库存盘点与库房调拨功能，对于原材料、刀具和工装等库存量不足时，设置告警；提供库房零部件的出入库操作，如刀具 / 工装的借入、归还、报修和报废等操作。

3. 生产过程管理

生产过程管理实现生产过程的闭环可视化控制，以减少等待时间、库存和过量生产等。生产过程中采用条码、触摸屏和机床数据采集等多种方式实时跟踪计划生产进度。生产过程管理旨在控制生产，实施并执行生产调度，追踪车间里工作和工件的状态，对于当前没有能力加工的工序可以外协处理，实现工序派工、工序外协和齐套等管理功能。

4. 生产任务管理

生产任务管理有生产任务接收与管理、任务进度展示和任务查询等功能。能够提供所有项目信息，查询指定项目，并展示项目的全部生产周期及完成情况；提供生产进度展示，以日、周和月等展示本日、本周和本月的任务，并明确任务所处阶段，对项目任务实施跟踪。

5. 车间计划与排产管理

生产计划是车间生产管理的重点和难点。提高计划员排产效率和生产计划准确性是优化生产流程以及改进生产管理水平的重要手段。

车间接收主生产计划，根据当前的生产状况（能力、生产准备和在制任务等），生产准备条件（图纸、工装和材料等），以及项目的优先级别及计划完成时间等要求，合理制订生产加工计划，监督生产进度和执行状态。

高级计划与排产（advanced planning and scheduling，APS）工具结合车间资源实时负荷情况和现有计划执行进度，能力平衡后形成优化的详细排产计划。其充分考虑每台设备的加工能力，并根据现场实际情况随时调整。在完成自动排产后，进行计划评估与人工调整。在小批量、多品种和多工序的生产环境中，利用高级计划与排产工具可以迅速应对紧急插单的复杂情况。

6. 物料跟踪管理

通过条码技术对生产过程中的物流进行管理和追踪。物料在生产过程中，通过条码扫描跟踪物料在线状态、监控物料流转过程，保证物料在车间生产过程中快速高效流转，并可随时查询。

7. 质量过程管理

生产制造过程的工序检验与产品质量管理，能够实现对工序检验与产品质量过程追溯，对不合格品以及整改过程进行严格控制。其功能包括实现生产过程关键要素的全面记录以及完备的质量追溯、准确统计产品的合格率和不合格率、为质量改进提供量化指标。根据产品质量分析结果，对出厂产品进行预防性维护。

8. 生产监控管理

生产监控实现从生产计划进度和设备运转情况等多维度对生产过程进行监控，实现对车间报警信息的管理，包括设备故障、人员缺勤、质量及其他原因的报警信息，及时发现问题、汇报问题并处理问题，从而保证生产过程顺利进行并受控。结合分布式数字控制（DNC）系统、MDC 系统进行设备联网和数据采集，实现设备监控，提高瓶颈设备利用率。

9. 统计分析

能够对生产过程中产生的数据进行统计查询，分析后形成报表，为后续工作提供参考数据与决策支持。生产过程中的数据丰富，系统根据需要，定制不同的统计查询功能，包括产品加工进度查询、车间在制品查询、车间和工位任务查询、产品配套齐套查询、质量统计分析、车间产能（人力和设备）利用率分析、废品率 / 次品率统计分析等。

案例 2-11

法士特的车间级信息系统

在当前智能化建设的背景下，以法士特的变速器壳体加工车间为例，结合图 2-38 所示的变速器智能工厂管控系统架构图说明 MES 在生产过程中的作用。

（1）生产管理。MES 接收上层的生产计划并生成生产工单，同时生成产品序列号，并将该序列号按次序与每台上线装配的变速器壳体进行绑定，用于后续变速器

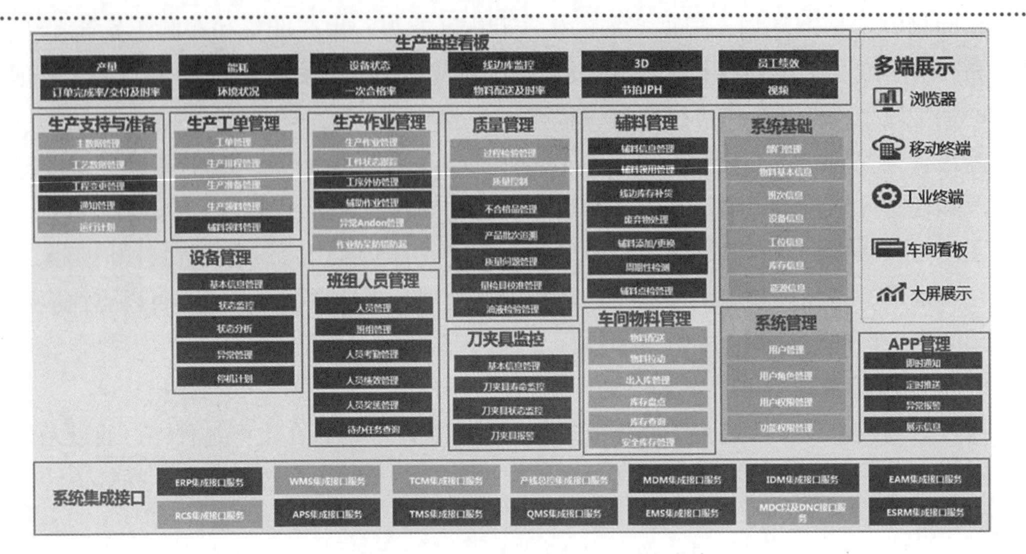

图 2-38　变速器智能车间 MES 功能框架

装配过程的数据采集。在装配过程中，通过采集人、机、料、法、环、测的信息，在 MES 中生成产量日报、月报、年报等统计数据，对变速器壳体生产过程中每个工位的工序完成质量以及变速器的返修率等数据进行监控与统计，为提升生产管理水平提供了必要的基础数据。图 2-39 所示为法士特的装配工单管理。

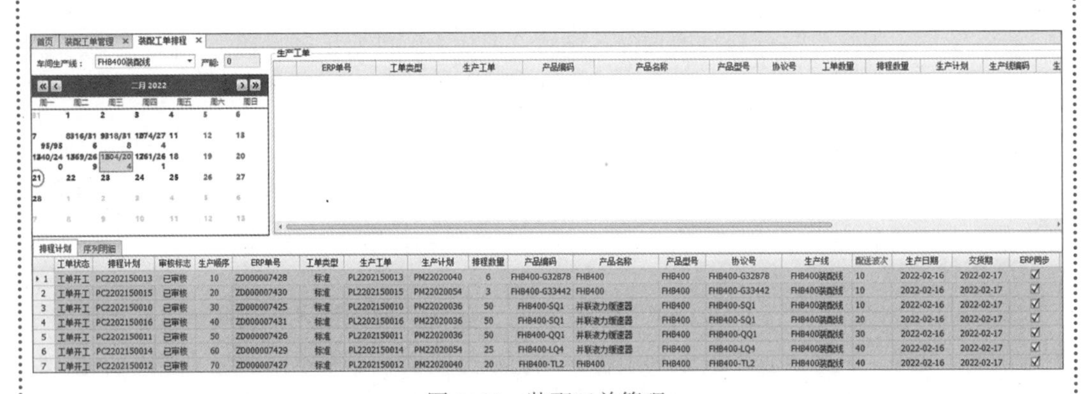

图 2-39　装配工单管理

（2）过程监控。对产品生产过程进行监控，收集当前加工过程中设备运行状态以及工件的工艺信息，及时发现加工装备与零件的异常，通知操作者进行处理。另外，记录与保存操作者、操作时间、进出站时间、零部件编号、零部件供应商、零部件批次、装配设备运行参数和变速器试验数据等数据，作为每台变速器的加工过程信息，将这些信息与上线时 MES 中生成的产品序列号进行绑定，即形成了每台变速器的生产过程档案，便于追溯生产过程。图 2-40 所示为法士特装配过程监控形成的质量档案。

（3）物料管理。MES 在生成生产任务后，可通过系统集成生成具体物料配送明

首页 | 装配工单管理 × | 装配工单排程 × | 装配质量档案 ×

过滤条件

生产线：FHB400缓速器装配线　生产日期：2022-02-08　至　2022-02-21　上线日期：　查询(F)

生产工单：　产品编码：　出厂编号：　下线日期：　重置(R)

	出厂编号	生产序号	生产工单	ERP工单号	生产线编码	产品编码	产品协议号	生产日期	上线标志	上线时间	下线标志	下线时间	终检结果	终检时间	合格入库标志	合格
1	13.220200214	PL2202070011-001	PL2202070011	ZD000007251	XZZPB400L001	FHB400-TL2	FHB400-TL2	2022-02-08	☑	2022-02-08 20:00	☑	2022-02-08 23:47			☑	202
2	13.220200215	PL2202070011-002	PL2202070011	ZD000007251	XZZPB400L001	FHB400-TL2	FHB400-TL2	2022-02-08	☑	2022-02-08 20:05	☑	2022-02-08 23:51			☑	202
3	13.220200216	PL2202070011-003	PL2202070011	ZD000007251	XZZPB400L001	FHB400-TL2	FHB400-TL2	2022-02-08	☑	2022-02-08 20:06	☑	2022-02-09 00:33	NG	2022-02-09 01:21	☑	202
4	13.220200217	PL2202070011-004	PL2202070011	ZD000007251	XZZPB400L001	FHB400-TL2	FHB400-TL2	2022-02-08	☑	2022-02-08 20:11	☑	2022-02-08 23:53			☑	202
5	13.220200218	PL2202070011-005	PL2202070011	ZD000007251	XZZPB400L001	FHB400-TL2	FHB400-TL2	2022-02-08	☑	2022-02-08 20:12	☑	2022-02-08 23:32	NG	2022-02-08 23:55	☑	202
6	13.220200219	PL2202070011-006	PL2202070011	ZD000007251	XZZPB400L001	FHB400-TL2	FHB400-TL2	2022-02-08	☑	2022-02-08 20:13	☑	2022-02-08 23:33			☑	202
7	13.220200220	PL2202070011-007	PL2202070011	ZD000007251	XZZPB400L001	FHB400-TL2	FHB400-TL2	2022-02-08	☑	2022-02-08 20:14	☑	2022-02-08 23:34			☑	202
8	13.220200221	PL2202070011-008	PL2202070011	ZD000007251	XZZPB400L001	FHB400-TL2	FHB400-TL2	2022-02-08	☑	2022-02-08 20:15	☑	2022-02-08 23:36			☑	202

生产数据 | 过站信息 | 加工数据 | 工件信息

	出厂编号	工位	进站时间	出站时间	质量状态	过站标识	人员编码	人员姓名
1	13.220200214	OP10-010-B400	2022-02-08 20:04:21	2022-02-08 20:08:35	OK	2		
2	13.220200214	OP10-020-B400	2022-02-08 20:13:33	2022-02-08 20:16:42	OK	2		
3	13.220200214	OP10-040-B400	2022-02-08 20:23:35	2022-02-08 20:25:17	OK	2		
4	13.220200214	OP10-050-B400	2022-02-08 20:25:42	2022-02-08 20:28:26	OK	2		
5	13.220200214	OP10-060-B400	2022-02-08 20:29:01	2022-02-08 20:30:34	OK	2		
6	13.220200214	OP10-070-B400	2022-02-08 20:30:54	2022-02-08 20:32:18	OK	2		
7	13.220200214	OP10-080-B400	2022-02-08 20:33:25	2022-02-08 20:34:37	OK	2		

图 2-40　装配质量档案

细后将其发送给物料配送人员，指导物料配送人员将正确数量的物料在正确的时间运送到正确的工位。从物料源头防止装配混装的发生，在保证生产线不断料、不缺料的前提下，尽可能减少线旁库存、降低制造成本，同时可降低对配送员工经验和技能的要求。使用电子化管理物料手段，及时发现未按计划配送完成的配送工单，督促配送员完成其配送任务。图 2-41 所示为法士特装配要料计划执行监控单，图 2-42 所示为机加工装夹具管理单。

（4）质量控制。网络连接与信息集成系统可以获得车间中各条生产线上各类装备的操作数据，如压机压力位移数据、试验台试验数据、拧紧工具拧紧力矩、机器

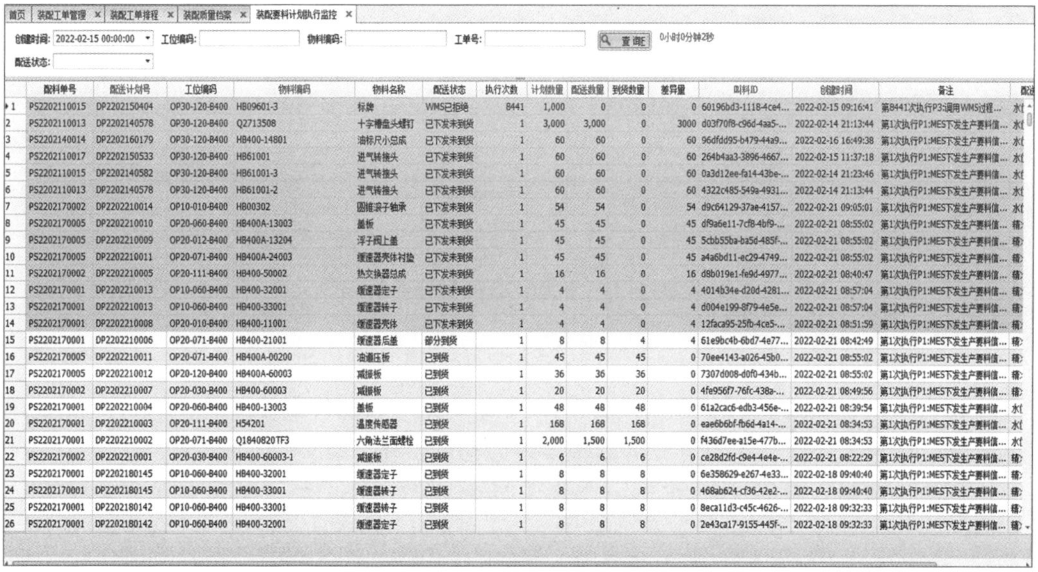

首页 | 装配工单管理 × | 装配工单排程 × | 装配质量档案 × | 装配要料计划执行监控 ×

创建时间：2022-02-15 00:00:00　工位编码：　物料编码：　工单号：　查询E　0小时0分钟2秒

配送状态：

	配料单号	配送计划号	工位编码	物料编码	物料名称	配送状态	执行次数	计划数量	配送数量	到货数量	差异量	叫料ID	创建时间	备注	配送
1	PS2202110015	DP2202150404	OP30-120-B400	HB09601-3	标牌	WMS已拒绝	8441	1,000	0	0	0	60196bd3-1118-4ce4...	2022-02-15 09:16:41	第8441次执行P3:调用WMS过程...	水
2	PS2202110013	DP2202140578	OP30-120-B400	Q2713508	十字槽盘头螺钉	已下发未到货	1	3,000	3,000	0	3000	d03f70f8-c96d-4aa5-...	2022-02-14 21:13:44	第1次执行P1:MES下发生产要料信...	水
3	PS2202140014	DP2202160179	OP30-120-B400	HB400-14801	油标尺小总成	已下发未到货	1	60	60	0	60	96dfdd95-b479-44a9...	2022-02-16 16:49:38	第1次执行P1:MES下发生产要料信...	水
4	PS2202110017	DP2202150533	OP30-120-B400	HB61001	进气转接头	已下发未到货	1	60	60	0	60	264b4aa3-3896-4667...	2022-02-15 11:37:18	第1次执行P1:MES下发生产要料信...	水
5	PS2202110015	DP2202140582	OP30-120-B400	HB61001-3	进气转接头	已下发未到货	1	60	60	0	60	0a3d12ee-fa14-43be-...	2022-02-14 21:23:46	第1次执行P1:MES下发生产要料信...	水
6	PS2202110013	DP2202140578	OP30-120-B400	HB61001-2	进气转接头	已下发未到货	1	60	60	0	60	4322c485-549a-4931...	2022-02-14 21:13:44	第1次执行P1:MES下发生产要料信...	水
7	PS2202170002	DP2202210014	OP10-010-B400	HB00302	圆锥滚子轴承	已下发未到货	1	54	54	0	54	d9c64129-37ae-4157...	2022-02-21 09:05:01	第1次执行P1:MES下发生产要料信...	水
8	PS2202170005	DP2202210010	OP20-060-B400	HB400A-13003	盖板	已下发未到货	1	45	45	0	45	df9a6e11-7cf8-4bf9-...	2022-02-21 08:55:02	第1次执行P1:MES下发生产要料信...	精
9	PS2202170005	DP2202210009	OP20-012-B400	HB400A-13204	浮子阀上盖	已下发未到货	1	45	45	0	45	5cbb55ba-ba5d-485f-...	2022-02-21 08:55:02	第1次执行P1:MES下发生产要料信...	精
10	PS2202170005	DP2202210011	OP20-071-B400	HB400A-24003	缓速器壳体衬垫	已下发未到货	1	45	45	0	45	a4a6bd11-ec29-4749...	2022-02-21 08:55:02	第1次执行P1:MES下发生产要料信...	精
11	PS2202170002	DP2202210005	OP20-111-B400	HB400-50002	热交换器总成	已下发未到货	1	16	16	0	16	d8b019e1-fe9d-4977...	2022-02-21 08:40:47	第1次执行P1:MES下发生产要料信...	精
12	PS2202170001	DP2202210013	OP10-060-B400	HB400-32001	缓速器定子	已下发未到货	1	4	4	0	4	4014b34e-d20d-4281...	2022-02-21 08:57:04	第1次执行P1:MES下发生产要料信...	精
13	PS2202170001	DP2202210013	OP10-060-B400	HB400-33001	缓速器转子	已下发未到货	1	4	4	0	4	d004e199-8f79-4e5e...	2022-02-21 08:57:04	第1次执行P1:MES下发生产要料信...	精
14	PS2202170001	DP2202210008	OP20-010-B400	HB400-11001	缓速器壳体	已下发未到货	1	4	4	0	4	12faca95-25fb-4ce5-...	2022-02-21 08:51:59	第1次执行P1:MES下发生产要料信...	精
15	PS2202170001	DP2202210006	OP20-071-B400	HB400-21001	缓速器后盖	部分到货	1	8	8	4	4	61e9bc4b-6bd7-4e77...	2022-02-21 08:42:49	第1次执行P1:MES下发生产要料信...	精
16	PS2202170005	DP2202210011	OP20-071-B400	HB400A-00200	油道压板	已到货	1	45	45	45	0	70ee4143-a026-45b0...	2022-02-21 08:55:02	第1次执行P1:MES下发生产要料信...	精
17	PS2202170005	DP2202210012	OP20-120-B400	HB400A-60003	减振板	已到货	1	36	36	36	0	7307d008-d0f0-434b...	2022-02-21 08:55:02	第1次执行P1:MES下发生产要料信...	精
18	PS2202170002	DP2202210007	OP20-030-B400	HB400-60003	减振板	已到货	1	20	20	20	0	4fe956f7-76fc-438a-...	2022-02-21 08:49:56	第1次执行P1:MES下发生产要料信...	精
19	PS2202170001	DP2202210004	OP20-060-B400	HB400-13003	盖板	已到货	1	48	48	48	0	61a2cac6-edb3-456e-...	2022-02-21 08:39:54	第1次执行P1:MES下发生产要料信...	水
20	PS2202170001	DP2202210003	OP20-111-B400	H54201	温度传感器	已到货	1	168	168	168	0	eae6b6bf-fb6d-4a14-...	2022-02-21 08:34:53	第1次执行P1:MES下发生产要料信...	水
21	PS2202170001	DP2202210002	OP20-071-B400	Q1840820TF3	六角法兰面螺栓	已到货	1	2,000	1,500	1,500	0	f436d7ee-a15e-477b...	2022-02-21 08:34:53	第1次执行P1:MES下发生产要料信...	水
22	PS2202170002	DP2202210001	OP20-030-B400	HB400-60003-1	减振板	已到货	1	6	6	6	0	ce28d2fd-c9e4-4e4e-...	2022-02-21 08:22:29	第1次执行P1:MES下发生产要料信...	精
23	PS2202170001	DP2202180145	OP10-060-B400	HB400-32001	缓速器定子	已到货	1	8	8	8	0	6e358629-e267-4e33...	2022-02-18 09:40:40	第1次执行P1:MES下发生产要料信...	精
24	PS2202170001	DP2202180145	OP10-060-B400	HB400-33001	缓速器转子	已到货	1	8	8	8	0	468ab624-cf36-42e2-...	2022-02-18 09:40:40	第1次执行P1:MES下发生产要料信...	精
25	PS2202170001	DP2202180142	OP10-060-B400	HB400-33001	缓速器转子	已到货	1	8	8	8	0	8eca11d3-c45c-4626-...	2022-02-18 09:32:33	第1次执行P1:MES下发生产要料信...	精
26	PS2202170001	DP2202180142	OP10-060-B400	HB400-32001	缓速器定子	已到货	1	8	8	8	0	2e43ca17-9155-445f-...	2022-02-18 09:32:33	第1次执行P1:MES下发生产要料信...	精

图 2-41　法士特装配要料计划执行监控单

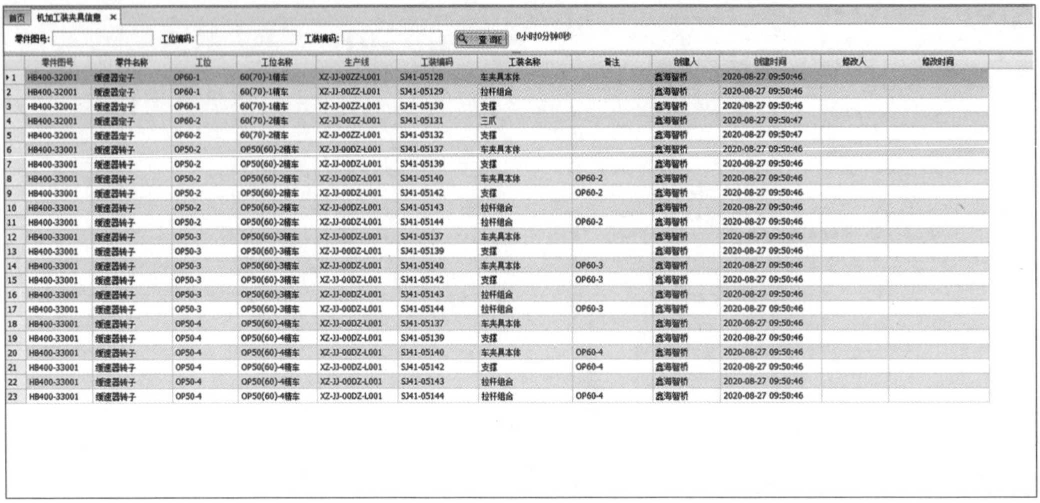

首页　机加工装夹具信息 ×

零件图号：　工位编码：　工装编码：　查 询E　0小时0分钟0秒

	零件图号	零件名称	工位	工位名称	生产线	工装编码	工装名称	备注	创建人	创建时间	修改人	修改时间
1	HB400-32001	缓速器定子	OP60-1	60(70)-1精车	XZ-JJ-00ZZ-L001	SJ41-05128	车夹具本体		鑫海智桥	2020-08-27 09:50:46		
2	HB400-32001	缓速器定子	OP60-1	60(70)-1精车	XZ-JJ-00ZZ-L001	SJ41-05129	拉杆组合		鑫海智桥	2020-08-27 09:50:46		
3	HB400-32001	缓速器定子	OP60-1	60(70)-1精车	XZ-JJ-00ZZ-L001	SJ41-05130	支撑		鑫海智桥	2020-08-27 09:50:46		
4	HB400-32001	缓速器定子	OP60-2	60(70)-2精车	XZ-JJ-00ZZ-L001	SJ41-05131	三爪		鑫海智桥	2020-08-27 09:50:47		
5	HB400-32001	缓速器定子	OP60-2	60(70)-2精车	XZ-JJ-00ZZ-L001	SJ41-05132	支撑		鑫海智桥	2020-08-27 09:50:47		
6	HB400-33001	缓速器转子	OP50-2	OP50(60)-2精车	XZ-JJ-00DZ-L001	SJ41-05137	车夹具本体		鑫海智桥	2020-08-27 09:50:46		
7	HB400-33001	缓速器转子	OP50-2	OP50(60)-2精车	XZ-JJ-00DZ-L001	SJ41-05139	支撑		鑫海智桥	2020-08-27 09:50:46		
8	HB400-33001	缓速器转子	OP50-2	OP50(60)-2精车	XZ-JJ-00DZ-L001	SJ41-05140	车夹具本体	OP60-2	鑫海智桥	2020-08-27 09:50:46		
9	HB400-33001	缓速器转子	OP50-2	OP50(60)-2精车	XZ-JJ-00DZ-L001	SJ41-05142	支撑	OP60-2	鑫海智桥	2020-08-27 09:50:46		
10	HB400-33001	缓速器转子	OP50-2	OP50(60)-2精车	XZ-JJ-00DZ-L001	SJ41-05143	拉杆组合		鑫海智桥	2020-08-27 09:50:46		
11	HB400-33001	缓速器转子	OP50-2	OP50(60)-2精车	XZ-JJ-00DZ-L001	SJ41-05144	拉杆组合	OP60-2	鑫海智桥	2020-08-27 09:50:46		
12	HB400-33001	缓速器转子	OP50-3	OP50(60)-3精车	XZ-JJ-00DZ-L001	SJ41-05137	车夹具本体		鑫海智桥	2020-08-27 09:50:46		
13	HB400-33001	缓速器转子	OP50-3	OP50(60)-3精车	XZ-JJ-00DZ-L001	SJ41-05139	支撑		鑫海智桥	2020-08-27 09:50:46		
14	HB400-33001	缓速器转子	OP50-3	OP50(60)-3精车	XZ-JJ-00DZ-L001	SJ41-05140	车夹具本体	OP60-3	鑫海智桥	2020-08-27 09:50:46		
15	HB400-33001	缓速器转子	OP50-3	OP50(60)-3精车	XZ-JJ-00DZ-L001	SJ41-05142	支撑	OP60-3	鑫海智桥	2020-08-27 09:50:46		
16	HB400-33001	缓速器转子	OP50-3	OP50(60)-3精车	XZ-JJ-00DZ-L001	SJ41-05143	拉杆组合		鑫海智桥	2020-08-27 09:50:46		
17	HB400-33001	缓速器转子	OP50-3	OP50(60)-3精车	XZ-JJ-00DZ-L001	SJ41-05144	拉杆组合	OP60-3	鑫海智桥	2020-08-27 09:50:46		
18	HB400-33001	缓速器转子	OP50-4	OP50(60)-4精车	XZ-JJ-00DZ-L001	SJ41-05137	车夹具本体		鑫海智桥	2020-08-27 09:50:46		
19	HB400-33001	缓速器转子	OP50-4	OP50(60)-4精车	XZ-JJ-00DZ-L001	SJ41-05139	支撑		鑫海智桥	2020-08-27 09:50:46		
20	HB400-33001	缓速器转子	OP50-4	OP50(60)-4精车	XZ-JJ-00DZ-L001	SJ41-05140	车夹具本体	OP60-4	鑫海智桥	2020-08-27 09:50:46		
21	HB400-33001	缓速器转子	OP50-4	OP50(60)-4精车	XZ-JJ-00DZ-L001	SJ41-05142	支撑	OP60-4	鑫海智桥	2020-08-27 09:50:46		
22	HB400-33001	缓速器转子	OP50-4	OP50(60)-4精车	XZ-JJ-00DZ-L001	SJ41-05143	拉杆组合		鑫海智桥	2020-08-27 09:50:46		
23	HB400-33001	缓速器转子	OP50-4	OP50(60)-4精车	XZ-JJ-00DZ-L001	SJ41-05144	拉杆组合	OP60-4	鑫海智桥	2020-08-27 09:50:46		

图 2-42　机加工装夹具管理单

人运行参数等。MES 通过与采集层系统进行信息集成，监控整个装配线的状态。若有任何一项运行参数出现异常，MES 可立刻发出异常警报或停线提醒，并记录异常信息。图 2-43 所示为机加不合格品处理单。

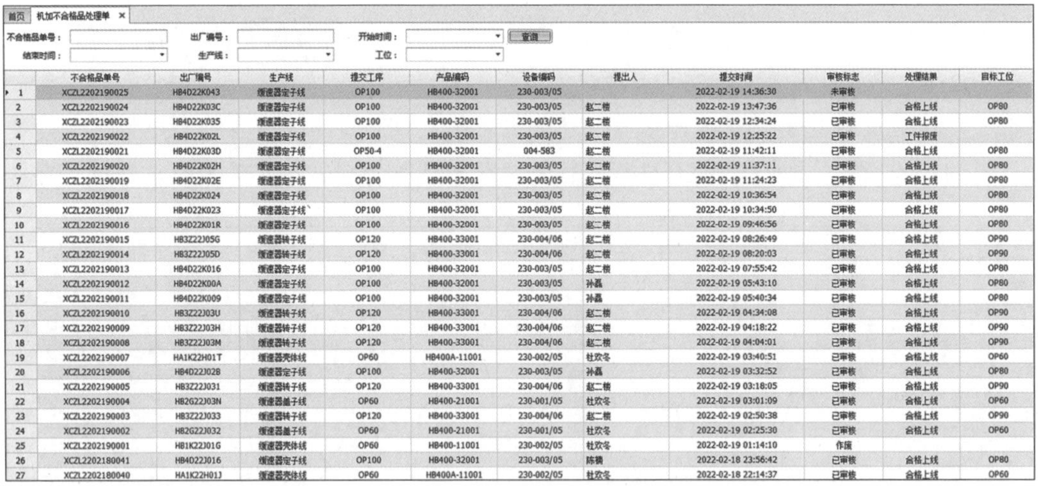

首页　机加不合格品处理单 ×

不合格品单号：　出厂编号：　开始时间：　查询

结束时间：　生产线：　工位：

	不合格品单号	出厂编号	生产线	提交工序	产品编码	设备编码	提出人	提交时间	审核标志	处理结果	目标工位
1	XCZL2202190025	HB4D22K043	缓速器定子线	OP100	HB400-32001	230-003/05		2022-02-19 14:36:30	未审核		
2	XCZL2202190024	HB4D22K03C	缓速器定子线	OP100	HB400-32001	230-003/05	赵二楼	2022-02-19 13:47:36	已审核	合格上线	OP80
3	XCZL2202190023	HB4D22K035	缓速器定子线	OP100	HB400-32001	230-003/05	赵二楼	2022-02-19 12:34:24	已审核	合格上线	OP80
4	XCZL2202190022	HB4D22K02L	缓速器定子线	OP100	HB400-32001	230-003/05	赵二楼	2022-02-19 12:25:22	已审核	工件报废	
5	XCZL2202190021	HB4D22K03D	缓速器定子线	OP50-4	HB400-32001	004-583	赵二楼	2022-02-19 11:42:11	已审核	合格上线	OP80
6	XCZL2202190020	HB4D22K02H	缓速器定子线	OP100	HB400-32001	230-003/05	赵二楼	2022-02-19 11:37:11	已审核	合格上线	OP80
7	XCZL2202190019	HB4D22K02E	缓速器定子线	OP100	HB400-32001	230-003/05	赵二楼	2022-02-19 11:24:23	已审核	合格上线	OP80
8	XCZL2202190018	HB4D22K024	缓速器定子线	OP100	HB400-32001	230-003/05	赵二楼	2022-02-19 10:36:54	已审核	合格上线	OP80
9	XCZL2202190017	HB4D22K023	缓速器定子线	OP100	HB400-32001	230-003/05	赵二楼	2022-02-19 10:34:50	已审核	合格上线	OP80
10	XCZL2202190016	HB4D22K01R	缓速器定子线	OP100	HB400-32001	230-003/05	赵二楼	2022-02-19 09:46:56	已审核	合格上线	OP80
11	XCZL2202190015	HB3Z22J05G	缓速器转子线	OP120	HB400-33001	230-004/06	赵二楼	2022-02-19 08:26:49	已审核	合格上线	OP90
12	XCZL2202190014	HB3Z22J05D	缓速器转子线	OP120	HB400-33001	230-004/06	赵二楼	2022-02-19 08:20:03	已审核	合格上线	OP90
13	XCZL2202190013	HB4D22K016	缓速器定子线	OP100	HB400-32001	230-003/05	赵二楼	2022-02-19 07:55:42	已审核	合格上线	OP80
14	XCZL2202190012	HB4D22K00A	缓速器定子线	OP100	HB400-32001	230-003/05	孙磊	2022-02-19 05:43:10	已审核	合格上线	OP80
15	XCZL2202190011	HB4D22K009	缓速器定子线	OP100	HB400-32001	230-003/05	孙磊	2022-02-19 05:40:34	已审核	合格上线	OP80
16	XCZL2202190010	HB3Z22J03U	缓速器转子线	OP120	HB400-33001	230-004/06	赵二楼	2022-02-19 04:34:08	已审核	合格上线	OP90
17	XCZL2202190009	HB3Z22J03H	缓速器转子线	OP120	HB400-33001	230-004/06	赵二楼	2022-02-19 04:18:22	已审核	合格上线	OP90
18	XCZL2202190008	HB3Z22J03M	缓速器转子线	OP120	HB400-33001	230-004/06	赵二楼	2022-02-19 04:04:01	已审核	合格上线	OP90
19	XCZL2202190007	HA1K22H01T	缓速器壳体线	OP60	HB400A-11001	230-002/05	杜欢冬	2022-02-19 03:40:51	已审核	合格上线	OP60
20	XCZL2202190006	HB4D22J02B	缓速器定子线	OP100	HB400-32001	230-003/05	孙磊	2022-02-19 03:32:52	已审核	合格上线	OP80
21	XCZL2202190005	HB3Z22J031	缓速器转子线	OP120	HB400-33001	230-004/06	赵二楼	2022-02-19 03:18:05	已审核	合格上线	OP90
22	XCZL2202190004	HB2G22J03N	缓速器盖子线	OP60	HB400-21001	230-001/05	杜欢冬	2022-02-19 03:01:09	已审核	合格上线	OP60
23	XCZL2202190003	HB3Z22J033	缓速器转子线	OP120	HB400-33001	230-004/06	赵二楼	2022-02-19 02:50:38	已审核	合格上线	OP90
24	XCZL2202190002	HB2G22J032	缓速器盖子线	OP60	HB400-21001	230-001/05	杜欢冬	2022-02-19 02:25:30	已审核	合格上线	OP60
25	XCZL2202190001	HB1K22J01G	缓速器壳体线	OP60	HB400-11001	230-002/05	杜欢冬	2022-02-19 01:14:10	作废		
26	XCZL2202180041	HB4D22J016	缓速器定子线	OP100	HB400-32001	230-003/05	陈鹏	2022-02-18 23:56:42	已审核	合格上线	OP80
27	XCZL2202180040	HA1K22H01J	缓速器壳体线	OP60	HB400A-11001	230-002/05	杜欢冬	2022-02-18 22:14:37	已审核	合格上线	OP60

图 2-43　机加不合格品处理单

（5）刀具管理。通过将所有刀具录入刀具管理系统的数据库，实现刀具的新增、操作人员对刀具的借还、刀具报废等信息的管理。通过实施对刀具在线状态信息的收集、分析与处理，实现对刀具剩余寿命的预测，提高刀具使用的可靠性。

综上所述，通过 MES 可以全面整合并有效利用各个管理系统和控制系统的数据、简化业务操作、提高业务效率。MES 已是智能车间不可缺少的一部分，对车间精益化生产、产品防错漏装、产品可追溯档案的建立以及装配过程质量控制等方面都有举足轻重的作用。变速器壳体加工车间通过使用 MES 对车间进行管控，能够将生产计划落到实处，使企业实现生产管理数字化、生产过程协同化、决策支持智能化，推动企业智能化转型升级。

2.3.4 工厂级信息系统

工厂级信息系统主要是企业资源计划（ERP)，它是一种建立在信息技术基础上，以系统化的管理思想，全面地集成企业的所有资源信息，为企业提供决策、计划、控制与经营业绩评估的全方位和系统化的管理平台。通过融合数据库技术、图形用户界面、第四代查询语言、客户服务器结构、计算机辅助开发工具、可移植的开放系统等对企业资源进行了有效的集成。目前，在我国 ERP 所代表的含义已经被扩大，用于企业管理的各类软件大部分已经被纳入 ERP 的范畴。它跳出了传统的企业边界，从供应链范围去优化企业的资源，是基于网络经济时代的新一代信息系统。

离散型制造工厂管控系统的建设以工厂级的 ERP 为主，将企业的物资资源（物流）、人力资源（人流）、财务资源（财流）、信息资源（信息流）集成一体进行管理，以求最大限度地利用企业现有资源，实现企业经济效益的最大化，通过改善企业业务流程以提高企业核心竞争力。如图 2-44 所示，ERP 主要包括经营规划、生产规划、主生产计划、物料需求计划、车间生产计划五个计划层次。经营规划要确定企业的经营目标和策略，为企业长期规划；生产规划内容涉及产品系列；主生产计划的对象是最终产品；物料需求计划是组成产品的全部零件；车间生产计划是执行计划，用于确定工序优先级、派工、结算等。

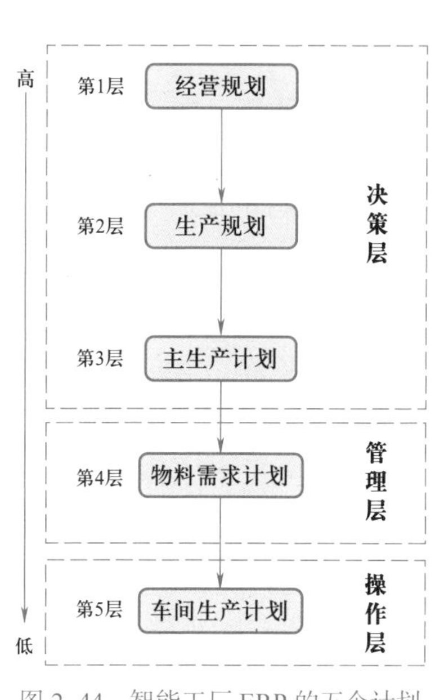

图 2-44 智能工厂 ERP 的五个计划层次

五个层次的划分从宏观到微观，从战略到战术，从粗到细。第 1～3 层为决策层计划，第 4 层为管理层计划，第 5 层为操作层计划，需要完成的任务如下。

1. 经营规划层

完成企业战略规划，即根据市场、国家相关政策、企业能力等，制定企业的经营计划。

2. 生产规划层

规划企业产品结构，即根据经营规划的目标，确定企业的每种产品在未来一段时间内生产多少，需要消耗哪些资源。

3. 主生产计划层

粗略制定企业生产计划，即以生产大纲为依据，计划企业应生产的最终产品数量与交货期，并在生产需求与可用资源之间做出平衡。

4. 物料需求计划层

制定物料需求，即根据生产计划推导出构成产品的零部件及原材料的需求数量与需求日期。

5. 车间生产计划层

详细制定车间生产计划，即根据 ERP 生成的制造和采购订单定来编制生产工序，用以安排生产和进行原材料采购。

在离散型智能工厂的企业信息管理系统中，ERP 系统、APS 与 MES 是企业实现全面管理规划的重要组合。ERP 系统在于对整个企业与集团企业间的全面管控，企业的经营、财务、生产、销售等都在 ERP 系统下运行，但 ERP 系统在生产排程方面功能有限，不能满足企业详细排程的需求。高级计划及排程系统 APS 作为独立的生产计划模块，成为 ERP 系统的补充。MES 重点在于车间现场的管理，进行生产现场数据采集与监控，记录整个生产过程并实现产品的可追踪性。这三个系统组成企业信息化管理的基本框架。

 **案例 2-12**

法士特的工厂级信息系统

法士特工厂级别管控系统的五层架构如图 2-45 所示，其中 ERP 系统位于的最上层，是工厂级中主要的管控系统。从企业销售人员收集市场信息以及与客户签订订单开始，ERP 系统根据系统中的历史数据并参照当前市场情况与企业能力，开始制定企业未来的经营计划，更进一步在生产规划层预估企业的生产经营状况，并且制定生产计划。采购系统通过对市场的跟踪和管理收集用户对产品提出的通用需求和特定工艺要求，一方面将变速器订单发送给 APS 进行生产排程，生成生产任务。另一方面将其发送给工艺平台 TCM 进行产品的工艺设计，然后将变速器产品的制造过程物料清单（manufacturing bill of process，MBOP）、工艺路线和控制计划发送给执行层系统。最后，将生产工单通过 MES 组织生产。在 MES 执行产品生产任务时，调用数据采集功能模块将生产实时信息，包括生产产品的装备状态信息、产品的质量信息以及人员和物料信息进行采集并反馈给上层系统，分别用于产品生命周期管理（PLM）系统以及用于产品制造过程优化与调度的高级计划与排程（APS）系统，同时向客户反馈订单生产进度。以此为基础将生产任务向下进行逐层分配，最终实现对装备的控制。

数字化制造工艺（teamcenter manufaturing，TCM）利用系统提供工艺设计和规划环境，按照以“3PR”（产品 \product、工艺 \process、工厂 \plant、资源 \resource）构建工艺结构清单（BOP）为思想，将工艺信息按一定的结构化层次进行管理，使工艺数据管理更加清晰，数据检索和重用更加方便。

质量管理体系（quality management system，QMS）通常包括制定质量方针、目

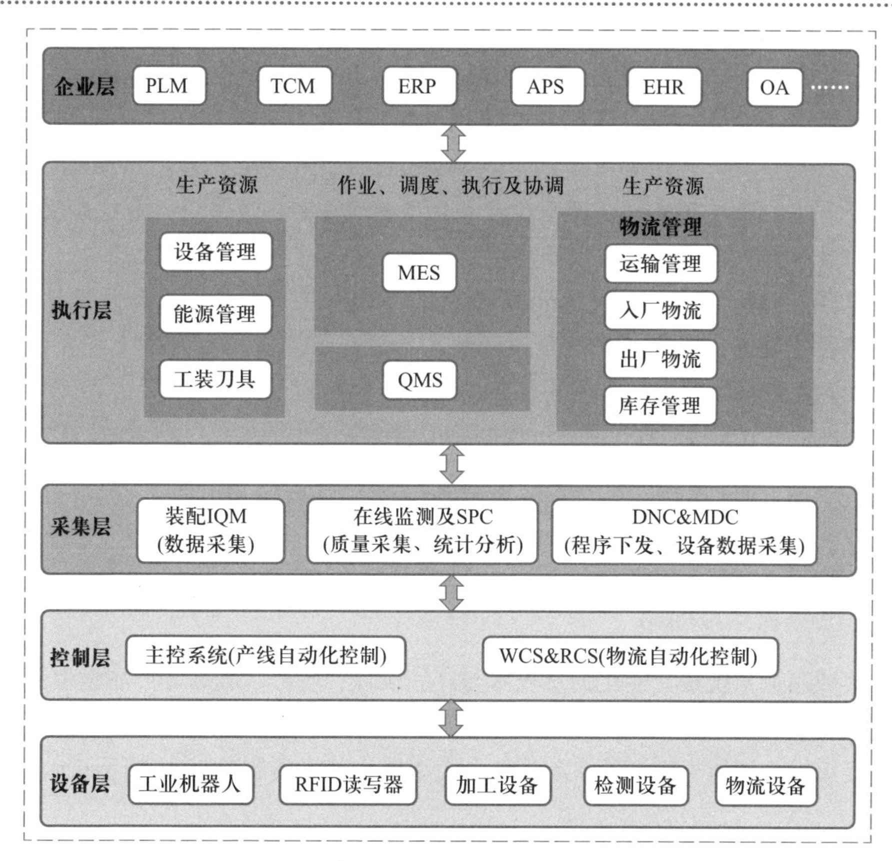

图 2-45 智能工厂管控系统五层架构模型

标以及质量策划、质量控制、质量保证和质量改进等活动，即企业内部建立的、为保证产品质量或质量目标所必需的、系统的质量活动。它根据企业特点选用若干体系要素加以组合，加强从设计、生产、检验、销售、使用全过程的质量管理活动，并予制度化、标准化，成为企业内部质量工作的要求和活动程序。

电子人力资源管理（e Human Resource，EHR 又简写为 e-HR）是基于先进的信息和互联网技术的全新人力资源管理模式，一般应用于人力资源部，也可全员参与系统的使用，它可以达到降低成本、提高效率、改进员工服务模式的目的。

办公自动化（office automation，OA）主要用于企业内部管理业务流程审批和企业内部行政办公事务，通过灵活的审批流程实现无纸化办公，如请假单的发放、派车单的发放、公司通告的发放、公司内部主页和活动投票等功能。

统计过程控制（statistical process control，SPC）是一种借助数理统计方法的过程控制工具。它对生产过程进行分析评价，根据反馈信息及时发现系统性因素出现的征兆，并采取措施消除其影响，使过程维持在仅受随机性因素影响的受控状态，以达到控制质量的目的。

仓库管理系统（warehouse management system，WMS）一般用于物料的进、存、

出，拣货汇单等管理。

仓库控制系统（warehouse control system，WCS）将任务分解到分拣机、输送机、堆垛机等设备，作业队列可监控；任务执行流程及状态实时反馈给WMS，所有作业及指令历史记录都可追溯，与WMS进行信息交互，接受WMS的任务，并将指令下达到底层PLC，从而驱动自动化设备动作；将现场设备的状态及数据实时反馈在界面上。

机器人控制系统（robot control system，RCS）一般是控制自动化项目中设备调度、路径规划等，可支持多种不同品牌、不同类型机器人之间高效交叉协同任务，实现任务优化分配以及机器人与人工之间的协同操作。

2.4 智能工厂的制造系统集成

2.4.1 制造系统集成内涵

智能集成制造系统是智能化信息技术与产品设计、生产、服务等产品全生命周期制造活动全面集成优化的大系统，强调“大系统、大集成、建模与仿真、全局优化”。从系统工程的角度出发，智能集成制造系统是一个大系统，其构成如图2-46所示。

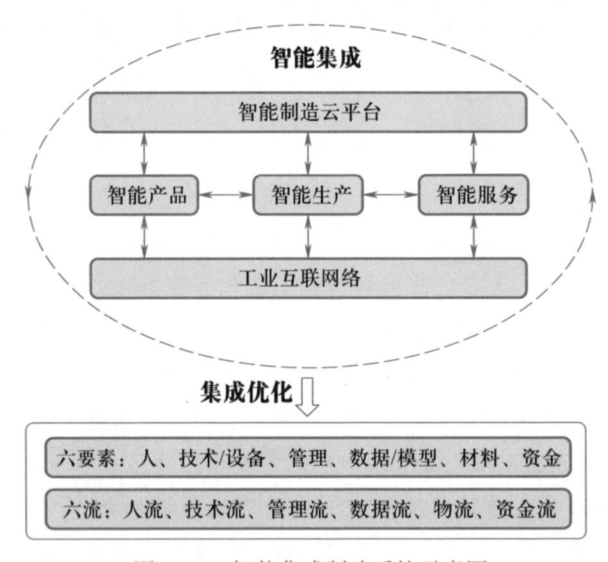

图2-46 智能集成制造系统示意图

智能集成制造系统基于工业互联网络和智能制造云平台，集成了智能产品、智能生产和智能服务等功能系统，契合了面向智能制造的人－信息－物理系统（HCPS）的发展方向，同时也进一步强调了人的中心地位。

智能集成制造系统涵盖了产品全生命周期过程中涉及集成优化的人、技术/设备、管理、数据 / 模型、材料、资金等制造要素链及人流、技术流、管理流、数据流、物流、资金流等价值链，同时也融合了支撑智能集成制造系统发展的赋能技术，如新一代人工智能、工业互联网、云计算、大数据、边缘计算等新信息技术，以及新制造科学技术及其融合技术。

与现代集成制造系统相比，智能集成制造系统涉及的集成已经从信息集成 - 过程集成 - 企业集成的方式，逐步发展为基于智能制造要素链及价值链之间的集成。智能集成制造系统的集成类型可以概括为纵向集成、端到端集成、横向集成，如图 2-47 所示。

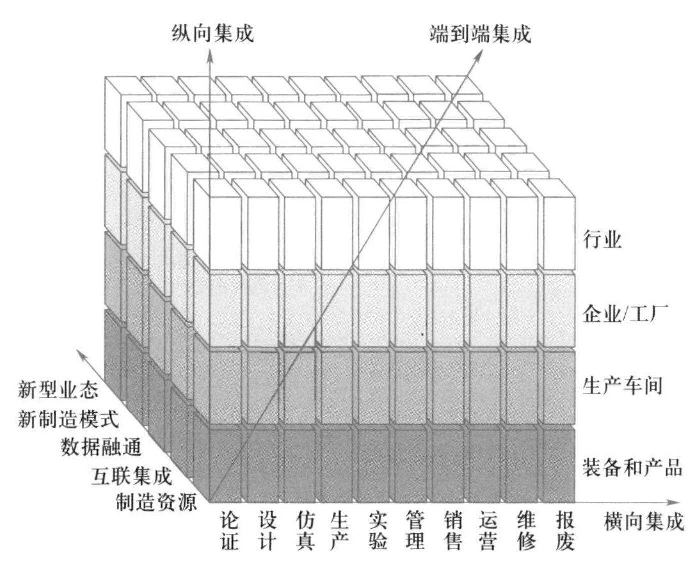

图 2-47 智能集成制造系统的系统集成示意图

智能制造系统基于工业互联网络和智能制造云平台，实现制造资源、能力、产品的动态集成、优化配置和智能协同。

（1）在智能工厂内部是纵向集成，用于实现企业内部不同层级各系统之间的集成，打造贯穿企业内部从原材料到产品销售的产品制造全生命周期的业务流程集成，形成企业内部的“纵向”集成体系。

（2）端到端集成是围绕特定产品的主干企业和相关协同合作企业之间的动态系统集成，是完成特定产品制造全生命周期所有任务的所有终端和用户端集成。

（3）横向集成是企业各种外部资源的信息集成，以产品制造价值网络为主线，构建产品制造面向企业、用户企业和社会等的社会网络，形成企业外部的“横向”集成体系。

系统集成的目标是实现制造全系统、全生命周期活动（产业链）中的人、机、物、环境、信息进行自主智慧的感知、互联、协同、学习、分析、认知、决策、控制与执行，进而促使制造全系统及全生命周期活动中的人、技术 / 设备、管理、数据 / 模型、材料、资金（“六要素”）及人流、技术流、管理流、数据流、物流、资金流（“六流”）集成优化。智能集成制造系统通过系统集成技术，支持生产关键要素模型、制造资源、制造产品、制造能力、专业知识等进行集成，并实现数据分发管理、时间同步管理，形成跨部门、跨企业、跨地域的协同设计、管理与决策，促使制造系统中各类活动中的信息流、控制流和知识流集成优化运行，进而提供智慧研制与运行使能技术，提高效率，提升企业竞争力。

1. 智能集成制造系统纵向集成

智能集成制造系统纵向集成是解决企业内部信息孤岛的集成，主要实现不同层级各系统之间的集成，使企业内部所有环节的人 - 信息 - 物理系统（HCPS）实现无缝对接，打造从原材料到产品销售的智能化产业链，提高企业生产的柔性和企业的生产效益。在工厂内部，通过纵向集成将传感器等制造装备、各层次智能生产单元、工业机器人、生产车间、产品、管理等有机地整合在一起，实现模型、数据、信息、算法等信息在企业决策层、管理层、计划层、执行层、设备层等各层级之间的下达、执行、反馈等。此外，通过模块化的智能集成制造系统集成方法，可以在不同层级上根据需求对企业的生产要素和网络拓扑进行快速调整，更好地满足个性化产品生产的需求。从涉及的边界来看，可以将纵向集成分为如下几个层级（图 2-48）。

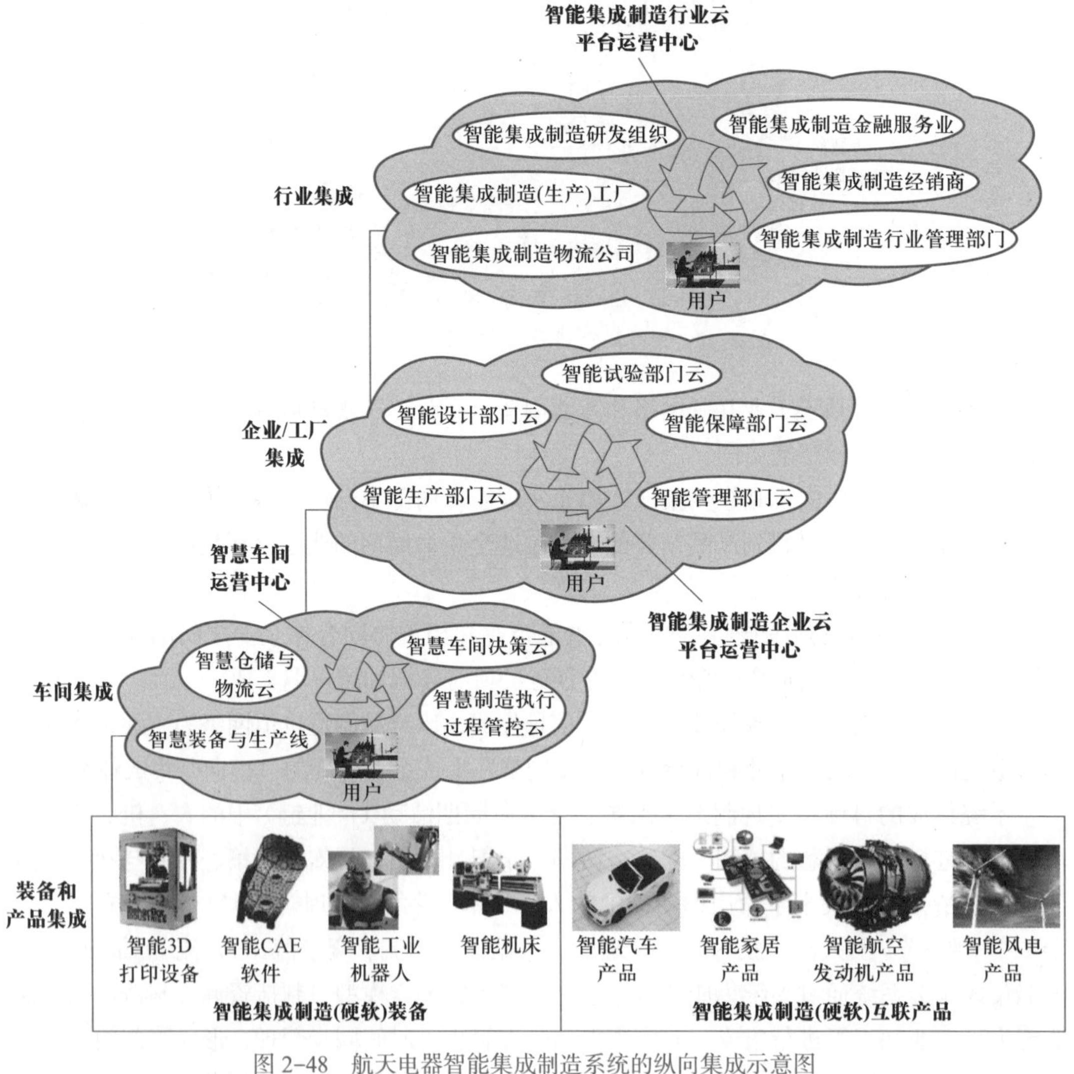

图 2-48 航天电器智能集成制造系统的纵向集成示意图

1）装备和产品集成

装备和产品集成层级是智能集成制造系统的基础，能够实现如工业机器人、智能机床、3D 打印设备、CAE 软件等智能集成制造装备的互联、集成和管控，实现汽车产品、航空航天产品、智能家居等不同领域的智能集成制造软、硬件产品的集成。

2）车间集成

在生产装备和产品集成的基础上，基于智慧车间的运营中心，实现装备与生产线、仓储与物流、制造执行管理、车间生产决策等环节的集成和统一管理，提高生产车间的生产效率和管理透明度。

3）企业 / 工厂集成

企业 / 工厂的集成实现了企业内跨部门之间的协作，实现智能设计、智能试验、智能生产、智能保障、智能管理等部门之间的数据、业务、流程等之间的集成、共享和协同，使企业 / 工厂的数据、信息可以自上而下和自下而上地流动和有效利用，提升企业的生产效益和价值。

4）行业集成

行业集成旨在实现同行业内各企业的设计研发、生产制造、服务保障等资源的集成和优化配置，实现行业知识、数据、信息等在一定规模上的共享。智能制造行业集成实现了制造研发组织、生产工厂、物流公司、产品经销、金融服务、行业管理等部门之间的协作和行业内纵向一体化管理。

2. 智能集成制造系统端到端集成

围绕特定产品，从供给端到用户端，覆盖产品全生命周期各个环节乃至各个终端的系统集成，即智能集成制造系统的端到端集成，体现在各种不同信息终端和数字化的物理终端联通，打破信息孤岛，实现制造资源、过程、产品、用户信息基于云平台的全面集成和互通。端到端集成将实现特定产品制造整个价值链的工程化信息集成，是以用户要求为中心，以主干企业为核心，集成各有关企业的力量，组成从供给端到用户端的完成制造全生命周期所有任务的所有终端和用户端的系统集成。端到端集成有别于横向集成和纵向集成，主要从智能制造集成系统组成要素信息交互的角度出发，考虑各类终端的信息对称与衔接，将用户需求、反馈与产品全生命周期融合，实现整个价值链端到端的数字化集成，支撑实现个性化、智能化的产品定制。

端到端的集成实现以工业互联网为核心，通过制造资源、能力和产品接入云平台，在平台上形成端到端服务能力，通过数据中台、制造中台、业务中台形成服务枢纽，提供可共享、复用的工业服务能力。制造企业能够直接获取定制化需求，构建研发设计、生产制造、运维监测以及经营管理的业务管理流程，快速聚合数据与业务，实现跨环境、跨应用系统之间的互通集成和管控。

基于云平台的端到端集成为企业解决产品全生命周期信息联通问题，降低创新成本，满足推动定制化和个性化的业务，适应企业产品快速创新的途径。从原料、生产装备、物流、产品到企业及供应链、用户之间的端到端互联集成，将促进全球化的资源最优配置和高效利用。通过云平台实现制造原料的灵活配置、制造过程的按需执行、制造工艺的合理优化和制造环境的快速适应，达到资源的高效利用，同时客户通过个性化功能和组件的组合或重置来满足自己的特殊需求，使企业获得更大的市场和更高的客户满意度，同时减少内部运营成本。

3. 智能集成制造系统横向集成

横向集成指的是企业之间通过产业链及社会化信息网络实现资源整合，是智能制造社会网络的集成。横向集成以价值链为主线，强调产品制造的价值流集成，旨在解决企业之间不同制造环节中的信息共享、资源整合、流程协同和社会化协作等问题，消除产业链上各企业之间交互的冗余和非增值过程，提高产业链上下游企业之间需求定义、产品设计、加工生产、训练使用、售后维护、报废等各环节的合作效率，进而构建不同企业之间的社会网络，实现企业与企业、企业与产品之间的生态化协作，在社会范围内实现人流、技术流、管理流、数据 / 模型流、物流、资金流的共享集成和优化应用。

在横向集成中，在产品全生命周期中实现数据的流通、集成、融合，实现企业间不同人 – 信息 – 物理系统（HCPS）的集成，在企业不同制造阶段和产业链系统中构建一个互联的信息网络，加强企业与供应商等之间的协作。图 2–49 所示为智能集成制造系统横向集成示意图。

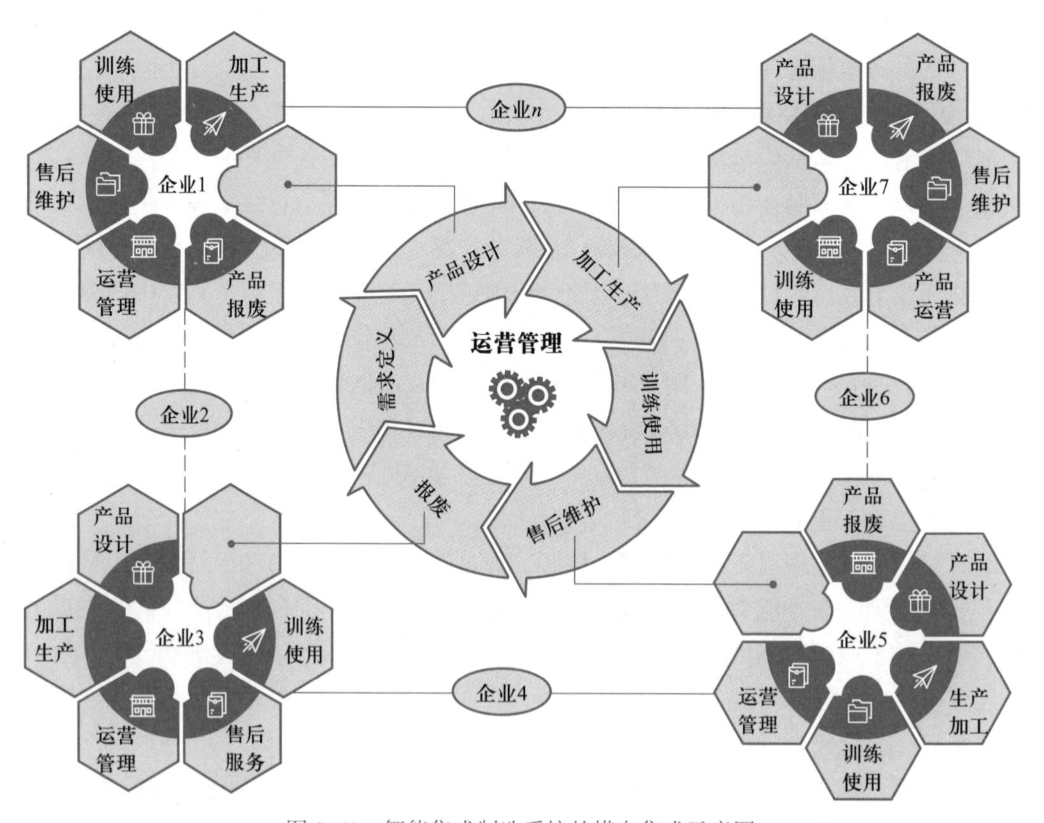

图 2–49 智能集成制造系统的横向集成示意图

2.4.2 工业网络互联

1. 工业网络连接

1）网络连接

与传统工厂相比，智能工厂需要通过网络实现由加工主体装备、辅助工艺装备、连接与运输装备所构成的物理系统的互联互通。目前，工厂内网络的主流技术包括工业现场总线、工业以太网两种。

（1）工业现场总线。工业现场总线是在20世纪90年代初发展形成的，是安装在生产过程区域的现场设备、仪表和控制室内的自动控制装置、系统之间的一种串行、数字式、多点通信的数据总线。工业现场的智能化仪器仪表、传感器、控制器、执行机构等通过工业现场总线实现了现场设备间的数字通信以及现场控制设备与高级控制系统之间的信息传递问题。常用的现场总线协议包括RS232、RS485、CAN、Modbus、OPC、PROFIBUS、DeviceNet等40多种，利用一台接入网络的服务器对生产线数字化设备进行互联互通，进而实现设备的集群控制。

（2）工业以太网。工业以太网是随着以太网技术的不断成熟，将其优化后引入工业控制领域而产生的通信技术，具有通信速率高、时延抖动可控、传输距离长、可接入标准以太网等一系列优点，是以太网技术从办公自动化走向工业自动化的产物。随着制造过程数据量的不断增加以及工业现场对网络传输的实时性、可靠性、安全性要求不断提高，越来越多的智能工厂使用工业以太网将数控机床、机器人、检测设备以及其他辅助工艺设备等各类分散的数字化装备连接起来。常用的工业以太网协议包括HSE、Modbus TCP/IP、ProfiNet、Ethernet/IP等。工业以太网技术在凭借其传输速率高、开放性好、兼容TCP/IP、造价便宜等优势，呈现出逐渐替代工业现场总线的趋势。

2）工业5G移动互联网

5G移动互联网具有的大带宽、高可靠、低时延的网络特性，基本上可以满足自动驾驶、工业控制等对实时性要求高的应用场景。从对工业场景需求适配性上来看，5G已经能够满足除运动控制、协同控制外的大部分场景需求，例如流程自动化闭环控制、过程监控、增强现实、控制系统间通信、PLC控制指令下达、AGV远程操控、重型机械移动控制面板等。5G与边缘计算、AI、AR/VR一系列技术组合，正在工业领域创造全新的应用场景并释放巨大价值空间。如“5G+边缘计算”推动算力下沉到工业现场，催生边缘数据分析、设备预测性维护等应用；“5G+AI”推动边云协同质量检测、无人驾驶等应用升级演进；“5G+AR/VR”支持辅助诊断、辅助装配、虚拟培训等全新场景。未来，在5G等移动互联网技术与其他技术综合作用下，工业网络连接体系将会发生巨变，由以控制为核心的传统网络体系向控制、回传、计算并重的新型网络体系转变。

3）工业中的网络互联

在智能工厂内，根据部署的位置和作用，工业网络又可以分为连接生产现场各类设备的产线级、连接监测控制系统和多个产线的车间级，以及连接工厂内多个车间、办公和信息管理系统的工厂级，如图 2–50 所示。

工业中的网络互联主要是指工业网络，它是在工业生产环境中的通信网络系统，如图 2–51 所示。传统意义上的工业网络主要是工业控制网络，用于完成生产过程中现场设备的信息传输，支撑控制系统。随着工业由自动化向数字化、网络化的演进，支持 ERP、CRM 等工业信息系统的企业信息网络（IT 网络）、支持产业链协同和商业沟通的互联网，逐渐加入工业网络体系中。

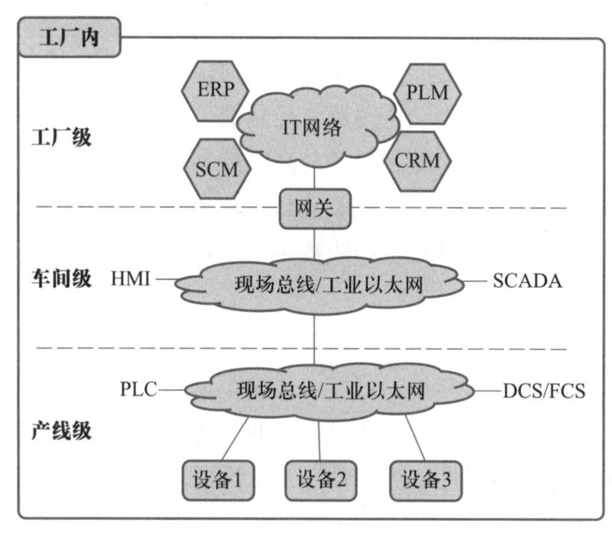

图 2–50　工厂内网络架构

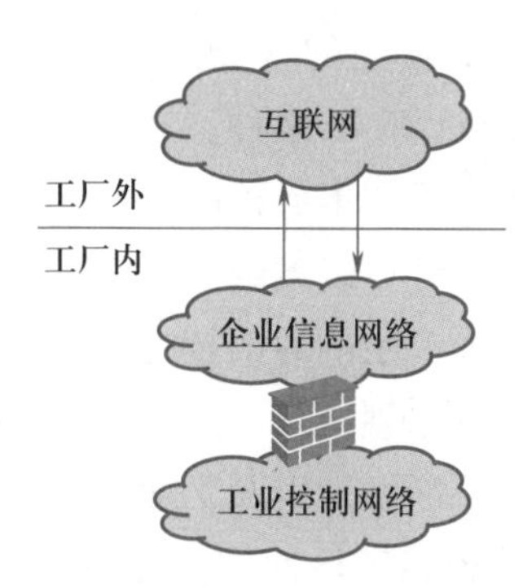

图 2–51　工厂内、外的网络互联

 **案例 2–13**

法士特的工业网络连接

如图 2–52 所示，变速器壳体生产线上主体加工装备（如卧式五轴联动加工中心）、辅助工艺装备（如打标机、清洗机、检测机、试漏机），以及连接与运输装备（如搬运机器人等），通过工业交换机接入工业以太网，将采集到的数据传输给工业计算机进行数据分析和处理，并将这些信息展示在生产看板上供操作人员查看。

另外，在法士特智能工厂中，为了实现不具备网络接入能力的装备、物料、工件、工装、刀具等生产要素的数据采集与互联，通常使用射频识别技术（RFID）自动识别。首先，通过使用识别装置，自动获取被识别实体对象的相关信息，进行数据采集。然后，将射频识别系统接入工业以太网，能够实现物理实体与信息系统之间的动态联系。

随着法士特公司近几年的信息化建设和应用推广，工厂原有网络已难以满足公司智能工厂建设需求，开始对原有基础网络进行升级改造。将各厂区基础网络全面

升级为工业无源光纤网络（passive optical network，PON），可以发挥 PON 网络的快速部署、易扩容、低成本的优势。

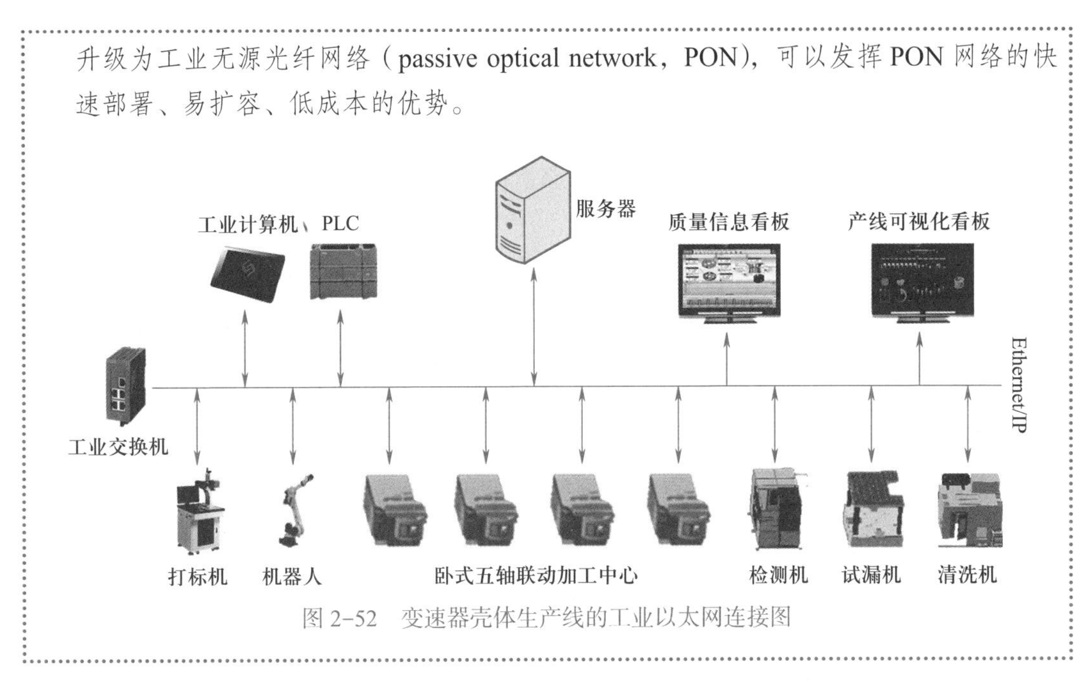

图 2-52 变速器壳体生产线的工业以太网连接图

2. 工业物联网

工业物联网从架构上分为感知层、通信层、平台层和应用层，如图 2-53 所示为工业物联网架构。

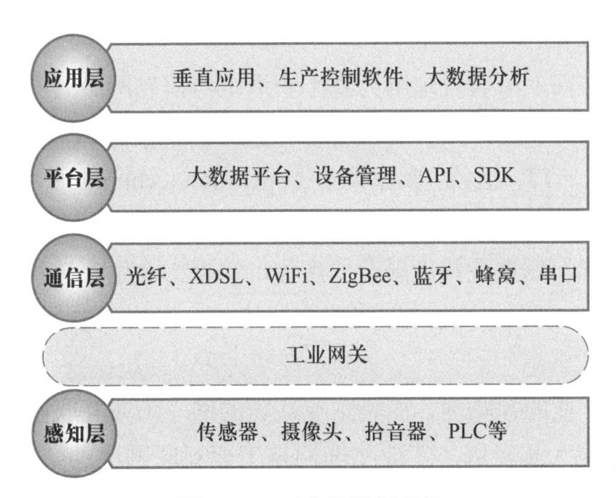

图 2-53 工业物联网架构

感知层主要由传感器、视觉感知和可编程逻辑控制器（PLC）等器件组成，一方面收集振波、温度、湿度、红外、紫外、磁场、图像、声波流、视频流等数据，传送给网络层，到达上层管理系统，帮助其记录、分析和决策；另一方面收集从上层管理系统下发或已经编程好的指令，执行设备动作。

通信层主要由各种网络设备和线路组成，包括具备网络固线的光纤、XDSL，也包括通过无线电波通信的 GPRS、3G、4G、5G、WiFi、超声波、ZigBee、蓝牙等通信方式，主要满足不同场景的通信需求。

平台层主要是将下层传输的数据关联和结构化解析之后，沉淀为平台数据，向下连接感知，向上提供统一的可编程接口和服务协议，降低了上层软件的设计复杂度，提高了整体架构的协调效率。特别是在平台层，可以将沉淀的数据通过大数据分析和挖掘，对生产效率、设备检测等方面提供数据决策。

应用层主要根据不同行业、领域的需求，落地为垂直化的应用软件，通过整合平台层沉淀的数据和用户配置的控制指令，实现对终端设备的高效应用，最终提升生产效率。

感知层与通信层中间有一个工业网关，工业网关隔离了终端传感器和控制器与上层网络端口，一方面减少传感器与控制器的业务逻辑复杂度，另一方面减少上层应用对数据协议的解析成本。

工业物联网应用不仅仅是通过传感和识别技术获取物品的各种状态信息并进行分析处理，还包括根据控制策略来对物品进行智能化的控制。在智能工厂中，借助物联网技术，除能对物理系统中各类数字化装备的运行状态数据、加工工艺数据、加工质量数据和物流数据进行采集和分析之外，更加离散多样的普通设备、原料、产品、人员、工艺、生产环境等智能工厂中的多种生产要素也能够实现互联互通，从而保证了这些要素在生产过程中所产生的有用信息被有效收集。与此同时，工业物联网技术的应用使生产管控优化系统中的生产过程数据可视化、生产调度优化、仿真系统建模等功能模块发挥更大的作用。

3. 工业互联网

1）工业互联网的内涵

工业互联网，从字面上可直观理解为将工业系统与信息网络高度融合而形成的互联互通网络。工业互联网是通信技术（communication technology，CT）、计算机技术（internet/Information technology，IT）、运营 / 操作技术（operation technology，OT）的高度融合。其中，IT 和 CT 行业常被人称为（information and communications technology，ICT）。工业互联网是新一代 ICT 技术与制造业深度融合的产物。它把工业生产过程中的人、数据和机器连接起来，使工业生产流程数字化、网络化和智能化，实现“数据的流通”，提升生产效率，降低生产成本。

工业互联网不是工业的互联网，而是工业互联的网。工业互联网与工业物联网，一字之差，所涵盖的内容也大相径庭。工业物联网是工业互联网中的“基建”，强调的是“物与物”的连接。工业物联网涵盖了云计算、网络、边缘计算和终端，自下而上地打通工业互联网中的关键数据流。工业互联网是要通过“人、机、物”的全面互联，实现全要素、全产业链、全价值链的全面连接。工业互联网涵盖了工业物联网。工业互联网作为全新工业生态、关键基础设施和新型应用模式，正在全球范围内不断颠覆传统制造模式、生产组织方式和产业形态，推动传统产业加快转型升级、新兴产业加速发展壮大。

工业互联网的核心要素包括智能机器、工业人工智能分析方法和工作人员三大要素。智能机器要素通过先进的传感器、控制器和软件应用程序将现实世界中的机器、设备、团队和网络连接起来，并利用硬件使信息高效集成和更快传输等。工业人工智能分析方法要素使用基于物理的分析法、预测算法、自动化和材料科学、电气工程及其他关键学科的深厚专业知识来理解机器与大型系统的运作方式。这可使来自不同设备制造商的相似资产或不同资产种类的数据实现新的数据标准；能使数据更快转换信息资产，并为技术构建的集成和分析做准备。工作人员要素建立员工之间的实时连接，连接各种工作场所的人员，以支持更为智能的设计、操作、维护以及高质量的服务与安全保障。

工业互联网作为一个非常复杂的系统，不仅涵盖与工业领域相关的所有实体、工具、数据、方法与流程，也涉及软硬件数据协议、分布式技术、虚拟化技术、数据化技术、数据建模与分析、组件封装及可视化等多种关键技术与工具。当今工业领域和计算机学科的所有前沿技术，包括边缘计算、智能控制、数字孪生、智能感知、5G 传输、大数据处理与决策、人工智能等，都能在工业互联网中找到具体应用。

2）工业互联网体系架构

工业互联网体系架构如图 2-54 所示，包括业务视图、功能架构、实施框架三大板块，形成以商业目标和业务需求为牵引，进而确定系统功能定义与实施部署方式的设计思路，自上向下层层细化和深入。

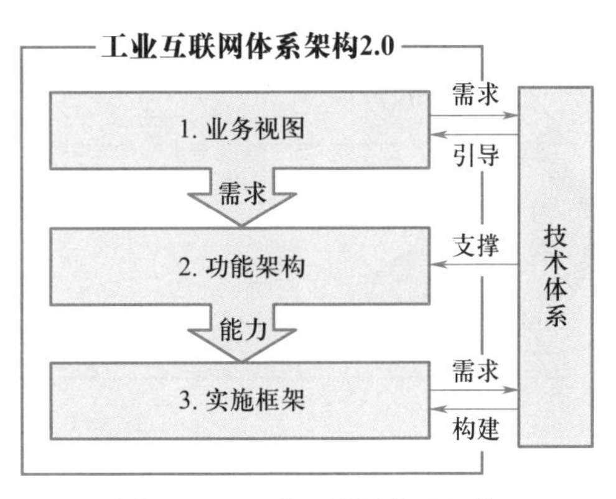

图 2-54 工业互联网体系架构

图中，业务视图明确了企业应用工业互联网实现数字化转型的目标、方向、业务场景及相应的数字化能力。业务视图包括产业层、商业层、应用层、能力层四个层次，其中产业层主要定位于产业整体数字化转型的宏观视角，商业层、应用层和能力层则定位于企业数字化转型的微观视角。工业互联网的业务视图如图 2-55 所示。

其中，“产业层”主要阐释工业互联网在促进产业发展方面的主要目标、实现路径与支撑基础。“商业层”主要面向 CEO 等企业高层决策者，主要明确企业应用工业互联网构建数字化转型竞争力的愿景理念、战略方向和具体目标。“应用层”主要面向企业 CIO、CTO、CDO 等信息化主管与核心业务管理人员，主要明确工业互联网赋能于企业业务转型的重点领域和具体场景。“能力层”面向工程师等具体技术人员，描述了企业通过工业互联网实现业务发展目标所需构建的核心数字化能力。四个层次自上而下来看，实质是产业数字化转型大趋势下，企业如何把握发展机遇，实现自身业务的数字化发展并构建起关键数字化能力；自下而上来看，反映了企业不断构建和强化的数字化能力将持续驱动其业务乃至整个企业的转型发展，并最终带来整个产业的数字化转型。

功能架构明确企业支撑业务实现所需的核心功能、基本原理和关键要素。功能架构又细化分解为网络、平台、安全三大体系。其中，网络是基础，平台是核心，安全是保障。通过网络、平台、安全三大功能体系构建，工业互联网全面打通设备资产、生产系统、管理系统和供应链条，基于数据整合与分析实现 IT 与 OT 的融合和三大体系的贯通。工业互联网的功能原理如图 2-56 所示。

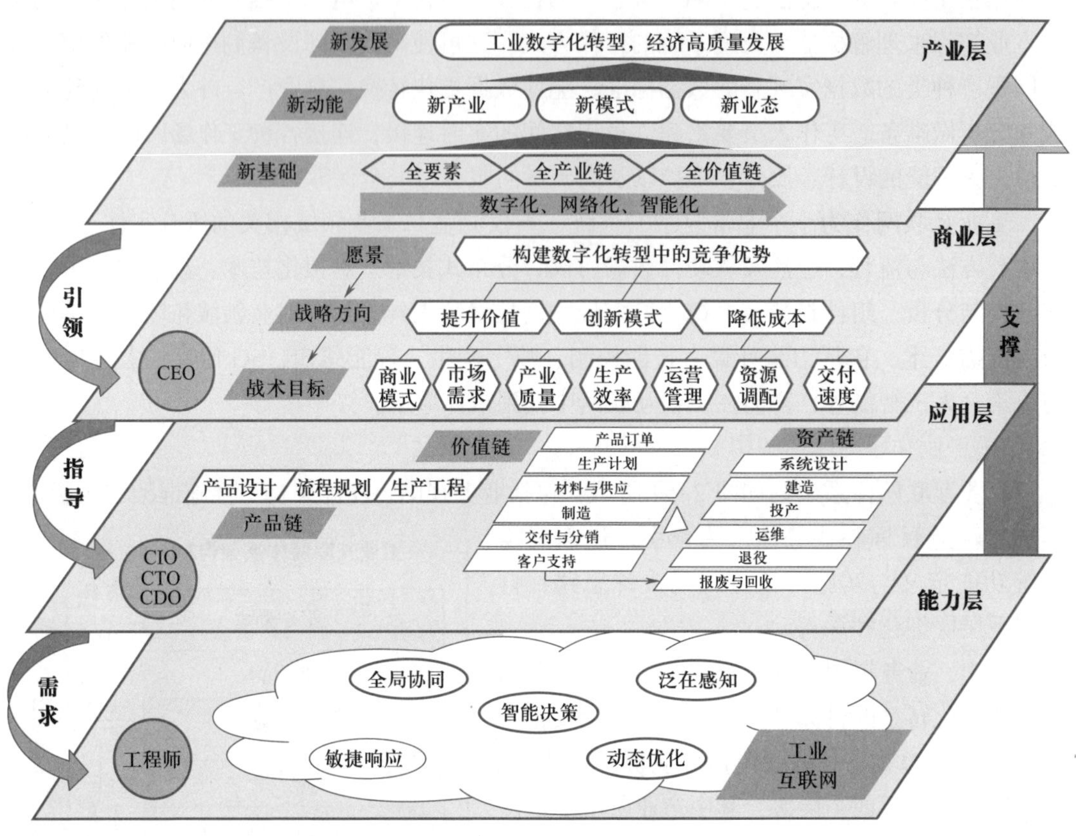

图 2-55 工业互联网的业务视图

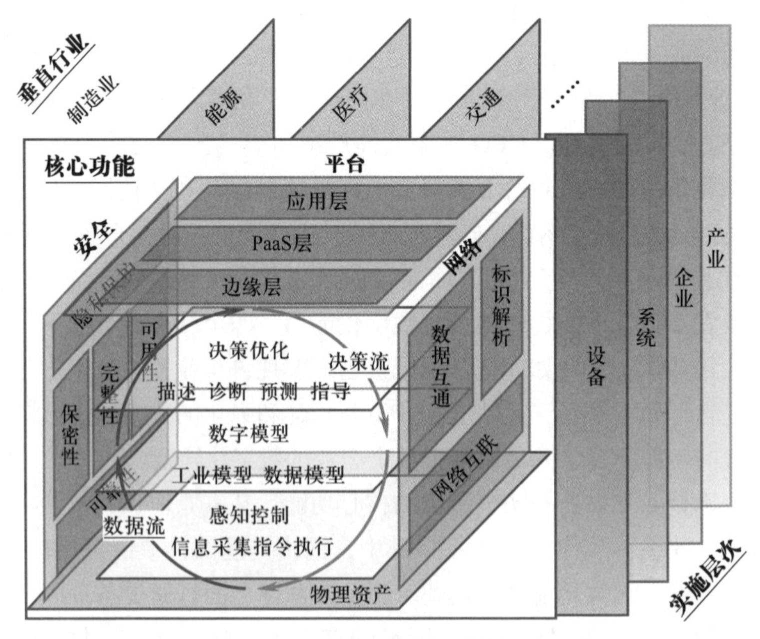

图 2-56 工业互联网的功能原理

网络体系将连接对象延伸到机器设备、工业产品和工业服务，可以实现人、机器、车间、企业等主体以及设计、研发、生产、管理、服务等产业链各环节的全要素的泛在互联与数据的顺畅流通，形成工业智能化的“血液循环系统”。打造低时延、高可靠、广覆盖的网络基础设施是实现工业全要素各环节泛在深度互联的前提。网络体系由网络互联、数据互通和标识解析三部分组成。网络互联实现各类工业生产要素之间的数据传输，数据互通实现要素之间传输信息的相互理解，标识解析实现要素的标记、管理和定位。

平台体系是工业互联网的核心，是面向制造业数字化、网络化、智能化需求，构建基于海量数据采集、汇聚、分析的服务体系，支撑制造资源泛在连接、弹性供给、高效配置的工业云平台。工业互联网平台为数据汇聚、建模分析、应用开发、资源调度、监测管理等提供支撑，实现生产智能决策、业务模式创新、资源优化配置、产业生态培育，形成工业智能化的“神经中枢系统”。

安全体系是工业互联网的保障。工业互联网打破了传统工业系统与互联网天然隔离的边界，互联网安全风险渗透到制造业关键领域，网络安全与工业安全风险交织，直接影响工业、经济安全乃至国家总体安全。为解决工业互联网面临的网络攻击等新型风险，确保工业互联网健康有序地发展，工业互联网安全功能框架充分考虑了信息安全、功能安全和物理安全，聚焦工业互联网安全所具备的主要特征，包括可靠性、保密性、完整性、可用性和隐私和数据保护。

实施框架描述各项功能在企业落地实施的层级结构、软硬件系统和部署方式。提出了由设备层、边缘层、企业层、产业层四层组成的实施框架层级划分，图 2-57 所示为工业互联网实施框架总体视图。其中，设备层对应工业设备、产品的运行和维护功能，关注设备底层的监控优化、故障诊断等应用；边缘层对应车间或产线的运行维护功能，关注工艺配置、物料调度、能效管理、质量管控等应用；企业层对应企业平台、网络等关键能力，关注订单计划、绩效优化等应用；产业层对应跨企业平台、网络和安全系统，关注供应链协同、资源配置等应用。实施框架主要为企业提供工业互联网具体落地的统筹规划与建设方案，进一步可用于指导企业技术选型与系统搭建。

工业互联网的实施重点明确工业互联网核心功能在制造系统各层级的功能分布、系统设计与部署方式。工业互联网实施不是孤立的行为，需要“网络、平台、安全”三大体系互相打通、深度集成。其中，网络系统关注全要素、全系统、全产业链互联互通新型基础设施的构建；平台系统关注边缘系统、企业平台和产业平台交互协同的实现；安全系统关注安全管控、态势感知、防护能力等建设。

“网络、平台、安全”三大体系，在不同层级形成兼具差异性、关联性的部署方式，通过要素联动优化实现全局部署和纵横联动。另外需要注意的是，工业互联网的实施离不开智能装备、工业软件等基础产业支撑，新一代信息技术的发展与传统制造产业的融合将为工业互联网实施提供核心供给能力。

3）工业互联网技术体系

工业互联网技术体系是支撑功能架构实现、实施架构落地的整体技术结构，其超出了

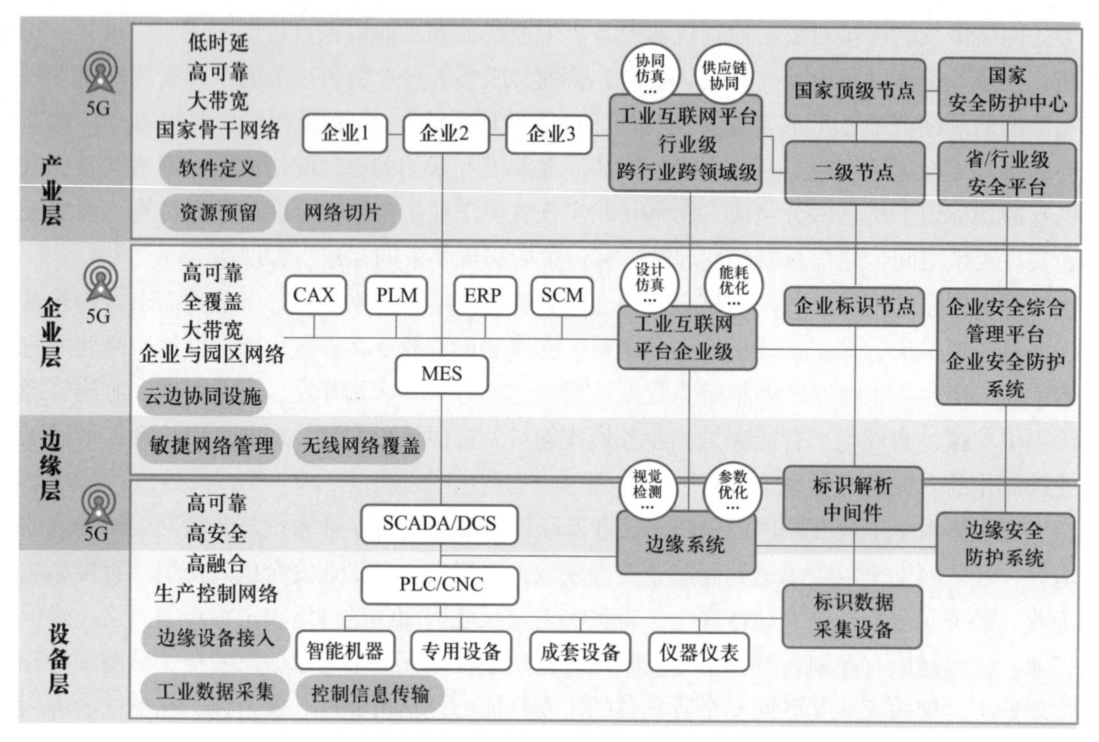

图 2-57 工业互联网实施框架总体视图

单一学科和工程的范围，需要将独立技术联系起来构建成相互关联、各有侧重的新技术体，在此基础上考虑功能实现或系统建设所需重点技术集合。同时，以人工智能、5G 为代表的新技术加速融入工业互联网，不断拓展工业互联网的能力内涵和作用边界。工业互联网的技术体系如图 2-58 所示。

工业互联网的核心是通过更大范围、更深层次的连接实现对工业系统的全面感知，并通过对获取的海量工业数据建模分析，形成智能化决策，其技术体系由制造技术、信息技术以及两大技术交织形成的融合技术组成。制造技术和信息技术的突破是工业互联网发展的基础，例如增材制造、现代金属、复合材料等新材料和加工技术不断拓展制造能力边界，云计算、大数据、物联网、人工智能等信息技术快速提升人类获取、处理、分析数据的能力。制造技术和信息技术的融合强化了工业互联网的赋能作用，催生工业软件、工业大数据、工业人工智能等融合技术，使机器、工艺和系统的实时建模和仿真，产品和工艺技术隐性知识的挖掘和提炼等创新应用成为可能。

制造技术支撑构建了工业互联网的物理系统，其基于机械、电机、化工等学科中提炼出的材料、工艺等基础技术，叠加工业视觉、测量传感等感知技术，以及执行驱动、自动控制、监控采集等控制技术，面向运输、加工、检测、装配、物流等需求，构成了工业机器人、数控机床、3D 打印机、反应容器等装备技术，进而组成产线、车间、工厂等制造系统。从工业互联网视角看，制造技术一是构建了专业领域技术和知识基础，指明了数据分析和知识积累的方向，成为设计网络、平台、安全等工业互联网功能的出发点；二是构

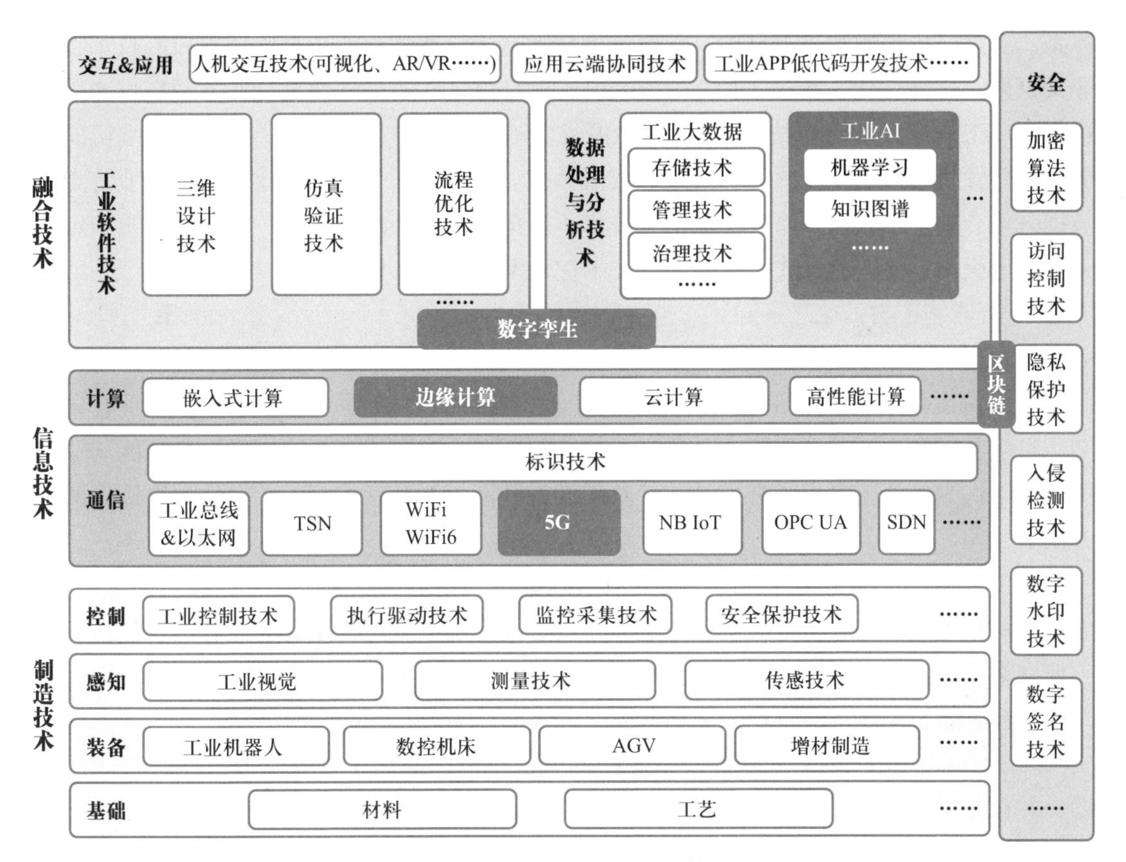

图 2-58 工业互联网的技术体系

建了工业数字化应用优化闭环的起点和终点，工业数据的源头绝大部分是制造物理系统，数据分析结果的最终执行也均作用于制造物理系统，使其贯穿设备、边缘、企业、产业等各层工业互联网系统的实施落地过程。

信息技术勾勒了工业互联网的数字空间，新一代信息通信技术一部分直接作用于工业领域，构成了工业互联网的通信、计算、安全基础设施；另一部分基于工业需求进行二次开发，成为融合性技术发展的基石。通信技术中，5G、WiFi 为代表的网络技术提供更可靠、快捷、灵活的数据传输能力，标识解析技术为对应工业设备或算法工艺提供标识地址，保障工业数据的互联互通和精准可靠。边缘计算、云计算等计算技术为不同工业场景提供分布式、低成本数据计算能力。数据安全和权限管理等安全技术保障数据的安全、可靠、可信。信息技术一方面构建了数据闭环优化的基础支撑体系，使绝大部分工业互联网系统可以基于统一的方法论和技术组合构建；另一方面打通了互联网领域与制造领域技术创新的边界，统一的技术基础使互联网中的通用技术创新可以快速渗透到工业互联网中。

融合性技术驱动了工业互联网物理系统与数字空间全面互联与深度协同。制造技术和信息技术都需要根据工业互联网中的新场景、新需求进行不同程度的调整，才能构建出完整可用的技术体系。工业数据处理分析技术在满足海量工业数据存储、管理、治理需求的同时，基于工业人工智能技术形成更深度的数据洞察，与工业知识整合共同构建数字孪生体系，支撑分析预测和决策反馈。工业软件技术基于流程优化、仿真验证等核心技术将工业知识进一步显性化，支撑工厂 / 产线虚拟建模与仿真、多品种变批量任务动态排产等先进应用。工业交互和应用技术基于 VR/AR 改变制造系统交互使用方式，通过云端协同和低代码开发技术改变工业软件的开发和集成模式。融合技术一方面构建出符合工业特点的数据采集、处理、分析体系，推动信息技术不断向工业核心环节渗透；另一方面重新定义工业知识积累、使用的方式，提升制造技术优化发展的效率和效能。

4）智能制造与工业互联网

智能制造与工业互联网有着紧密的联系。智能制造是基于新一代信息通信技术与先进制造技术深度融合，贯穿于设计、生产、管理、服务等制造活动的各个环节，具有自感知、自学习、自决策、自执行、自适应等功能的新型生产方式。工业互联网是智能制造的关键基础，为其变革提供了必需的共性基础设施和能力。两者的相互关系体现在以下两个方面。

（1）智能制造的实现主要依托两方面基础能力：一是工业制造技术，包括先进装备、先进材料和先进工艺等，是决定制造边界与制造能力的根本；二是工业互联网，包括新型工业网络、工业互联网平台、工业大数据等综合信息技术要素，是充分发挥工业装备、工艺和材料潜能，提高生产效率，优化资源配置效率，实现服务增值的关键。

（2）工业互联网除了支撑智能制造的发展，还可广泛用于支撑其他产业的智能化转型，并在此基础上打通不同产业和不同环节，形成新的业务模式、产业组织与商业形态，构建新的经济增长动能。

2.4.3　工业互联网云平台

1. 工业云的概念

工业云通常指基于云计算架构的工业云平台和基于工业云平台提供的工业云服务，涉及产品研发设计、实验和仿真、工艺设计、加工制造、运营管理及企业决策等诸多环节。工业云服务常见的方式有工业软件即服务（software as a service，SaaS）、工业基础设施即服务（infrastructure as a service，IaaS）、工业平台即服务（platform as a service，PaaS）等方式。

工业云基于云计算技术架构为工业企业提供软件服务，使工业企业的社会资源实现共享，使工业设计和制造、生产运营管理等工具大众化、简洁化、透明化，从而提升工业企业全要素劳动生产率。工业云借助互联网云计算的基础设施，利用其计算、存储和部署能力，结合工业生产和应用，收集、存储和分析工业数据，为工业生产提供各类应用服务。相比于互联网云，工业云面向工业领域，更侧重于工业业务环节，其工业应用除利用互联网共享模式获取工业应用工具和系统外，就是收集、存储企业生产经营的相关数据，通过分析数据帮助企业进行经营决策。随着工业物联网的快速发展，工业生产产生了大量数据，对这些数据的分析处理正是工业云的优势所在。

2. 工业互联网平台

工业互联网平台是为面向制造业数字化、网络化、智能化的需求，构建基于海量数据采集、汇聚、分析的服务体系，用于支撑制造资源泛在连接、弹性供给、高效配置的工业云平台。

在离散型制造企业智能工厂的建设过程中，通过建设工业互联网平台实现了各种生产要素之间的互联互通。随着企业内部数字化网络化智能化程度的不断加强，采用以往单机模式对通过工业互联网采集到的海量数据进行存储与分析的方式不再适用。在“互联网+”技术的推动下，通过云平台建设，企业能够使用分散的计算资源整合成虚拟的超级计算机，以提供超大的存储空间和超强的计算能力，进行工业大数据的存储、集成、访问、分析与管理，实现产品的研发设计、生产制造，运行管理过程的优化。

按照功能层级划分，工业互联网平台包括边缘层、PaaS 层和应用层三个关键功能组成部分，如图 2-59 所示。

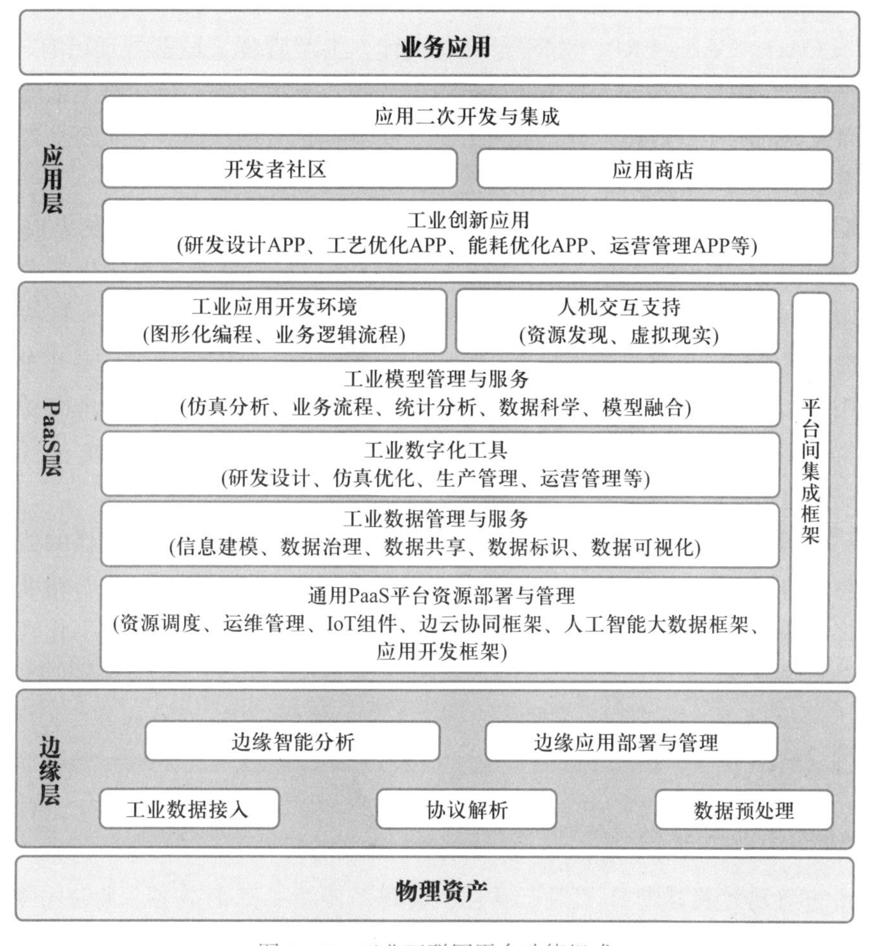

图 2-59 工业互联网平台功能组成

边缘层提供海量工业数据接入、协议解析与数据预处理和边缘分析应用等功能：①工业数据接入包括机器人、机床、高炉等工业设备数据接入能力，以及 ERP、MES、WMS 等信息系统数据接入能力，实现对各类工业数据的大范围、深层次采集和连接；

② 协议解析与数据预处理将采集连接的各类多源异构数据进行格式统一和语义解析，并进行数据剔除、压缩、缓存等操作后传输至云端；③ 边缘分析应用的重点是面向高实时应用场景，在边缘侧开展实时分析与反馈控制，并提供边缘应用开发所需的资源调度、运行维护、开发调试等各类功能。

PaaS 层提供 IT 资源管理、工业数据与模型管理、工业建模分析和工业应用创新等功能：① IT 资源管理包括通过云计算 PaaS 等技术对系统资源进行调度和运维管理，并集成边云协同、大数据、人工智能、微服务等各类框架，为上层业务功能实现提供支撑；② 工业数据与模型管理包括面向海量工业数据提供数据治理、数据共享、数据可视化等服务，为上层建模分析提供高质量数据源，以及进行工业模型的分类、标识、检索等集成管理；③ 工业建模分析融合应用仿真分析、业务流程等工业机理建模方法和统计分析、大数据、人工智能等数据科学建模方法，实现工业数据价值的深度挖掘分析；④ 工业应用创新集成 CAD、CAE、ERP、MES 等研发设计、生产管理、运营管理已有成熟工具，采用低代码开发、图形化编程等技术来降低开发门槛，支撑业务人员能够不依赖程序员而独立开展高效灵活的工业应用创新。此外，为了更好地提升用户体验和实现平台间的互联互通，还需考虑人机交互支持、平台间集成框架等功能。

应用层提供工业创新应用、开发者社区、应用商店、应用二次开发集成等功能：① 工业创新应用针对研发设计、工艺优化、能耗优化、运营管理等智能化需求，构建各类工业应用 APP 解决方案，帮助企业实现提质降本增效；② 开发者社区，打造开放的线上社区，提供各类资源工具、技术文档、学习交流等服务，吸引海量第三方开发者入驻平台开展应用创新；③ 应用商店提供成熟工业 APP 的上架认证、展示分发、交易计费等服务，支撑实现工业应用价值变现；④ 应用二次开发集成，对已有工业 APP 进行定制化改造，以适配特定工业应用场景或是满足用户个性化需求。

工业互联网平台将成为未来制造系统的中枢与核心环节。借助平台提供的数据流畅传递和业务高效协同能力，能够第一时间将生产现场数据反馈到管理系统进行精准决策，也能够及时将管理决策指令传递到生产现场进行执行，通过高效、直接的扁平化管理实现制造效率的全面提升。

案例 2-14

法士特的工业云平台

法士特通过构建制造工厂云平台，实现了不同工厂的装备、物流与管理系统之间的互联互通。将数控机床、检测设备、机器人等数字化设备实现程序网络通信、数据远程采集、程序集中管理、大数据分析、可视化展现、智能化决策支持。法士特工厂的云平台架构如图 2-60 所示，其体系构成主要包括数据采集层（边缘层）、IaaS 层（云基础设施）、PaaS 层（分为通用 PaaS 和工业 PaaS）和 SaaS 层（工业 APP）。

图 2-60 变速器智能工厂云平台架构图

其中，采集层主要提供连接与边缘计算服务，是工业大数据汇聚的入口。IaaS 层主要部署云基础设施，是整个平台的支撑，构建企业的资源池，包括计算、存储网络等资源。PaaS 层构建了一个可扩展的操作系统进行开发与分发，其中工业 PaaS 是核心，为工业用户提供海量工业数据的管理和分析服务，并能够积累沉淀不同行业、不同领域内技术、知识、经验等资源，实现封装、固化和复用，在开放的开发环境中以工业微服务的形式提供给开发者，用于快速构建定制化工业 APP，打造完整、开放的工业操作系统。SaaS 层对用户提供服务，满足用户通过各种形式接入云平台。

法士特公司在两个主要厂区建立两个主数据中心（图 2-61），以天翼云作为资源互补。在其他各厂区建立多个边缘数据中心，为公司信息化建设的计算资源、存储资源和网络资源提供有效空间和能源保障。使用面向服务架构技术将企业的身份管理、业务流程、门户等不同服务通过已定义的接口与协议联系起来。通过增设与

图 2-61 云数据中心

升级IT服务、信息安全、邮件与即时通信、呼叫中心等其他系统，完善整个云平台。最后，在各地数据中心物理设备的支持下，用户能够通过各种设备，包括PC、移动设备、工业互联设备等统一接入云端进行资源的获取。

图2–62所示为法士特工厂的设备物联网架构。

采用工业级多协议标签交换和软件定义网络等工业互联网技术，构建有线和无线混合的三级工业互联网体系结构（现场级、车间级、工厂级），实现装备与装备、装备与物、装备与管理系统之间的互联互通与高度集成，如图2–63所示。

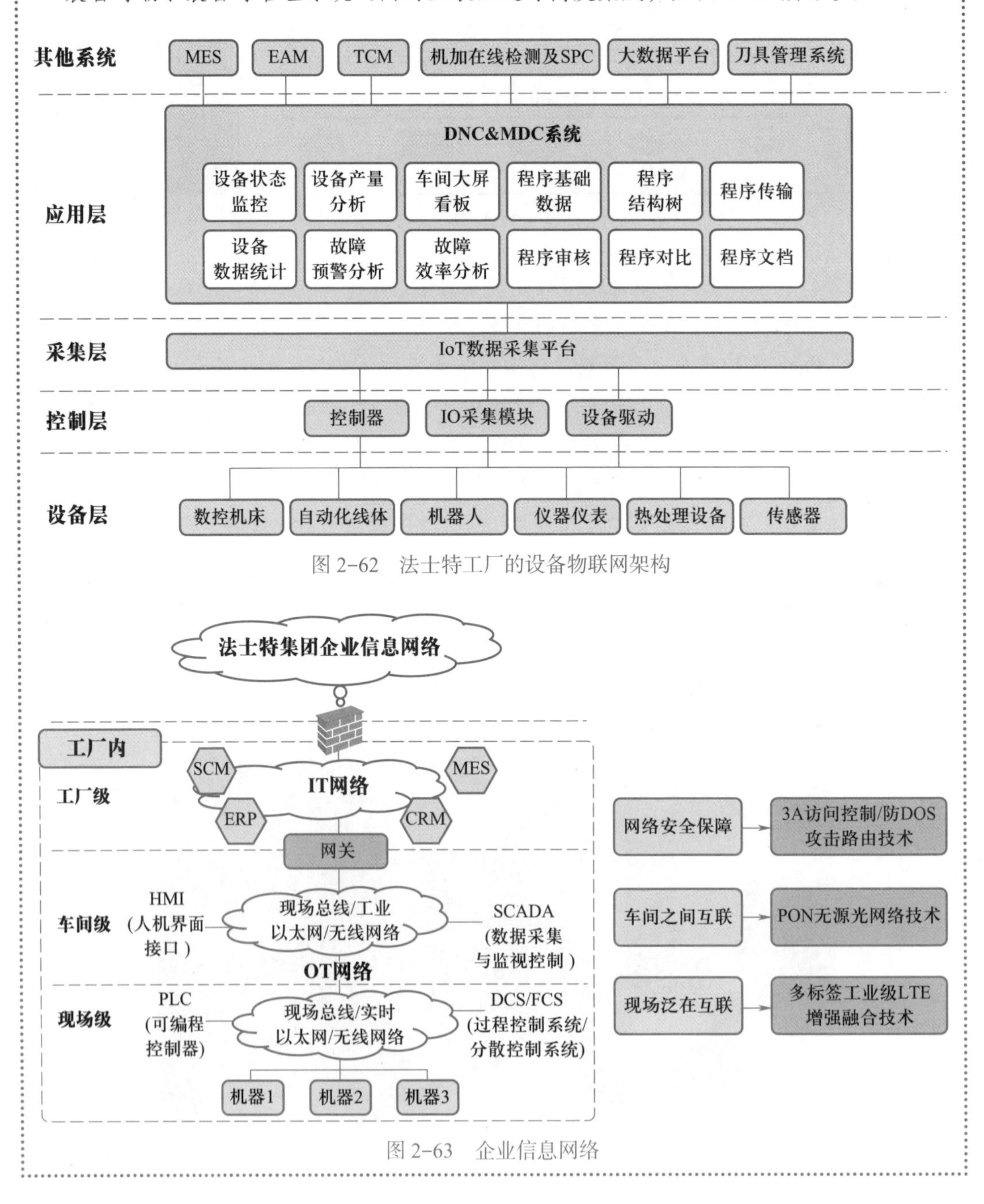

图2–62　法士特工厂的设备物联网架构

图2–63　企业信息网络

法士特工厂引入工业大数据处理技术，对生产进度、现场操作、物料和质量检验、设备状态、物料传送、生产能耗等生产现场数据进行采集、建模和可视化分析，构建统一管控与决策分析平台。图2-64所示为法士特工厂的生产制造大数据分析案例，其中图a为采集的某智能产线相关数据的动态分析案例，图b为某型号产品的产销动态数据分析案例。

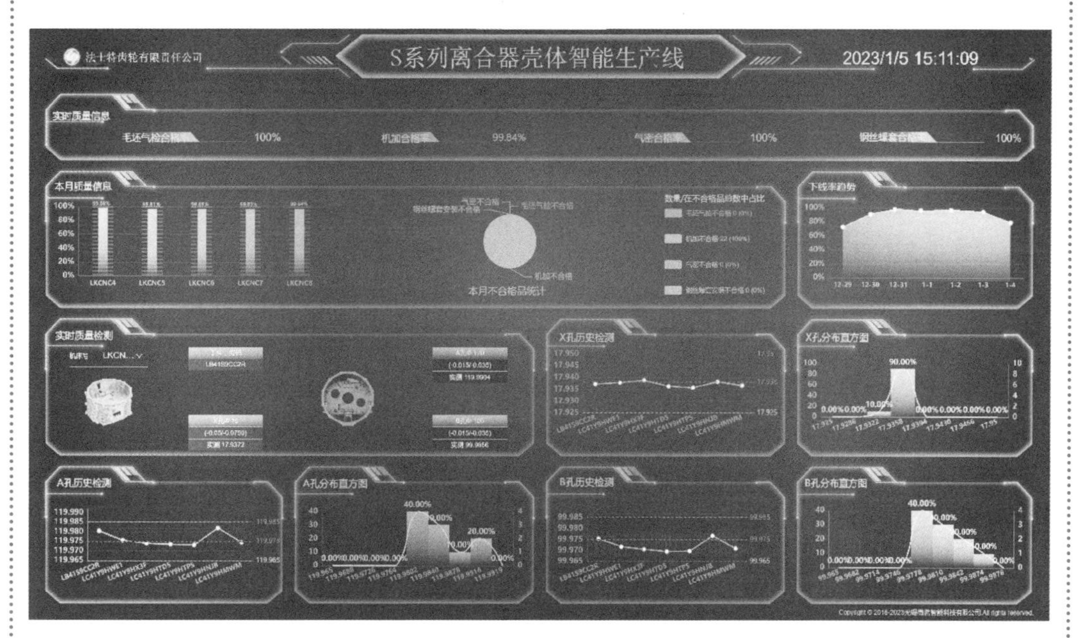

(a) 某智能产线相关数据的动态分析

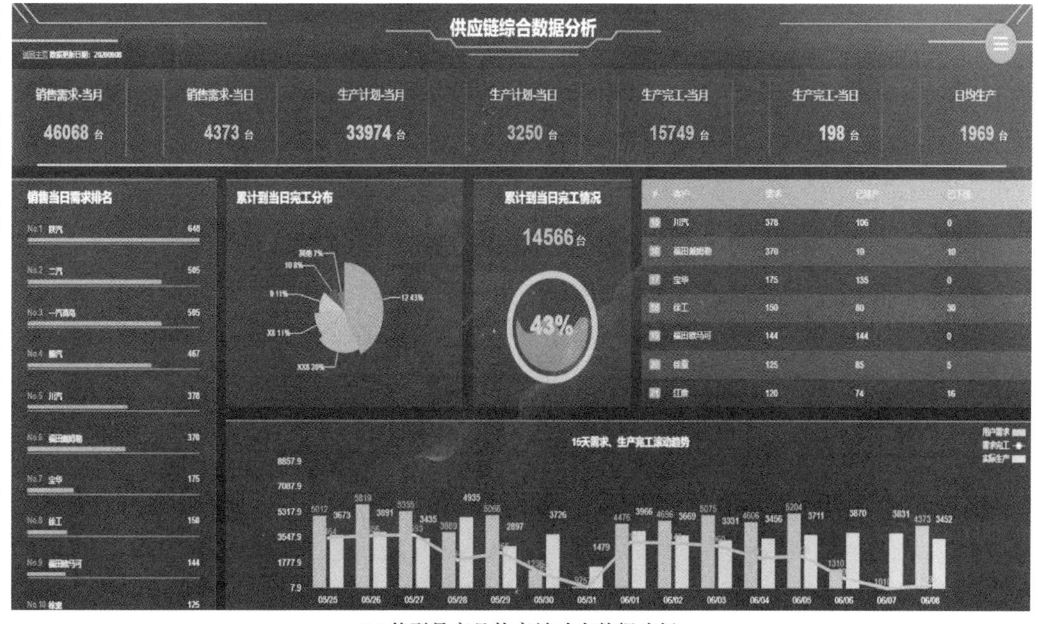

(b) 某型号产品的产销动态数据分析

图2-64　法士特工厂的生产制造大数据案例

思考题

2-1　离散型智能工厂级有哪些？各自有哪些特点？

2-2　试述智能工厂物理系统的组成及其特点。

2-3　试述智能工厂信息系统的组成及其特点。

2-4　制造系统集成的内涵是什么？如何理解？

2-5　工业互联网体系架构是什么？有哪些关键技术，如何实现这些关键技术？

2-6　工业互联网与工业互联网平台的关系是什么？

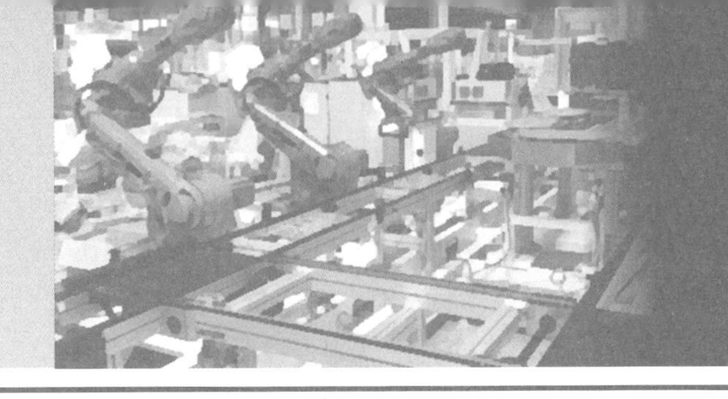

第三章

智能装备与智能产线

智能产线是离散型制造智能工厂的基本制造单元，由智能装备和信息智能管控系统构成。智能装备是指具有感知、分析、推理、决策、控制功能的制造装备，它是先进制造技术、信息技术和智能技术的有机结合和深度融合。本章将智能装备划分为主体加工装备、辅助工艺装备和连接与运输装备等，主要介绍智能装备的类型、智能功能和应用场景等。信息智能管控系统负责采集和分析生产过程中装备的状态信息和加工数据，在生产过程中做出智能判断与规划。围绕信息智能管控系统的核心功能，介绍装备物理量测量、数据通信、数据采集、生产线的控制系统等。

3.1 主体加工装备

3.1.1 智能机床

数控机床是数字控制机床的简称，是一种安装程序控制系统的自动化机床。该控制系统能够逻辑地处理具有控制编码或其他符号指令规定的程序，并将其译码，用代码化的数字表示，通过信息载体输入数控装置。经运算处理由数控装置发出各种控制信号，控制机床的动作，按图纸要求的形状和尺寸，自动地将零件加工出来。数控机床通过执行加工程序进行零件的加工。在加工过程中，数控机床只是加工程序的被动执行者，无法对自身的状态和加工过程进行感知、反馈和修正，无法主动优化自身参数，提高加工精度、表面质量和生产效率。

智能机床是在新一代信息技术的基础上，应用新一代人工智能技术和先进制造技术深度融合的机床。它利用自主感知与连接获取机床、加工、工况、环境有关的信息，通过自主学习与建模生成知识，并能应用这些知识进行自主优化与决策，完成自主控制与执行，实现加工制造过程优质、高效、安全、可靠和低耗的多目标优化运行。

美国国家标准与技术研究院（NIST）认为：智能机床能够感知其自身的状态和加工能力并能够进行标定，能够监视和优化自身的加工行为，能够对所加工工件的质量进行评估，具有自学习的能力。

机械工业出版社出版的《中国战略性新兴产业研究与发展　智能制造装备》中指出，智能机床具有感知、学习、决策、执行等功能，其主要技术特征有：对装备运行状态和环境的实时感知、处理和分析能力，根据装备运行状态变化的自主规划、控制和决策能力，对故障的自诊断自修复能力，对自身性能劣化的主动分析和维护能力，参与网络集成和网络协同的能力。

智能机床的技术特征具体体现在硬件平台和智能功能两个方面。前者包括智能数控系统、智能夹具、智能主轴、智能刀具等，后者包括针对调试、控制、生产、维护等过程的智能算法及软件。

1. 智能机床的硬件平台

1）智能数控系统

数字控制系统（numerical control system）根据计算机存储器中存储的控制程序，执行部分或全部数值控制功能，并配有接口电路和伺服驱动装置的专用计算机系统。通过利用数字、文字和符号组成的数字指令来实现一台或多台机械设备动作控制，它所控制的通常是位置、角度、速度等机械量和开关量。

智能数控系统是在工业 4.0 技术浪潮的推动下，应用边缘计算技术、物联网技术、云服务技术等众多先进制造业技术出现的产物。智能数控系统数据传输中的低延迟性、稳定性、实时性较好地满足了机床云端的实时感知、分析、优化与控制等需求。通过获取环境、工况等实时信息，实现对工件的精确控制，减少刀具磨损和机床振动，确保零件的尺寸精度和表面质量。同时，智能数控系统可以对整个生产过程进行智能管理和优化、自动调整和优化加工参数，实现高效生产和自动化生产，降低制造成本，减少原材料和能源消耗，提高生产效益。智能数控系统运行流程如图 3-1 所示。

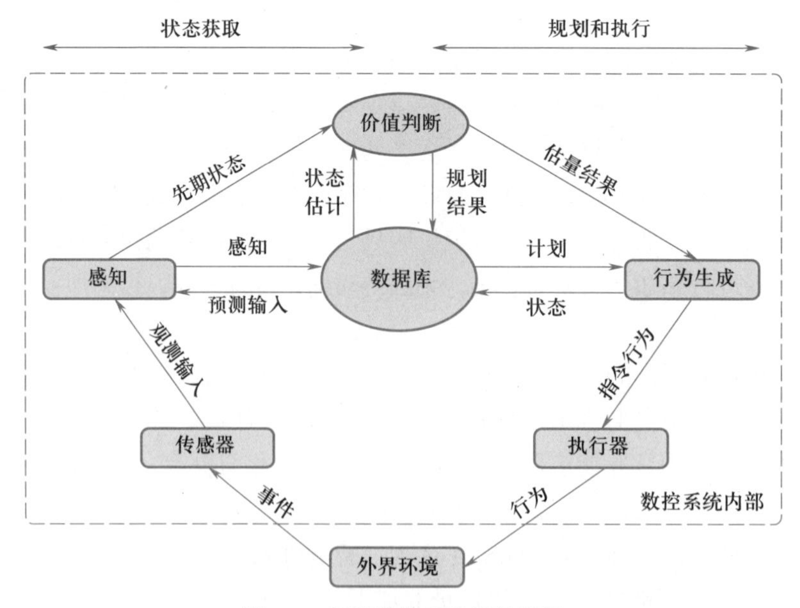

图 3-1　智能数控系统运行流程

案例 3-1

华中 9 型新一代人工智能数控系统

近年来，武汉华中数控股份有限公司提出基于云计算的数控系统智能化技术，推出了“华中 9 型新一代人工智能数控系统”，如图 3-2 所示。

华中 9 型新一代人工智能数控系统践行“智能 +”为机床赋能的创新理念，构筑人 - 机 - 信息融合的数字孪生系统（HCPS）。该系统深度融合大数据与人工智能技术，打造了“端 - 边 - 云”的智能体系架构，形成了集成 AI 芯片的智能硬件平台、支持 AI 算法的智能软件平台、构建智能 APP 生态的开放平台。华中 9 型新一代人工智能数控系统集成 AI 芯片，融合 AI 算法，将人工智能、物联网等新一代智能技术与先进制造技术深度融合，遵循“自主感知 - 自主学习 - 自主决策 - 自主执行”新模式，实现了智能化。该系统本质的特征是具备认知和学习能力，与以往产品相比，其指令域大数据分析方法，能形成指令域“心电图”，实现大数据与加工工况的关联映射，可精确预测零件轮廓误差，生成轮廓误差补偿的“i 代码”，有效提升零件的轮廓精度，实现机床动态精度的“由丝入微”。华中 9 型新一代人工智能数控系统提供了机床指令域大数据汇聚访问接口、机床全生命周期“数字孪生”的数据管理接口和大数据智能（可视化、大数据分析和深度学习）的算法库，为打造智能机床共创、共享、共用的研发模式和商业模式的生态圈提供开放式的技术平台，为机床厂家、行业用户及科研机构创新研制智能机床产品和开展智能化技术研究提供技术支撑。

图 3-2 华中 9 型新一代人工智能数控系统

案例 3-2

国际上的智能数控系统

发那科（FANUC）提出了智能控制功能，考虑机床的负载、温度、机器位置、磨损等随时间的变化，实时自适应地改变机床状态，在达到高精度和高加工质量的同时缩短加工时间。智能自适应控制功能根据主轴的温度和负载在加工期间优化进给率，充分利用主轴电动机的功率；精细表面加工技术提供 CAM-CNC-Servo 的全链式解决方案，在获得高的表面加工质量的同时，加工时间并没有延长。

海德汉（HEIDEHAIN）数控系统的智能化功能包括了关联轴补偿、动态振动抑制、负载自适应控制、运动自适应控制、高性能动态预测功能等。

大隈（OKUMA）数控系统的智能化功能包括热误差补偿功能、碰撞检测功能、加工优化功能、五轴自动调整功能、伺服优化功能等。

西门子（SIEMENS）数控系统具有智能运动控制功能，应用精优曲面和臻优曲面功能可以得到更优工件表面质量。

2）边缘计算

随着工业的智能化，工业物联网（industrial internet of things，IIoT）设备会对工业数据进行处理，有一定的计算要求。然而，对于一些复杂的计算任务，低功耗设备会受到计算资源的限制而不能满足任务的延迟要求。为了在满足延迟要求的同时节约能源，可以通过云计算、边缘计算将一部分复杂的计算任务转移到云中心、边缘计算服务器。

传统 IIoT 系统的解决方法是把较复杂的运算任务卸载到集中式云服务器处理，因为云服务器具有更丰富的计算资源，更擅于处理运算量很大的问题任务。但是，随着 IIoT 的快速发展，IIoT 应用服务逐渐拥有更高的计算和通信资源需求。若所有的 IIoT 应用都把计算任务卸载到集中式云服务器，云服务器所处数据中心的链路资源就会非常紧张，并且由于云服务器一般离设备较远，因此设备在上传数据时产生的数据传输时延也会大大增加任务的完成时限，进而影响任务的实时性。面对大规模互联设备和更高的业务要求，传统基于云的 IIoT 数据处理系统很难处理。

边缘计算是对云计算技术的拓展与弥补。云计算通常采取集中式计算，但这种方法易造成网络拥塞以及较长的任务处理时间。边缘计算则不同，边缘计算通常采取分布式的计算方法处理计算任务，设备不必始终上传数据至云服务器，分布在网络边缘的计算节点可以协助处理用户的计算任务。边缘计算将云数据中心中的一些用户面功能下沉到网络边缘节点，当用户访问网络中的一些基本功能时，访问和回传信息所经历的传输路径更短。

 **案例 3-3**

边缘计算

边缘计算架构数控系统（图 3-3）是传统数控系统基于边缘计算方法的升级扩展。目前的技术应用集中于边缘计算数控系统的搭建技术、数据感知与分析技术、智能优化与控制技术等几个主要方面。

边缘计算架构数控系统的优势在于通过在机床本体设备上加设边缘控制端，将云端的部分服务或者能力（包括存储、计算、网络、AI、大数据、安全等）扩展延伸到数控系统中，并连通中心云、物联网与机床数控系统，形成“云－边－端”三体协同的边缘计算系统架构。从而实现边缘计算与云计算的协同联动，提高数据处理能力，使机床数控系统能够完成自我感知、自我分析、自我决策、自我控制等功能。

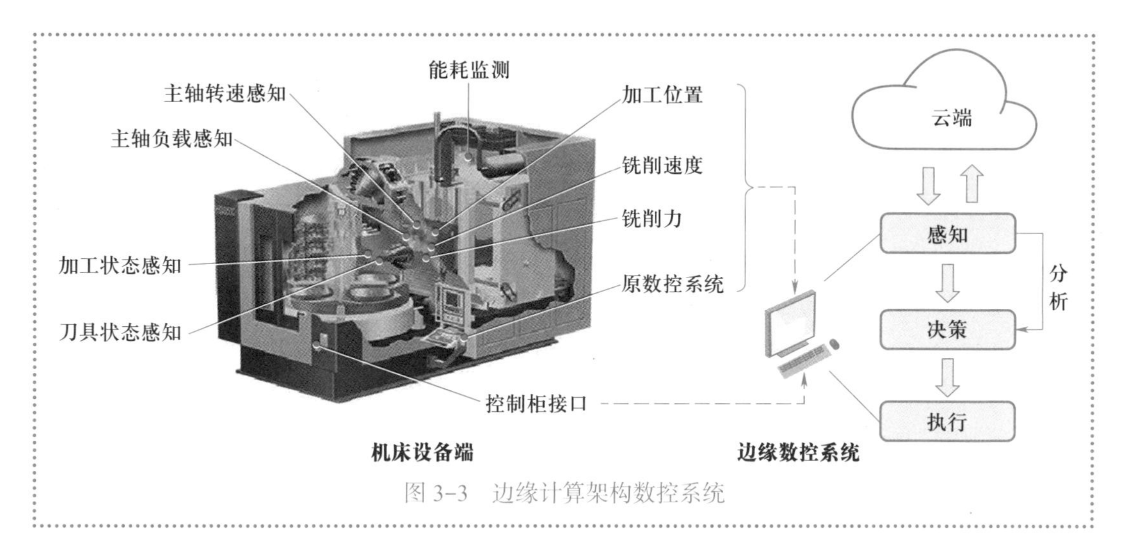

图 3-3 边缘计算架构数控系统

3）智能主轴

主轴是机床的核心部件之一，在机床上带动工件或刀具旋转，形成切削运动，支承转动零件和传递扭矩，应用于几乎所有的旋转加工机床，包括磨床、车床、铣床、镗床、加工中心等。电主轴是将机床主轴与主轴电动机融为一体的技术，它与直线电动机技术、高速刀具技术相结合实现高速加工。电主轴的结构主要包括转轴、高频变频装置、油雾润滑器、冷却装置、内置编码器、换刀装置等。

主轴的运动精度和结构刚度等性能指标是决定加工质量和切削效率的重要因素，一旦主轴系统不能满足加工要求，将直接影响下一步的生产加工，最终影响产品的生产效率和加工质量。随着加工过程对加工效率和质量要求以及智能化程度需求的提升，具有主动控制和状态监控的智能主轴逐渐成为构建智能机床的核心部件。

智能主轴与普通主轴的最大区别也在于智能主轴具有感知、决策与执行这三大基本功能。

（1）感知，即主轴能够感知自身的运行状况，自主检测并能与数控系统、操作人员等交流、共享这些信息。

（2）决策，即主轴能够自主处理感知到的信息，进行计算、自学习与推理，实现对自身状态的智能诊断。

（3）执行，即主轴具备智能控制（包括振动主动控制、防碰撞控制、动平衡控制等）、加工参数自优化与健康自维护等功能，保障主轴的高可靠运行。

通过对振动、温度、转速、力矩等工况信号的实时监测与控制，智能主轴可以比普通主轴达到更高的加工效率、加工精度和可靠性。

案例 3-4

智能主轴

德国亚琛工业大学设立了智能主轴单元研究项目，基于驱动器与传感器技术开发智能主轴原理样机；西门子－韦斯公司（SIEMENS-WEISS）开发了主轴监控和诊断系统，传感器被直接集成到主轴中，用于碰撞检测、轴承状态诊断等；菲希尔公司（FISCHER）提供面向主轴单元智能化的整套软硬件解决方案，可以对主轴的运行状态进行监控，预测轴承的剩余使用寿命等。

4）智能刀具

智能刀具是相对于传统刀具而言的。传统刀具只能按照机床预先设定的切削参数和切削路线进行走刀，在加工过程中无法实现对切削状态的感知及自身切削性能的调控，仅具有“切削”功能。智能刀具则可单独或同时具有对切削状态感知、自身切削性能调控、加工数据学习的功能。

智能刀具分为可对切削状态进行监测的“感知型”刀具，对切削过程进行优化控制的“受控型”刀具，对切削过程数据进行存储、分析、挖掘、学习的“学习型”刀具等，如图 3-4 所示。

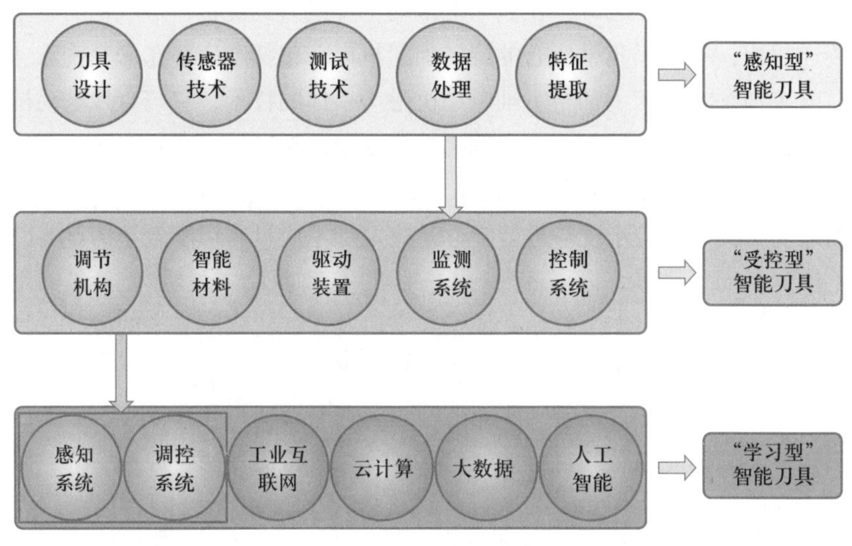

图 3-4　智能刀具分类

切削加工中，切削力、切削温度以及刀具振动对切削过程及最终加工质量影响显著，“感知型”刀具通过对以上物理量的状态变化进行监测及分析，可对切削过程是否顺利进行有效的判断，从而对实际生产加工进行指导，所获得的监测信号为进一步实现刀具控制提供了反馈信息。“感知型”智能刀具通过对刀具结构进行改进设计，使刀具适合不同传感器的安装，从而实现对切削加工中切削力、切削热、振动等的测量，通过数据处理及特征提取对切削状态进行表征，实现对切削过程的状态监测。

“受控型”刀具通过传感器获得切削状态信息，控制系统根据所获得的状态信息及控制算法对“受控型”刀具的相关参数进行调节，从而实现对切削过程的调控，优化加工过程。“受控型”智能刀具通过在刀具外部布置监测系统或通过刀具自身的监测系统实现对加工状态的监测，其控制系统通过对监测数据的分析，结合控制算法及驱动装置对刀具的切削性能进行在机调控，优化加工过程及加工质量和效率。

“学习型”刀具是伴随工业互联网、大数据、云计算、人工智能技术的发展而产生的智能刀具。在具备感知系统与调控系统的基础上，“学习型”刀具利用上述技术，完成对数据存储、分析、挖掘、学习等功能。

案例 3-5

刀具切削状态的智能监控系统

美国 TMAC 刀具智能监测系统是一种实时刀具磨损和破损的监测系统。采用 TMAC 的自适应控制可以直观地学习每个刀具的最佳功率，并可以在操作过程中通过自动调节进给速度来保持恒定的刀具负载。TMAC 直接与 CNC 控制连接，并通过使用高精度传感器技术来优化加工并通过材料切割进行实时校正调整，从而保护被监控的机器和设备，如图 3-5a 所示。

美国 ARTIS 刀具智能监控系统在整个加工过程中捕捉刀具的状态。其提供单独可调的信号限制，以检测切削刃磨损和工具断裂等情况，如果工具损坏，可以及时停止机床，以免在下一次加工中进一步损坏所使用的刀具。此外，ARTIS 还可以显示刀具的磨损状态，以便对磨损的刀具进行分类，必要时可以自动使用双刀，如图 3-5b 所示。

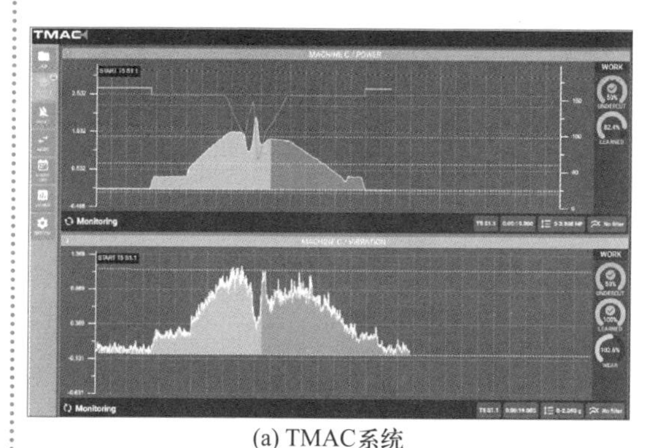

(a) TMAC系统

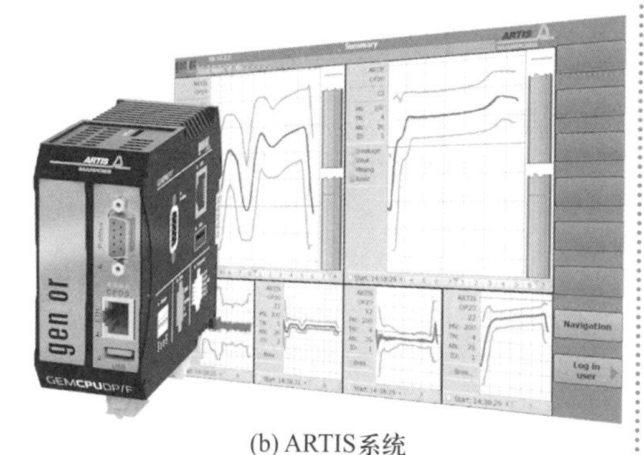

(b) ARTIS系统

图 3-5 刀具智能监控系统

5）智能夹具

在加工中，夹具与工件直接接触，为工件提供准确的定位并保证工件在切削过程中的稳定性。合理的夹具设计与装夹方案可以增强工件的加工刚度，减少工件在加工过程中的变形与振动，甚至缩短生产准备周期。而装夹方案设计不合理会使工件夹紧过度，发生较大装夹变形，导致工件加工尺寸超差，或是欠夹紧，导致工件从夹具上脱离，出现工件报废、人员受伤等事故。因此，夹具在很大程度上决定了工件的最终加工质量及加工效率。

近些年来，随着现代传感技术、数据处理技术的发展，传统夹具开始向高精、高效、智能化的方向发展，逐渐集监测、反馈、控制等功能于一体，形成新型的智能夹具，并进一步融入工件－机床－夹具系统中，成为智能化工艺装备系统的重要组成部分。

航空航天产业中广泛采用轻质高强薄壁零件，这类零件一般采用铣削加工工艺，并要求很高的加工精度和表面质量以保证其服役性能和可靠性。然而薄壁零件固有的弱刚度属性使其在装夹力的作用下极易出现“让刀”与装夹变形，进而导致工件最终加工精度不达标。近年来，国内外围绕薄壁件装夹力、装夹布局优化方法等进行大量研究，设计出在薄壁零件加工变形与颤振抑制方面的智能夹具。该智能夹具一般具有对工艺系统加工状态的实时感知、决策以及控制功能。切削加工变形与颤振具有突发性，易对工件加工质量、加工精度造成不可逆的影响。因此，智能夹具对加工工况感知与决策的实时性至关重要。智能夹具可以实现综合考虑离线的变形与颤振预测模型以及在线监测信号的快速特征提取与识别，构建在线工况监测系统，建立具有自适应和自学习能力的控制策略，以便驱动执行机构迅速消除切削过程中已经出现或将要出现的不稳定工况，最终实现对加工变形及颤振的闭环控制。

 **案例 3-6**

智能夹具

如图 3-6 所示，Innoclamp 公司的智能夹具，通过在叶片刚度最弱的区域给予夹持来提高叶片的加工刚性，同时夹持部位上可集成多种传感器采集装夹信息并控制装夹参数，以实现薄壁件的精确装夹。

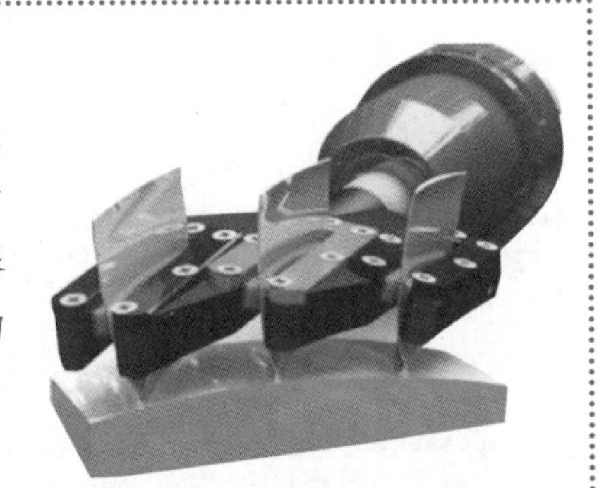

图 3-6 Innoclamp 智能夹具

2. 智能机床的智能功能

智能机床的智能功能特征可以分为两大方面六类基本特征，如图 3-7 所示。

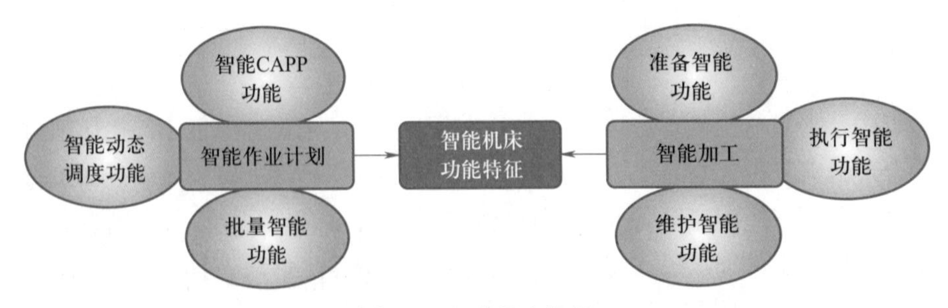

图 3-7 智能机床特征

1）智能作业计划

（1）智能 CAPP 功能

智能 CAPP 是将人工智能技术（AI 技术）应用到 CAPP 系统开发中，使 CAPP 系统在知识获取、知识推理等方面模拟人的思维方式，解决复杂的工艺规程设计问题，使其具有人类“智能”的特性。目前应用的人工智能技术主要有模糊技术、人工神经网络、遗传算法、粗糙集理论、基于实例的推理等。将工艺设计的专家库引入 CAPP 系统中，通过学习专家库中相关的工艺知识经过推理机按照实际生产的产品设计出相应的工艺，其主要功能见表 3-1。

表 3-1 智能 CAPP 主要功能

序号	智能 CAPP 功能
1	零件模型建立
2	模型解析
3	按照一定的推理策略进行推理得到可行解集
4	用“产生式规则”表示的工艺决策知识集
5	产生数控指令
6	解释各决策过程
7	通过加工过程反馈不断地扩充和完善知识库

（2）智能动态调度功能

智能动态调度是根据上层管理系统和车间 MES 的生产计划以及生产线各设备运行状态的在线反馈，对生产任务进行实时、动态和准确地调度并协调各个智能机床的衔接，如图 3-8 所示。智能动态调度的主要功能见表 3-2。

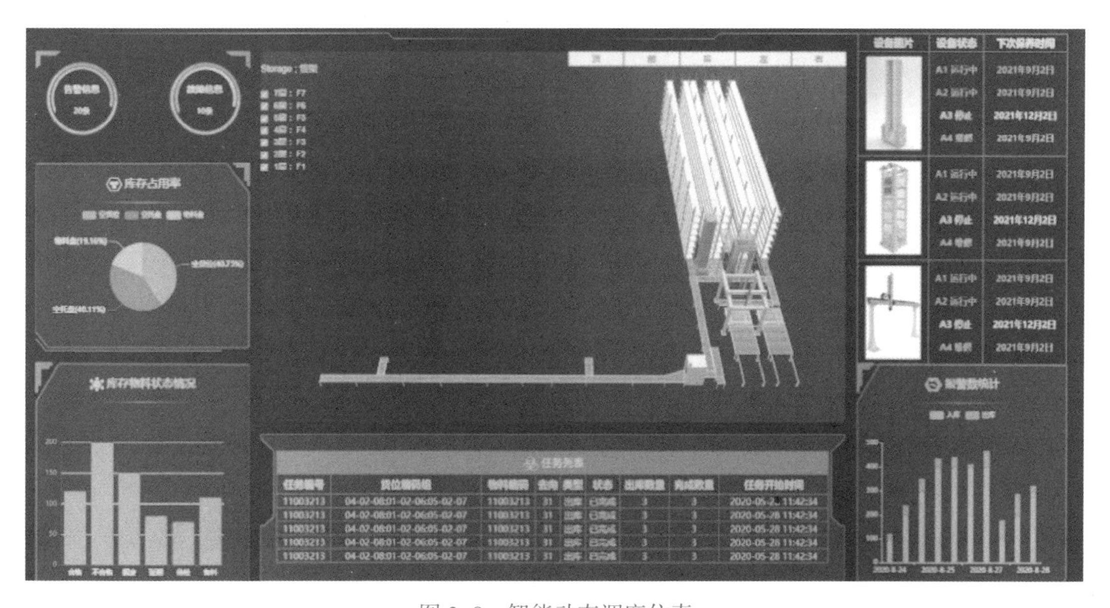

图 3-8 智能动态调度仿真

表 3-2 主要智能动态调度功能

序号	智能动态调度功能
1	数学模型建立
2	基于知识推理确定主算法
3	通过接口控制知识库中规则的推理过程调度策略
4	仿真与优化
5	节能调度

（3）批量智能功能

批量智能功能是在大规模多品种批量化生产中智能机床要将产品智能分类，将相似的工件归在一起进行批量智能计划，其主要功能见表 3-3。

表 3-3 主要批量智能功能

序号	批量智能功能
1	智能分类
2	批量智能计划
3	完善和扩充分类知识库

2）智能加工

（1）准备智能功能

准备智能功能是智能机床在加工任务准备阶段，应具有在不确定变化环境中自主规划工艺参数、编制加工代码、确定控制逻辑等最佳行为策略的能力，如图 3-9 所示，其主要功能见表 3-4。

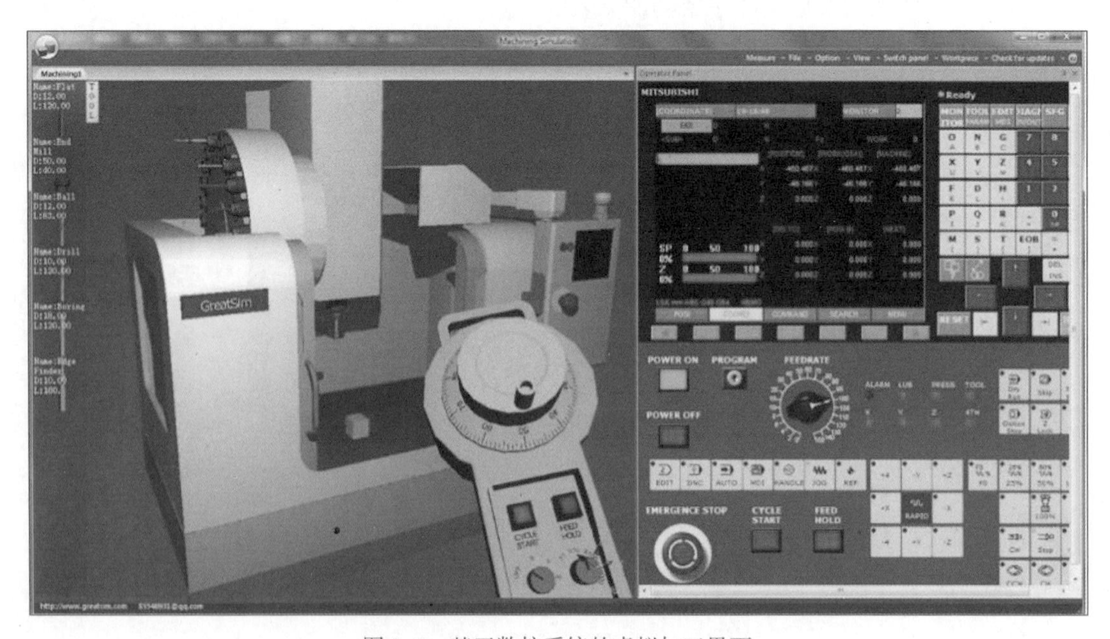

图 3-9 基于数控系统的虚拟加工界面

表 3-4 主要准备智能功能

序号	准备智能功能
1	数控程序智能编制与优化
2	刀具、夹具及工件智能动态监管
3	工艺参数智能决策与优化
4	基于数控程序虚拟加工
5	节能调度

（2）执行智能功能

执行智能功能是智能机床在加工任务执行时，应具有的集自主检测、智能诊断、自我优化加工、远程智能监控为一体，总结和分析智能机床各种执行智能功能需求的能力，主要功能见表 3-5。基于机器视觉的在机质量检测与控制如图 3-10 所示。

表 3-5 主要执行智能功能

序号	执行智能功能
1	负载自动检测与 NC 代码自动调节
2	主动振动检测与控制
3	刀具智能检测与智能使用
4	工件加工状态与进度提取
5	辅助装置低碳智能控制
6	误差智能补偿（含热误差和几何误差补偿）
7	防碰撞控制
8	在机质量检测与控制
9	自动上下料
10	加工过程能效监测与节能运行

图 3-10 基于机器视觉的在机质量检测与控制

（3）维护智能功能

维护智能功能是智能机床在机床维护时，具有自主故障检测和智能维修维护以及远程智能维护，同时具有自学习和共享学习的能力，其中主要故障检测和维修维护功能见表 3-6，主要知识智能维护功能见表 3-7。

表 3-6 主要故障智能维护功能

序号	故障智能维护功能
1	故障智能诊断
2	基于 3D 的故障维修拆卸与组装
3	故障远程维修
4	故障自修复
5	机床可靠性评估与故障智能预测

表 3-7 主要知识智能维护功能

序号	知识智能维护功能
1	故障知识自学习与共享学习
2	数控程序智能编制与优化知识自学习与共享学习
3	误差智能补偿算法维护
4	3D 防碰撞控制算法维护
5	在机质量检测与控制算法维护
6	辅助装置低碳智能控制算法维护
7	工艺参数决策知识自学习与共享学习
8	加工过程 NC 代码自动调整算法维护
9	主动振动检测与控制算法维护
10	刀具智能检测与智能使用算法维护
11	加工进度提取算法维护
12	加工过程能效监测与节能运行算法维护

智能加工的这三种功能之间是相互作用、相互支撑的，其关系见表 3-8。

表 3-8 智能功能相互关系表

作用方→被作用方	作用关系
动态交互功能→三类基本智能功能	三类基本智能功能得以实现
三类基本智能功能→动态交互功能	为动态交互功能提供交互的内容
执行智能功能→准备智能功能	为准备智能功能的成果提供执行的展现
准备智能功能→执行智能功能	为执行智能功能提供基础准备数据
维护智能功能→执行、准备智能功能	为执行、准备智能功能提供故障报警及其处理方法
执行、准备智能功能→维护智能功能	为故障报警及其处理方法提供基础数据来源

3.1.2 智能成形设备

1. 智能冲压设备

冲压是利用模具对金属材料施加压力使其分离或成形，从而获得一定形状尺寸制件的塑性成形加工方法。冲压具有生产效率高、材料利用率高、零件互换性好、成形零件力学性能好等优点。

所谓智能化冲压，是将控制论、信息论、数理逻辑、优化理论、计算机科学与板料成形理论结合在一起产生的综合性技术。冲压智能化是冲压成形过程自动化及柔性化加工系统等新技术的更高阶段。它能根据被加工对象的特性，利用易于监控的物理量，在线识别材料的性能参数和预测最优的工艺参数，并自动以最优的工艺参数完成板料的冲压。典型的板料成形智能化控制的四要素是实时监控、在线识别、在线预测、实时控制加工。

智能冲压车间是在工业 4.0 时代下提出的解决方案。这个智能联网的冲压车间借助传感器收集数据，并与执行机构配合，可以准确地对意外停机进行预测并提前发出警告。它能够保证生产力、提高所生产的零部件质量，同时降低能耗需求。冲压车间可运用数字化工具，建设基于三维模型的数字化离线仿真平台，将传统的放在车间进行的模具调试工作转换至离散的三维模型系统平台中进行，现有较成熟的数字化仿真系统平台工具有 CATIA、NX、SOLIDWORKS 等。利用这些数字化仿真系统工具充分还原现场生产实况，可以在模具的设计阶段完成模具的大部分调试工作。因此，对于成形技术领域，智能冲压车间能够有效提升可靠性与成本效益（图 3-11）。

图 3-11 智能冲压车间

2. 智能锻造设备

总体来看，智能锻造系统可分为 4 个模块：① 机器人自动化生产线及集成控制系统是自动化产线的核心，用于执行端命令的下达；② 多机器人协作优化系统用于调节机器人及设备运动以保证产线高效运作；③ 锻造产线实时数据存储及分析系统用于判断实时产线运行状况以触发新事件；④ 新锻件工艺快速开发系统用于新锻件工艺的设计与开发。

安大航空锻造产业园的智能环锻生产线采用数字化、智能化锻造工艺设备，如图 3-12 所示。生产线从棒料到成品环件“一键式”产出，全流程工序自动化运行；设备运行使用数控程序，全过程数字化控制；主体设备智能化选择运行模式。作为智能环锻生产线，该生产线具备数字化工艺设计、智能化与可视化运营、数控化设备运行等特点。该生产线能够兼容数千项产品的生产，实现柔性化制造，对产品成本可控性，产品质量稳定性、一致性，产能大幅度提高都起到了积极作用。

图 3-12　智能锻造生产线

3. 智能焊接设备

智能焊接的基本特征是在工业以太网的基础上运用计算机分析、精确控制、传感等技术提高焊接的效率、转化和应用。焊接系统的工作效率、质量和稳定性等从依靠传统经验转变成依靠信息物理系统的知识，即通过软件和数据库进行焊接轨迹的监测。智能焊接利用计算机技术、远程通信技术，通过网络将焊接加工过程和质量信息、生产管理等信息一体化管理，使整个生产过程实现一体化控制。

智能焊接设备由高灵敏传感器、人工智能软件、信息处理器和快速反应的精密执行仪器等构成，其自适应系统包含了机械、传动、传感、自动控制以及人工智能等技术的运用，通过自适应系统可实现焊接参数的修正与调整。智能焊接设备主要由自动焊接设备和焊接机器人构成。自动焊接是针对某种特定产品而研制出的自动化技术，一般是焊接圆形或是焊接直焊缝，采用伺服X、Y、Z轴三个方向并用于平面焊接。若焊接产品规格形状发生变化，自动焊接则较难做出相应更改，而焊接机器人是从事焊接（包括切割与喷涂）的工业机器人，多采用6个伺服控制，较灵活，可进行三维立体方向的不规则焊接，并根据不同产品规格形状，进行调整，可满足苛刻生产条件下的高精度、高速度、高稳定作业，并逐渐成为主流发展方向。

焊接机器人是从事焊接（包括切割与喷涂）的工业机器人。焊接机器人就是在工业机器人的末轴法兰装接焊钳或焊（割）枪的，使之能进行焊接、切割或热喷涂。焊接机器人主要包括机器人和焊接设备两部分。机器人由机器人本体和控制柜（硬件及软件）组成。焊接设备（以弧焊及点焊为例），则由焊接电源（包括其控制系统）、送丝机（弧焊）、焊枪（钳）等部分组成。对于智能机器人还应有传感系统，如激光或摄像传感器及其控制装置等。

电弧焊时，存在弧光、烟尘、飞溅、热辐射等不利于操作者身体健康的因素，而使用弧焊机器人以后，可以使焊接操作者远离上述不利因素。特别是在核能设备、空间站建设、深水焊接等极限条件下，弧焊机器人可以替代人工进行危险的焊接作业。

机器人焊接可以保证每条焊缝的焊接参数稳定不变，焊接质量稳定。一台调度计算机控制一条弧焊机器人生产线，只要白天人工装配好足够的焊件，并放到存放工位，夜间就可以实现无人或少人生产，大大提高了焊接效率；并且只要通过修改智能机器人的程序就可以适应不同焊件的焊接，不但可以缩短产品改型换代的调整周期，而且可以减少相应的设备投资（图3-13）。

图3-13 弧焊智能机器人施工

4. 智能铸造设备

铸造是将液体金属浇注到具有与零件形状相应的铸型型腔，待其冷却凝固后获得铸件的方法。铸造的特点有金属一次成形、工艺灵活性大、成本低廉、适宜于形状复杂的毛坯生产、可生产多种金属或合金的产品。

智能铸造是信息化与铸造生产高度融合的产物，包括智能铸造技术和智能铸造系统。智能铸造技术包括数字模拟、3D 打印、机器人、ERP 等；智能铸造系统是具有学习能力的大数据知识库，能够通过对环境信息和自身信息的对比分析而进行自我规划、自我改善。智能铸造典型应用模式为“数字化铸造厂”。“数字化铸造厂”全部采用信息化手段管理生产流程、质量控制流程、财务流程、产品开发流程、人力资源管理培训流程等所有内部流程，同时用信息化手段处理与供应商以及与客户的关联流程。可以对整个生产过程进行模拟仿真和调控。在“数字化铸造厂”里，基本消除了重体力劳动，生产环境清洁，同时生产效率和效益大幅度提高。

智能铸造产线运用各类先进铸造设备，合理设计各个生产环节的节拍，通过生产线的集成，将铸造过程的各个工序进行无缝衔接，实现了铸造全流程自动化，在生产全过程铸件不离线、不落地，工序之间实现数据自动通信，生产、质量、设备、物料、能耗等数据信息自动采集并汇总分析，保证高性能零件的质量控制（图 3-14）。

整个产线的内容及核心包括全流程铸件不下线，高度自动化，恒温定速浇注，通过式在线连续冷却、连续抛丸、连续打磨，铸件质量在线检测和数字化车间。

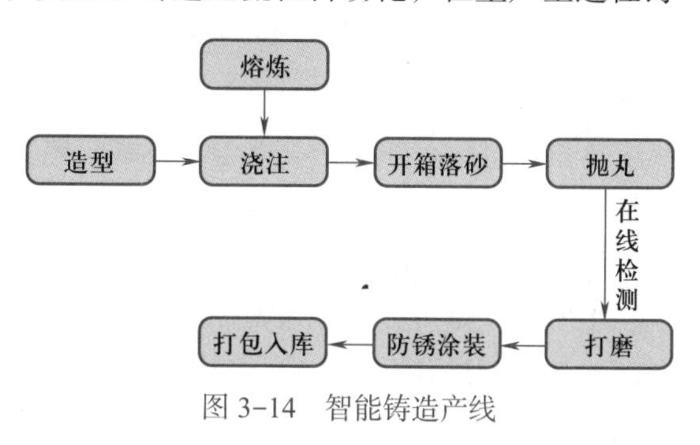

图 3-14 智能铸造产线

3.1.3 智能增材制造装备

增材制造（additive manufacturing，AM）俗称 3D 打印，融合了计算机辅助设计、材料加工与成形技术，以数字模型文件为基础，通过软件与数控系统将专用的金属材料、非金属材料以及医用生物材料，按照挤压、烧结、熔融、光固化、喷射等方式逐层堆积，制造出实体物品的制造技术。与传统的、对原材料去除 - 切削、组装的加工模式不同，增材制造是一种“自下而上”通过材料累加的制造方法，这使得过去受传统制造方式约束而无法实现的复杂结构件制造变为可能。

在应用增材制造技术的过程中，不需要传统形式的夹具、刀具以及多项工序，只需使用一台设备，即可快速且精密地制造出各种形状复杂的零部件，基本可以实现零部件的“制造自由”。应用增材制造工艺不仅可以大幅度降低复杂零部件的成形难度，还大幅度地减少了零部件的加工工序，显著缩短了加工周期，并且从实际来看，零部件的结构越复杂，增材制造技术的优势越显著。

增材制造工艺根据所用材料的状态及成形方法，可分为光固化法、粉末床熔融成形、直接能量沉积增材制造、增减材复合成形等。

1. 光固化增材制造

1）基本原理

光固化是使用液体光聚合物选择性地通过固化以生成 3D 组件的增材制造技术。成形过程中，每次将平台降至光聚合物浴中，每一层被浸没的聚合物被选择性固化，反复此过程，直至构建完成。其过程示意图如图 3-15a 所示，图 3-15b 为广泛使用的桌面级 DLP（digital light processing）光固化成形装备。

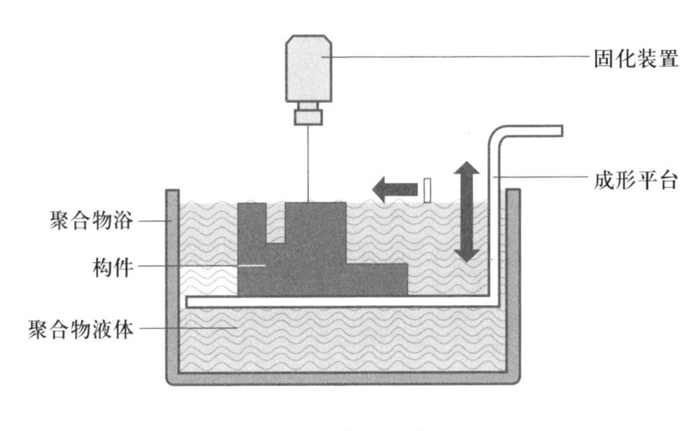

(a) 光固化增材制造技术原理　　(b) 桌面级DLP光固化成形装备

图 3-15　光固化增材制造

2）光固化大数据模型的存储方法

在光固化成形过程中，涉及大量模型连续切片数据的快速存储和调用，通过增量式压缩存储的方案可以有效实现时效大数据模型的快速存储，降低成形过程中信息调用的算力成本。

案例 3-7

基于三维模型连续切片图像增量式压缩存储的方法

技术的光固化工艺主要通过 CAD 技术生成三维实体模型，再利用计算机软件将模型进行切片处理，再将所产生的二维切片图像通过投影设备照射到光敏树脂表面，使表面照射区域内的一层数值固化，如此反复，直至三维组件成形。在传统方法中，由于面曝光的光照强度有限，所以切片层厚一般较小，一个三维模型少则几百层，多则上万层，每一层都需要存储一张二维切片图像，这些图像用于打印时对光敏树脂进行照射。由于图像数量巨大，对数据的存储是一项挑战，另外在二进制文件压缩技术方面，流行的无损压缩算法包括霍夫曼编码、哈希编码、LZW 压缩算法、算术压缩方法及游程算法等，不管是通过概率统计方法进行压缩，还是根据压缩数据特征进行压缩，都是以一个字节进行压缩的，其压缩效率和应用范围都受到了一定程度的限制。比如对某些压缩过的数据，便缺少进一步压缩的可能性。

对于三维模型连续切片图像的增量式压缩方法，其原理如图 3-16 所示。需要事先在原始图像存储空间中生成空白的二进制文件，并在建立的原始存储空间中存储三维模型的第一张切片图像，以作为后续图像存储过程的基准；在后续切片存储过程中将其与前一副图像进行增量式处理，即进行异或运算，对于生成的差异图像，采用稀疏矩阵压缩存储的方式对其进行压缩，在此过程中，统计进行了二次压缩后生成的字节内容。在二进制文件中使用4个字节存储总字节数，然后用压缩后的字节内容填充二进制文件的内容，对后续存储的图像而言，仅需重复以上步骤，最后生成一个独立的二进制压缩文件，即完成三维切片图像的压缩过程。

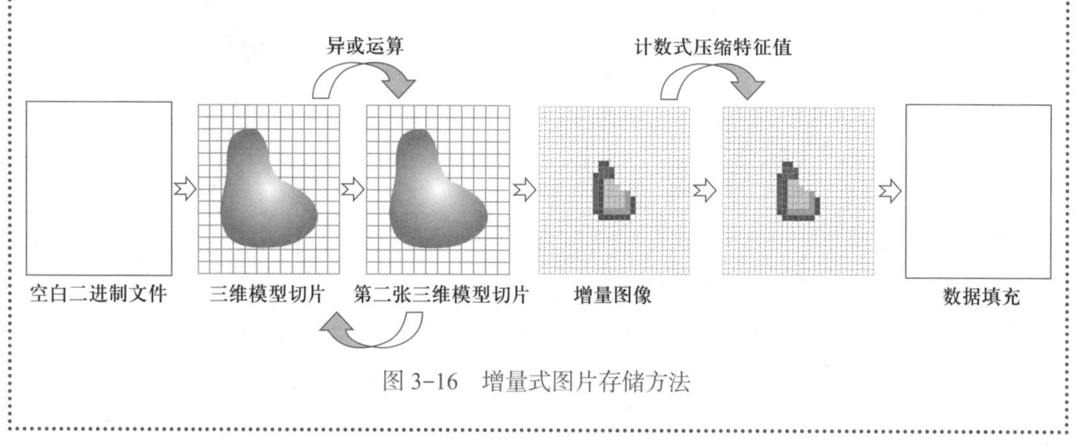

图 3-16　增量式图片存储方法

2. 粉末床熔融成形

粉末床熔融成形是将金属粉末均匀地铺展在工作台上，使用高能量热源（如激光或电子束）选择性地熔化并固化粉末，以形成该层的截面图案。完成一层后，工作台下降一个层厚的距离，铺上一层新的金属粉末，重复上述步骤，直到三维零件完全成形。其中以激光选择性熔融成形应用最为广泛，其工艺原理如图 3-17a 所示，图 3-17b 所示为环形铺粉选择性熔融成形设备。

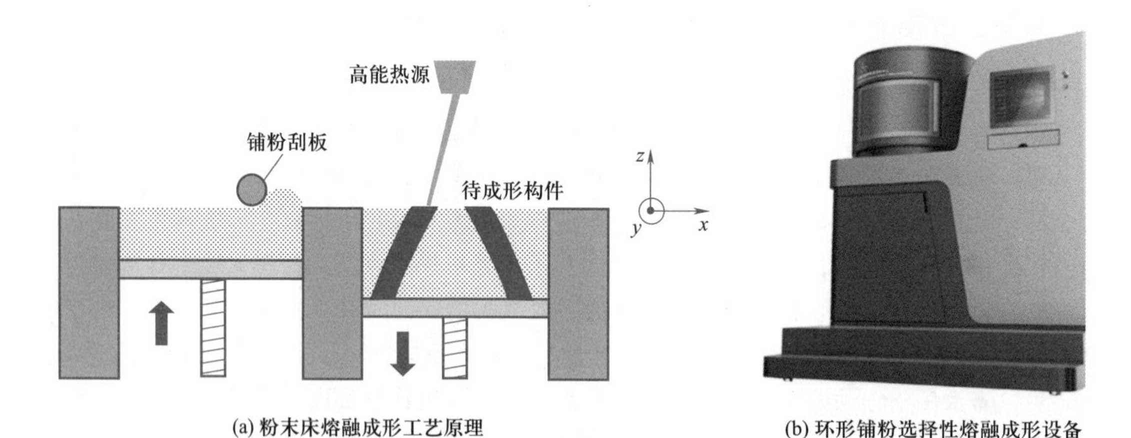

(a) 粉末床熔融成形工艺原理　(b) 环形铺粉选择性熔融成形设备

图 3-17　粉末床熔融成形

对于粉床类增材制造而言，其涉及复杂多发的内部缺陷，可能涉及类似于球状、条状、连片网状等复杂的形貌特征。对于缺陷的分析与评价是构建力学性能评估的重要基础，目前缺乏有效的成形描述与分析方式来评估粉床逐点成形过程中缺陷的演化、类别、

含量等信息，极大地阻碍了对构件级组件的内部质量评价。

案例 3-8

增材制造构件内部缺陷群全场分布的像素化描述方法

首先收集获取增材制造构件内部缺陷群分析的定量数据包来确定缺陷数据的定量信息，再在缺陷群形貌与分布数据的基础上建立数据驱动的分析模型，同步实现构件的离散化模型，最后结合缺陷定量信息与几何模型的结构信息实现对缺陷数据的定量描述。如图 3-18 所示，其中 $G(X, Y, Z) = (A_{CS0}, A_{CS1}, D_{CS1}, B_{CS1})$ 为三维几何模型的定量信息、A_{CS0} 为构件全局坐标矩阵、A_{CS1} 为局部坐标矩阵、D_{CS1} 为几何结构全部坐标矩阵、B_{CS1} 为层级阵列微体积坐标矩阵、B_{CS1} 为层级阵列微体积坐标矩阵、P_{LoFs} 为未熔合缺陷的定量信息、P_{GEPs} 为气孔的定量信息、P_{KHs} 为匙孔的定量信息。从而获得 $D(X, Y, Z)=[G(X, Y, Z), P_{LoFs}, P_{GEPs}, P_{KHs}]$ 材制造构件内部缺陷群全场分布的像素化描述模型的矩阵表示。

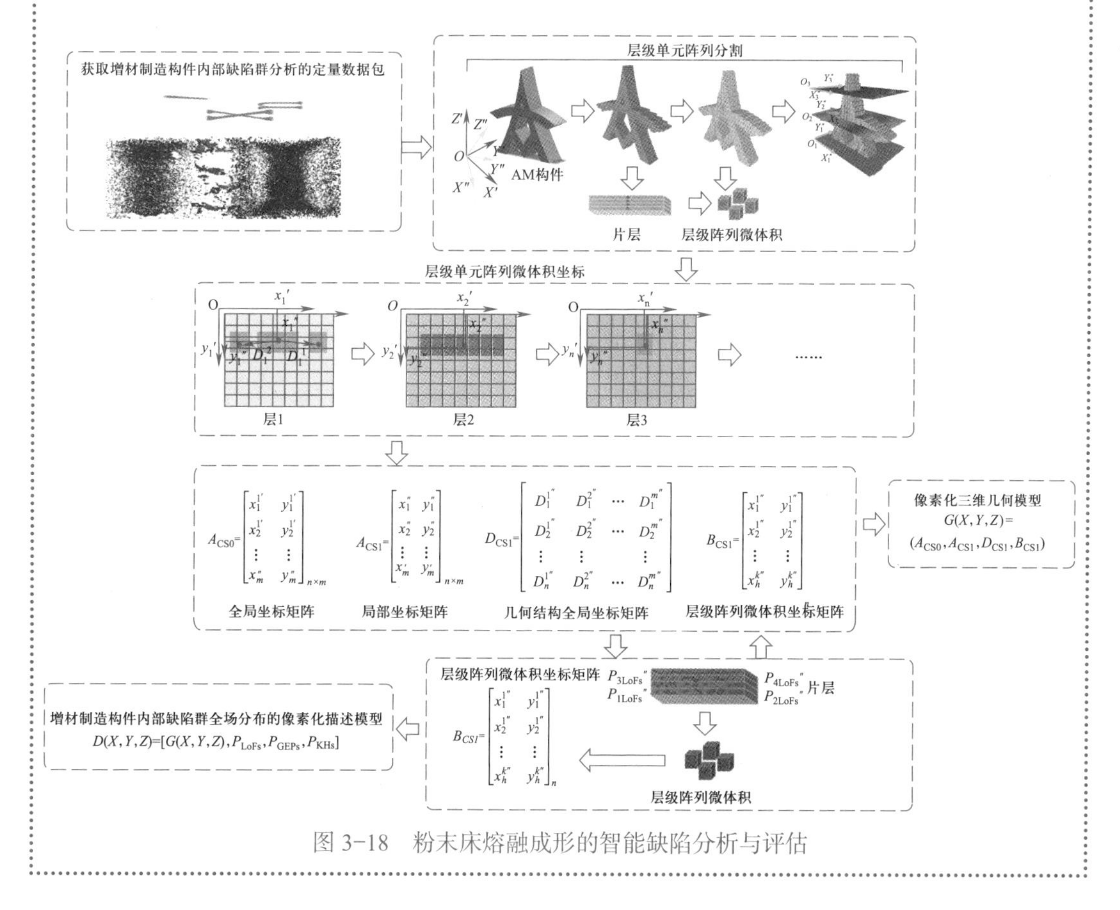

图 3-18 粉末床熔融成形的智能缺陷分析与评估

3. 直接能量沉积增材制造

直接能量沉积是通过高能束源将金属粉末熔化，并逐层沉积来制造三维零件的增材制

造方法，以激光同轴送粉应用最为广泛，其原理如图 3–19 所示。

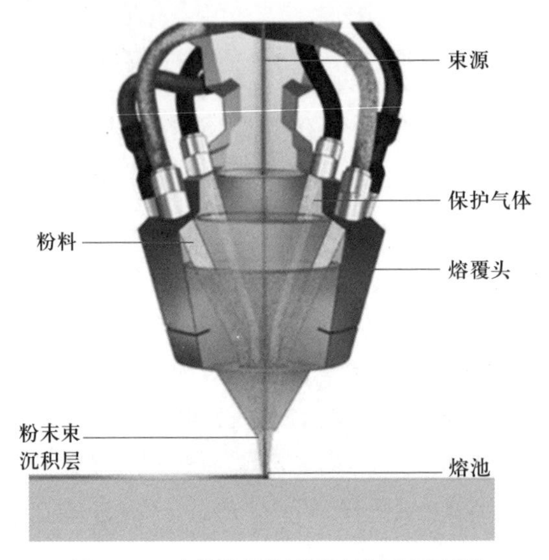

图 3–19 直接能量沉积增材制造原理图

案例 3–9

同轴送粉激光熔覆头

激光熔覆头是同轴送粉激光熔覆工艺中最关键的部件，由国家增材制造创新中心研制的基于五轴数控铣及重型车铣机床的五轴联动增减材复合制造装备配备在线监测系统，可以实现自动化变焦，光斑尺寸和粉束形态精准标定（图 3–20）。它解

(a) 内部结构

(b) 熔覆头

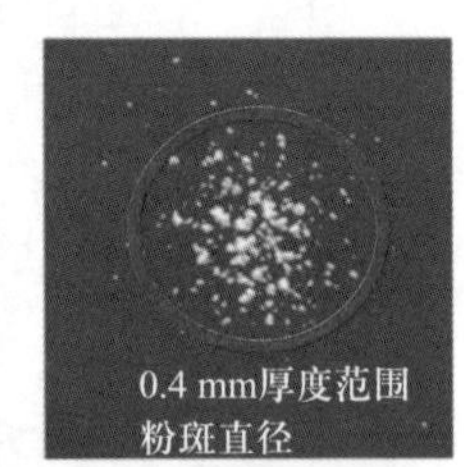

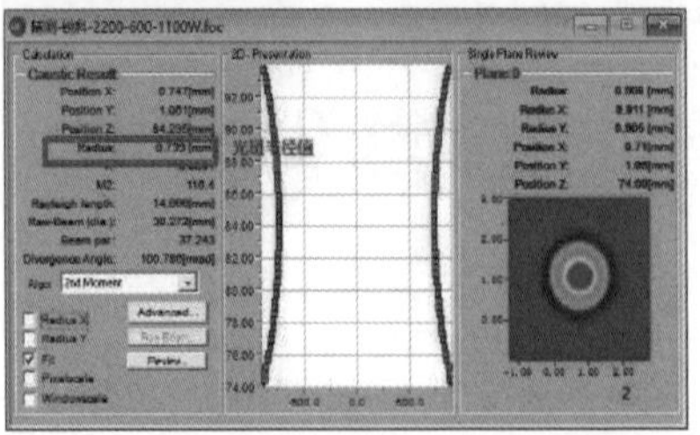

(c) 光束标定

图 3–20 同轴送粉激光熔覆装备

决了增材制造中精度及表面粗糙度的缺陷，助力形成了航空航天、核电、汽车等领域复杂形状产品与装备开发迭代及小批量制造的成套创新装备，并推进自主开发了增减材一体化的软硬件系统及可应用于不锈钢、高温合金、钛合金等材料的工艺数据库。同轴送粉激光熔覆成形效率可达 200 cm^3/h，已经应用于航空航天机匣、叶片、诱导轮，舰船螺旋桨等复杂零部件的制造，材料利用率提高 60% 以上，制造周期缩短一倍以上。

4. 增减材复合制造

增减材复合制造是结合了增材制造和减材制造技术的制造方法，集成了增材制造的灵活性和减材制造在表面质量方面的优势。图 3-21 所示为五轴增减材复合加工中心。

(a) 五轴增减材复合加工中心

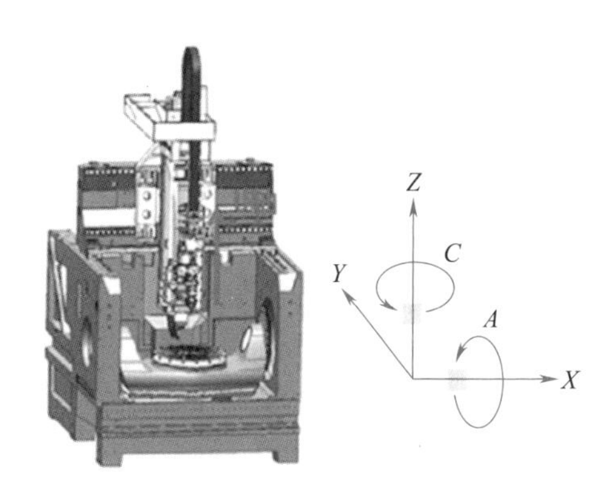

(b) 设备结构方案

图 3-21　五轴增减材制造装备

对于增减材制造而言（往往应用在快速成形大尺寸构件的场景），大型构件的质量检测问题是增材制造成形构件面临的关键问题之一，由于大型构件的几何参数约束，难以实现对其内部质量的离线检查，因此对大型构件的检测需要依赖于高效的检测方法和成像理论的有机结合。

案例 3-10

增减材 X-CT 在线检测图像处理方法

由国家增材制造创新中心和西安交通大学联合研制的 X-CT 在线检测装备，有效实现了对大型构件增材制造过程，实现在线 CT 缺陷无损检测，可连续工作 8 h 以上，可与生产线配套，长时效检测，检测工件直径范围为 1 500～5 000 mm，铝合金等效厚度为 40 mm，分辨率为 0.1 mm。在此基础上开发了对应的图像处理软件，如图 3-22 所示。

(a)

在线、实时检测区域，可直观看到工件内部情况，后台进行缺陷自动识别和统计

图像处理

数据采集模块，包含射线源控制、探测器设置、图像校正、检测模式、系统运行情况显示等

检测图像的存储设置，可以导出为RAW/TIF/TFT格式

(b)

图 3-22　在线检测装备与图像处理软件

案例 3-11

增减材 X-CT 在线检测稀疏信号图像处理方法

工业 CT 对大型全金属构件检测成像时，金属伪影会造成严重的成像信号不足，导致获得的图像信息变得稀疏。金属伪影可以看作光子散射效应和射束硬化效应为主导共同作用的结果。在此，采用基于深度学习的图像后处理算法对图像进行处理（图 3-23）。模型包含两个主要的部分：编码器（encoder）和解码器（decoder）。编

码器和解码器的每一层都可以对信息进行非线性的变换，为了学习到有意义的特征，通常会给隐层加约束。一般来讲，隐藏数据维度小于输入数据维度，这样网络将以更小的维度去描述原始数据，从而确保信息不丢失。编码器的作用是把高维输入编码成低维的隐变量，从而强迫神经网络学习最有信息量的特征；解码器的作用是把隐藏层的隐变量还原到初始维度，最好的状态就是解码器的输出能够完美地或者近似恢复原来的输入，即模型中包括 1 个步距为 1 和 3 个步距为 2 的卷积层、1 个步距为 1 和 3 个步距为 2 的反卷积层、4 个 ReLU 层以及 1 个 Tanh 层，需要训练的参数共有 5 509 891 个。

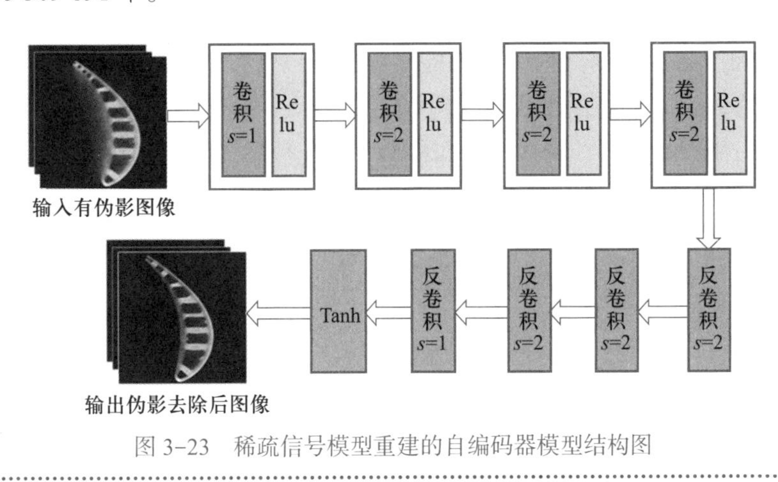

图 3-23 稀疏信号模型重建的自编码器模型结构图

3.2 智能辅助工艺装备

3.2.1 智能检测

智能检测技术通过对计算机软件、算法、机构设计、控制理论、传感器等学科及工艺的运用，利用软件算法配合自动化设备对产品的各项待测参数进行读取，确保产品质量合格，达到提升质量、降本增效的效果。而智能检测装备具有感知、分析、推理、决策和控制功能，是先进制造技术、信息技术和智能技术在装备产品上的集成和融合具体的表现。在实际的应用中，从大型的专用自动测量装置（如三坐标测量机）到小型的便携式测量器具（如手持激光测距仪），各种装备覆盖生产、生活的方方面面。

现代化的智能检测技术多数是以先进传感器技术和数字图像处理技术为基础，结合计算机系统，在人工智能算法的支持下，自动完成图像采集、处理、缺陷特征提取和识别，以及多种分析和计算的技术总和。究其本质，是检测分析系统模仿人类智慧与经验的结果。

1. 产品外部质量检测

1）外部质量在线检测的发展与需求

随着智能制造、数字化制造以及产品高质量的发展，零部件产品外在质量是直观体现产品质量的重要元素，其准确、快速以及在线检测要求已成为必然和未来发展的趋势。

数字化、智能化的检测技术已成为智能制造的重要控制手段，只有不断地同时获取产品的质量数据与生产数据时，这种控制手段才可以执行自动化管理。而现有离散制造中通常存在过程离散、制造工艺复杂、难度大、要求高等特点，且多为单件小批生产模式，存在诸多检测孤岛和检测信息孤岛问题，构建在线、全过程、全要素智能感知的质量检测技术体系，打通数据采集、数据传输和数据利用的通道，利用在线检测手段，通过测量网络链接，实现全过程数据融合、智能分析，形成基于泛在物联的全过程、全要素智能感知网络，自动、智能地主动感知产品的性能指标参数与制造过程参数，已逐步成为构建高质量产品线的重要组成部分。

智能制造和产品性能测试均需过程检测数据予以支撑，现阶段发展动态在线测量技术，为产品最终评定提供了有效手段，也为产品设计、制造过程管控提供了完备的过程参数和环境参数，使产品设计、制造过程和检测手段充分集成，为具备自主感知内外环境参数（状态）的集成化系统提供基础。

外在质量在线检测的方法一般有电感式、电容式、光学方法等，其中光学测量方法，尤其是机器视觉以及结构光三维测量（亦称为条纹投影三维测量）等方法以其高速、高精度的特点被广泛应用。

2）先进光学三维测量在尺寸在线检测中的应用

光学三维测量以其高速、精确的特点，逐步应用于工业检测领域。一般而言，光学三维测量技术包含结构光三维测量、散斑三维测量、近景摄影测量、双目视觉测量等。其中，结构光三维测量经历了从点、线到面结构光投影的发展阶段，因点、线结构光需扫描，影响测量效率，故更多采用面结构光投影模式。该方法通过一台投影仪与一台（或多于两台）摄像机构造为一个测量装置，基于光学三角测量法，通过向被测表面投影结构光场，再由相机获取经被测表面调制后的条纹图，解构出被测表面的三维轮廓，如图 3-24 所示。因该方法具有高速、高分辨率、低成本以及适用性广等特点而受到广泛关注和应用。

例如，在汽轮机制造行业，传统采用靠模对叶片加工型线进行检测，但数字化程度低、准确度低，无法适应产品高质量要求，因此后续大量采用了三坐标测量机对叶片制造环节中的产品尺寸进行检测，但该种方式需要将生产零部件转运至专门的三坐标测量室，三坐标测量机的点扫检测效率低，已经极大地限制了产品生产效率的提升，成为智能制造的一个重要的薄弱环节。

近年来逐步发展起来的以结构光三维测量技术为代表的光学三维测量技术，是解决该问题的一个重要技术手段，在汽车导航、手机人脸识别等领域均已有广泛的应用。针对汽轮机末级、次末级等长叶片的高效高精度检测问题，开发的长叶片叶身叶根集成测量中心（图 3-25），该测量中心利用结构光三维测量技术对叶身型面进行高效测量，弥补了传统测量手段仅能获取多条截面型线以及点扫检测效率的不足；同时，整合了点扫三坐标测量方式对叶根进行高精度测量，为型面制造质量评估提供基准，解决了结构光三维测量技术在金属光滑表面精度不足的弊端。为适应企业在线检测需求，该装置通过改造，其叶身测量模块已在汽轮机企业进行叶片在线检测的有益尝试，将传统针对 2 米叶片的 40 分钟检测时间缩短到 3 分钟内，并提供了全型面数据，避免截面型线检测可能带来的缺陷漏检问题，为汽轮机叶片制造的高质量高效升级提供了参考和依据。结构光三维测量技术产品在汽车发动机尺寸检测领域也得到了广泛应用，如图 3-26 所示。

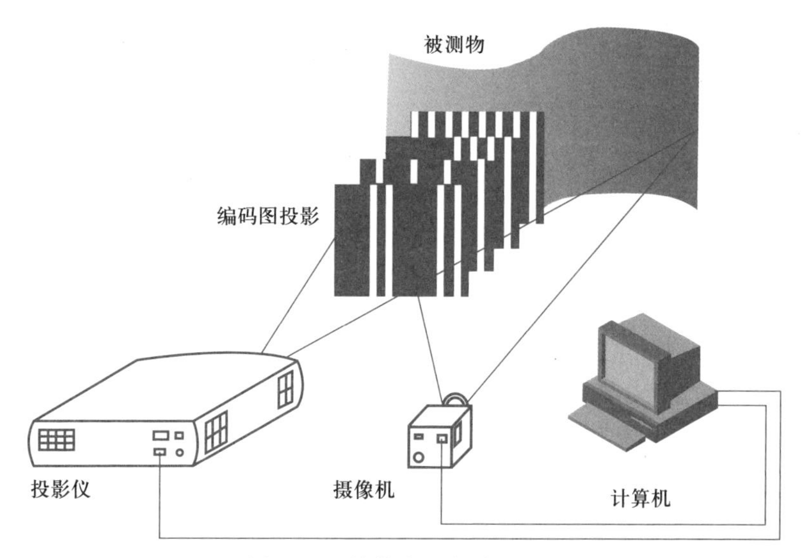

图 3-24 结构光三维测量原理

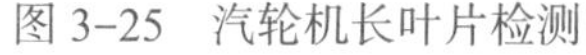
图 3-25 汽轮机长叶片检测

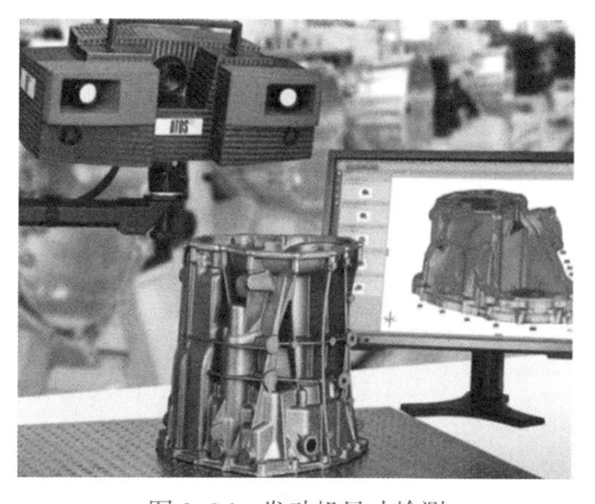

图 3-26 发动机尺寸检测

在一些高压电气零部件检测中，利用结构光三维测量技术进行产品的尺寸检测正逐渐发展起来。例如，西安某高压电气生产企业的智能制造示范培训基地采用结构光三维测量检测装置，配合机械臂，可完成复杂零件的多种尺寸检测，并通过互联网将检测数据上传至 MES，如图 3-27 所示，实现了从数据感知到数据智能分析的过程。

3）机器视觉在尺寸与表面缺陷在线检测中的应用

利用机器视觉对产品的外在质量检测，也是目前智能制造发展中在线检测的重要手

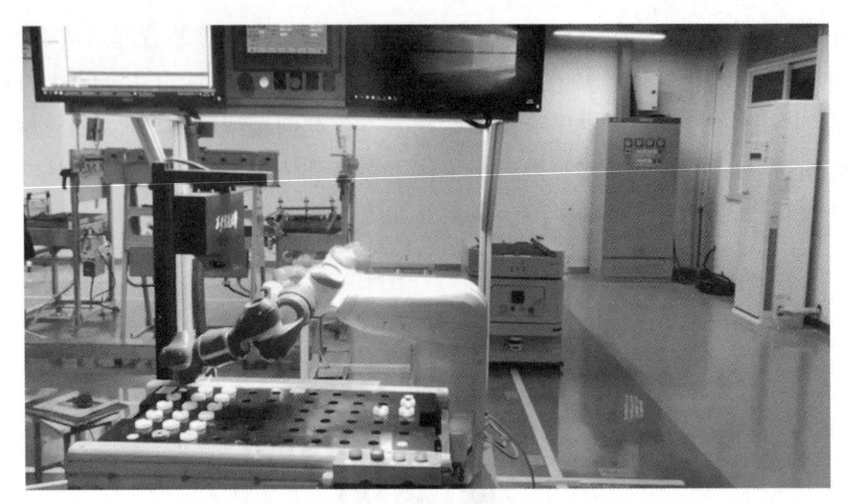

图 3-27　高压电器零件生产线视觉在线检测工位现场

段之一。在芯片制造中，已发展成熟为自动光学检测装置（automated optical inspection，AOI）应用于生产环节中。但仍有很多企业，甚至是生产水平较高的生产企业，针对表面缺陷的检测仍多采用人工看、摸的方式。而这种人工检测方式不仅稳定性低、经验依赖性强、主观因素影响大、可靠性波动大，在生产线满负荷生产时，检验工人劳动强度大，易错检、漏检，且质量检验数据等得不到有效记录和存储，不利于后续智能化、数据化发展与分析的需要，对质量数据资产是一种浪费。因此，机器视觉技术通过摄像机代替人眼、机器动作仿照人工操作，利用图像处理与深度学习等技术模拟大脑的数据分析，从而分析目标区域采集的图像信息，与既定标准进行机器比对，来评价工业品质量，系统构成如图 3-28 所示。该方式具备处理信息量大、速度快、精度高、非接触、柔性好等优势，是未来表面缺陷在线检测的必不可少的技术手段。例如，某汽车企业针对冲压件的表面缺陷检测问题，研发了基于机器视觉的表面缺陷在线检测装置，该装置在生产线上进行应用测试（图 3-29），初步测试其准确度高于 90%，而随着样本数的不断积累，有望获得更高的准确度。

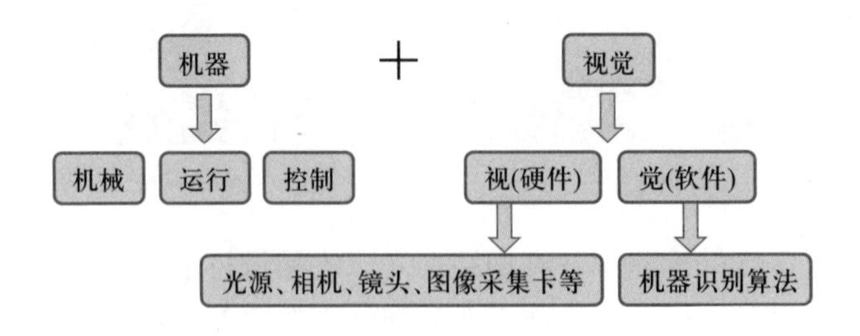

图 3-28　机器视觉检测系统组成图

智能视觉对电子零件的在线检测

2. 产品内部质量在线检测

本节将以离散型制造过程中产品内部质量为对象，对常见的无损检测技术和在线检测数据智能分析技术、系统进行介绍。

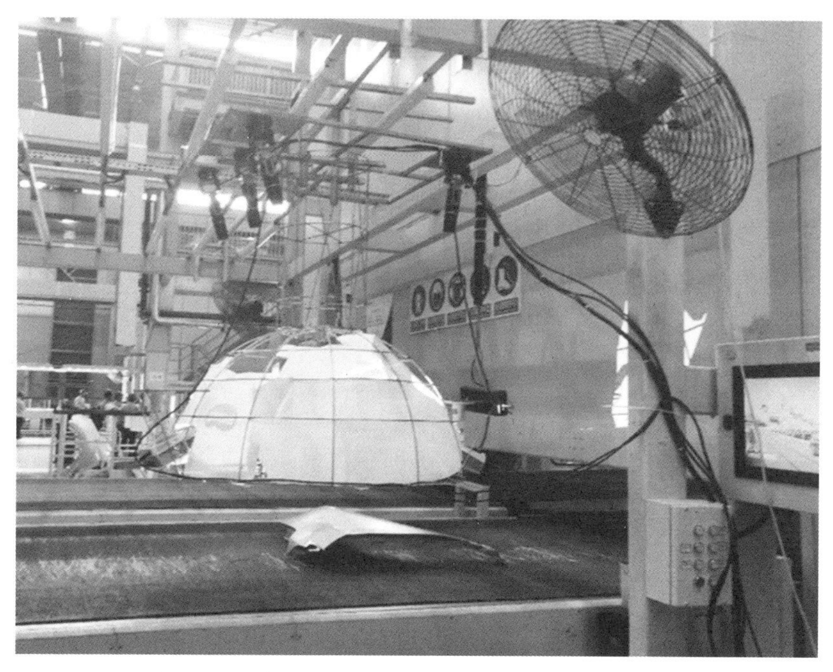

图 3-29 某企业机器视觉的表面缺陷在线检测现场

1）内部质量常见无损检测方法

无损检测技术（non-destructive testing，NDT）是利用声、光、磁和电等特性在不损害被检工件使用性能的前提下，检出被检工件的缺陷情况并提供缺陷的大小、位置及性质等信息，为产品质量状态评价提供依据。目前，无损检测技术已被广泛应用于航空航天、高端动力、石油化工、船舶、特种设备等领域中复杂产品制造过程内部缺陷质量检测。如表 3-9 所示，无损检测技术中五大常规检测方法为超声检测（ultrasonic testing，UT）、射线检测（radiographic testing，RT）、磁粉检测（magnetic particle testing，MT）、渗透检测（penetrate testing，PT）和涡流检测（eddy current testing，ET），此外红外检测（infrared testing，IT）、声发射检测（acoustic testing，AE）、激光全息检测（holographic nondestructive testing，HNT）等技术也逐渐引起关注和应用。

表 3-9 无损检测五大常规检测方法

无损检测方法	超声检测	射线检测	磁粉检测	渗透检测	涡流检测
方法原理	声波透射、折射、反射	光子穿透和吸收	磁力作用	毛细渗透作用	电磁感应作用
适用材质	多种材料	多种材料	铁磁性材料	非松孔性材料	导电材料
检出缺陷范围	内部	内部	表面和近表面	表面开口	表面及近表面
缺陷部位表现形式	显示器波型	底片或显示器影像	漏磁场吸附磁粉形成磁痕	渗透液渗出	检测线圈电压和相位
主要设备	超声仪	射线机胶片	磁化仪磁粉	渗透液显像剂	示波器电压表

续表

无损检测方法	超声检测	射线检测	磁粉检测	渗透检测	涡流检测
主要检测对象	铸、锻、焊等工件	焊、铸、件等工件	铸、锻、焊、机加工件、管材棒材型材	任何非松孔性材料及其制成零件	管材线材及材料工件的状态检验、材料分选

当前，射线检测技术和超声检测技术是无损检测技术中研究和应用最为广泛的方法，涡流检测技术、红外检测技术等先进无损检测技术也开始应用于离散型制造产品的内部质量在线检测。

（1）射线检测技术

射线检测是利用射线强度在穿透不同物质时强度衰减程度不同的特性，采用一定的检测器检测透射射线强度形成检测图像，依据图像就可以判断物体内部的缺陷和物质分布等，从而完成对被检测对象的质量检验。射线检测根据检测原理和成像方式主要可以分为如下四种。

射线照相检测技术。其基本原理如图 3–30a 所示，使用射线源照射探伤工件，射线透过工件照射到紧贴工件的感光胶片上而使胶片感光，随后在暗室对胶片进行定影、显影等处理，就可以获得与工件材料和内部缺陷相对应的射线检测底片，如图 3–30b 线框中的缺陷区域所示，从数字化后的底片图像中可以看出工件内部不同部位的灰度有明显的变化。该技术具有分辨率高、动态范围高、结果直观等优点，可适用于检查钢结构中各种熔化焊接方法的对接接头，也能检查铸钢构件，在特殊情况下也可用于检测角焊缝或其他一些特殊结构工件。

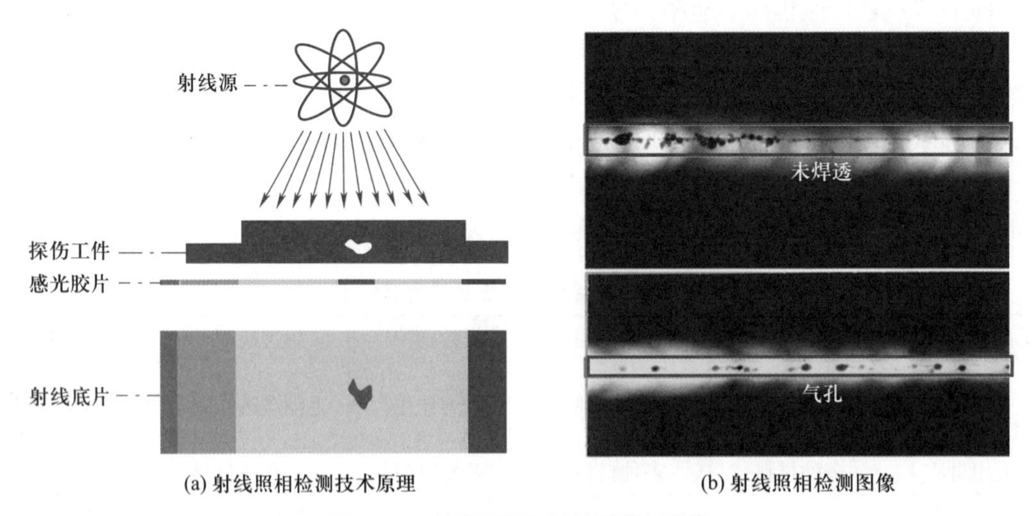

(a) 射线照相检测技术原理　　(b) 射线照相检测图像

图 3–30　射线照相检测的原理与图像

计算机射线成像检测技术（computer radiography，CR）。CR 技术的核心是使用了柔性潜影成像板（image panel，IP）和 IP 扫描读出器，即将 X 射线透过工件后的信息记录在成像板上，经 IP 扫描装置读取，再由计算机生出数字化图像的技术。CR 技术具有射线剂量少、空间分辨率较高、IP 成像板可以重复使用等优点。

数字射线成像技术（digital radiography，DR）。DR 技术可将射线信号直接转换为数字图像，并实现实时检测信号的采集和影像显示等，与 CR 技术的不同点在于，DR 技术获得数字图像不需要二次激光器扫描，而是利用 X 射线成像传感器以实现 X 射线透过检测工件后直接产生数字图像。CR、DR 实时成像检测技术主要用于各类铸造、锻造等工件内部缺陷，以及金属焊缝、锅炉小径管焊缝检测、工业管道焊缝检测、钢板对接焊缝检测等金属或非金属器件的无损检测领域。

工业射线计算机层析成像技术（computed tomography，CT）。CT 技术是利用射线源（X 射线，γ 射线）对物体进行断层扫描，并根据物体外部的探测器获得的物理量（如物质对射线的衰减系数）生成的一维投影数据，再通过特定的重建算法得到所扫描断层的二维图像。工业 CT 无损检测由于其适应材料广、可检测复杂零件、可确定缺陷位置和大小、检测精度高，目前已作为一种高精度的无损检测技术，广泛应用于航空航天、核能、军事等领域，也用于产品仿制、产品内全封闭或半封闭内腔的无损检测等方面。工业 CT 的主要缺点是实验设备昂贵、实验费用高，因此限制了其应用的广泛性。

（2）超声检测技术

超声检测是利用超声波与工件产生相互作用的特性，并通过对回波进行分析来实现工件内部缺陷的一种检测技术。超声波无损检测技术主要具备以下优点：① 检测范围广，能够进行金属、非金属和复合材料检测；② 波长短，方向性好，穿透能力强，缺陷定位准确，检测深度大；③ 对人体和周围环境不构成危害；④ 超声作用应力远低于弹性极限，对工件不会造成损害。

超声检测技术中发展最早及应用最广的是常规超声检测（conventional ultrasonic testing，CUT）技术，即采用探头与待检测工件直接接触的方式，使用脉冲反射法检测工件中的平面型缺陷。电磁超声（electromagnetic acoustic transducer，EMAT）检测技术是在 CUT 技术的基础上，利用电磁耦合方式激励和接受超声波，实现非接触检测，从而适于检测高温物体和表面有浮锈及油漆的物体，如图 3-31a、b 中展示了 CUT 技术和 EMAT 技术所采用的设备。

近年来，又涌现出许多新型超声检测方法，如衍射时差法（time of flight diffraction，TOFD）技术和相控阵超声检测（phased array ultrasonic testing，PAUT）技术，它们通过增加探头数量使检测范围由线扩展到面。其中，TOFD 技术采用一发一收双探头工作模式，利用缺陷端点的衍射波信号探测和测定缺陷尺寸；PAUT 技术使用的是阵列探头，通过控制各探头发射（或接收）声波到达（或来自）工件内某点时的相位差，实现聚焦点和声束方位的变化，完成产品内部缺陷的检测，并可实现三维成像。TOFD、PAUT 等技术具有检测范围大、灵敏度高等特点，广泛应用于各种大型承压设备焊缝缺陷以及管道环焊缝缺陷的检测，如图 3-31c、d 中展示了 TOFD 技术和 PAUT 技术所采用的设备。

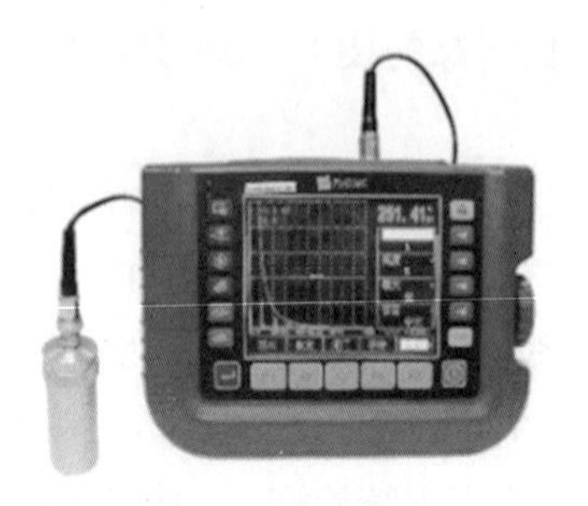

(a) CUT设备

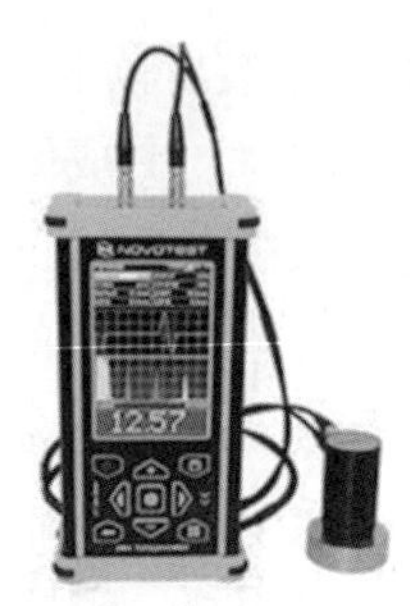

(b) EMAT设备

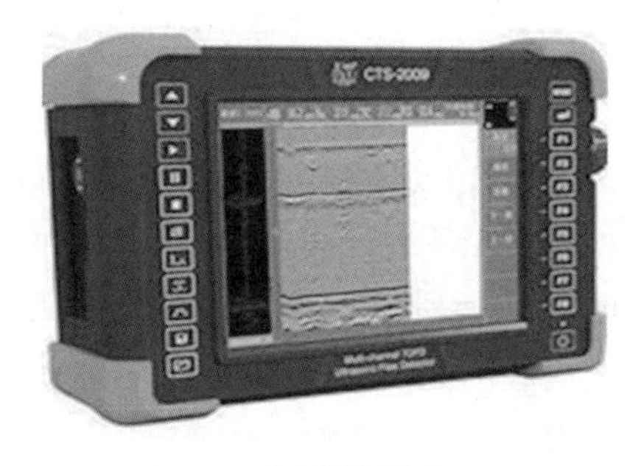

(c) TOFD设备

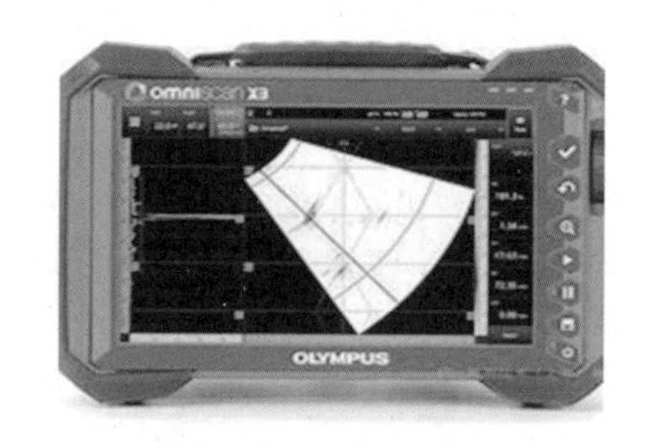

(d) PAUT设备

图 3-31 超声检测设备

（3）涡流检测技术

涡流检测是指利用电磁感应原理，通过测量被检工件内感生涡流的变化来评定工件的性质、状态或缺陷的无损检测方法。当前涡流无损检测成像技术主要有阻抗扫描成像、磁光涡流成像及涡流层析成像等。其中，阻抗扫描成像是利用导体材料缺陷对线圈阻抗的影响进行成像；磁光涡流成像是根据法拉第磁光效应和电磁感应定律提出的新电磁涡流检测成像方法；涡流层析成像是利用反演算法对试件电导率分布剖面进行图像重建的一种涡流无损检测成像方法。由于涡流具有趋肤效应，因此涡流检测只能检测表面和近表面的缺陷，而且涡流检测只能检测能感生涡流的材料。

（4）红外检测技术

红外检测技术是一种红外热成像技术，即通过测量物体表面的红外辐射能形成的温度分布，并将温度分布转换为形象直观的热图像的一种技术。根据是否依赖外部热激励源，可分为被动红外热像技术和主动红外热像技术。红外检测技术因其非接触、检测速度快、受曲率影响小，适用于大部分材料，特别是复合材料的检测。主动红外热像技术可用于蜂窝结构损伤、复合材料层间界面脱黏、焊缝质量及零件表面缺陷等内部质量检测中。

2）在线无损检测技术与应用

在线检测的主要目的是为工业生产提供精确实时的过程及质量信息反馈。在线检测突破了传统计量工作方法，已成为实现工业生产过程实时性和整体性的重要基础。在线无损检测技术是通过将无损检测应用于生产过程中的质量控制，可以识别每道生产工序中的不合格产品，并把检测结果反馈到生产工艺中去，指导和改进生产，达到监督产品质量的目的。

图 3-32 所示为一种螺旋焊管 X 射线在线检测系统，由工频 X 射线发生器、图像增强器、X 射线探臂、缺陷打标装置、计算机图像处理系统、控制装置及铅防护室组成。该系统采用可编程逻辑控制器控制，可适用于钢管焊缝（环焊缝、直焊缝）缺陷的在线检测。

图 3-33 所示为某汽轮机厂所研发的超声在线检测自动化装置，可应用于大型焊接转子的全生命周期的质量在线检测。该装置综合使用机器人技术和超声检测技术，使检测装置可自动运动到待检测位置，并且在机械臂末端安装不同类型超声检测探头，如常规超声、TOFD、相控阵等，便可实现流水线上大型零件、复杂构件的多点在线检测。

图 3-32 螺旋焊管 X 射线在线检测系统

图 3-33 焊接转子超声检测自动化装置

图 3-34 所示为一种不锈钢管涡流在线自动检测系统，主要应用于冶金系统产品无缝钢管、直缝钢管、螺旋钢管、钢板、钢棒、容器、气瓶、线材等涡流在线或离线自动探伤无损检测。该系统能够快速检测出各种不同材质金属管、棒、线材的表面裂纹，以及纵向长伤、暗缝、气孔、夹杂和开口裂纹等缺陷。

图 3-34 不锈钢管涡流在线自动检测系统

3）在线检测环境下无损检测数据智能分析技术与应用

随着无损检测技术自动化、数字化的发展，产品在制造过程产生了海量无损检测数据。然而，目前的数据分析还是采用人工评判方式，效率低下且一致性差。“丰富数据”与“低效数据分析方法”之间的不匹配已经成为制约当前高效制造主要矛盾，也是严重制约质量管控能力提升的关键环节。当前，以离散制造过程的产品质量管理与控制为应用背景，基于在线检测环境下无损检测数据智能分析技术已成为研究热点，其中对射线检测数据和超声检测数据的智能分析研究居多。

在射线无损检测数据智能分析技术研究方面，基于射线照相检测技术、CR 技术、DR

技术等均可获取相应的射线检测图像数据，一般围绕“射线图像预处理—缺陷探测—缺陷类型识别—缺陷等级评定”的技术路线展开研究与应用，并开发相应的智能分析软件系统。其中，射线图像预处理的目的是消除图像中的噪声、增强图像中有用的细节，从而提高射线图像质量，常用方法有直方图均衡化、小波变换、Retinex 理论等方法；缺陷探测的目的是获取缺陷的位置、大小和轮廓等信息，目前多采用 R–CNN 系列、YOLO 系列的目标检测深度学习算法和 U–net 系列的语义分割算法；缺陷类型识别的目的是采用人工智能、模式识别等技术对未知缺陷类型进行判别和分类，常用方法有决策树、支持向量机和以卷积神经网络为代表的深度学习方法；缺陷等级评定的目的是结合无损检测标准及缺陷信息自动计算缺陷等级，为产品质量评定提供依据。

在无损检测数据智能分析系统研制方面，结合当前人工智能技术、信息技术，研发相应的无损检测数据智能分析应用系统已经成为工业界关注热点。图 3–35 所示为西安交通大学中国西部质量科学与技术研究院自主研发的无损射线检测数据和 TOFD 检测数据智能分析系统。系统基于工业互联网、大数据和云服务模式，并融合无损检测图像数据预处理、缺陷探测、缺陷类型识别和产品内部缺陷评定等技术，实现了在线无损检测数据智能分析技术的集成化和平台化，提高了产品内部缺陷识别的精度、效率，并已在航空航天、能源装备、特种设备等产品制造过程中进行了应用。

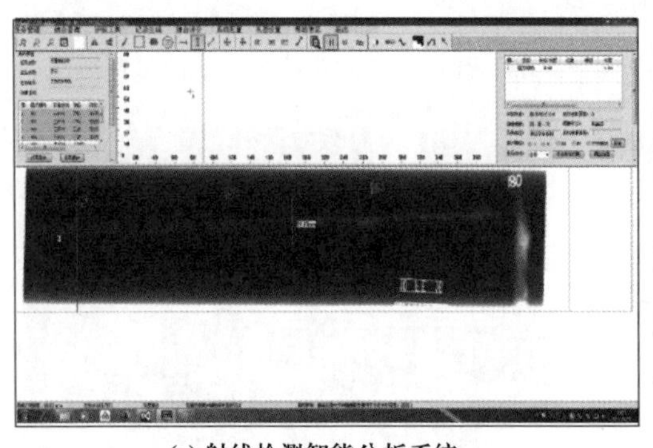

(a) 射线检测智能分析系统

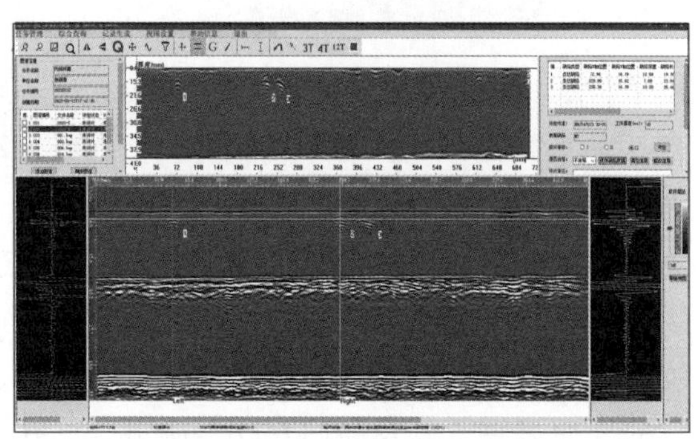

(b) TOFD超声检测智能分析系统

图 3–35 无损检测数据智能分析系统

3.2.2 智能打标

打标机是在包装件或产品上添加标签的机器，不仅有美化包装的作用，还可以实现对产品销售的追踪与管理。例如在产品出现异常时，可以根据标签快速且精准地启动产品召回机制。打标机是现代包装不可缺少的组成部分，在现代制造和生产中起到了至关重要的作用，帮助生产商提高产品质量、追踪产品、提高生产效率和提升品牌形象。

常见的打标机有气动打标机、电磁打标机、激光打标机等。

气动打标机（图 3–36）通过读取打标参数，控制打印针在二维平面内按一定轨迹运动，实现打标效果。打印针在压缩空气作用下做高频冲击运动，从而在工件上打印出标记。气动打标机生成的标记有较大深度，且可以由计算机精准控制，标记工整清晰，适用于大部分的金属与非金属材料，广泛应用于零件商标与设备铭牌等产品的打标。

电磁打标机（图 3–37）利用电磁线圈产生磁场，在工作表面形成深浅不一的凹坑，从而形成标识信息。可控的电流脉冲通过电磁线圈产生磁场与冲击力，驱使硬质合金或镶嵌工业钻石的打标针猛烈撞击工件表面。其中，打标频率可通过调节打标力度和打标速度来调节。电磁打标机是一种高速且精准的打标设备，适用于金属、非金属与有机高分子材料的打标，广泛应用于汽车车身、钣金件、铭牌等产品的打标。

激光打标机（图 3–38）是用激光束在物质表面打上永久标记的设备。激光打标机工作时，蒸发产品的表层物质并露出其深层物质，从而刻出精美的标识。激光打标是一种高精度的打标方法，它对工件表面无作用力，不会产生机械变形且不会腐蚀物质表面。激光打标机可雕刻金属及多种非金属材料，广泛应用于电子元器件、芯片、五金制品、工具配件、精密器械、眼镜钟表等产品的打标。

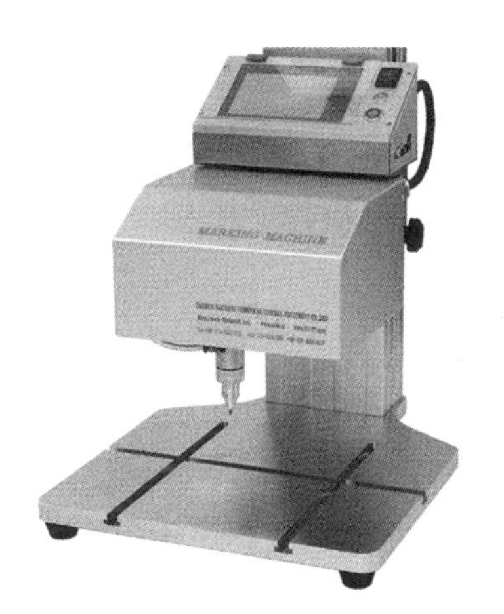

图 3–36 气动打标机

图 3–37 电磁打标机

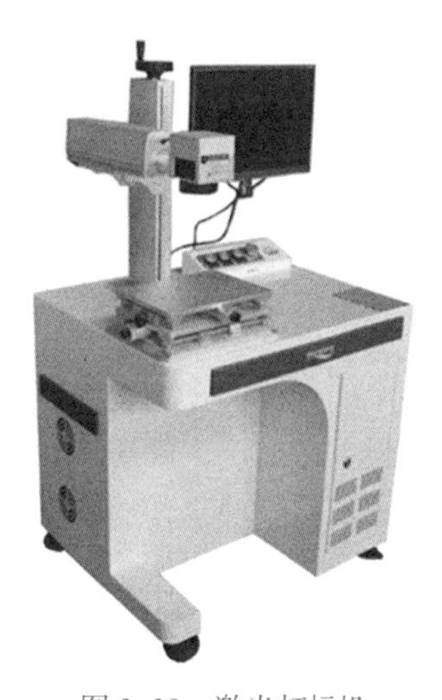
图 3–38 激光打标机

3.2.3 去毛刺工业机器人

当前企业加工体积较小，曲面、曲边和棱边较多的零件时，有较多毛刺产生，大多数企业采用手工去毛刺的方法，但手工去毛刺方法一致性差、劳动强度大、粉尘污染大。因此，目前智能化的处理方式是通过工业机器人与其他设备的二次开发集成进行去除毛刺操作（图 3–39）。

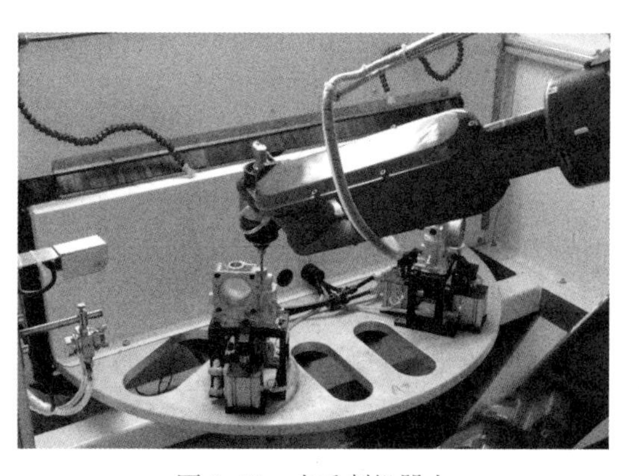
图 3–39 去毛刺机器人

其具有如下优点：工业机器人由六个运动轴组成，可定位到三维空间中的任意一点，并且可运行直线、曲线、圆周等复杂轨迹；定位精度较高，一般可达 0.1 mm；可实现示教或者离线编程；针对不同的零件选用不同程序和刀具，可实现柔性生产；由伺服电动机驱动，运行速度是手动去毛刺的几十倍，加工效率较高：可长时间稳定地在高粉尘、高噪声等恶劣环境内工作。工业机器人具备的上述优点使其成为未来去毛刺领域的适配智能制造工业环境的不二之选。

由于去毛刺零件的种类多变，因此工业机器人需要为每一批工件设置专用程序，再加上高尺寸精度和表面质量的要求，工业机器人去毛刺开始转向依赖于视觉测量技术。通过机器视觉装置采集图像后，经过分析和处理将加工零件相关信息用于实际的零件表面质量的监测、测量和控制。通过图像采集系统将反射的光信号通过芯片转化为数字信号，再通过图像处理对这些信号进行运算处理，提取目标关键特征，控制机器人根据识别结果进行去毛刺动作。通过机械视觉技术，省去为不同零件单独编写程序的工作，提升了工作效率；使工业机器人去毛刺不再依赖于接触检测的方式，提升了加工安全性，是近年来随着机器视觉技术飞速发展后，出现在机器人去毛刺领域的主要发展方向之一。

3.2.4 集中过滤机

在机械加工过程中产生大量的废屑，它们往往含有大量的油或切削液。传统的解决办法是由人工来进行清理，这种方法工作量较大、浪费人力，同时污染工作环境，造成管理上的困难。

随着自动化和智能化的发展，集中过滤机（图 3-40）逐步得到广泛应用。它可以把每台设备切削产生的切屑通过管道吸走，然后处理成一个一个切屑饼，打包运走。集中过滤机的应用使机床工件的加工效能得到了很大的提高。

图 3-40 集中过滤机

集中过滤是一个系统工程，通过过滤介质的再生循环为机械加工设备不断地提供洁净的切削液，企业可以依据设备布局和生产工艺流程配置不同的功能模块。一般来说，一套完善的集中过滤系统应包括单机回液装置、回液管路、沉淀刮板式粗过滤机、负压精过滤机、反冲洗过滤装置、供液管路、铁屑收集处理装置、油雾收集处理装置、配液补液装置、浮油浮渣处理装置、增氧杀菌装置、自动调节液温装置、电气控制系统以及变频稳压系统等，如图 3-41 所示。

集中过滤系统针对不同的加工材料，需采取不同的粗过滤手段。比如，当加工材料主要为灰口铸铁、球墨铸铁、钢件等密度较大的材料时，粗过滤一般通过重力沉降后由刮板排屑机排出。当加工材料为铝合金、镁合金等密度较小的材料时，一般采用预处理的方式，即对铝屑及切削液的混合物通过楔形过滤网进行过滤，较大的铝屑被过滤网拦截后，通过刮板排屑机预先排出。粗过滤后的切削液及细小铝屑进入精过滤机。

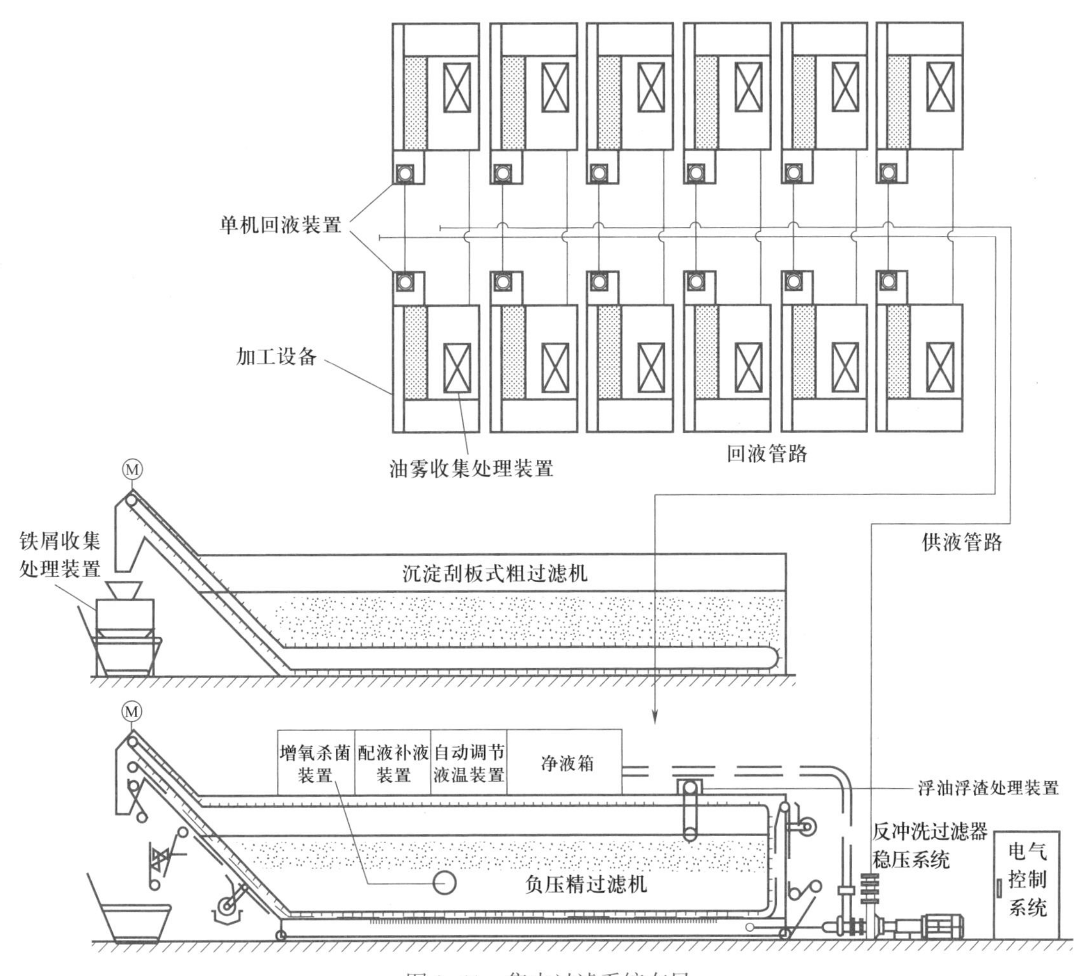

图 3-41　集中过滤系统布局

3.3　智能连接与运输装备

3.3.1　上下料机器人

1. 上下料机器人的类型与特点

机床上下料机器人采用工业机器人替代操作工，自动完成加工中心、数控车床、冲压机床、锻压机床等在加工过程中工件的受取、传送、装卸、翻转、工序转换等一系列上下料工作任务。它具有定位精确、生产质量稳定、机床及刀具损耗小、工作节拍可控、运行平稳可靠、维修方便等特点。机床上下料机器人可以降低生产成本、提高工效、提升企业的经济效益。

2. 智能控制

1）机器视觉系统

上下料机器人要完成自动上下料的过程，机器人首先要知道目标工件相对于机器人本体所在的位置。目前，主要有两种方式可以获得目标工件的位置信息。第一种，严格限定物料的位置，物料总是摆放在固定的几个位置，通过机器人示教或者用机器人编程语言对机器人编程的方式，控制机器人总是在这几个固定位置抓取。物料在转运过程中难免导致物料位置的变化，因此这种方式不仅在调试机器人抓取位置时费时费力，而且不利于产品更新。第二种，采用机器视觉技术，这种方法可以实时感知物料位置的变化，实现工件的自动定位。

机器人视觉是一种集合了计算机、数学、信号处理、机械自动化等多学科的技术。机器视觉通过相机采集作业场景图像，结合数字图像处理、模式识别、视觉测量等技术，感知环境信息，给机器人提供操作所需要的信息。一般情况下，一个完整的机器视觉系统（图 3–42）主要由 3 个单元组成，即由相机、光源、图像采集卡等组成的图像采集单元；由计算机组成的数据处理单元；机械臂、移动机器人、无人机等执行单元。图像采集单元中的相机，一般可以是单目相机、双目相机、深度相机。单目相机可以获取单通道黑白图像或者三通道的彩色图像，结构相对简单，但是丢失了物体的深度信息，不能直接确定物体的尺度；双目相机相对于其他深度相机，调节了两个相机之间的基线距离，可以调节最大测量距离，可以用于室内和室外，同时还能根据两个相机的视差获得深度信息，缺点就是对计算资源消耗大；而深度相机一般是通过光学测距原理，在获得彩色图像的同时可获得深度信息，缺点是光学测距在室外容易受到干扰，因此深度相机适用于室内场景。这三种方式各有优缺点，可根据具体情况选取。

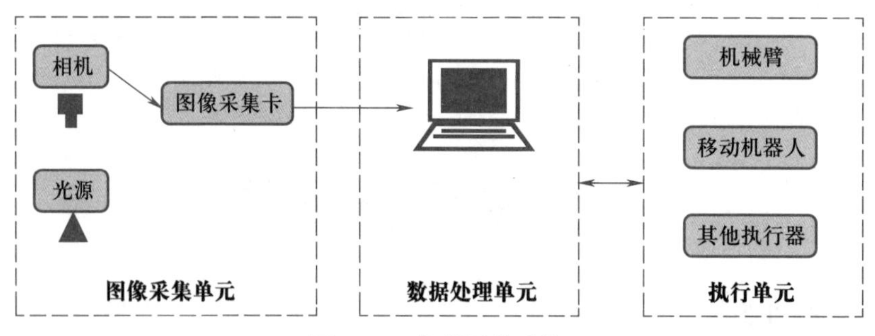

图 3–42　机器视觉系统

2）上下料系统

基于视觉导引的协作机器人自动上下料系统架构如图 3–43 所示，主要包括出料仓、供料架、结构光视觉系统、协作机器人、数控机床等。结构光视觉系统具有测量精度高、抗噪能力强的优点，可适应光照时变、冲击振动等物理变化的非结构化工业制造场景；协作机器人具有安全性高、感知能力敏锐等优点。出料仓、供料架及机床设置在协作机器人作业范围内，结构光视觉系统架设于供料架上方，工件毛坯放置于供料架上且在结构光视觉系统视场范围内。

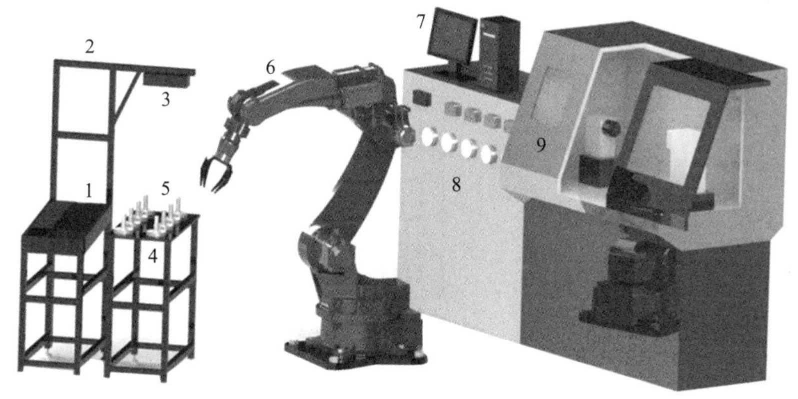

1—结构仓；2—支架；3—结构光视觉系统；4—供料架；5—工件毛坯；
6—协作机器人；7—上位机；8—电控柜；9—数控机床

图 3-43 上下料系统

3）自动上下料策略

自动上下料策略主要包括系统标定、毛坯上料和成品下料三个阶段。

（1）系统标定。将标定板固装于协作机器人末端，结构光视觉系统采集标定板图像，获取结构光视觉系统与协作机器人末端外部参数，结合机器人当前位姿信息，构建结构光视觉系统与协作机器人的手眼转换关系。改变协作机器人位姿，多次采集不同位姿下的标定板图像，获取手眼转换关系最优解。

（2）毛坯上料。结构光视觉系统检测毛坯图像，若存在毛坯，获取毛坯空间位姿。根据系统标定阶段中手眼转换关系，以毛坯位姿为目标位姿，以当前协作机器人位姿为初始位姿，实现协作机器人抓取毛坯。

（3）成品下料。数控机床打开舱门，运用示教器或者 PLC 系统作为上位机，在上位机内规划机器人路径，实现工件抓取，并完成成品下料。

4）视觉导引系统

视觉导引方法是实现工件自动上下料的核心技术之一。视觉单元也可称为工件识别单元和定位单元，是机械手完成数控机床自动上下料工序的关键技术。上下料机械手通过结构光视觉系统获取工件的数字化图像，根据系统算法识别图像并确定工件的形状、位置、尺寸以及上下料位置等关键参数。其核心技术在于解决视觉单元通过摄像机获取工件的位置信息，完成工件外形尺寸的测量、计算等问题。

结构光视觉系统通过 CCD 摄像机及镜头拍摄采集工件图像，再由工控机系统图像处理软件对获取的物体图像进行处理，通过图像分割、特征提取、图像识别流程获取并计算出工件关键位置坐标信息，同时确定夹持位置坐标与机械手关系，从而指导机械手等执行机构对工件进行抓取、搬运及其他相关操作，完成数控机床的上下料，如图 3-44 所示。

数控机床自动上下料系统通过应用视觉单元、工业机器人等先进设备，达到自动化生产的目的，有效解决企业目前人力成本过高、自动化程度较低的问题。数控机床上下料系统有助于实现大批量定制化生产，对提高生产力、提高自动化程度起到有效的促进作用。

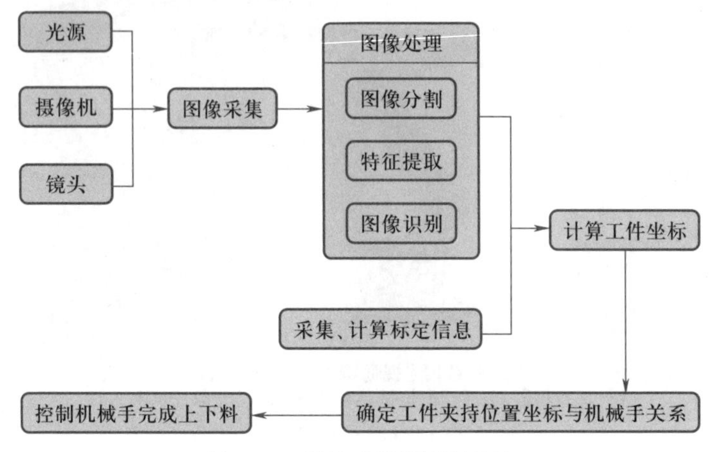

图 3-44　结构光视觉导引系统

3.3.2　智能 AGV

1. 定义

自动导引车（AGV）（图 3-45）是装有自动导引装置，能够沿规定的路径行驶，在车体上具有编程和停车选择装置、安全保护装置以及各种物料转运功能的搬运车辆装备。AGV 还具有电磁或光学等自动导航装置，能够沿规定的导航路径行驶，具有安全保护以及各种转运功能。

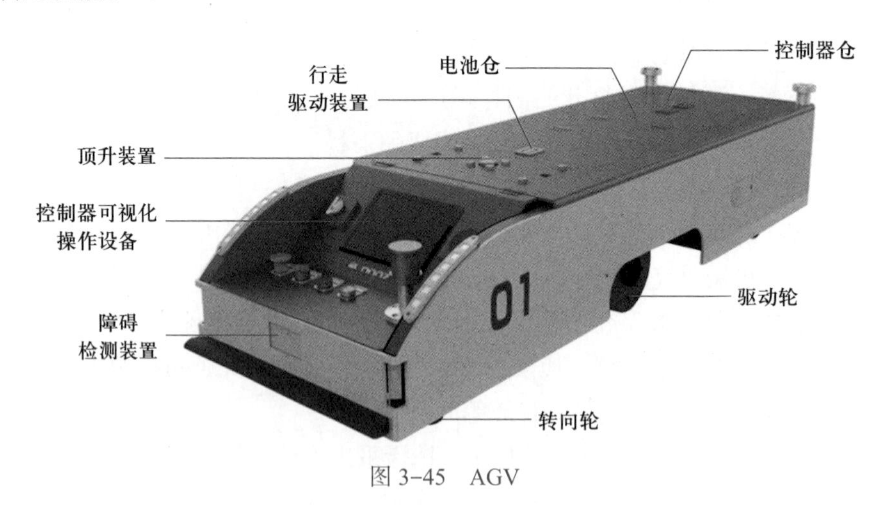

图 3-45　AGV

AGV 发展至今已有近百年历史，作为计算机集成制造系统（computer integrated manufacturing system，CIMS）的基本运输工具，AGV 的应用已渗透到仓储业、制造业、物流业等许多行业，辅助生产加工已成为 AGV 应用最广泛的领域。

2. 分类

随着应用领域的扩展，AGV 的种类和形式变得多种多样。

根据 AGV 自动行驶过程中的导航方式主要分为以下几种。

1）电磁感应引导式 AGV

电磁感应式引导一般是在地面上沿预先设定的行驶路径埋设电线，当高频电流流经导线时，导线周围产生电磁场。AGV 上左右对称安装有两个电磁感应器，它们所接收的电磁信号的强度差异可以反映 AGV 偏离路径的程度。AGV 的自动控制系统根据这种偏差来控制车辆的转向，连续的动态闭环控制能够保证 AGV 对设定路径的稳定自动跟踪。这种电磁感应引导式导航方法在绝大多数商业化的 AGV 上使用，尤其是适用于大中型的 AGV（图 3-46）。电磁感应引导方式因导线在地面下敷设，能够尽量避免污染和破坏，通常是在恶劣的工厂环境下布置 AGV 引导的优先选择，而且成本较低。但线路一旦敷设后，不利于后期的改扩建工程。

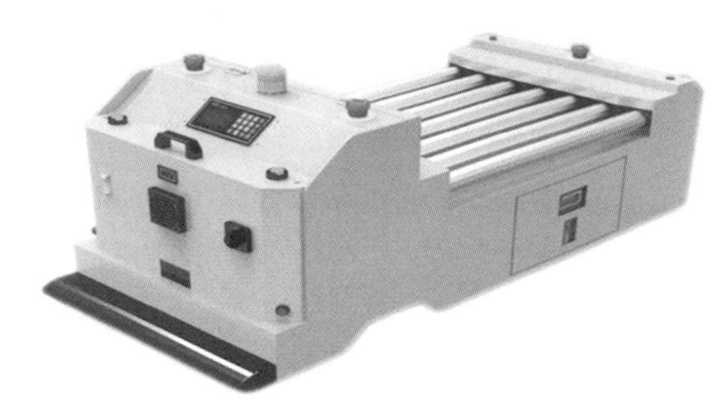

图 3-46 电磁感应引导式 AGV

2）激光引导式 AGV

该种 AGV（图 3-47）上安装有可旋转的激光扫描器，在运行路径沿途的墙壁或支柱上安装有高反光性反射板的激光定位标志，AGV 依靠激光扫描器发射激光束，然后接受由四周定位标志反射回的激光束，车载计算机计算出车辆当前的位置以及运动的方向，通过和内置的数字地图进行对比来校正方位，从而实现自动搬运。依据同样的引导原理，若将激光扫描器更换为红外发射器或超声波发射器，则激光引导式 AGV 可以变为红外引导式 AGV 和超声波引导式 AGV。激光引导方式较传统方式定位准确、导引精准，但激光反射板安装复杂，成本相对较高。

图 3-47 激光引导式 AGV

3）视觉引导式 AGV

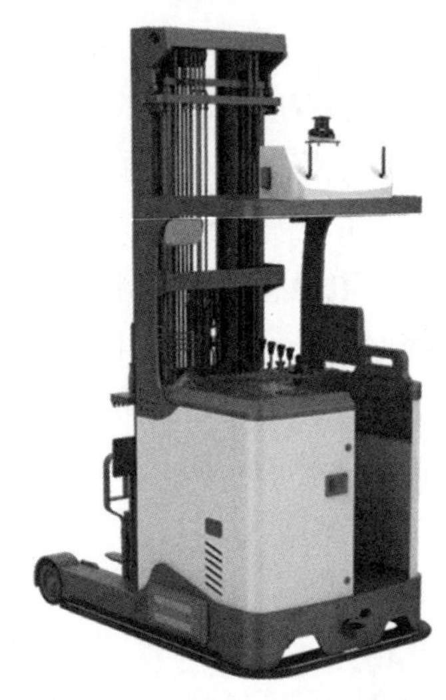
图 3-48　视觉引导式 AGV

视觉引导式 AGV（图 3-48）装有 CCD 摄像机和传感器，在车载计算机中设置有 AGV 欲行驶路径周围环境图像数据库。AGV 行驶过程中，摄像机动态获取车辆周围环境图像信息并与图像数据库进行比较，从而确定当前位置并对下一步行驶做出决策。这种 AGV 由于不要求人为设置任何物理路径，因此在理论上具有最佳的引导柔性，随着计算机图像采集、储存和处理技术的飞速发展，该种 AGV 的实用性越来越强。视觉引导方式对地面整洁度有较高要求。

4）磁引导式 AGV

磁引导方式是通过获取线路上的磁场信号，来进一步校正与行进目标的偏差，引导方式和电磁感应相类似，但比电磁感应引导有更高的引导精度和再塑性。磁条敷设后再次更改线路较容易，有良好的柔性和互换性。磁引导式 AGV 如图 3-49 所示。

5）惯性引导式 AGV

惯性引导式 AGV（图 3-50）是指装有陀螺仪的 AGV，路过设有地面定位块的行驶区域时，AGV 通过陀螺仪采集地面定位块信号，来确定自身与定位块的偏差，以此来改变航向，实现目标引导。惯性导引在军事领域应用较广，该项技术先进，属于无线引导，比有线导引灵活性高，但缺点是应用成本较高，且陀螺仪的制造加工精度对导引的精度影响较大。

图 3-49　磁引导式 AGV

图 3-50　惯性引导式 AGV

6）直接坐标引导式 AGV

直接坐标引导就是用定位块将 AGV 通过区域分成若干小区域，再统计小区域的计数来实现引导，区域划分越细，引导精度越高。该方式分为光电式和电磁式两种。该引导方式 AGV 的优点明显，对环境无特殊要求，且可靠性高，缺点是不适于复杂线路的使用。

3. 智能功能

1）路线规划

AGV 可以 24 小时全天候工作，通过 AGV 系统可以实现 AGV 在行驶过程中自动对路线进行规划，能有效快速提升货物搬运的效率，主要任务有供货、提货、称重、电池充电、自主导航等，如图 3-51 所示。

图 3-51　AGV 路径规划

2）系统适配

AGV 是通过 MES、ERP 系统软件、仓储管理系统、WMS 等系统软件来运作的，可针对 AGV 运作的情况、运作历史记录、运转日志等信息进行查询，如图 3-52 所示。

3）故障检测

工程项目中的 AGV 系统软件也具备健全的故障检测作用，假设 AGV 出现运作故障，客户可以根据 AGV 监控系统查询 AGV 的运转状况和运转日志，通过分析这些数据排除故障，如图 3-53 所示。

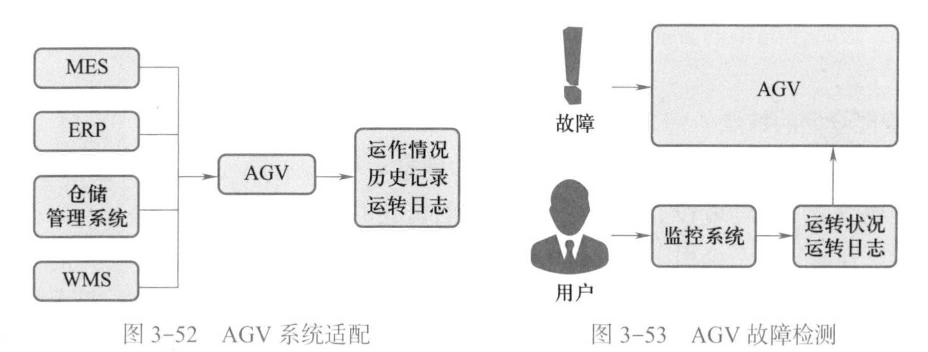

图 3-52　AGV 系统适配　　图 3-53　AGV 故障检测

4）智能操作

AGV 智能管理系统可以记录订单信息、实行订单信息、传送有关参数和监控，这些日常任务都可以从 AGV 监控系统中进行推送。

3.3.3 智能仓储

1. 智能仓储的定义

智能仓储是综合应用物联网、云计算、大数据和人工智能等新一代信息技术，实现仓储活动的状态感知、实时分析、智能决策和精准控制，进而达到自主决策和学习提升，拥有一定智慧能力的现代仓储系统，如图 3-54 所示。

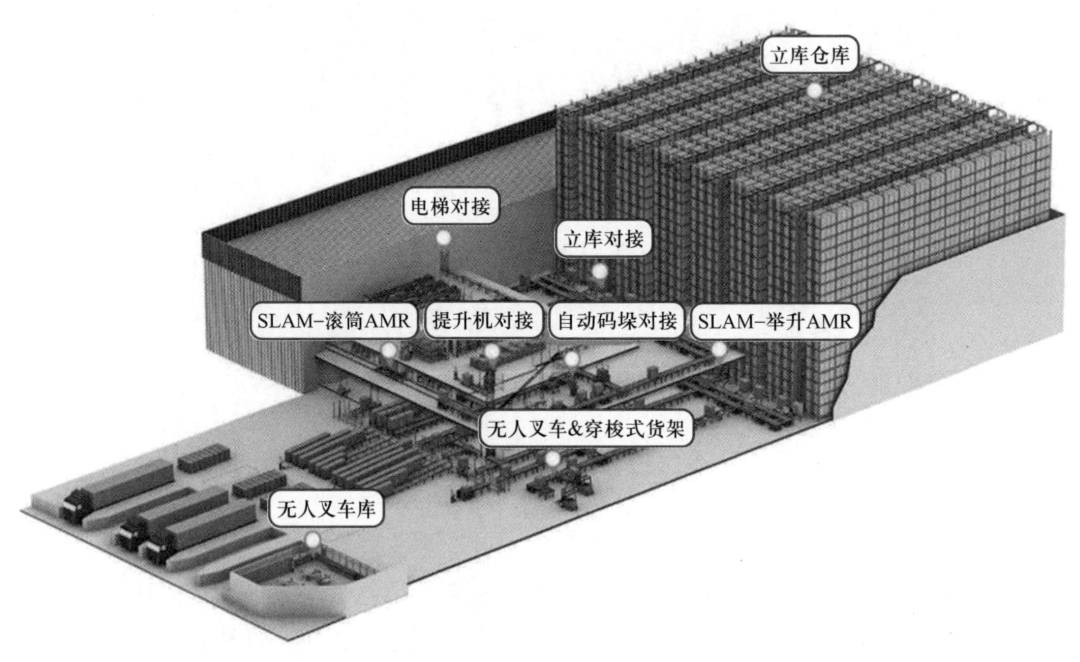

图 3-54 自动化立库仓库

智能仓储的产业链主要分为上、中、下游三个部分，其中上游为设备和软件提供商，分别提供硬件设备（输送机、分拣机、AGV、堆垛机、穿梭车、叉车等）和相应的软件系统（WMS、WCS 等）；中游是智能仓储系统集成商，需要根据行业的应用特点使用多种设备和软件，设计出完整的智能仓储物流系统，同时交付仓储管理系统和智能仓储硬件两类产品。

2. 智能仓储的特点

智能仓储系统具有信息感知、数据传输和信息运用的功能，具有决策和执行的能力，能够更好地适应工作环境和工作强度，是仓储智能化的基础之一。

与传统仓储装备系统相比，智能仓储装备系统具有以下几点优势：

（1）高架存储，节约土地。智能仓储装备系统利用高层货架储存货物，最大限度地利用空间，可大幅度降低土地成本。与普通仓库相比、一般智能立体仓库可以节省 60% 以上的土地面积。

（2）无人作业，节省人工。在人力资源成本逐年增高、人口红利逐渐消失的中国，智能仓储装备系统实现无人化作业，不仅能大幅度节省人力资源、减少人力成本，还能够更好地适应黑暗、低温、有毒等特殊环境的需求、使智能仓储装备系统具有更为广阔的应用前景。

（3）机器管理，避免损失。智能仓储装备系统采用计算机进行仓储管理，可以对入库货物的数据进行记录并监控，能够做到“先进先出”“自动盘点”，避免货物自然老化、变质，也能减少货物破损或丢失造成的损失。

（4）账实同步，节约资金。智能仓储装备管理系统可以做到账实同步，并可与企业内部网融合，企业只建立合理的库存即可保证生产全过程顺畅，从而大大提高公司的现金流，减少不必要的库存，同时也避免了人为因素造成的错账、漏账、呆账、账实不一致等问题。虽然智能仓储装备管理系统初始投入较大，但一次投入长期受益，总体来说能够实现资金的节约。

（5）自动控制，提高效率。智能仓储装备系统中物品出入库都是由计算机自动化控制的，可迅速、准确地将物品输送到指定位置，减少了车辆待装待卸时间、可大大提高仓库的存储周转效率，降低存储成本。

但是智能仓储也存在投资大、建设周期长、一旦建设完成不易修改、事故一旦发生危害严重、保养维护依赖度大和业务培训技术性强等不足，需要进一步改进和发展。

3.4 智能装备的状态感知与数据采集

3.4.1 装备物理量测量

传感技术是实现机械装备运行状态安全监测的基础。传统传感技术由于测量参数的单一性，以及存在抗干扰能力较弱、体积大、寿命短等缺点，在机械装备工作中，特别是在复杂工况环境下很难或根本无法进行系统的长期全面在线监测。又由于体积和质量等因素的影响，对机械装备一些关键部位很难实现有效的部署。随着测量技术的快速发展，以及加工企业对品质要求的不断提高，测量方式已经由传统方式向数字化测量方式转变。相比传统测量技术，数字化测量技术的测量方式更加简单、高效、智能化。

1. 主轴状态智能监测

主轴作为机床的核心功能部件，其性能直接决定机床整机的技术水平。主轴系统的加工状态监测一直是研究的热点，通过布置传感器获取振动、温度、声发射、超声波、切削力、转矩、电流等运行状态信息，进行状态监测、故障诊断以及性能评估，实现主轴部件失效诊断、功能失效判断以及加工能力评估。一个典型的主轴健康监测与性能评估系统包含数据采集、数据处理、状态监测与健康评估等几个部分。

1）主轴振动量智能监测系统

在影响设备正常运行的诸多要素中，高速主轴因素占比较大，必须加大对高速主轴的关注力，最为关键的环节就是对主轴轴承异声的控制、检测和评定。传统的检测方式往往不能实时、客观及有效地检测高速主轴的运行状态，主轴在出现异常时已经损坏，造成长时间停机和巨大的经济损失。

图 3–55 所示为一种高速主轴振动量智能监测系统结构。该系统利用振动传感器对高速主轴的振动信号进行实时采样，振动信号由压电传感器拾取并将振动量转换成电荷信号，经一个前置放大器转换为标准电流信号，这一电流信号输送给监听电路和带通放大器。监听电路将输入信号经过 DSP，再放大后转换为主轴振动加速度的真值显示，并根据所设定振动量的阈值进一步判断是否输出一个异常警报值给继电器，供机床数控系统拾取异常中断。该系统可以在线实时检测主轴的振动量，从而达到提高机床加工精度的目的，以及借助数控系统对振动量的感知预警中断功能，达到保护机床、工件及人身安全的作用。

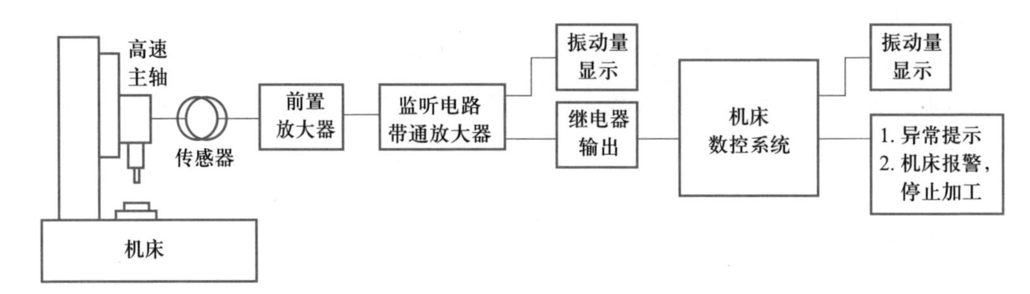

图 3–55 高速主轴振动量智能监测系统结构

2）滚动轴承温度智能监测系统

温度是反映滚动轴承运行状态的重要指标之一，高速运行中轴承旋转套圈的温度远高于静止套圈温度，实现轴承旋转套圈的实时温升监测对保证运行安全尤为重要。传统的针对滚动轴承的温度监测主要集中在静止套圈或轴承座上，难以及时反应轴承内部关键区域的热特性。

图 3–56 所示为一种滚动轴承温度智能监测方案。该系统利用嵌入式技术将测试系统嵌入轴承内圈的锁紧螺母中，通过热电偶接触测量，实现轴承内圈温度监测。该系统主要由温度采集系统、数据无线传输和无线能量供给三部分组成。将热电偶传感器采集得到的温度信号通过 ADC 转换为数字信号，通过无线数据传输方式，将测得的温度数据传输至信号接收端并进行显示记录。通过谐振耦合方式实现测试系统电能的无线输送，进而实现轴承高速旋转状态下内圈温度长期监测，获得轴承寿命时间段内温度变化的完整数据，其整体系统结构如图 3–57 所示。

2. 刀具磨损智能监测

在加工过程中，刀具磨损直接影响加工质量，受到严重破坏的切削刀具会导致材料的尺寸精度和质量降低，从而降低刀具的使用率。机床加工过程中刀具磨损的实时监测对减少设备停机时间和降低刀具磨损带来的成本具有重要意义。为了改善成品质量，对切削刀具磨损状态在线监测的需求也随之产生。

图 3–58 所示为一种常见的刀具磨损状态智能监测系统结构。刀具磨损状态智能监测系统通常由信号采集与处理、特征提取和模式识别三个部分组成。

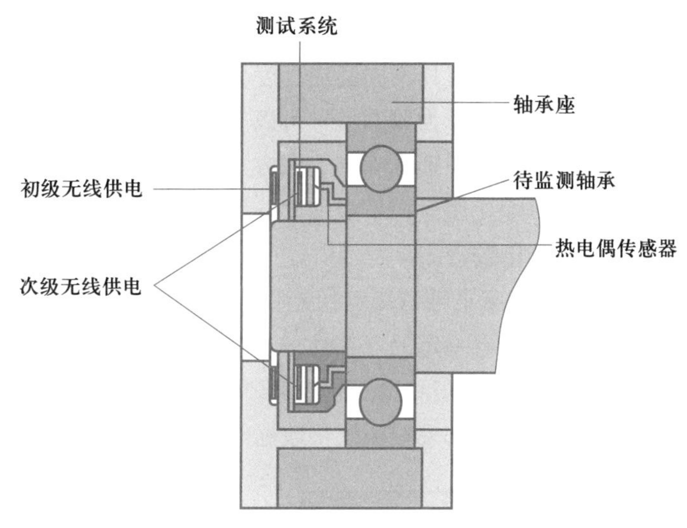

图 3-56 一种滚动轴承温度智能监测方案

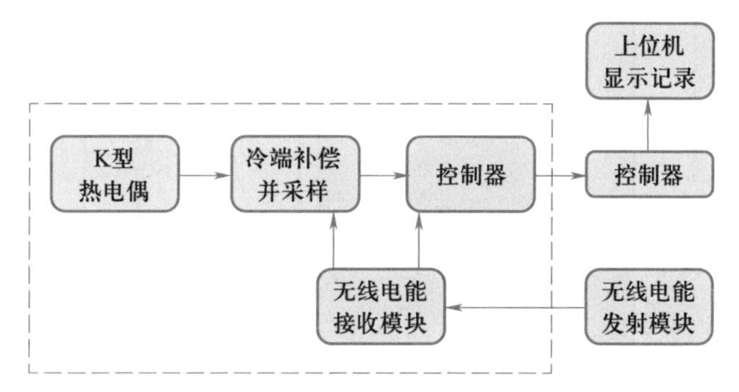

图 3-57 温度智能监测系统结构

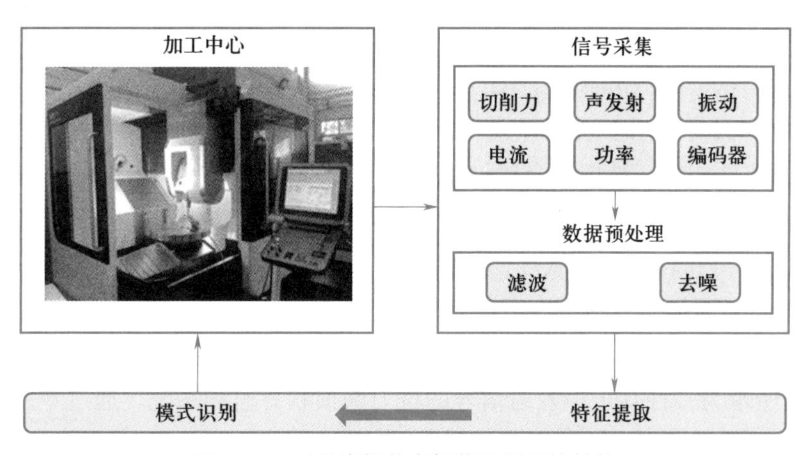

图 3-58 刀具磨损状态智能监测系统结构

在整个刀具磨损状态监测的过程中，传感器是整个系统采集信号的来源，其性能直接影响当前监测的准确性。在目前的研究中，通常采集切削力信号、声发射信号、加速度信号、声音信号以及电流信号等作为刀具磨损的判断依据。下面介绍常见的三种信号采集方法。

1）力信号监测系统

加工过程中其他参数不变时，刀具不同磨损程度会使切削力随之改变，因此经常将切削力信号当作监测信号。以力信号作为监测信号可以有效避免单一传感器信号反映信息不全面的情况，从而有效提高模型的识别准确率。该方法常用应力片传感器、压电片和三向测力台采集切削力信号，信号变化明显，不受加工环境影响，抗干扰性强，但传感器安装较难，有时需要改装机床且价格较贵。

图 3-59 所示为一种基于机床主轴弯矩与扭矩信号的铣刀磨损状态监测系统。弯矩与扭矩属于两种不同的力信号，具有一定的互补性，在系统中可以从不同的角度反映刀具的磨损情况。该系统利用主轴上的扭矩和弯矩传感器对加工过程中的刀具进行实时在线测量，然后传输给数据采集模块，数据采集模块将数据传输至计算机软件系统显示并存储。

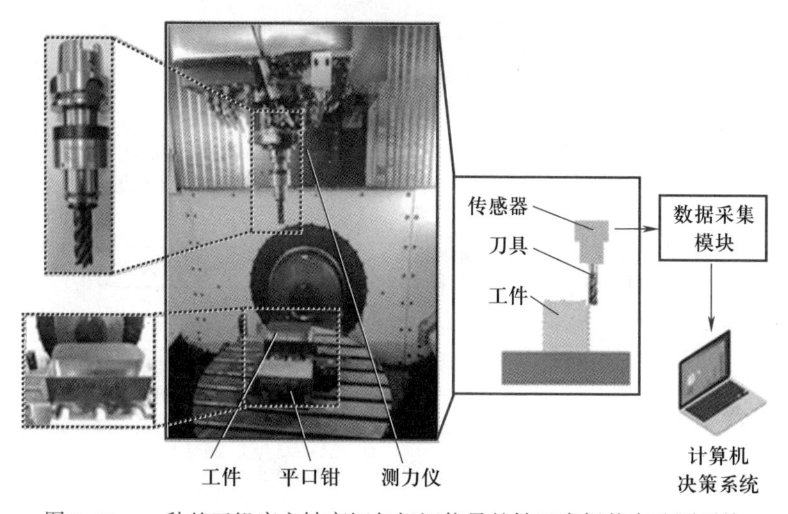

图 3-59　一种基于机床主轴弯矩与扭矩信号的铣刀磨损状态监测系统

2）声发射（acoustic emission，AE）信号监测系统

材料在外加载荷作用下迅速释放其应变能而发出应力波的现象称为声发射。与传统刀具磨损检测方法相比，被加工金属材料破裂产生 AE 信号的范围一般为 50 Hz～1 MHz，因此能够消除加工中产生的其他噪声频段，受切削条件和刀具参数的影响较小，而且具有很强的抗干扰能力和较高的灵敏度，能够及时、准确地处理分析刀具磨损状态相关的信息。通过声发射信号处理，可以在刀具一些特定磨损状态下发出的非线性信号中提取出具有表征刀具状态的特征。

图 3-60 所示为一种基于声发射信号的铣刀磨损状态监测系统。通过专用磁性卡座的磁力将 AE 传感器固定在工件的侧面，利用 AE 传感器对加工过程中的声发射信号进行实时在线测量，信号经前端放大器放大后输入数采主机，数采主机将数据传输至计算机软件系统显示并存储。

3）主轴电流信号监测系统

在机械加工中，加工参数不变时，刀具的不同磨损程度会使切削力发生改变，从而引

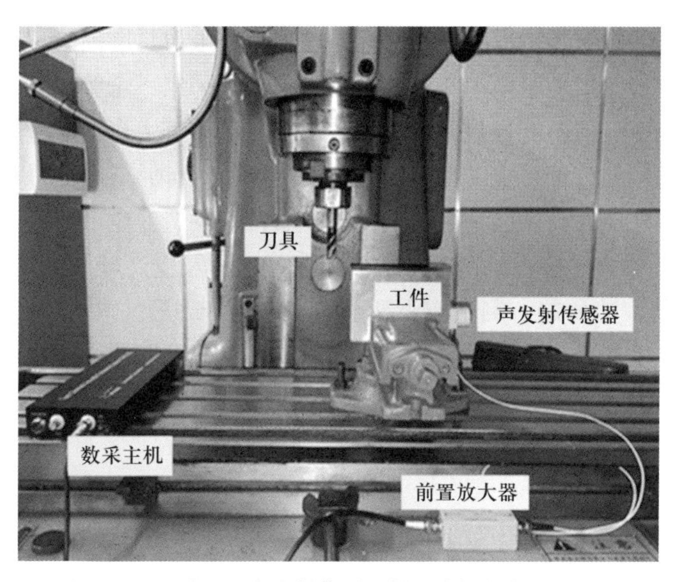

图 3-60 一种基于声发射信号的铣刀磨损状态监测系统

起主轴电动机的电流和功率变化。因此，通过电流和功率变化可预测切削力和刀具磨损。该方法无需安装传感器和改造机床，且不受其他加工因素影响，但敏感度较低，适用范围有限，常与切削力信号结合使用。

图 3-61 所示为一种基于主轴电流信号的铣刀磨损状态监测系统。其原理是通过闭环霍尔电流传感器和三向测力仪测量铣削电流信号和力信号，然后将信号数据传输给数据采集卡，最后将数据传输至计算机软件系统显示并存储。

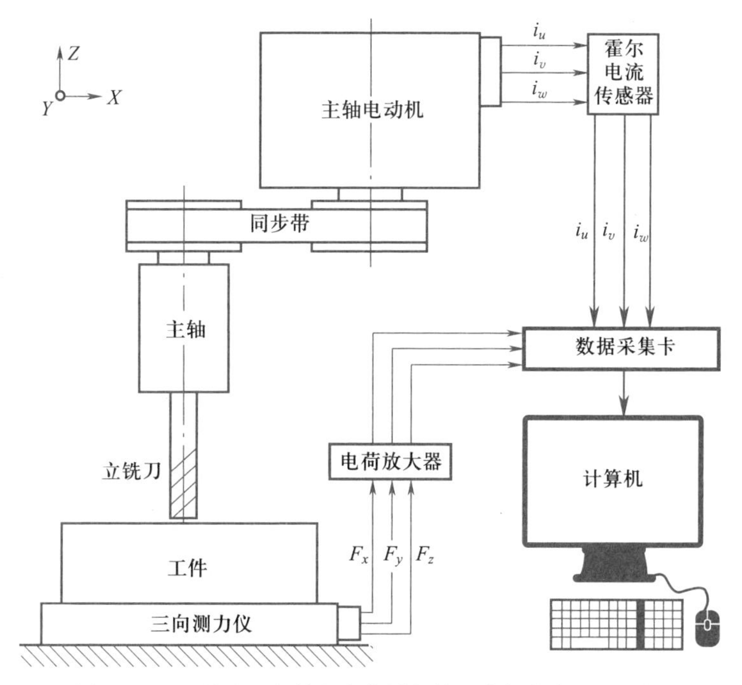

图 3-61 一种基于主轴电流信号的铣刀磨损状态监测系统

目前，多传感器融合技术应用逐渐兴起，这也是未来刀具磨损状态监测方法选择的主要趋势。使用多种传感器克服了单一传感器信号失灵和采集不全等缺陷，从而提高监测系统的容错率和识别率。但不能盲目融合，且传感器数量不宜太多，应考虑信号之间的融合性、监测成本、信号处理难易程度及多传感器安装等因素对加工过程的影响。

未来的测量方式应兼具智能和网络特性。随着传统制造业生产模式的变革，智能制造是推动新一轮产业革命的核心，在未来工厂的制作过程及生产环节中广泛应用智能技术，是工业创新发展的大势所趋。测量作为智能制造在生产过程中提升核心竞争力的关键工序，应确保企业在生产过程中更加独特、灵活以及高效地发挥其价值。

3.4.2 数据通信

1. 串行通信与接口

现代数控装置都带有标准串行通信接口，能够方便地与编程机及微型计算机相连，进行点对点通信，实现零件程序、参数的传送。

串行通信有两种数据传送方法，即异步串行数据传输和同步串行数据传输。也就是有两种需要发送和接收双方共同遵守的统一约定，包括定时、控制、格式化和数据表示方法等，这种约定称为通信协议。这两种传送方法也称两种传输协议，分别是异步协议和同步协议。通常应取标准化的协议。所谓同步传送，就是接收端要按发送端所发送的每个码元的重复频率及起止时间来接收数据。其中包括了位同步、字符同步和帧同步。而所谓异步传送又称起止同步方式，它并不要求收发两端在传送代码的每一位时都同步，仅要求在起始位和停止位能同步。异步传送和同步传送的示意如图 3-62 所示。实现异步传送比较简单易行，但速度不高。按同步协议的传输速率高，但接口结构复杂，一般在高速、大容量数据传送时使用。

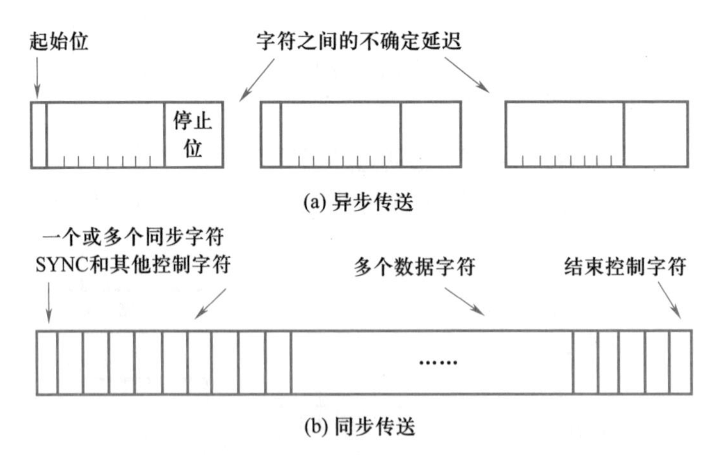

图 3-62 异步传送和同步传送示意图

数控系统常用串行通信接口的标准在网络通信和数控装置的串行通信中，常采用 EIA RS232C、EIA RS422 及 RS449 等标准。

在串行通信中，RS232 是 EIA 在 1969 年公布的数据通信标准，是应用最为广泛的标准。由于RS232C标准采用的信号电平高，为非平衡发送和接收方式，而且其接口电路由于有公共地线，当信号线穿过电气干扰环境时，发送的信号将会受到影响。若干扰足够大，发送的“0”会变成“1”，“1”会变成“0”。所以，有数据传输速率低、传输距离短、串扰信号较大等缺点。

为了改进RS232C的局限性，提供更高的性能指标，增加新的功能，EIA颁布了直接涉及机械特性和功能特性的RS449标准。RS449标准包括的信号多于25种，所以选用了新连接器，使用串行二进制数据交换的数据终端设备与数据电路终端设备的通用37针和9针连接器相接。

为了适应技术迅速发展的需要，EIA推出有关电气特性的RS423A和RS422A标准，对RS232C标准做了比较大的修改。RS422A采用的是平衡发送器、差分接收器，每个信号两根导线，因而进一步减小了串扰，可传输的信号速率高达10 kB/s。RS423A采用了非平衡发送器、差分接收器，每个信号一根导线，每个方向都有一根独立的信号回线，因而减少了串扰，可传输的信号速率达300 kB/s。

2. 总线及接口

机床的联网，或者更广义地说数控设备的联网，已经成为智能制造的重要基础。目前比较占主流的联网协议中，常用于局域网的有OPC UA和MTConnect，也有沿用在工业控制中有一定市场份额的Modbus TCP和PROFINET。

1）OPC UA协议

OPC UA协议由OPC基金会创建，是一个开放的跨平台架构，由全世界30多家知名制造企业联合开发，目前在欧洲厂商较为流行，已成为工业4.0中的通信标准。OPC UA协议不受限于操作系统，具有很强的独立性，并且拥有很高的安全保护机制，可以确保信息通信安全可靠。OPC UA协议强调完整、可靠、中性的理念，即目标与供应商无关，为双向通信协议（即可读可控），具有设备模型定义能力，但并不提供具体行业的设备（比如机床设备）描述标准参考模型。

2）MTConnect协议

由美国机械制造技术协会（association for manufacturing technology，AMT）主导制订。起源于DMG早年的一个机床联网项目，后来成为开源标准。因为强调安全性，定义为单向通信协议（只读）。具有设备模型定义能力且提供机床设备标准参考模型，已获国际主流机床厂支持，流行范围主要是美国和日本，国内部分企业开始采用。

OPC UA和MTConnect两种协议因为采用了常用的互联网技术（如http、XML），使即便是缺乏工业通信经验的软件工程师也相对容易上手编写相关的生产管理软件。而其中包含的数据模型，也便于软件系统自动识别和理解其数据含义，从而有利于MES等生产管理系统的产品化和集成，为未来开发更复杂的系统奠定了基础。

3）Modbus TCP协议

Modbus TCP协议是作为一种（实际的）自动化标准发行的，已广泛应用于当今工业控制领域的通用通信协议，具有结构简单的优点。

通过 Modbus TCP 协议，控制器相互之间或控制器经由网络（如以太网）可以和其他设备之间进行通信。Modbus 协议使用的是主从通信技术，即由主设备主动查询和操作从设备。一般将主控设备方所使用的协议称为 Modbus Master，从设备方使用的协议称为 Modbus Slave。典型的主设备包括工控机和工业控制器等，典型的从设备包括 PLC 可编程控制器等。Modbus 通信物理接口可以选用串口（包括 RS232 和 RS485），也可以选择以太网口。

Modbus 协议具有以下几个特点：

（1）标准、开放，用户可以免费使用 Modbus 协议，不需要交纳许可证费，也不会侵犯知识产权。

（2）Modbus 可以支持多种电气接口，如 RS232、RS485 等，还可以在各种介质上传送，如双绞线、光纤、无线等。

（3）Modbus 的帧格式简单、紧凑，使用容易，厂商开发简单。

4）PROFIBUS 和 PROFINET 总线

PROFIBUS 最初是由德国的一位大学教授提出的技术构想，在 1987 年由德国联邦科技部联合西门子等 13 家企业和 5 家科研机构联合开发，1989 年被批准为德国工业标准（DN19245），1996 年被批准为欧洲标准（EN50170）的现场总线标准，1999 年成为国际标准（IEC61158-3）。以西门子公司为主要支持，由 PROFIBUS-DP、PROFIBUS-FMS、PROFIBUS-PA 系列组成。PROFIBUS-DP 用于分散型外部设备间的高速数据传输，适用于加工自动化领域。PROFIBUS-FMS 适用于纺织、楼宇自动化、可编程控制器、低压开关等。PROFIBUS-PA 用于过程自动化的总线类型，服从 IEC158-2 标准。PROFIBUS 支持主从系统、纯主站系统、多主多从混合系统等几种传输方式。PROFIBUS 的传输速率为 9.6 kbps～12 Mbps，最大传输距离在 9.6 kbps 下为 1 200 m，在 12 Mbps 下为 200 m，可采用中继器延长至 10 km。其传输介质为双绞线或者光缆，最多可挂接 127 个站点。PROFIBUS 以独特的技术特点、严格的认证规范、开放的标准、众多厂商的支持和不断发展的应用行规，正成为最重要的现场总线标准。

PROFINET 由 PROFIBUS 国际组织推出，是基于工业以太网技术的自动化总线标准。PROFINET 为自动化通信领域提供了一个完整的网络解决方案，囊括实时以太网、运动控制、分布式自动化、故障安全以及网络安全等当前自动化领域。使用者多为西门子及其关联企业，但西门子也为自己的产品提供其他协议的接口。

5）NC-Link 总线

在 2016 年智能制造综合标准化与新模式应用项目的推动下，华中数控牵头成立了“数控机床互联通信协议标准与试验验证”项目，旨在突破互联协议的参考模型、数据规范、接口规范、安全性和评价标准等关键技术，建立统一的数控机床互联互通协议标准（NC-Link），实现多源异构数据采集、集成、处理分析和反馈控制。项目的实施在数控机床互联互通方面有效缩短我国与国外的差距，降低国产异构数控机床的整合难度，提升国产数控装备的竞争力，对中国制造业的智能化转型升级具有巨大的推动作用。NC-Link 具备完全自主可控的软硬件技术，在我国国防安全方面具有重大意义。

NC-Link 协议由通用要求、机床模型定义、数据项定义、终端与接口、安全要求 5 个部分构成，如图 3-63 所示。

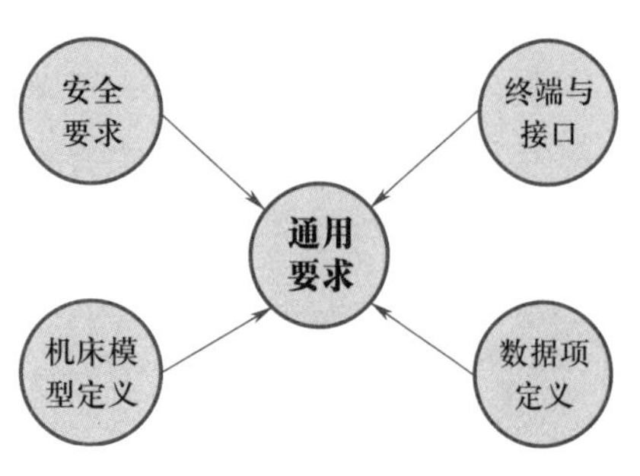

图 3-63 NC-Link 协议的标准组成结构

通用要求是 NC-Link 协议标准的基础，用以对标准的定位、组成、基础软硬件环境做整体描述。NC-Link 协议体系架构设计为适配器、代理器和应用系统三个部分。其中，适配器负责将从数控设备采集到的数据转换为 NC-Link 协议格式并发送到代理器，或者将控制信息转换为设备可识别的信息，从代理器发送至数控设备。代理器负责适配器与应用系统之间的数据转发。

因此，NC-Link 协议的系统实施架构如图 3-64 所示，包括设备层、NC-Link 层和应用层。设备层由具体的异构数控装备组成，数控装备是指数控机床或者工业用机器人，包括能与外部进行通信的能力控制器和执行部件。数控装备与适配器通信的协议可以是任意协议，例如开放协议或私有协议。设备层也包含第三方的信息化系统 / 平台，包括 MES、ERP、CAPP 等。NC-Link 层由适配器层和代理器层组成。每个适配器可以和多个数控装备相连，但是一个数控装备只能连接一个适配器。每个适配器必须连接一个代理器，且只能连接一个代理器。每个代理器支持多个应用系统，也可和多个适配器连接。

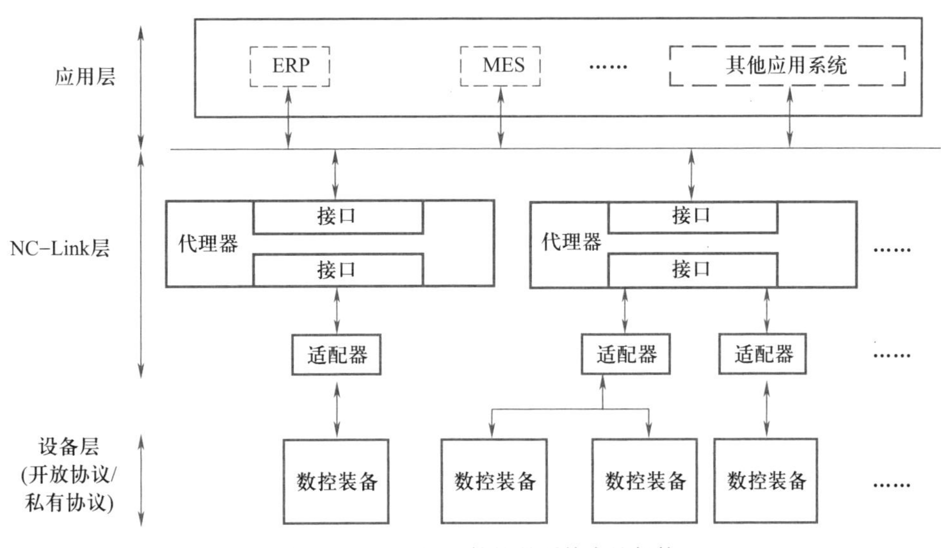

图 3-64 NC-Link 协议的系统实施架构

案例 3-12

法士特装备与产线通信的方式

（1）PROFINET。PROFINET 用于使用用户程序通过以太网与其他通信伙伴交换数据，借助 PROFINET IO，可采用一种交换技术使所有站随时访问网络。因此，多个节点可同时传输数据，进而可更高效地使用网络。数据的同时发送和接收功能可通过交换式以太网的全双工操作来实现，法士特现场设备的 PROFINET 应用如图 3-65 所示。

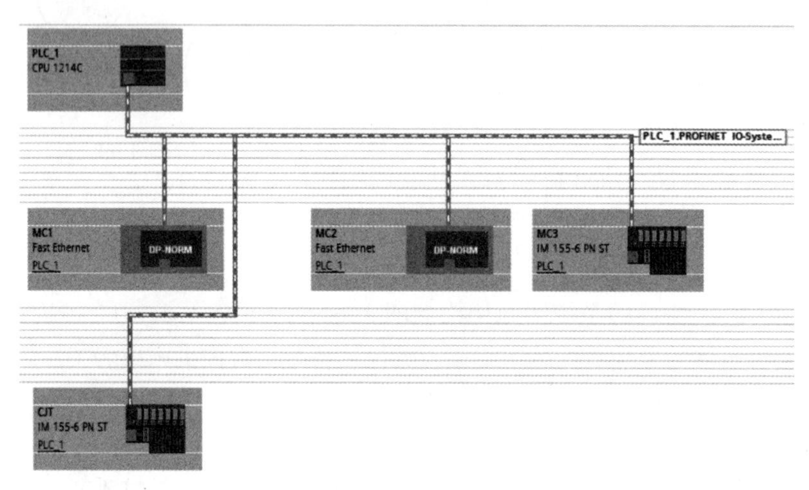

图 3-65　法士特现场设备的 PROFINET 应用

（2）PROFIBUS。PROFIBUS 系统使用总线主站来轮询 RS485 串行总线上以多点方式分布的从站设备。PROFIBUS 从站可以是任何处理信息并将其输出发送到主站的外围设备（I/O 传感器、阀、电动机驱动器或其他测量设备）。该从站构成网络上的被动站，因为它没有总线访问权限，只能确认接收到的消息或根据请求将响应消息发送给主站。所有 PROFIBUS 从站具有相同的优先级，并且所有网络通信都源于主站，法士特现场设备的 PROFIBUS 应用如图 3-66 所示。

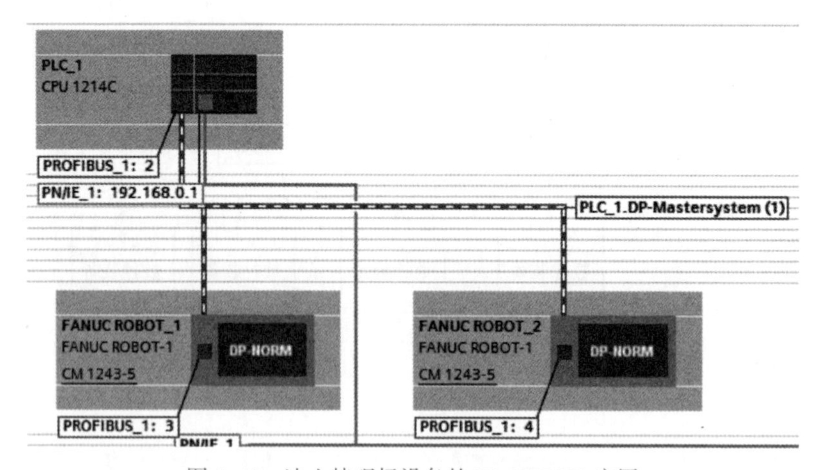

图 3-66　法士特现场设备的 PROFIBUS 应用

（3）Modbus TCP。Modbus TCP（传输控制协议）是一个标准的网络通信协议，它使用 CPU 上的 PROFINET 连接器进行 TCP/IP 通信。不需要额外的通信硬件模

块。Modbus TCP 使用开放式用户通信（open user communication，OUC）连接作为 Modbus 通信路径，法士特现场设备的 Modbus TCP 应用如图 3-67 所示。

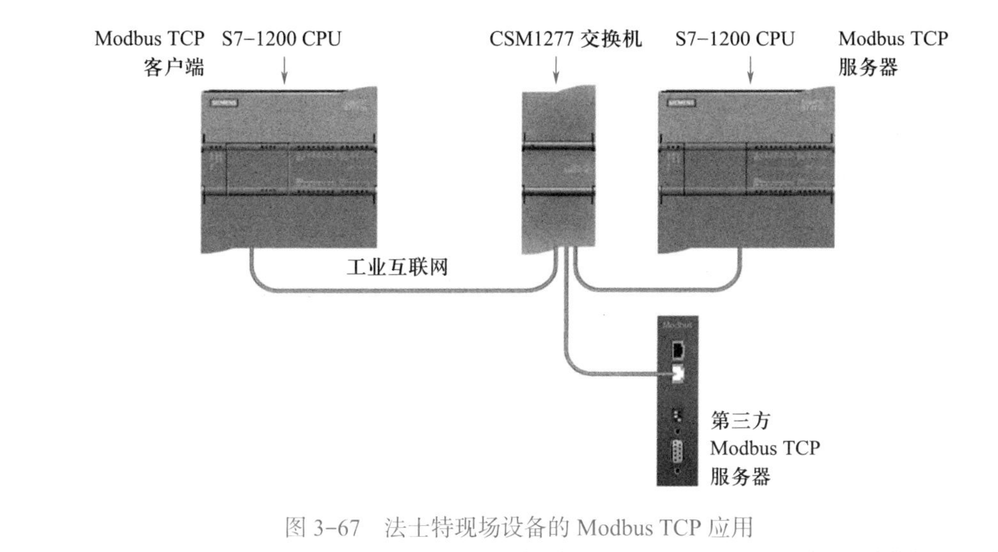

图 3-67 法士特现场设备的 Modbus TCP 应用

3.4.3 数据采集

数据采集就是使用传感器从被测对象获取有用信息，并将其输出信号转换为计算机能识别的数字信号，然后送入计算机进行相应的处理，得出所需的数据。同时，将计算得到的数据进行显示、存储或打印，以便实现对某些物理量的监视，其中一部分数据还将被生产过程中的计算机控制系统用来进行某些物理量的控制。

1. 数据采集系统的组成

数据采集系统一般由数据输入通道、数据存储与管理、数据处理、数据输出及显示这五个部分组成。输入通道要实现对被测对象的检测、采样和信号转换等工作。数据存储与管理要用存储器把采集到的数据存储起来，建立相应的数据库，并进行管理和调用。数据处理就是从采集到的原始数据中，删除干扰噪声、无关信息和不必要的信息，提取出反映被测对象特征的重要信息。另外，就是对数据进行统计分析，以便于检索。或者把数据恢复成原来的物理量形式，以可输出的形态在输出设备上输出，如打印、显示、绘图等。数据输出及显示就是把数据以适当的形式进行输出和显示。

2. 数据采集系统的主要功能

数据采集系统实时监控生产线上各工位设备状态、统计每一次作业时间，实时反馈设备运行状态；数据采集系统可以将采集过来的数据进行收集、识别和选取，然后根据客户不同的需求，系统可以设置每天以数据、图形、报表和曲线等形式自动发布统计信息，为生产管理、设备维护及保养提供依据。其功能主要有以下几个方面。

1）实施数据监控

系统能够监控生产车间的所有生产数据，采集来自生产线的产量数据，并且做一个统计汇总。同时如果车间有异常情况，比如设备出现故障或者产品不合格等，系统会自动识别不合格产品，然后将其排除。还有车间的物料管理，一旦出现缺料或者短料等异常状况，系统都会及时报警，以免出现更大的损失。

2）数据分析

来自生产车间的数据非常多，如果系统不进行分门别类，很难去查清繁琐的数据。数据分析功能可以接收来自数据的信息，同时还可以进行分类。比如生产计划数据、产品实际生产数据，合格率有多少、物料使用率有多少等。

人们可以通过多种查询工具可以快速查询生产实时数据、相关历史数据。给管理人员重要决策提供有效数据基础。可以对数据进行横向比较，以及对历史数据进行分析。通过系统统计机器的运转率、故障时间以及车间设备总体利用率。系统可以提供柱状图、饼图、报表等分析工具，展现现场设备运转统计分析数据。自动统计每天的产量数据，可以按照不同的班组、时间段等多种条件进行综合查询。

同时对于设备的故障管理也可以进行相关数据记录，比如对不同的设备及其台号、故障类型、时间段等多种条件进行历史查询筛选。这样可以进行历史数据查询，更好地帮助技术人员进行设备故障原因分析，提高问题解决效率。

3）数据处理

数据处理的目的就是为了让人们对数据的查看更加方便简单，使用图文的方式也会让人们看起来简单易懂。系统根据数据的分析结果形成相对应的各类图形，对测量结果进行自动判断。

3. 数据采集系统的设计

工业中数据采集系统的设计一般采用以下三种方案：

（1）嵌入式数据采集系统。系统以 CPU（51 单片机、ARM、DSP 等）为控制器，能满足低端和高端数据采集系统的要求。

（2）基于 FPGA 的数据采集系统。FPGA 优于传统专用集成电路的地方在于能便捷地修改功能。通过可编程逻辑器件设计的数据采集系统在集成度、功耗、设计费用等方面具有很大优势。

（3）虚拟数据采集系统。系统基于虚拟仪器技术，用户可以根据具体需求通过修改软件来设计仪器系统，这类系统在实时数据采集和数据处理方面也表现得非常出色。在实际设计数据采集系统时，需要按照实际情况选用合适的方案。

4. 数据采集方法

生产线设备数据采集系统采集方法主要是通过 Web 系统、生产线工作站系统、OPC 服务器、工业智能网关等配置对生产线上的各个设备的生产数据进行监控，同时将有效数据采集存储在数据库中。自动化数据采集系统如图 3-68 所示。

如需增加设备，只要在中心管理系统增加相应的设备类型，配置好相关的采集参数即可，可有效节约成本；生产过程中通过缓存交互数据，不直接和数据库交互，极大地提高了数据采集的性能；大数据中心实时反馈生产设备的异常，可保证生产数据完整性。

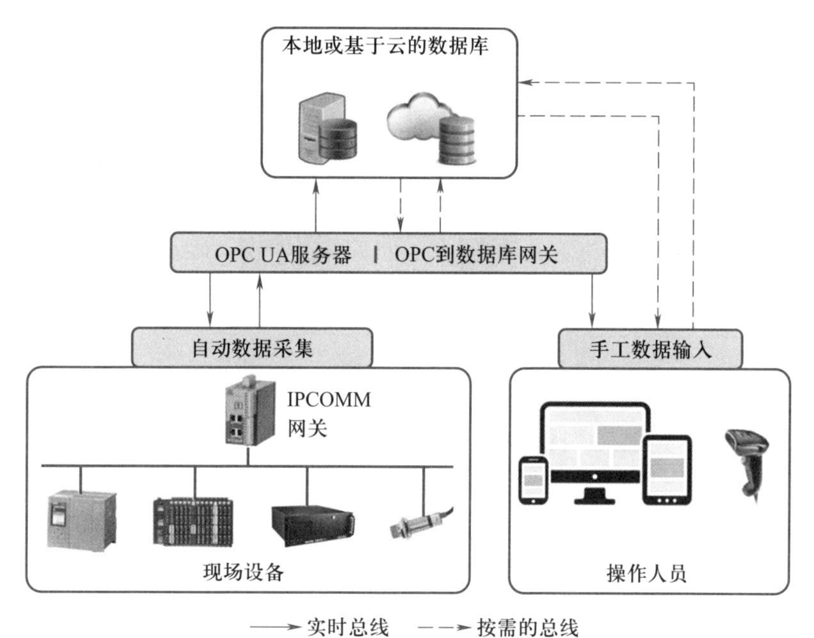

图 3-68 自动化数据采集系统

3.4.4 生产线控制

生产线的电气控制系统，一般选用 PLC 或者工控机进行控制，如图 3-69 所示。一般而言，对于比较复杂、牵扯设备多的生产线，可以选择紧凑型、模块化的 PLC，可完成简单逻辑控制、高级逻辑控制、HMI 和网络通信等任务的控制器。对于简易的生产线，可选用小型的可编程序控制器，适用于各行各业，各种场合中的检测、监测及控制的自动化。本节将介绍产线级自动控制的分类和生产线的分布式控制。

1. 生产线的电气控制逻辑分类

生产线的电气控制逻辑，一般按照动作顺序分为时序控制和行程控制两类。

时序控制系统是指按时间先后顺序发出指令进行操作，能完成任意复杂的工作循环。并且在调整正常后，各执行机构不会互相干预，分配轴即使转动不均匀，也不会影响各动作的顺序，能保证在规定时间内严格可靠地完成工作循环，特别适用于高速自动化设备中。

行程控制按一个动作到规定位置的行程信号来控制下一个动作，依照“命令—回答—执行—命令”方式进行控制。

2. 生产线的分布式控制（DNC）

1）分布式控制的发展

DNC 系统由中央计算机、CNC 控制器、通信端口和连接线路组成。CNC 都具有双向串行接口和较大容量的存储器。通信端口在 CNC 一侧，通常是一台工控微机，也称 DNC 接口机。每台 CNC 都与一台 DNC 接口机相连（点对点式），通过串行口（如 RS232C，

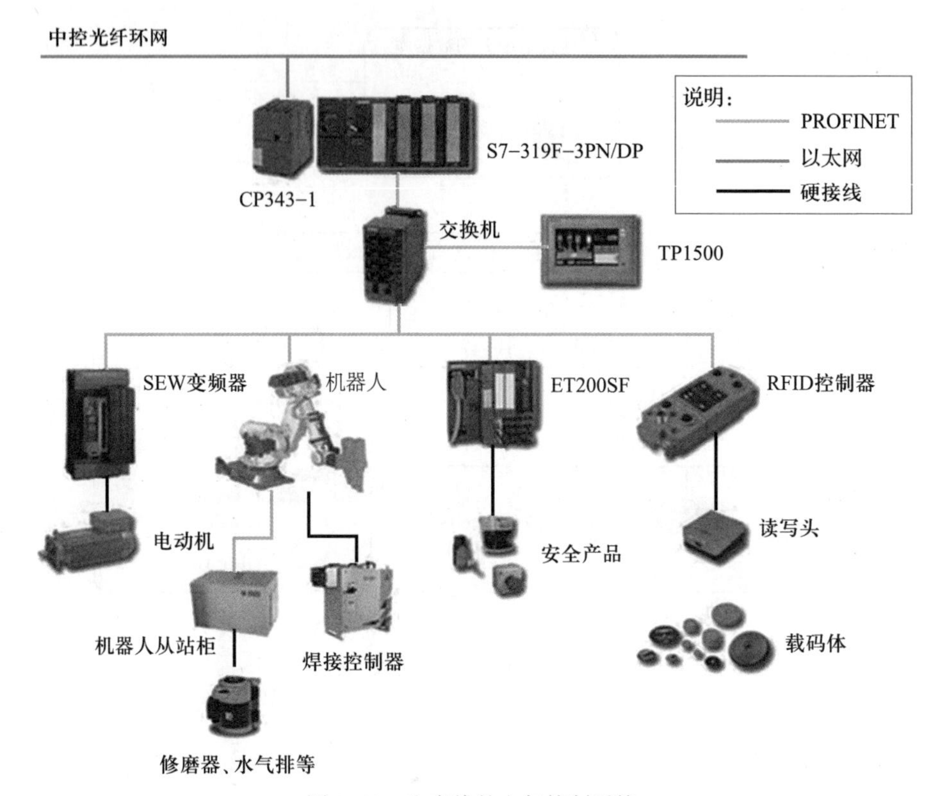

图 3-69　生产线的电气控制系统

20MA 电流环、RS422 和 RS49 等）进行通信，DNC 中央机与 DNC 接口机通过现场总线（Fieldbus）（如 PROFIBUS、Canbus、Bitbus 等）进行通信，实现对 CNC（包括多制式 CNC）机床的分布式控制和管理。数控程序以程序块方式传送，与机床加工非同步进行。先进的 CNC 具有网络接口，DNC 中央计算机与 CNC 通过现场总线直接通信，DNC 中央计算机与上层计算机通过局域网（local area network，LAN）进行通信，如 MAP（manufacturing automation protocol）网、Ethernet 等。

2）DNC 系统的功能

（1）系统控制。DNC 系统控制的主要任务是根据作业计划进行作业调度，将加工任务分配给各机床，要求在正确的时间，将正确的程序传送到正确的加工机床。数控数据包括数控程序、数控程序参数、刀具数据、托盘零点偏移数据等。

（2）数据管理。DNC 系统管理的数据包括作业计划数据、数控数据、生产统计数据和设备运行统计数据等。数据管理包括数据的存储、修改、清除和打印。数控程序往往要在机床上通过仿真进行修改和完善，经过加工验证过的数控程序要存储，并回传到 DNC 系统中央计算机。生产统计数据和设备运行数据需要在系统运行过程中生成，系统随时从设备获得工作状态信息并存入数据库，作为运行数据采集模块评价加工过程的依据。

（3）系统监视。DNC 系统监视的主要任务是对刀具磨损、破损的检测和系统运行状态的检测及故障报警。

总之，利用 DNC 的通信网络可以把车间内的各个设备通过调度和运转控制联系在一起从而掌握整个车间的加工情况，便于实现加工物件的传送和自动化检测设备的连接。

3）DNC 系统的结构

DNC 系统是基于公共对象请求代理体系结构（common object request broker architecture，CORBA）车间层控制系统的一个功能单元，现在的企业面对的是一个多变的需求环境，因而车间层控制系统面对的加工任务也是多变的。这种变化包括生产零件的品种、类型、规格、产量和交货期等多个因素的变化以及加工工艺路线随生产任务的不同而变化等。这就需要一个在时间和空间上都开放的车间层控制系统体系结构，以运行于不同硬件环境的异构计算机系统中，同时又能适应新技术的发展，容纳新设备的增加。

在基于 CORBA 的车间层控制系统中，构造车间信息集成和共享的公共平台是核心问题之一。车间层控制系统总体结构分为三层：底层为系统支持层，由分布式计算环境和异构网络集成系统两个子层构成，提供底层的计算机系统、网络系统和数据系统等系统级功能；中间层为开放式分布处理层，提供统一的集成通信服务，由开放式分布处理平台和应用程序接口组成；最上层为信息集成层，支持多客户 / 服务器的分布式多数据库集成系统，将现有的应用和数据信息集成到系统中。为实现控制结构的分布、数据库的分布以及系统功能的分布，提出的车间层控制系统软件采用基于 CORBA 规范的分布式对象体系结构。

CORBA 规范的主要特点是实现软件总线结构。软件总线的功能是起到类似于计算机系统硬件总线的作用，只要将应用模块按总线规范做成软插件，插入总线即可实现集成运行。实现软件总线的核心系统称为对象请求代理器（object request broker，ORB），它不仅支持标准的 OMG 对象模型，还具有分布进程管理和通信管理功能。此外，CORBA 定义了 IDL（interface definition language）语言，以描述软件总线上的插销。IDL 提供了对成员系统的封装和成员系统之间隔离，任何成员系统作为一个对象，通过 IDL 对其接口参数进行定义和说明，就可接到 ORB 上，为其他系统提供服务或向其他系统提出请求，达到即插即用效果。

车间层控制系统划分为许多独立的功能单元，每个功能单元对应于一个包含功能接口定义和实体的抽象对象，每类对象的接口由属性和操作组成，由 IDL 定义的其他功能单元可以透明访问的服务以调用该对象的私有数据，具体功能的实现被封装在实体里。将每类对象按照功能划分成若干个子对象，将其设计成为可以直接插在 CORBA 软件总线上的对象插件。这些对象插件按照各层客户 / 服务器结构组成整个平台系统。这种结构带来了长远的利益，既能迅速增加对新的 DBMS 的应用、增加新的用户界面，又能升级支持各种新功能。

思考题

3-1　智能产线的构成是什么？

3-2　什么是智能机床？智能机床和数控机床有什么区别？

3-3 智能机床的软硬件结构包括什么内容?

3-4 试列举智能机床的3个典型功能。

3-5 智能成形设备的智能体现在哪些方面?

3-6 简述智能增材制造装备的类型和适用场合。

3-7 简述机器视觉技术和传感器检测技术在智能制造中的作用。

3-8 归纳上下料机器人、AGV和仓储的类型,并分析其在智能制造中的作用。

3-9 设计智能机床中主轴状态和刀具磨损的监测方案与控制方案。

3-10 简述智能产线中常用的数据通信方式。

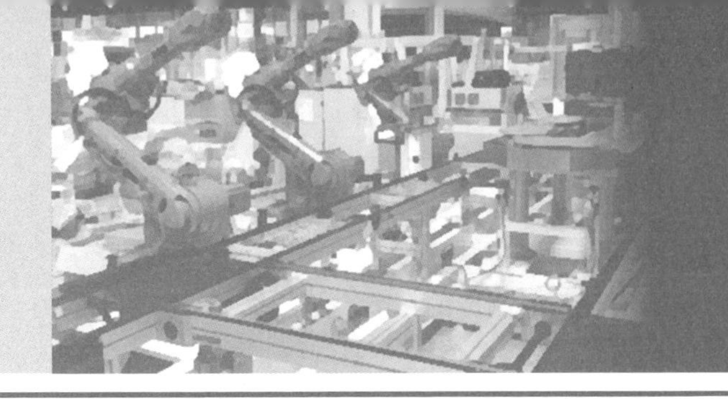

第四章

智能工厂的生产运作管理

从经济与社会系统运行的角度看，制造企业本质上是一个制造资源的利用者和组织者。制造企业能否盈利取决于企业能否更高效地利用资源为客户提供更好的产品和服务，并形成企业的核心竞争力和产品竞争优势。生产运作管理正是通过对制造企业生产运作系统的设计、运行与维护管理，通过对生产运作活动进行计划、组织与控制，实现高效、低耗、灵活、准时地生产出合格产品和提供满意的服务。

企业为了更好地满足客户个性化、多样化的需求，通常会设计形成系列化、多样化的产品。每个产品根据用户不同的功能需求，分解为不同的零部件，并最终对应到加工这些零部件所需要的原材料。企业要生产并按时交付客户需要的产品，需要回答五个基本的生产运作管理决策问题，即要生产什么产品、要用到什么原辅材料，给谁生产、谁来生产、谁来管理，什么时间生产、什么时间交货，在哪个工厂、产线、设备上生产，怎么组织生产、怎么任务分工。这五个基本问题里面也包含了生产运作管理的五个基本要素：人、工厂（产线或设备）、产品和材料、工艺标准与方法、生产计划与控制。在传统的工厂中，制造企业通常由销售服务、产品技术、生产管理、物资采供、质量保障、财务核算等部门分工协作，完成生产运作管理的基本职能。在工业互联网、物联网、云计算、大数据、人工智能等新一代信息技术支撑下，智能工厂的生产运作管理将以信息化管理为支撑，实现更高效的生产运作管理。

本章将从离散型制造智能工厂信息化运作管理的基本问题入手，介绍市场需求分析与客户关系管理、产品协同设计与生命周期管理、物流仓储与供应链管理、生产计划与企业资源管理、任务调度与制造执行管理、质量在线检测与智能管控等方面的内容。

4.1 市场分析与客户关系管理

产品设计的源头是市场需求，客户是产品的最终需求方和直接利益相关方。因而，如何进行准确的市场分析，建立需求预测模型，实现产品生产过程中的产品决策，是实现产品设计的第一步。在智能制造的背景下，以快速响应市场需求为牵引，利用大数据分析、用户画像、数据挖掘等信息技术手段，通过主动和被动方式获取客户需求信息，构建客户关系管理体系，实现对客户的精准刻画，从而实现产品制造的精准决策。

4.1.1　市场需求分析

市场分析一般按照三个步骤进行计算分析：① 潜在市场需求；② 目前市场需求；③ 企业的市场潜力。

1. 潜在市场需求

潜在市场需求（最大值），即理想状态下一定时期 t 内，可以向市场销售的产品的最大数量。

如果产品是耐用品（如空调），买一个可能用很久，短期内不会重复购买，那只需要考虑 t 时期内的潜在消费者数量以及每个消费者可能购买的最大商品数量：

$$D_{pot}=Max_{cus}Max_{num} \tag{4-1}$$

式中：D_{pot} 为 t 时期内潜在市场需求；Max_{cus} 为 t 时期内潜在消费者；Max_{num} 为 t 时期内潜在消费者可购买的数量。

如果产品是快消类产品（如洗发水），短期内重复购买率较高，那么在 t 时期内，潜在消费者可能会重复购买商品，因此在计算潜在消费者可购买的最大数量时，将单次使用的最大数量和使用频率考虑在内：

$$Max_{num}=Max_{one}Max_{f} \tag{4-2}$$

式中：Max_{num} 为 t 时期内潜在消费者可购买的数量；Max_{one} 为单次使用数量；Max_{f} 为使用频率。

例如，如果要计算某市智能手机的潜在市场需求，假设目标群体是 20～30 岁的年轻白领和大学生，因此，

Max_{cus}=某市 20～30 岁，受教育水平在大学本科及以上的人群（可以根据某市人口普查数量计算，假如这个数据是 300 万人）

Max_{num}=t 时期内潜在消费者可购买的数量（数据来源可以是调查问卷，行业研究机构进行的研究等，得出一个使用量，比如智能手机使用周期是 2 年，每次的购买量是 1）

可得潜在市场需求为

$$D_{pot}=300\text{ 万人 }*1\text{ 台 / 人}=300\text{ 万台（}t=2\text{ 年）}$$

2. 目前市场需求

目前市场需求，即在真实市场环境中，实际可以向市场销售的产品数量。目前市场需求总量为在 t 时期内，在该市场中竞争的每个竞争者满足的消费者需求数量的总和，即

$$D_{now}=\sum Num_{com} \tag{4-3}$$

式中：D_{now} 为 t 时期内的目前市场需求；Num_{com} 为该市场中竞争的每个竞争者满足的消费者需求的数量。

还是以智能手机为例，目前在市面上存在众多的竞争者，因此根据目标群体和产品特性，进一步缩小市场范围。

首先，目标消费群体为20～30岁之间的年轻人，他们的消费能力较低，因此剔除市面上面的高端产品，定位平价亲民。此处需要限定一个价格范围，来划分高、中、低端产品，比如售价低于3 000元/部属于中低端。

其次，假设手机是大屏手机，就可以剔除市面上其他类型（如游戏手机、音乐手机、拍照手机等）；如果再要细分，假设需要的手机是有快充功能、拍照防抖功能的。

最后，缩小范围得到与所需产品定价、定位都类似的同类产品的销量，进而加总计算得出目前市场需求的总量。

3. 企业的市场潜力分析

企业竞争潜力分析分为市场潜力空间和市场竞争空间两个维度。

1）市场潜力空间

目前市场需求与潜在市场需求之间的差距，即t时期内，潜在市场需求的最大值与目前已满足的市场需求之间的差距，即

$$市场潜力空间\ t=潜在市场需求\ t-目前市场需求\ t$$

市场潜力空间数值越大，说明未被满足的潜在市场需求越大。

2）市场竞争空间

企业满足的消费需求与目前市场需求之间的差距，即t时期内，目前市场需求的数量与企业能够满足的市场需求的差距，即

$$市场竞争空间\ t=目前市场需求\ t-企业满足的消费需求\ t$$

如果市场竞争空间数值越大，说明市场需求中，未被企业满足的市场需求数量越大，此时需要加强企业产品的竞争优势，争取扩大市场份额。

4. 市场需求数据来源

市场需求信息来源是多种多样的，传统的市场需求分析方法包括调查问卷、专家咨询、开会讨论、客户反馈、供应商交流等方式。按照获取信息的主体意愿程度，还可以分为主动式策略和被动式策略。主动式方法一般采取主动向市场主体、客户、供应商等发放信息调查问卷、服务反馈、市场信息调查表等方式获取相关产品需求。被动方式一般采取从客户服务处理过程反映相关需求、供应商新产品要求等方式收集市场需求。

在互联网、大数据的支撑下，当前市场需求收集方法从广度和深度上都有了新的发展。企业不仅仅依赖传统的人工调研、客户反馈、讨论分析等策略实现对市场需求的分析，更多地依赖于建立的销售与运营计划（sales and operation planning，SOP）、供应商关系管理（SRM）、客户关系管理（customer relationship management，CRM）、产品全周期管理等信息系统，获取相关的用户对产品性能改进和对新产品功能的需求，通过一些数据分析算法，比如相关性分析、趋势性预测等方法，分析客户与产品需求之间的相关关系，最后实现对市场需求的准确判断。

如互联网企业巨头亚马逊不仅从每个用户的购买行为中获得信息，还将每个用户在其网站上的所有行为都记录下来，例如页面停留时间、用户是否查看评论、每个搜索的关键词、浏览的商品等。这种对数据价值的高度敏感和重视，以及强大的挖掘能力，使亚马逊

早已远远超出了它的传统运营方式。通过这些历史数据可以预测用户未来的需求。

4.1.2　需求预测方法

市场需求预测是生产计划与控制系统衔接市场、工厂、仓库和客户之间的桥梁，是企业生产运作管理的起点。

常见的需求预测方法如图 4-1 所示，包括一些定性的预测方法，如专家调查法、部门主管讨论法、用户调查法等；还有一些定量的预测方法，如时间序列模型和因果模型等。

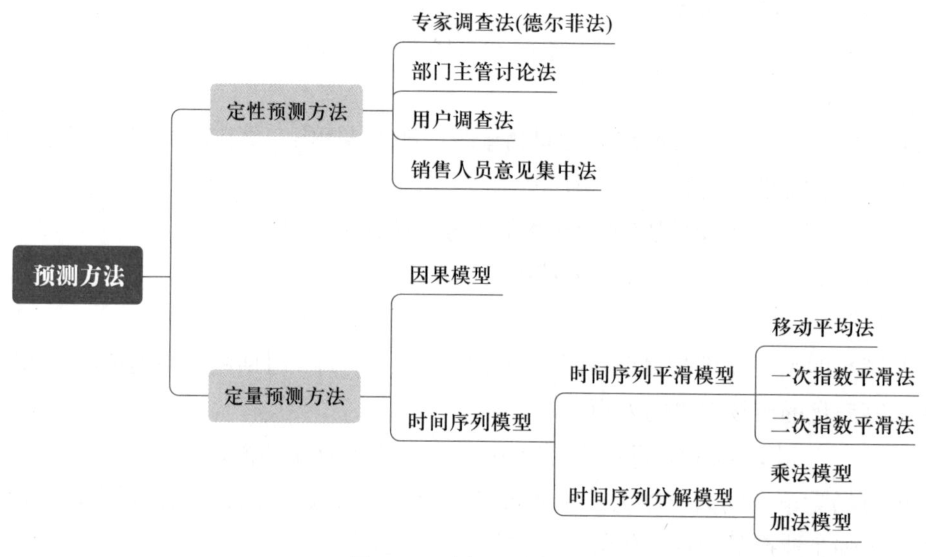

图 4-1　需求预测方法

1. 时间序列预测方法

时间序列是由按一定的时间间隔和事件发生的先后顺序排列起来的数据构成的序列。

1）简单移动平均法

利用近期的实际数值通过求算数平均值预测未来值，其计算公式为

$$SMA_{t+1} = \frac{1}{n}\sum_{i=t+1-n}^{t} A_i \tag{4-4}$$

式中：SMA_{t+1} 为 t 周期末简单移动平均值，它可作为 $t+1$ 周期的预测值；A_i 为 i 周期的实际值；n 为移动平均采用的周期数。

简单移动平均法的预测结果与 n 的大小有关。n 越大，对干扰的敏感性越低，预测值的响应性越差。

2）加权移动平均模型

加权移动平均模型的计算公式为

$$WMA_{t+1} = \frac{1}{n}\sum_{i=t+1-n}^{t} \alpha_{i-t+n} A_i \tag{4-5}$$

式中：WMA_{t+1} 为 t 周期末加权移动平均值，它可作为 $t+1$ 周期的预测值；α_1，α_2，…，

α_n 为实际需求的权系数。

3）一次指数平滑法

一次指数平滑法是另一种形式的加权移动平均计算方法，它考虑了所有的历史数据，计算公式为

$$SF_{t+1} = \alpha A_t + (1-\alpha)SF_t \tag{4-6}$$

式中：SF_{t+1} 为 $t+1$（$0 \leqslant t \leqslant 1$）期一次指数平滑预测值；$A_t$ 为 t 期实际值；α 为平滑系数，它表示赋予实际数据的权重。

平滑系数越小，预测的平稳性越好；平滑系数越大，预测值对实际值的变化越敏感。预测的关键因素是选择 α 的大小。如管理者追求稳定性，α 的值应该选择小一些；如果管理者的目标是体现响应性，则应选择大一点的 α。

2. 时间序列分解模型

时间序列分解方式是对时间序列数据中的趋势成分、季节成分、周期性变化成分、随机波动成分等各种成分单独预测后，综合计算得到时间序列预测值。该方法假设各种成分单独地作用于实际需求，且作用机制将持续到未来。这种方法有如下两种形式。

乘法模型（multiplicative model）：$T_F = TSCI$

加法模型（additive model）：$T_F = T + S + C + I$

式中：T_F 为时间序列预测值；T 为趋势成分；S 为季节成分；C 为周期性变化成分；I 为随机波动成分。

3. 机器学习算法模型

随着制造信息化和智能化的发展，越来越多的需求相关数据可以通过各种信息系统获取，一些基于机器学习的时间序列算法模型也可以被用于需求预测当中，比如带外因输入的自回归（ARX）模型、外因输入非线性自回归（NARX）网络模型等。这些模型能够考虑除需求信息之外的其他信息作为额外输入要素，比如客户差异化特征、需求相关要素信息等，能够更加准确地预测市场的需求。

以 NARX 网络模型为例，NARX 是循环动态神经网络模型，其反馈连接包含网络的几个层。NARX 模型基于线性 ARX 模型，该模型通常用于时序建模。NARX 模型的定义为

$$y(t) = f[y(t-1), y(t-2), \ldots, y(t-n_y), u(t-1), u(t-2), \ldots, u(t-n_u)] \tag{4-7}$$

其中，从属输出值 $y(t)$ 的下一个值根据输出信号的前序值和独立（外因）输入信号的先前值进行回归。

4.1.3　产品响应决策

产品响应决策是解决企业生产什么样的产品来为社会服务并取得较好的经济效益，实现企业经营目标的重大问题的决策。产品响应决策围绕着应该开发什么样的新产品、对老产品如何调整、产品品种和数量之间如何合理组合等进行决策，使企业在有限的资源条件下获得最佳的经济效益。

产品响应决策是企业经营管理的核心，是企业生产活动的起点，决策正确与否直接影响企业的经营目标。一般来说，在进行产品规划决策时，应考虑以下因素：① 服务对象。企业服务对象不同，就有各种不同的产品结构。② 竞争对手。根据不同企业的类型和竞争对手实力的分析，可采取不同的产品结构。③ 社会需要。要根据需求发展趋势，及时变更产品结构。④ 企业优势。要扬长避短，建立体现自己优势的产品结构。⑤ 资源条件。利用优势资源条件，充分考虑地域条件和环境，建立具有优势的产品结构。⑥ 收益目标。保证企业取得较好的经济效益。

产品决策作为企业经营决策的出发点，是企业的经营决策的核心，一旦确定，企业的整个经营决策体系也就随之“定位”。然而，产品决策不是一成不变的，也具有“动态性”。当企业内部设备、厂房、技术、人员素质等因素发生变化，企业外部如市场发生变化，最先影响的是企业产量、价格、资金、资源等的决策，当这些决策的变更、调整已无法适应企业内部、外部诸因素的变化时，就要变更产品结构，淘汰疲软产品，开发新产品，企业生产和经营的重心从老产品转向新产品，以此来适应企业内部、外部变化了的情况，求得企业的生存和发展。

产品结构是产品决策的主要内容。产品结构是指企业所生产产品的品种和产量所构成的组合。企业生产多少种产品，就拥有多少条产品线，这称为企业的产品线的宽度；每条产品线含有多少个系列产品，就是该种产品的深度。运用产品线的宽度和深度，可以从量的方面描述企业的产品结构。例如，一个计算机厂商生产台式机、笔记本、平板三种产品，这个厂的产品线宽度即为3。其中，台式机又分为一体机、分体机、工控专用机、大型服务器等四个类型，台式机产品线的深度就是4。

加大产品线的宽度，对企业的长期稳定发展是有利的。企业拥有的产品线越多，遭受风险的概率就越小。比如，每种产品经营失败的可能性都是50%，那么当企业只有1条产品线时，经营失败的可能性是50%；产品线宽度为2时，经营失败的可能性就变为$50\% \times 50\% = 25\%$。

产品线宽度越宽，企业的经营也就越安全保险。而减小产品线的宽度，对企业取得短期最大利润又是有利的。产品线越多，资金越分散，资金利润率就越低。例如，企业拥有两条产品线，各占用企业资金的40%和60%，各自的资金利润率分别为15%和20%，那么企业的总的资金利润率为$15\% \times 40\% + 20\% \times 60\% = 18\%$。

产品线越宽、资金利润率越低的原因就是资金利润率低的产品拖了后腿。从短期利润的角度看，集中所有资金于一两个最能盈利的产品上，将使企业的资金利润率趋于最大。

究竟是使产品线宽一些还是窄一些，要考虑下列因素：

（1）产品生命周期的长短。若产品的生命周期很长，成熟期很长，企业就能够靠这样的一二种产品长期稳定地盈利，产品线就应窄一点，以使力量集中。

（2）产品的生命周期分布。如果企业的几种产品都处在成熟期，分布过于集中，那么产品线就要再加宽一些，增加一点处于成长期、导入期的有前途的产品，使现有产品进入衰退期以后，企业仍有盈利产品。

（3）市场竞争是否激烈。激烈的市场竞争会加速新产品的推出，老产品的淘汰，因而能够缩短产品的生命周期。如果企业面临激烈的市场竞争，产品线就要宽一些。反之就窄一些为宜。

（4）消费者的需求和企业技术改造的速度。当市场所在地消费者的人均收入提高较快时，消费品更新换代的速度就快，若用户企业技术改造步伐很快时，采用新原料、新零件、新设备的可能性也就比较大。这种情况出现时，企业的产品线就要宽一点。

（5）企业应变能力的大小。即对转产的适应性高还是低，一个企业具有生产多种产品的历史，设备通用性高而专用性低，人员的知识和技能广而不专，决策者具有较高的洞察力和组织能力，企业周围具有各种各样加工协作能力的工厂，这样的企业的应变能力就比较大，转产速度比较快，可以把产品线搞窄一点，在情况有变时可以及时转产。

（6）企业产品定位与选择策略。如果需要加宽产品线，应选择那些市场、生产技术与已有产品接近的产品上马，以利用原有的销售渠道、企业声誉和生产能力。

总之，企业产品结构的设置，要在与宏观经济效益目标一致的前提下，尽可能地针对本企业内部、外部的特点，提高微观经济效益。

在智能制造背景下，顾客对产品的个性化需求要求越来越高，信息获取的广度和深度也越来越扩展，产品决策除了上述传统方式之外，也衍生出一些基于制造信息的产品决策方法。例如，顾客数据库、社会学习行为建模、多智能体建模等，通过将企业决策问题与顾客的决策行为有机结合起来，结合市场营销理论、决策理论、信息收集、知识图谱、数据库等技术，通过数据分析和智能建模，使得决策建模结果根据企业自身的差异性特质和顾客的差异性需求，建立复杂的企业与顾客行为交互网络模型，实现对产品组合的精准决策。

4.1.4 客户关系管理

客户关系管理（customer relationship management，CRM）是企业为提高核心竞争力，利用相应的信息技术以及互联网技术协调企业与顾客之间在销售、营销和服务上的交互，从而提升其管理方式，向客户提供创新式的个性化的客户交互和服务的过程，其最终目标是吸引新客户、保留老客户以及将已有客户转为忠实客户，增加市场。CRM 的核心业务架构如图 4-2 所示：

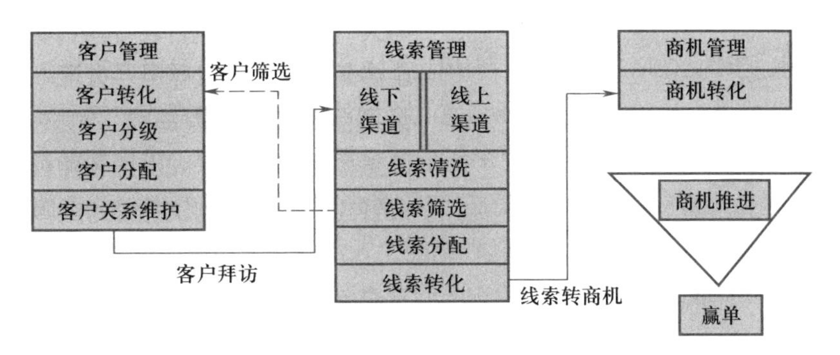

图 4-2 CRM 的核心业务架构

根据客户的类型不同，CRM 可以分为 B2B CRM 及 B2C CRM。B2B CRM 中管理的客户是企业客户，而 B2C CRM 管理的客户则是个人客户。提供企业产品销售和服务的企业需要的 B2B 的 CRM，也就是市面上大部分 CRM 的内容；而提供个人及家庭消费的企业需要的是 B2C 的 CRM。

根据 CRM 管理侧重点不同又可分为操作型 CRM 和分析型 CRM。大部分传统 CRM 为操作型 CRM，支持 CRM 的日常作业流程的每个环节；而分析型 CRM 则偏重于数据分析，是在智能信息条件下的新趋势。

客户关系管理的功能可以归纳为三个方面：市场营销中的客户关系管理、销售过程中的客户关系管理、客户服务过程中的客户关系管理，以下分别简称为市场营销、销售、客户服务。

（1）市场营销中的客户关系管理。客户关系管理系统在市场营销过程中，可有效帮助市场人员分析现有的目标客户群体，如主要客户群体集中的行业、职业、年龄层次、地域等，从而帮助市场人员进行精确的市场投放。客户关系管理也有效分析每一次市场活动的投入产出比，根据与市场活动相关联的回款记录及举行市场活动的报销单据做计算，就可以统计出所有市场活动的效果报表。

（2）销售过程中的客户关系管理。销售是客户关系管理系统中的主要组成部分，主要包括潜在客户、客户、联系人、业务机会、订单、回款单、报表统计图等模块。业务员通过记录沟通内容、建立日程安排、查询预约提醒、快速浏览客户数据有效缩短了工作时间，而大额业务提醒、销售漏斗分析、业绩指标统计、业务阶段划分等功能又可以有效帮助管理人员提高整个公司的成单率、缩短销售周期，从而实现最大效益的业务增长。

（3）客户服务过程中的客户关系管理。客户服务主要是用于快速及时地获得问题客户的信息及客户历史问题记录等，这样可以有针对性并且高效地为客户解决问题，提高客户满意度，提升企业形象。客户服务的主要功能包括客户反馈、解决方案、满意度调查等功能。应用客户反馈中的自动升级功能，可让管理者第一时间得到超期未解决的客户请求，解决方案功能使全公司所有员工都可以立刻提交给客户最为满意的答案，而满意度调查功能又可以使高层决策者随时获知本公司客户服务的真实水平。有些客户关系管理软件还会集成呼叫中心系统，这样可以缩短客户服务人员的响应时间，对提高客户服务水平也起到了很好的作用。

在信息化应用中，CRM 系统通过利用信息技术，实现市场营销、销售、服务等活动自动化，是企业能更高效地为客户提供满意、周到的服务，以提高客户满意度、忠诚度为目的的一种管理经营方式。CRM 系统在企业中发挥着筛选客户、优化配置客户资源、优化客户服务流程、分析展示客户数据、精细化客户服务和客户挖掘、新途径维护客户关系、精准营销分析、支持财务决策、管理调控企业等作用。CRM 系统还可以通过大数据分析和数据挖掘，在企业生产研发环节中为确定产品品种、产品功能及性能、产品产量等提供决策支持。

案例 4-1

徐工集团 CRM 系统应用

徐州工程机械集团有限公司（简称徐工集团）是我国工程机械行业的龙头企业。2002 年以来，徐工集团为进一步提升企业生产经营的管理水平，进行了一系列涉及流程再造和机构重组的改革工作，在徐工集团营销公司推行了 CRM 系统，及时准确把握客户的需求，进行准确的市场定位，根据客户需求及变化，以正确的时间、正确的地点、正确的渠道提供正确的产品和服务。

徐工集团的 CRM 系统包括公共信息平台、销售管理、营销管理、客户服务、CRM 系统接口五大功能模块。

1）公共信息平台分系统

公共信息平台分系统为徐工集团营销公司的管理人员、业务人员、营销人员、维修人员以及公司用户、供应商、经销商等合作企业提供企业公共信息在线共享服务，为企业内部业务信息交流提供有效支持，为客户、经销商和企业员工提供培训、咨询和技术支持平台，提供发布和共享公共信息、市场信息和同行业信息平台，为企业形象的宣传和企业产品展示提供平台。

2）销售管理分系统

销售管理分系统主要实现对销售的各个环节进行分析、监控，实现销售自动化。销售管理系统按业务操作可分为售前、售中和售后三大部分。售前管理提供对产品、销售人员工作计划、销售人员销售活动预约、销售人员工作日志、销售机会、销售渠道的管理，提供销售预测和分析的工具。售中管理提供对销售合同签订、销售合同跟踪、产品发运的管理、成品库存管理。售后管理提供对应收账款管理、回款计划制定、回收款项的管理以及销售绩效分析等。

3）营销管理分系统

营销管理分系统主要用以识别客户需求，确定潜在客户和营销方案的目标群体，满足客户个性化消费的需求。营销管理分系统主要的业务操作功能包括市场信息管理、促销管理、营销方案管理、产品质量管理、客户价值管理等。

4）客户服务分系统

客户服务系统对服务的全过程进行有效管理，是整个系统最重要的领域。利用产品管理中客户购买的产品信息，跟踪和受理客户对产品的服务要求。客户服务系统的主要功能包括客户反馈管理、产品退换管理、服务投诉管理、服务过程管理等。

5）CRM 系统接口

CRM 系统接口主要包括整个系统的安全、通信以及与企业内部其他信息系统的接口，这些接口包括系统内部平台之间、平台上各模块之间以及公司 CRM 系统和集团其他信息化系统之间，特别是与 ERP 系统之间的数据交换接口。

CRM系统的应用为企业提供了诸多收益。在网络销售方面，公司通过分析过去的销售数据、客户基本资料、客户历史记录，从中确定产品的目标销售客户群体的特征，主动寻找客户；另一方面可以通过分析与客户在公用信息平台和传统的电话、传真等通信方式的交互，了解对企业产品表现出兴趣的潜在客户，并通过与这部分潜在客户保持联系，维持潜在客户对企业的关注程度。在销售合同签订方面，CRM系统可以通过网络及时地在客户、销售人员、销售主管部门以及生产部门之间进行沟通，并且可以通过分析决策系统对客户的资信度、对企业的贡献率等情况，从而采取更加灵活的定价策略、交货方式、付款形式，以提高客户的满意度，降低合同风险。CRM系统从根本上解决了订单跟踪的问题，通过CRM与企业内部ERP系统的接口，客户可以通过网络及时地了解合同订单的当前执行情况，并在生产的过程中实时地提出个性化的要求，满足客户规模定制的需求。同时，CRM还可以对客户和经销商进行全面的管理，根据不同客户和分销商的资信级别，针对不同的情况，生成相应的催缴货款计划，并对客户的建议加以分析提出销售业务过程的改进方案。此外，CRM系统还可以根据销售情况，对未来的销售进行有效的预测，从而改善产品结构、调整库存结构，为新的一轮业务做好准备。

4.2 产品协同设计与生命周期管理

4.2.1 网络化协同设计

随着市场需求的个性化与多样化、竞争的日益加剧和技术的不断创新，制造业正在发生一场深刻的变革。各种先进制造哲理和模式不断涌现，先进制造技术层出不穷，人类已经走向一个以高科技为特征的知识资源的生产、占有、配置和消费的知识经济时代，产品设计也从传统的单一主体、单一学科、单一地域的“中心化”模式走向以物理分散、逻辑一体、多主体为核心特征，以信息、过程、资源和知识交互与共享为主要手段，支持跨时间、跨地域、跨学科的多功能小组协同工作，实现了去中心的“分众化”与跨时空的广域知识、资源协同的“众包”模式的对立统一，促进了不同领域的知识共享和设计思想交流。

制造过程网络化是新一代信息通信网络技术与工业制造深度融合的全新工业生态、关键基础设施和新型应用模式，通过人、机、物的安全可靠智联，实现生产全要素、全产业链、全价值链的全面连接，推动了制造业生产方式和企业形态根本性变革，形成了全新的工业生产制造和服务体系，也为全新的协同式产品设计插上了腾飞的翅膀。

在人类的历史长河中，处处都体现了人类协同工作的情景。从百姓自家的房屋构建到万里长城的修建，在各种不同类型的工程中，无不体现了协同的理念。尽管协同的理念自古就有，但是形成理论并引起广泛的重视，还是近几十年的事。继20世纪50年代的系

统论、信息论、控制论之后，80 年代新技术革命浪潮里又涌现出耗散结构理论、协同论、突变论。它们成为研究自然系统存在的条件、内部的机制、变化的规律的支撑性理论体系，因而被称为当代科学方法“新三论”，被广泛运用于研究自然和社会各个领域，对于认识、分析、解决问题具有深刻的理论和实践意义。

网络化协同设计正是在制造业网络化的时代背景下，所涌现出的一种产品设计方法。虽然网络化协同设计至今还没有一个权威的定义，但人们普遍认同下述观点，即为了完成某一设计目标，由两个或两个以上设计主体交换和相互协同机制，分别以不同的设计内容共同完成这一设计目标。

网络化协同设计具有以下几个特点：① 多主体性。设计活动由两个或两个以上功能小组参与的设计，而这些功能小组通常是相互独立的，各自具有领域知识、经验和一定的问题求解能力。② 协同性。具有一种协同各个功能小组以完成共同设计目标的机构，这一机构则包括各功能小组间的通信协议、通信结构、冲突检测和仲裁机制。③ 共同性。该设计目标和设计上下文是共同的，即各设计功能小组要实现的设计目标是共同的，而且他们所在的设计环境和上下文也是一致的。④ 灵活性。指参与设计专家和专业领域的数目，是动态地增加或减少，而且协同设计的体系机构也是灵活的、可变的。

网络协同设计的基本特点是多学科小组在异地、异构环境下的合作设计。分布在异地的具有不同专业特长的设计小组，使用不同的设计工具，基于网络进行远程协作设计，在一个共享环境中对设计方案反复讨论、修改，以最快的速度最好的质量完成产品设计。它要求相关成员都能及时了解相关的设计方案，能随时了解设计过程的进展状态，能动态获取阶段性设计结果的信息，能方便地共享设计资源，能有效地实现人类智能的协同交流。

从实际应用角度出发，可以从以下几方面进一步理解网络协同设计的内涵。

（1）在网络化产品协同设计中，合作成员利用网络技术，以协同的方式开展产品设计中的需求分析、方案设计、结构设计、详细设计和工程分析等一系列设计活动。

（2）其核心是利用网络，特别是因特网（internet），跨越协作成员之间的空间差距，通过对信息、过程、资源和知识等的共享，为异地协同设计提供支持环境和工具。

（3）通过网络协同设计，缩短产品设计的时间、降低设计成本、提高设计质量，从而增强产品的市场竞争力。

4.2.2 质量功能展开

网络化协同设计大大提高了产品设计效率，缩短了设计周期，但是产品的质量该如何保证呢？质量功能展开（quality function deployment，QFD）为产品质量保证提供了一种有效的方式。

狭义上，QFD 是将形成质量保证的职能或业务，按照目的、手段系统地进行详细展开，通过企业管理职能的展开，实施质量保证活动，确保顾客的需求得到满足。在此基础上，赤尾洋二系统地定义了 QFD，它是将顾客的需求转换成代用质量特性，进而确定产品的设计质量（标准），再将这些设计质量系统地（关联地）展开到各个功能部件的质量、零件的质量或服务项目的质量上，以及制造工序各要素或服务过程各要素的相互关系上，使产品或服务事前就完成质量保证，符合顾客要求。

本质上，QFD 是把顾客（用户、使用方）对产品的需求进行多层次的演绎分析，转化为产品的设计要求、零部件特性、工艺要求、生产要求的质量工程工具，用来指导产品的健壮设计和质量保证。这一技术产生于日本，在美国得到进步发展，并在世界范围内得到广泛应用。QFD 产生初期，主要用于产品设计和生产的质量保证，但几十年来不断向管理、服务业等各个领域渗透，表现出广泛的适应性。广义的 QFD，可以理解为一种采用矩阵的形式量化评估目的和手段之间相互关系的分析工具。

QFD 体现了以市场为导向，以顾客要求为产品开发唯一依据的指导思想。在先进的健壮设计方法体系中，QFD 技术占有举足轻重的地位，它是开展健壮设计的先导步骤，通过对顾客需求的逐层展开来确定产品研制的关键环节、关键零部件和关键工艺，从而为稳定性优化设计的具体实施指出了方向、确定了对象。

质量展开与质量功能展开的概念如图 4–3 所示，它下侧的“规划”“设计”等都可表示为形成右侧箭头所指的质量的功能，也就是指对确保质量的组织、程序、过程进行体系化，即为满足组织内部管理的需要而设计的质量保证体系。

本书将图 4–3 中的下侧部分称为“职能展开”。由此可以构造对应的质量系统。ISO9000 国际标准也是针对图的下侧部分以企业管理职能为中心的一种质量保证系统。

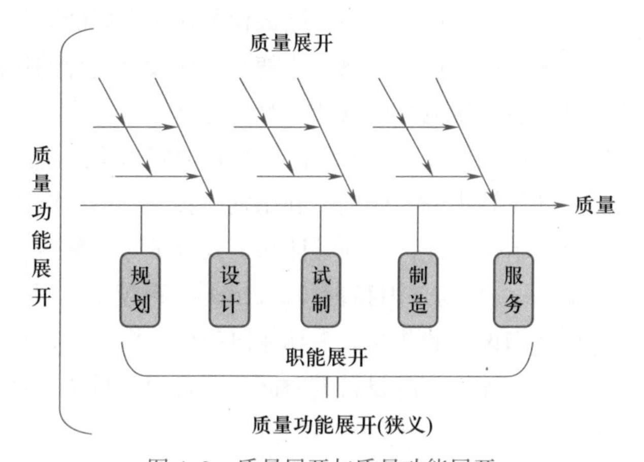

图 4–3 质量展开与质量功能展开

毋庸置疑，以企业管理职能为中心的质量职能展开是非常重要的，这也是 ISO9000 国际标准受到各国重视的原因。但论及质量的系统，不仅是组织程序的集合，明确质量本身的集合也是必要的，也就是说图中的上侧部分也很重要。因为产品整体的质量保证，是建立在产品各个零部件质量都得到保证的基础之上的。这里将图的上侧部分称为“质量展开”。

综观国内外质量功能展开的应用与实践，质量功能展开的应用途径可以归纳成如下几点。

1）QFD 是一种顾客驱动的产品开发方法

QFD 是从质量保证的角度出发，通过一定的市场调查方法获取顾客需求，并采用矩阵图解法将对顾客需求的实现过程分解到产品开发的各个过程和各职能部门中去，通过协调各部门的工作以保证最终产品质量，使得设计和制造的产品能真正地满足顾客的需求。QFD 的整个开发过程是以满足市场顾客需求为出发点的，各阶段的质量屋输入和输出都是市场顾客的需求所直接驱动，以此保证最大限度地满足市场顾客需求。这是市场规律在工程实际中的灵活应用。

因此，QFD 最为显著的特点是要求企业不断地倾听顾客的意见与明白顾客的需求，然后通过合适的方法和措施在开发的产品中体现这些需求，并用一种逻辑的体系去确定如何最好地通过可能的渠道实现这些需求，从而大大提高顾客对生产的产品的满意度。也就是说，QFD 是一种顾客驱动的产品开发方法。

2）QFD 是一种目标明确的工作协调方法

QFD 是在实现顾客需求的过程中，帮助产品开发各个职能部门制订出各自的相关技术要求和措施，并使各职能部门能协调地工作的方法。QFD 系统化过程的各阶段都是要将市场顾客需求转化为管理者和工程人员能明确理解的各种工程信息，减少或避免了产品从规划到产出各环节的盲目性。它有目的地引导参与者，而不限制他们的创造性。

QFD 是一个组合的组织者，它保证每个在其组合下的工作人员共同合作，尽他们的所能给予顾客帮助，同样 QFD 给予在企业组织中的每一成员一张路标图，显示从设计到传递相互关联的每一步来完成顾客的需求。它可以促进与顾客的联系，以及部门中最重要的思维和行动，并提高全体职工对产品开发应该直接面向顾客需求的意识。它不是一种“投入多而产出少”的“摆设”，而是一种有组织的、建设性的交流。

应用 QFD 最大的好处是可把市场和用户对产品的要求，在产品设计时，通过质量策划转变成企业可实施的行动，并使这些行动有着非常明确的目的性，即保证产品完全满足用户的要求。这样，就会使“满足市场和用户的要求”成为企业每个部门、每个员工看得见、摸得着的具体活动。质量功能展开的实施与运行可以促进团队的发展、加强合作、动员团队成员共同思考和行动。它能帮助企业冲破部门间的壁垒，使公司上下成为团结协作的集体，因为开展质量功能展开绝不是质量部门、开发部门或制造部门某一个部门能够独立完成的，它需要集体的智慧和团队精神。

因此，QFD 对保证产品质量有着不可估量的作用。当前，个性化已越来越成为市场需求的趋势，愈来愈多的顾客希望能按照他们的需求和偏好来生产产品。对于企业来说，质量的定义已经发生根本性的转变，即从“满足设计需求”转变为“满足顾客需求”。为了保证产品能为顾客所接受，企业必须认真研究和分析顾客需求，并将这些需求转换成最终产品的特征以及配置到制造过程的各工序上和生产计划中。这样的过程称为质量功能展开。QFD 方法的核心思想是：从开始的可行性分析研究到产品的生产都是以市场顾客的需求为驱动，强调将市场顾客的需求明确地转变为产品开发的管理者、设计者、制造工艺部门以及生产计划部门等有关人员均能理解执行的各种具体信息，从而保证企业最终能生产出符合市场顾客需求的产品。

QFD 最早在日本提出的时候有 27 个阶段 64 步工作步骤，被美国引进后简化为 4 个阶段。本文在介绍赤尾模式和四阶段模式的基础上，着重讨论顾客需求在产品开发中的瀑布式分解过程，包括产品规划、零件配置、工艺设计和生产控制 4 个阶段。

1）赤尾模式

赤尾洋二最初发表的质量展开表中，针对狭义的质量归纳了 17 步工作步骤，但是，在产品开发过程中，实际上并不只是质量，还有为了实现质量所必需的技术和成本，必须考虑和平衡这些因素。另外，如果产品在有可靠性要求的情况下，必须针对可靠性进行特别的重点管理。这样，在新产品开发中，因为设计部门担负着主要的作用，所以质量保证活动必须适应设计部门的业务。为此，赤尾洋二等人归纳了以设计阶段为中心，由 64 步工作步骤组成的综合性质量展开的框架（赤尾模式）。其中，包括质量保证核心的质量、技术、成本和可靠性。

2）四阶段模式

四阶段模式是美国供应商协会（american supplier institute，ASI）提倡的四阶段展开方法，它从顾客需求开始，经过四个阶段即四步展开，用四个矩阵，得出产品的工艺和生产（质量）控制参数。四阶段模式如图 4-4 所示，表现在以下四个方面。

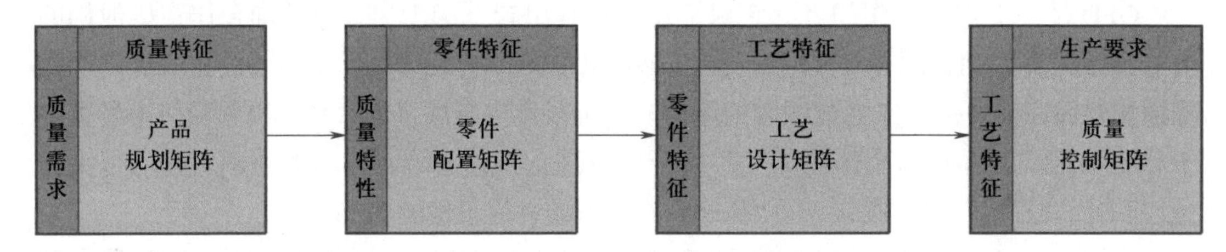

图 4-4 质量功能展开的四阶段模式

（1）产品规划阶段。产品规划矩阵（质量屋）将顾客需求转换为质量特性（产品特征或工程措施），并根据顾客竞争性评估（从顾客的角度对市场上同类产品进行的评估，通过市场调查得到）和技术竞争性评估（从技术的角度对市场上同类产品的评估，通过试验或其他途径得到）结果确定各个质量特性（产品特征或工程措施）的目标值。

（2）零件配置阶段。工作人员利用前一阶段定义的质量特性（产品特征或工程措施），从多个设计方案中选择一个最佳的方案，并通过零件配置矩阵将其转换为关键的零件特征。

（3）工艺设计阶段。工艺设计矩阵能确定为实现关键的质量特性（产品特征）和零件特征所必须保证的关键工艺参数。

（4）生产控制阶段。生产控制矩阵可将关键的零件特征和工艺参数转换为具体的生产（质量）控制方法或标准。

根据下一道工序就是上一道工序的“顾客”的原理，四阶段模式从产品设计到生产的各个过程均建立质量屋，且各阶段的质量屋内容上有内在的联系。在此模式中，上一阶段的质量屋“天花板”的主要项目将转换为下一阶段质量屋的“左墙”，上一步的输出就是下一步的输入，构成瀑布式分解过程。QFD 的展开要将顾客的需求逐层分解，直至可以量化度量。同时采用矩阵（也称为质量屋）的形式，将顾客需求逐步，展开、分层地转换为质量特性、零件特征、工艺特征和生产（质量）控制方法。

QFD 作为一种强有力的工具被广泛用于各领域。它带给人们的最直接的益处是缩短周期、降低成本、提高质量。为用好这一工具，在实际应用中要注意如下四个方面。

（1）质量屋的结构可以剪裁和扩充。质量屋的结构要素各个阶段大体通用，但可根据具体情况，每个阶段可以适当剪裁和扩充。

（2）QFD 的阶段和步骤可以剪裁和扩充。不是所有的质量功能展开过程都需要严格地按照上述四阶段模式的四步分解或按照赤尾模式的 64 步工作步骤进行。根据具体的情况，QFD 的阶段和步骤可以剪裁和扩充。例如，若“产品计划”阶段质量屋中关键的质量特性（产品特征或工程措施）不够具体和详细，可能需要在进行零部件展开前增加一层质量屋。反之，若产品计划阶段质量特性（产品特征或工程措施）对于过程计划阶段已足够详细，则可省略产品设计阶段质量屋。

（3）质量屋的规模不宜过大。质量屋的规模不宜过大，以便于操作。

（4）QFD 各阶段质量屋的建造要遵循并行工程的原则。要特别指出，各阶段的质量屋必须按照并行工程的原理在产品方案论证阶段同步完成，以便同步地规划产品在整个开发过程中应该进行的所有的工作，确保产品开发一次成功。

4.2.3 产品生命周期管理

所谓产品生命周期管理（PLM），就是指从人们对产品的需求开始，到产品淘汰报废的全部生命历程。PLM 是一种先进的企业信息化思想，它让人们思考在激烈的市场竞争中，如何用最有效的方式和手段来为企业增加收入和降低成本。

目前，一些企业在一定程度上实现了产品生命周期过程中某些方面的集成和管理，如 CAX、PDM、ERP 等的推广和应用，确实简化和改进了各种商业规则。但是，由于它们只是各自针对产品生命周期中的某些特定阶段，解决特定领域的问题，使产品信息分散于企业内部不同应用之中。这些系统大多是相互独立开发或购买自不同的软件供应商，它们可能运行于不同的平台，使用不同的数据格式，从而造成了这些系统之间信息交换和集成的困难，无法彼此互动。

面对这些挑战，企业迫切需要一种将这些单独的系统结合到一起的整体化企业解决方案，为上述分立的系统提供统一的支撑平台，打破以往的研制模式，建立以信息为核心的研制流程。也就是说，必须建立一套管理产品开发各阶段不同信息的机制，使产品设计、开发、制造、营销以及售后服务等信息能快速地流动，并且能有效地加以管理。

在此机制下，不但产品开发时间能大幅缩短，节省可观的资源，企业也能更紧密地结合上、中、下游各环节的研制体系，缩短反应时间，并有效控管生产资源，进而强化市场竞争力。这就是覆盖产品研制周期不同应用系统的产品生命周期管理（PLM）系统，如

图 4–5 所示。

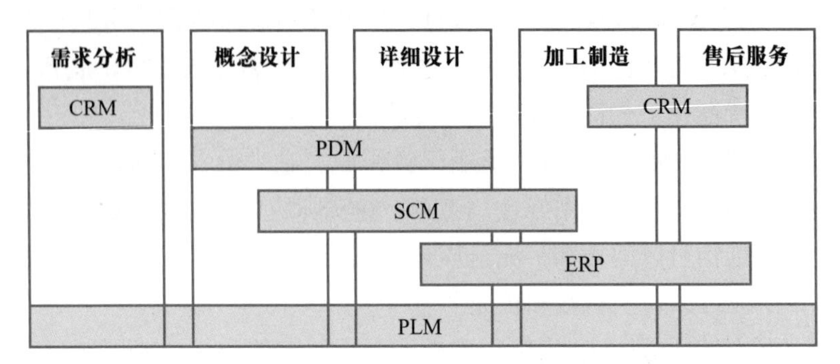

图 4–5　产品生命周期管理系统

通过 PLM，所有相关人员都可参与产品设计、开发、制造和使用，突破地理、组织等限制进行协同。产品数据可通过各种形式进行共享和分析（如三维模型、示意图、物料清单、进度计划和预测等）。PLM 真正实现了以产品为核心的企业价值链协同，解开了企业价值链不同环节中由相互独立的应用系统产生的孤立信息，并将它们集成统一的产品知识源。

在 PLM 的支持下，企业不仅可以管理不同阶段内部的信息，还可以实现不同阶段之间的信息整合，打通设计、制造、生产、销售之间的关系，实现 CAD、CAPP、CAM、ERP、SCM、CRM 等系统的集成，使各种数据信息能最大限度地实现跨越时空、地域和供应链的交互和共享。

（1）帮助企业实现从传统商业模式向电子商务模式的转化。通过将企业的产品开发流程和 CRM、SCM、ERP 等系统结合起来，延伸企业的价值链，PLM 可以帮助企业跨越供应链系统，通过信息实现企业员工、商业伙伴和客户之间的实时协同工作，取代传统串联的数据交换方式。企业之间的协作使企业可以超越传统的交易机制，采用完全不同的方式解决商业问题、捕捉新市场。

（2）增强企业的创新能力并提高利润增长率。企业的创新能力可以使企业输出更多新产品，成为新的市场中的领导者。通过和供应链管理集成，PLM 可以帮助企业决策者管理产品的周期，做到在正确的时间在市场上投放正确的产品。

（3）建立所有产品知识的统一数据库。PLM 系统中建立了一个与产品相关数据和知识的数据库，该数据库包含了产品生命周期的历史经验和新信息，以满足产品设计、改进的需要，并可在整个产品价值链共享。所有产品知识具有唯一数据源，可减少或消除产品设计中包含错误的工程图样、设计规格和产品资料。同时，企业的信息维护将得到简化，产品设计的缺陷将尽早被发现，PLM 可帮助企业极大地降低返工、重新设计、测试和装配的成本。

（4）帮助企业实现商业目标。通过缩短产品开发时间，提高生产效率，PLM 帮助企业缩短推出新产品的时间，降低产品整个生命周期中的成本。企业流程和应用之间的连接使产品和流程的知识可以被重用。通过将企业流程和供应商、客户集成，PLM 促成了高效地扩展企业的价值链，使企业之间的动态协作成为可能。

产品生命周期管理（PLM）典型设计框架如图 4-6 所示，PLM 的基础是网络，通信层的作用是为 PLM 系统提供一个在网络环境下的计算基础环境。支撑层提供了对数据的基本操作功能，如查询、修改、分类等功能。核心层构成了整个 PLM 体系的核心，它提供了公共的基础服务，其主要功能是以 PDM、ERP 的功能为中心进行扩展。

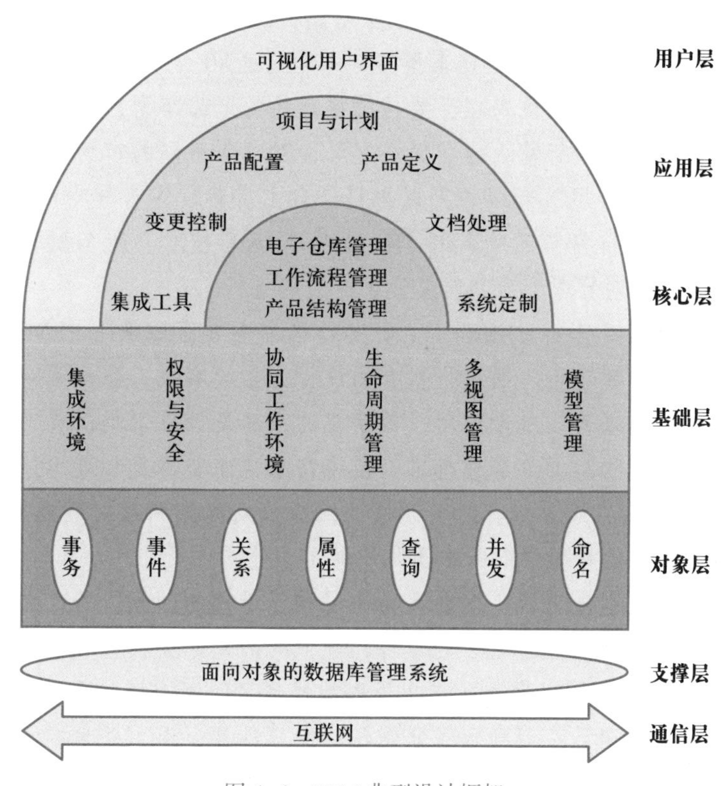

图 4-6　PLM 典型设计框架

应用层主要针对产品生命周期管理的特定需要而开发的一组应用功能集合。用户层向用提供了交互式的图形界面，包括图示化的浏览器、对话框、各种功能菜单等，用于支持用户对系统的操作和信息的输入输出。

通过对现代 PLM 的发展分析，PLM 技术具有统一模型、应用集成、全面协同的特点。PLM 技术呈现出以下发展趋势：支持多层次跨阶段企业业务协同运作的支撑环境；支持产品生命周期全功能服务；提供完全开放的体系结构和系统构造方法；支持系统定制和快速实施能力；提供标准化的实现技术和实施方法。

PLM 可以帮助企业以一系列规范、标准的做法，帮助企业发现新的技术、挖掘新的机遇，持续不断地为客户开发出优秀的产品或服务。随着市场需求的多元化以及竞争的日趋激烈，对于新产品的研发能力成为了企业获取成功的核心因素之一，而高效的研发流程管理则成为企业获取竞争优势的源泉。PLM 研发流程管理能够以相当高的速度、低的成本以及可靠的质量将新产品投入目标市场中，从而获得期望的利润和市场份额。

案例 4-2

奇瑞 PLM 应用

奇瑞汽车股份有限公司（简称“奇瑞”）是我国在1997年之后迅速崛起的自主汽车品牌企业。公司通过自主创新、攻坚研发，打造了一系列既知名又畅销的车型，包括瑞虎、QQ、艾泽瑞等，这些车型出口海外超过80多个国家或地区。

奇瑞所面对的压力和挑战在于要持续推出新的产品车型，既满足各类消费者的需求，又要符合国家不断升级的环保规定。面对竞争激烈的市场以及日趋严格的汽车尾气排放限制性法规，奇瑞长期以来将“自主有新”作为核心的企业发展战略。在研发领域一贯保持将营业收入的5%～10%投入新技术、新车型的开发中，也通过应用产品生命周期管理为产品研发提供有力的支持。

（1）奇瑞为了提升研发效率，在研发过程中全方面地采用PLM数字化设计方式，实现产品设计数字化。通过将所有的设计元素数字化，公司得以能够构建企业级的信息网络和数据库。基于应用了数字化的产品设计方案集以及工程文件库，奇瑞重塑了其设计流程和文件管理标准，使得信息传递变得更加地规范和顺畅，各个研发阶段衔接得更加紧密，有助于大幅度缩短研发周期并且有效提升产品的质量。此外，数字化的设计管理帮助研发团队能够迅速地发现设计问题和排查故障。例如，在新开发的某款车型上出现了两套运动系统相互干涉的问题，若是在过去，由于复杂的运动机制以及涉及数量众多的零件，类似的问题排查将耗时耗力。而在应用了PLM数字化设计之后，研发团队在3天内就找到了问题的根本原因：供应商在生产时使用了错误的标识，从而导致了非常相似的零件被误用，并且在装配过程中也发生了错误。

（2）改进开发流程，打造易于用户使用、信息共享的PLM研发环境。由于新车型的功能不断升级，但是带来的是日益复杂的机械系统、电控机制以及软件模块，这就意味着整个产品开发过程需要越来越大规模的跨部门合作甚至与企业外部的相关方合作。

由于整车开发的项目组成员来自不同的部门或者业务组织，他们之间常常就一个技术细节要进行反复地沟通和协作，不断重复着“提出要求—修改—讨论—再修改—再提要求”此类周而复始的模式，整个过程往往要经历多轮循环，耗费着大量的研发资源和时间。

通过采用PLM的多方协作流程以及电子信息实时共享机制，公司得以将原本串行序列、反复循环的研发过程转变成“敏捷”（agile）开发流。多方可以对同一个设计方案的不同部分或模块进行同时开发和研究。进而采用即时同步的方式将各独立并行的设计模块予以统一整合，各协作方可以实时地了解开发进程、变更影响以及获得知识信息共享。

（3）利用电子数据以及 PLM 环境，建立数据互通的仿真模拟平台。为了提高车辆的整体性能、质量和可靠性，并且控制整车试验的验证成本，充分完善的仿真模拟技术必不可少。奇瑞着力在基于 PLM 的平台上打造“硬件在环”（hardware in loop，HIL）的仿真系统，通过实时处理的方式对于被测的车辆系统（如 ECU 系统、EPS 等）进行模拟仿真，一方面使用模拟数据进行性能预测，另一方面将仿真数据与真实试验的结果做比较，指导对于产品设计的优化。打造如此精密的仿真系统，需要 PLM 系统的全方位支持。这些支持包括：① 最基本的是要将各方面的设计电子数据予以汇总，保持高水平的数据兼容和互通，奇瑞建立了相当丰富的 CAD 产品库以及物理元件仿真模型予以支持；② 再进一层，对于客户的各种标准和应用工况进行“需求管理”，将这些需求作为仿真模拟的“边界条件”来予以约束，从而仿真计算的结果具有了真实的物理意义；③ 若要真正地帮助设计人员全面、深入地了解仿真结果的含义，需要额外打造诸如虚拟仪表盘、可视化分析界面等，为此公司通过应用各类自动化商业数据智能技术进行数据自动汇总和深度计算，帮助设计人员进行全面的分析。

4.3 供应链与仓储物流管理

随着全球性市场竞争环境加剧，企业间的竞争已经从单个企业间的竞争发展为企业供应链之间的竞争。不同的企业或同一企业的不同产品都有不同的竞争特性。如何根据竞争特性选择与之相适应的管理模式，以形成企业竞争优势是供应链管理的一个基本问题。

4.3.1 供应链管理

供应链（supply chain）也称为供需链。供应链最早来源于彼得·德鲁克提出的“经济链”，后经由迈克尔·波特发展成为“价值链”，最终演变为“供应链”。

从社会供给视角，供应链是生产及流通过程中，涉及将产品或服务提供给最终用户的上游与下游企业所形成的网链结构。供应链由供应商、制造商、仓库、配送中心和渠道商等构成。从制造企业的视角，供应链是围绕核心企业，通过对信息流、物流、资金流的控制，实现从原材料采购到中间产品及最终产品制造，到经由销售网络把产品送达消费者的功能网络，它是将供应商、制造商、分销商、零售商、最终用户连成一个整体的功能网链模式。所以，一条完整的供应链应包括供应商（原材料供应商或零配件供应商）、制造商（加工厂或装配厂）、分销商（代理商或批发商）、零售商（卖场、百货商店、超市、专卖店、便利店和杂货店）以及消费者。供应链网络结构如图 4-7 所示。

供应链不仅是敏捷高效地响应客户需求的信息链、物流链、资金链，更是一条满足用户需求的增值链。供应链上的节点企业、环节只有为客户收益增值才是其存在的价值。

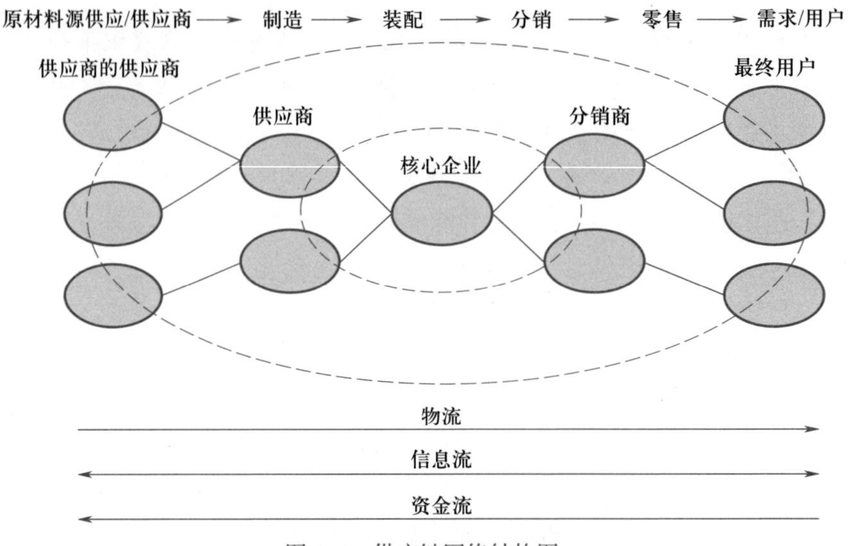

图 4-7　供应链网络结构图

供应链管理（supply chain management，SCM）是使供应链运作达到最优化，以最小的成本把合适的产品、以合理的价格，及时准确地送达消费者手上的一种集成化的管理思想和方法。国家标准《物流术语》(GB/T 18354—2021）将 SCM 定义为：利用计算机网络技术全面规划供应链中的商流、物流、信息流、资金流等，并进行计划、组织、协调与控制等。从单一的企业角度来看，SCM 是企业在战略和战术上对企业整个作业流程的优化。SCM 通过改善上、下游供应链关系，整合和优化供应链中的信息流、物流、资金流，提升供应商、制造商、零售商的业务效率，使商品以正确的数量、正确的质量，在正确的时间、正确的地点，以最佳的成本进行生产和销售，进而获得企业的竞争优势。有关统计资料显示，供应链管理可以使企业的总成本下降、订货生产周期缩短、企业的按时交货率提高、生产率提高。

1）供应链管理的功能结构

供应链管理是以市场和客户需求为导向，以互利共赢为原则，以提高核心竞争力、市场占有率、客户满意度、获取最大利益为目标，以协同商业运作模式，运用现代企业管理技术、信息技术和集成技术对整个供应链上的信息流、物流、资金流、业务流和价值流的有效规划和控制，将客户、供应商、制造商、销售商、服务商等合作伙伴连成一个完整的战略联盟。供应链管理的目标、功能和结构可以借用建筑房屋的结构进行形象的描述，如图 4-8 所示。房屋的屋顶是供应链管理的最终目标，即提高核心竞争力。供应链管理的意义和价值在于提高客户服务水平。竞争力可以通过多种方法提高，如降低成本、增加对客户需求变化的柔性、提供高质量的产品和服务等。图中支撑起房顶的两根立柱分别表示供应链管理的两个重要组成部分：网络化组织集成和信息流、物流、资金流的协调。两根立柱可以进一步分解为建筑块。

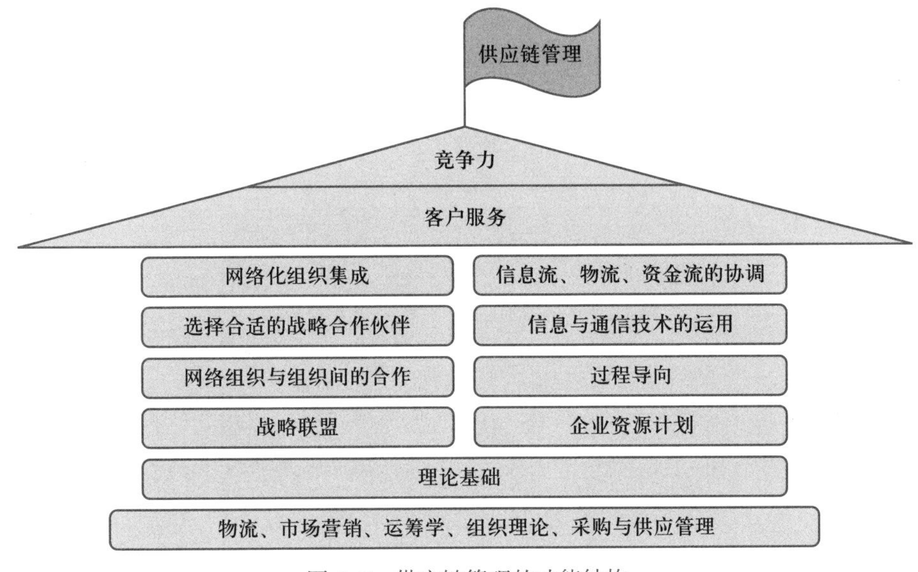

图 4-8 供应链管理的功能结构

2）供应链管理的方法

供应链管理是利用计算机信息技术全面规划供应链中的商流、物流、信息流、资金流等，并进行计划、组织、协调与控制。随着信息化和互联网技术得到快速发展，原来相对线性的供应链管理逐渐发展成为非线性的网链结构，企业与供应商、供应商与供应商、企业与用户、用户与用户的关系都成为需要思考和管理的重要内容供应链管理的重要内容。

现代供应链管理的方法主要有如下五种。

（1）供应商管理库存（vender managed inventory，VMI）。通过信息共享，由供应链上的上游企业根据下游企业的销售信息和库存量，主动对下游企业库存进行管理和控制的管理模式。这是一种在用户和供应商之间的合作性策略，以对双方来说都是最低的成本优化产品的可获性，在一个相互同意的目标框架下由供应商管理库存，这样的目标框架被经常性监督和修正，以产生一种连续改进的环境。

（2）联合库存管理（joint managed inventory，JMI）。联合库存管理是一种在 VMI 的基础上发展起来的上游企业和下游企业权利责任平衡和风险共担的库存管理模式。供应链成员企业共同制定库存计划，并实施库存控制的供应链库存管理方式。

（3）快速反应（quick response，QR）。快速反应是指物流企业面对多品种、小批量的买方市场，不是储备了“产品”，而是准备了各种“要素”，在用户提出要求时，能以最快速度抽取“要素”，及时“组装”，提供所需服务或产品。供应链成员企业之间建立战略合作关系，适用 EDI 等信息技术进行信息交换与信息共享，用高频率小数量配送方式连续补充商品，以实现缩短交货周期，减少库存，提高客户服务水平和企业竞争力的供应链管理方法。

（4）有效客户反应（efficient consumer response，ECR）。ECR 以满足顾客要求和最大

限度降低物流过程费用为原则，能及时做出准确反应，使提供的物品供应或服务流程最佳化的一种供应链管理战略。ECR 有四个核心过程，如图 4–9 所示。

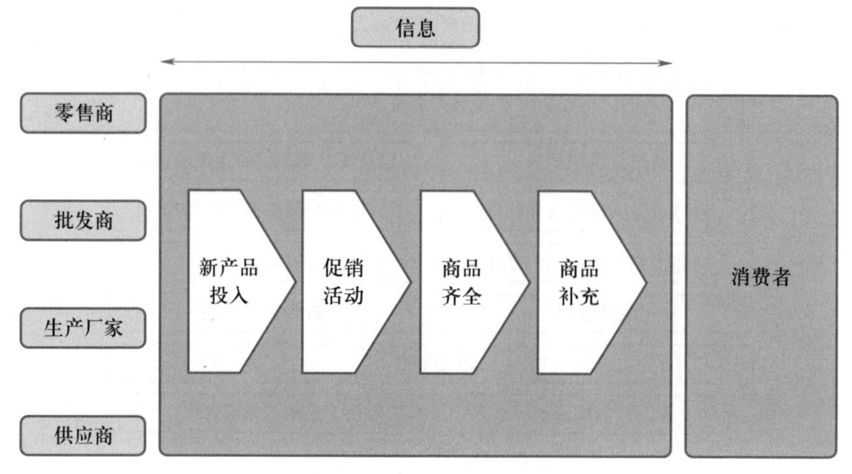

图 4–9　ECR 核心内容

（5）协同规划、预测和连续补货（collaborative planning forecasting & replenishment，CFAR）。CFAR 是利用互联网，通过零售企业与生产企业的合作，共同做出商品预测，并在此基础上实行连续补货的系统。CPFR 是在 CFAR 共同预测和补货的基础上，进一步推动共同计划的制定，即不仅合作企业实行共同预测和补货，同时将原来属于各企业内部事务的计划工作（如生产计划、库存计划、配送计划、销售规划等）也由供应链各企业共同参与。

3）供应商评价优选

供应商评价是供应链管理中的重要一环。目前供应商评价的标准不统一，评价标准多集中在供应商的产品质量、价格、柔性、交货准时性、提前期和批量等方面。智能工厂建设和大数据应用为供应商评价优选提供了新的途径。

一般的供应商优选过程包括以下步骤。

（1）分析市场竞争环境。这个步骤的目的在于找到针对哪些产品市场开发供应链合作关系才有效，必须知道产品需求、产品的类型和特征，以确认用户的需求，从而确认供应商评价选择的必要性。同时分析现有供应商的现状，分析、总结企业的存在的问题。

（2）建立供应商选择目标。企业必须确定供应商评价程序的实施方式、信息流程、负责人，而且必须建立实质性、实际的目标。其中降低成本是主要目标之一，供应商评价、选择不仅仅就是一个简单的评价、选择过程，它本身也是企业自身和企业与企业之间的一次业务流程重构过程，实施得好，它本身就可带来一系列的利益。

（3）建立供应商评价标准。供应商综合评价的指标体系是企业对供应商进行综合评价的依据和标准，是反映企业本身和环境所构成的复杂系统不同属性的指标，按隶属关系、层次结构有序组成的集合。根据系统全面性、简明科学性、稳定可比性、灵活可操作性的原则，建立集成化供应链管理环境下供应商的综合评价指标体系。不同行业、企业、产品需求、不同环境下的供应商评价应是不一样的。但应涉及供应商的业绩、设备管理、人力资源开发、质量控制、成本控制、技术开发、用户满意度、交货协议等方面。

（4）建立评价小组。企业必须建立一个小组以控制和实施供应商评价。评价小组必须同时得到制造商企业和供应商企业最高领导层的支持。

（5）供应商参与。一旦企业决定实施供应商评价，评价小组必须与初步选定的供应商取得联系，以确认他们是否愿意与企业建立合作关系，是否有获得更高业绩水平的愿望。企业应尽可能早地让供应商参与评价的设计过程。然而因为企业的力量和资源是有限的，企业只能与少数的、关键的供应商保持紧密合作，所以参与的供应商不宜太多。

（6）评价供应商。评价供应商的一个主要工作是调查、收集有关供应商的生产运作等全面的信息。在通过收集、自动采集等手段获得供应商信息的基础上，利用绩效评价方法（如加权平均法等）计算绩效度量指标，对供应商的绩效做出评价。例如，加权评分法在评价的过程后有一个决策点，根据一定的技术方法选择供应商，如果选择成功，则可开始实施合作关系，如果没有合适供应商可选，则返回步骤（2）重新开始评价选择。

（7）实施合作关系。在实施合作关系的过程中，市场需求将不断变化，可以根据实际情况的需要及时修改供应商评价标准，或重新开始供应商评价选择。在重新选择供应商的时候，应给予旧供应商以足够的时间适应变化。

由于大数据中存在较多的优势和价值，有助于更好地探索研究对象的经济行为，而且可以更加深入地分析研究对象的发展规律等。例如，在国内商用车龙头企业陕西汽车控股集团有限公司（简称陕汽集团）在供应商评价当中，采用了质量大数据平台，数据囊括了整车质量管理、零件周期故障分析、零件即时故障分析、售后索赔分析、整车实销分析和TOP表及异常数据等上下游大部分质量数据，如图4-10所示。其供应商评价通过对零部件在车辆运行过程中的故障模式、故障次数的排名，自动计算供应商的绩效评分，作为供应商优选的支撑。

图4-10 陕汽集团的质量大数据平台结构

在未来的发展过程中，借助大数据驱动业务形式的革新、改善管理思维、提升企业竞争力能够有效地促进产业的可持续发展，也能够更好地打造现代供应链，在此基础上建立合作共赢的供应商关系。工业互联网技术的发展，为现代供应链的建设提供了保障。通过使用互联网技术，能够充分地规划和管理产业链上的各个环节，促进各项物流活动的顺利进行，实现对于各项资源的高效整合，而且有助于提升整体的产业效率。

4.3.2　仓储物流管理

仓储物流管理是指按照系统化的设计原则，综合运用现代物流管理理念及物流信息技术所开发的企业物流信息管理的人机交互的系统，它具有快速处理信息及辅助决策功能。仓储物流管理系统主要功能是进行物流信息的收集、存储、传输、加工整理、维护和输出，为物流管理者及其他组织管理人员提供战略、战术及运作决策的支持，以达到组织的战略竞优，提高物流运作的效率与效益。

物流管理的目标是实现物流系统整体最优，而不是单个目标最优。它是通过统筹、协调和合理规划物流管理的各要素，控制整个商品的流动，达到效益最大和成本最小的目的，同时满足用户需求不断变化的客观要求。这样，可以形成一个高效的、通畅的、可调控的流通体系，可以减少流通环节、节约流通费用、避免各要素之间的矛盾与冲突，实现科学的物流管理，提高流通的效率和效益。

在企业的生产经营过程中，物流通过实现原材料、在制品、产成品等物的流动，成为满足客户需求的基础性物流活动，如图 4-11 所示。

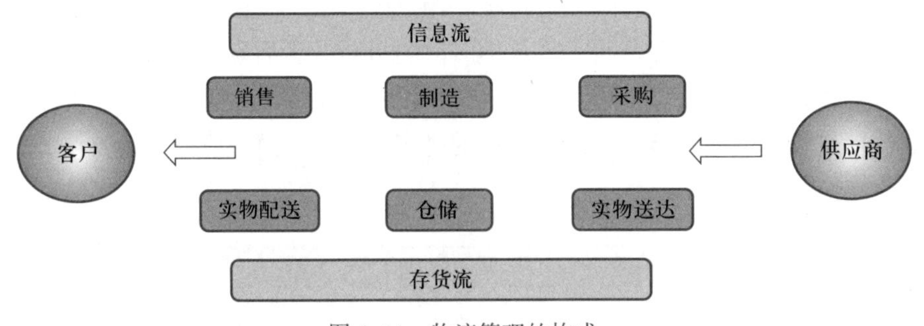

图 4-11　物流管理的构成

1）物流管理的方法

制造企业的仓储物流管理主要包含以下四方面的内容。

（1）结构网络化。这里所说的网络化有两层含义，一是指物流配送系统的信息网络，主要指物流配送中心与供应商、制造商以及下游顾客之间的联系实现计算机网络化；二是指组织的网络化，主要包括企业内部组织的网络化和企业之间的网络化。

（2）运作柔性化。柔性化原本是为实现“以顾客为中心”的宗旨在生产领域提出的，但要真正做到柔性化，实现根据消费者需求的变化灵活调节生产工艺，没有配套物流系统的柔性化是不可能的。20 世纪 90 年代以来出现的柔性制造系统（FMS）、计算机集成制造系统（CIMS）、敏捷制造（AM）、企业资源计划（ERP）、大规模定制（mass customization，MC）以及供应链管理，这些理念和技术的实质就是将生产和物流进行集成，敏捷响应客户需求、高效组织生产、保证优质交付。

（3）组织标准化。组织标准化是以物流为一个大系统，制定系统内部设施、机械装备、专用工具等各分系统的技术标准，制定系统内分领域（如包装、装卸、运输等方面）的工作标准，以系统为出发点，研究各分系统与分领域中技术标准、工作标准的配合性，并按配合性的要求，统一整个物流系统的标准，研究物流系统与相关其他系统的配合性，进一步谋求物流大系统标准的统一。

（4）服务社会化。在专业化分工越来越细的社会背景下，企业需要组织和利用好企业内部和外部两个制造资源。服务社会化是企业在社会化分工中整合优质资源的基本要求。生产企业与原材料供应商、标准件生产厂、外协厂、专业的第三方物流企业等相互之间实现协作，可以优化提升企业的物流效率或库存保供能力。

2）供应链物流特点

供应链物流系统的特点主要表现在以下三个方面。

（1）物流运作的效率和效益取决于上下游企业。有些企业可能认为物流运作仅与物流服务提供商的服务效率有关。实际上，在供应链环境下要想使物流对市场需求做出快速反应，离不开供应链节点上的企业同步采取行动，加强彼此间的协调与合作。

（2）物流运作强调稳定性与弹性的平衡。供应链管理强调对客户需求的敏捷响应。客户的需求是千差万别的，面对不同的客户，物流体系必须具有足够的弹性，以尽快响应不同的需求。同时，还要维持相对稳定的运营系统，以保证较高的服务质量和服务水平。

（3）物流运作离不开信息系统的支撑。信息系统是供应链管理的重要支撑，信息共享是实现供应链业务流程一体化的重要手段。物流运作本身离不开信息技术的支撑，供应链环境下的物流管理更是如此。通过信息技术，生产企业可以有效地沟通供应链上下游企业之间的物流订单信息，并在信息系统的支撑下，完成订货、生产、运输、仓储、流通加工等功能一体化，使物流管理统一、响应敏捷。

4.3.3 智能工厂物流管理

在智能供应链的价值链运营环境下，智能物流已经成为智能工厂的核心要素。智能工厂需要智能物流作为生存环境，为此工厂规划和运营管理必须要具备“流动思维”和“供应链交付思维”。“大交付、大物流、小生产”“制造工厂物流中心化”的工厂规划和运营理念，在制造业中已经得到越来越多的认同和实践。智能供应链与物流体系的关系如图 4-12 所示。

1）智能工厂物流系统构建

智能工厂物流构建的目的，是以物流规划和运营为主线、以工厂有效运营为导向、“以终为始”进行规划，实现所有规划和资源要素的联动和拉通。智能工厂的物流规划与生产设备设施布局规划以及生产线的精益改进同时进行，相互协调，互为支撑，主要包括

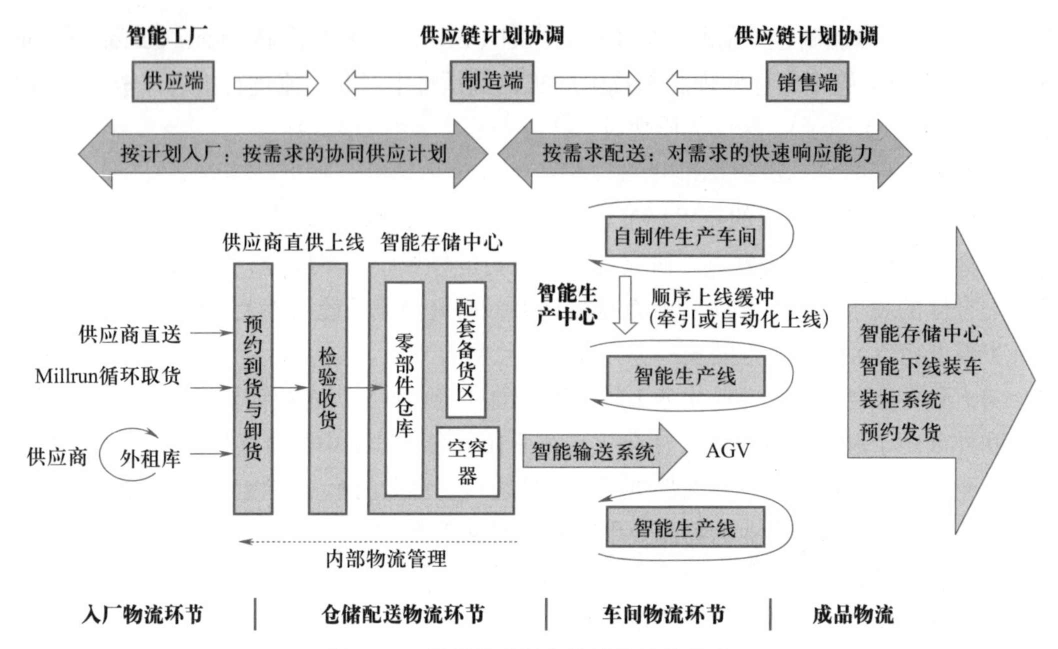

图 4-12 智能供应链与物流体系的关系

以下内容。

（1）园区的整体物流布局。包括园区外物流与园区内大物流，依据物流与人流的大数据分析，量化生产区、办公区、生活区的物流关系，设定园区出入口，策划园区内主次干道及流向，布局物料仓及成品仓区域，特别考虑安全要求高的附属设施布局需求。

（2）车间内部的物流布局。按照物流路线最短、物流强度最低原则，布置生产功能区，以及相应的生产辅助功能区，特别考虑物料中心的配置，以及物料拣配中心的功能需求。

（3）生产线物料配送方案。识别每一种工序物料，以及生产断点物料（半成品）的物流特征，通过为每个产品做计划（plan for every part，PFEP）分析，配合生产线工艺改进选择物料配送模式。

（4）智能仓储与搬运设计。依据物料配送方案，设计相应的物料拣配方案、物料仓储方案以及物料输送方案，包括物料立体仓储及卸货区设计、成品仓储及出货码头设计、智能物流分拣设备 / 输送设备的选用等。

（5）基于物流的工序工装容器设计。依据物料配送方案、拣配方案和输送方案，设计相应的物料容器、物料车、物料架、挂具等，充分考虑物料工装的标准化、系列化、规范化，便于信息码的应用及网络化集成。

（6）物流设施信息网络化集成。物料信息采集与识别的策划，智能物流设备的信息联网，以及与生产计划调度系统、制造执行系统、采供供应链管理、客户关系管理等系统的交互集成，确定数据接口标准、交互规则等。

2）智能工厂物流技术手段

传统的物流设备设施，比如常见的行车、叉车、滚筒线、皮带线、货架等，多数不能与信息化系统互联，已经完全不能适应智能化的要求，因而现代智能化物流设备设施的合理选用与设计也是智能工厂物流规划的重要内容。常见的智能化物流技术手段包括如下几种。

（1）智能立体仓储技术。它是堆垛技术、控制技术、自动识别技术、数据挖掘技术、人工智能技术、GIS 技术等组成的综合技术。

（2）智能输送技术。智能输送设备由行走机构、传感系统和控制系统三大部分组成。常见的有机器人、AGV、RGV、积放链、摩擦链等，目前这类设备技术日臻成熟，应用实践广泛，可靠性大幅提升。

（3）智能拣选技术。常见的智能拣选技术有摘果式拣选、播种式拣选、语音拣选、灯光拣选、AR/ 智能眼镜拣选等，智能拣选设备有智能拣货小车、带式自动分拣机、斜导轮自动分拣机、滑块式自动分拣机等。

（4）智能识别技术。以计算机、光、机、电、通信、人工智能等技术的发展为基础的一种高度自动化的数据采集技术，其中二维码、无线扫描仪、PAD 终端、RFID 等应用比较广泛。

（5）智能物流集成技术。将智能识别技术、智能输送技术、智能仓储技术等进行有机整合，通过统一的标准集成系统软件与硬件设备。

3）智能工厂物流网络优化

在智能工厂物流网络构建的过程中，收集的数据和信息是分散的，只有通过有效的分析工具和分析模型，才能将这些数据和信息综合起来。物流网络规划建模工作就是将这些已收集的数据信息进行综合分析与优化的过程。

物流网络最优化设计比较复杂，通常要借助数学模型和计算机来实现。随着信息技术的发展，物流网络中的优化已形成了多种方法，常用的模型可分为以下五种。

（1）图表技术。泛指大量的直观方法。

（2）仿真模拟模型。仿真技术在物流规划中十分重要，并有广泛应用，其优点在于能方便地处理随机性的变量要素，并能对现实问题进行比较全面的描述。物流网络的模拟将成本、运输方式与运输批量、库存容量与周转等要素赋予合理的数量关系并加以描述，通过编制计算机程序进行物流网络的模拟运行。

（3）优化模型。优化模型通过精确的运筹学方法求出决策问题的最优解。在提供了假设前提和足够的数据后，优化模型能够保证求出最优解。许多复杂的模型借助计算机程序已经可以方便地求解。

（4）启发式模型。启发式模型在建模上介于仿真模拟模型与优化模型之间，能对现实问题进行较为全面的描述，但并不保证得到最优解。启发式模型追求的是满意解，而不是最优解，在解决物流管理中一些最困难的决策问题时，该方法具有很强的可操作性。

（5）知识数据驱动系统模型。知识数据驱动系统模型也称人工智能系统，是将人们以往在解决问题中积累的经验方法与专长转化为知识，把专家的知识与解决问题的逻辑思维以模型算法的方式“传授”给计算机，借助其强大的计算能力解决实际问题。开发知识数据驱动的系统模型，最大的难题在于如何识别、获取专家的智慧与知识，并将之转化成数据语言和数学模型。

对于智能工厂而言，其物流网络是传统物料搬运设计的升级迭代，需要结合数字化、网络化、智能化技术方法，不断进行升级优化，从而实现工厂物流的智能化。

案例 4-3

联想智能链控制

2017 年，联想正式踏上了智能化战略转型之路，确立了全球供应链（global supply chain，GSC）数字化转型路线图，开启了供应链数字化转型。联想自主研发了供应链智能控制塔（supply chain intelligence，SCI），如图 4-13 所示。该智能控制塔旨在通过构建以数据驱动的智能供应链生态体系，让传统供应链向智能化转型。该模型获得工业互联网产业联盟公布的“2022 年供应链数字化转型案例”。

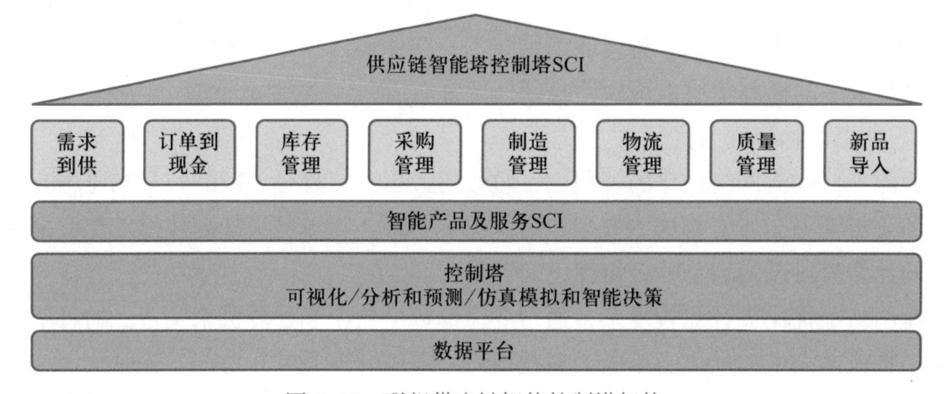

图 4-13　联想供应链智能控制塔架构

供应链智能控制塔在联想供应链完美地担任了“指挥和决策中心”这一角色。只要进入系统，就能清晰地知道 30 多家自有及合作工厂、2 000 余家核心零部件供应商、280 万家分销商和渠道商，以及服务 180 多个国家和地区客户的需求和供应情况。即使是针对一颗螺钉的库存和需求，供应链智能控制塔都能帮助联想进行调度和决策。

供应链智能控制塔不仅能管理供应链的运营、提升客户的满意度，还能与合作伙伴共同提升整体运营效率。针对缺少订单全流程管理的可视化这一痛点，智能控制塔结合订单自动化解决方案，探索出订单可视化的方法。通过订单系统集成，基于事先制定的规则，自动完成订单，并创建了订单追踪中心和自动化解决方案，打破了“信息孤岛”，实现了供应链生态体系内业务运营信息的数字化，并可以实时共享。其涵盖的需求供给管理、订单管理、库存管理、采购管理、制造管理、物流管理、质量管理和新品导入等端到端的商流、信息流，通过结构化管理方式达成数据的呈现、查询、统计和分析，联想全球的供应链及合作伙伴都能整体可见。

不仅如此，如图 4-14 所示，作为供应链的“指挥和决策中心”，供应链智能控制塔可以辅助供应链解决诸多问题，比如对呆滞物料合理处理、精细化管理存货业务流程、设定风险预警指标等。

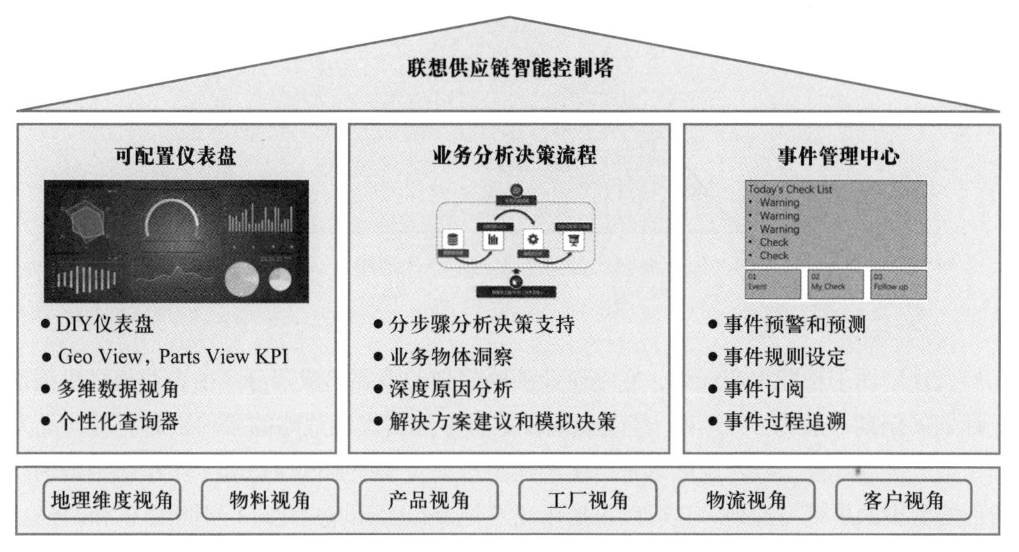

图 4-14　联想供应链智能控制塔功能

利用数据建模、数据计算、数据分析形成知识积累，供应链智能控制塔实现了管理智能化和服务智能化。通过机器学习、人工智能等技术手段，充分挖掘数据资产价值，模拟决策分析场景，辅助管理者决策，并从事件和反应中自主学习并矫正。在运营中心、管理中心的基础上，供应链智能控制塔还是智能决策中心。

与传统的供应链相比，联想供应链实现了端到端的全价值链覆盖，透明的数据使决策时间缩短了 50%～60%；工作流程自动化程度提高，工作效率提升 10%～20%；订单交货及时率提升了 5%，制造和物流成本降低了 20%，库存控制保持了行业领先水平。

联想供应链已经成长为集团的核心竞争力之一。联想在全球拥有 30 多个生产基地，2 000 余家零部件供应商，280 万家分销商和渠道商，与 5 000 家供应商建立了合作关系，并同 400 多家核心供应商建立了数字化平台，实现了协同运作。

4.4　生产计划与企业资源管理

在离散型制造工厂中，企业从原材料投入产品产出的生产循环效率、产出的效能、产品的质量、单品能耗、资源利用率等经营指标都与企业的资源计划与执行情况密不可分。有效的生产计划与控制过程，可以使企业高效、低耗、高质量、准时地向客户交付订单产品和满意的服务。

制造企业的生产计划体系按照计划期的长短可以分为五个层次，如图 4–15 所示。

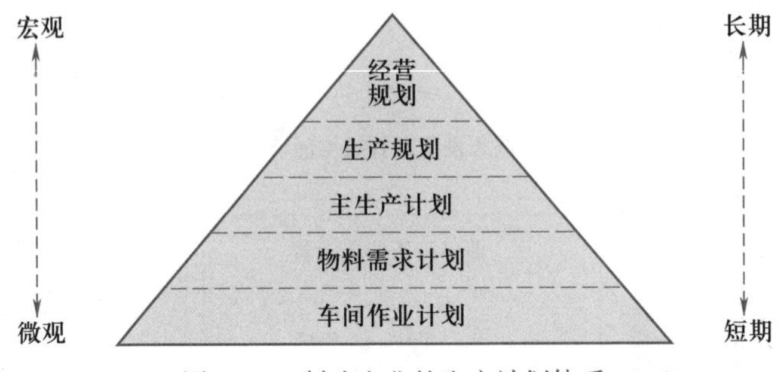

图 4–15 制造企业的生产计划体系

1）经营规划

经营规划属于长期生产计划，它是企业战略规划的重要组成部分，由企业最高决策层制定，计划展望期一般为 3～5 年。经营规划根据企业经营发展战略的要求，对有关产品发展方向、生产发展规模、技术发展水平、生产能力水平、新设施的建造和生产组织结构的改革等方面所做出的决策与规划。它可以根据市场变化及经营环境变化进行不断修正和调整。

2）生产规划

生产规划也称为生产计划大纲，属于中期生产计划，是企业管理层参与制定的年度生产计划。它根据经营规划、市场需求情况、企业的年度经营目标、销售与运作计划、供应链响应能力等，确定在现有条件下某一年度内计划实现的生产目标，如产值、品种产量、质量、利润等。

3）主生产计划

主生产计划属于短期生产计划。主生产计划（master production schedule，MPS）是在生产规划的基础上，由计划部门编制确定每一个订单、每一种产品生产的计划，是企业生产管理的主要依据。主生产计划可以是季度计划或月度计划，计划任务可以具体到周、天甚至是班次等细分的时间段。

4）物料需求计划

物料需求计划（MRP）是根据主生产计划分解物料需求形成的计划。MRP 根据主生产计划确定的各个时间段内产品的出产数量，按照产品的加工装配关系，逐层逐项倒推分解确定每一种物料的生产数量和完工时间，形成物料需求计划。MRP 从最终产品一直分解到原材料或外购件为止，它是车间作业计划和外购件采购计划的编制依据。

5）车间作业计划

车间作业计划是根据物料需求计划和生产工艺路线确定企业各个车间自制件生产的作业计划。车间作业计划是生产车间安排生产任务和进行生产领料的依据。各个生产车间需要根据车间作业计划完成生产任务才能保证主生产计划确定的产品生产计划按计划交付。

4.4.1 物料需求计划

企业的生产系统是一个投入原材料输出产成品的生产转化系统。在输入端，企业从供应商手里购买原材料并支付相应的采购款。在输出端，企业将产品销售给客户并收回销售款。在企业内部，原材料经过加工、装配等生产环节，最终成为客户需求的产品。整个采购、生产、销售的过程中，物料从原材料变换为各种零部件、产成品，形成了从供应商到企业各生产环节再到客户的物料流，简称为物流。同时，从客户到企业到供应商形成了资金流动的资金流。制造企业通过物流、资金流的双向循环，实现生产增值、创造利润和资本累积。但是，对于离散制造企业而言，产品通常由成千上万的零部件装配而成，每个零部件对应的原材料供应商还会有多家。在产品端，客户需求的多样性会导致产品的多样化，因而在制造企业中，实际的物流不是一个简单的顺序流，而是一个制造物流网络。物流网络中的每一个节点是一种需要区分管理的物料。例如，采购回来的原材料 A，经过机加车间下料成 B，加工成为零件 C，再经过后续的装配环节组装到某产品 D 上，这个过程就包含了原材料 A 到 B、C 再到 D 的物料变换过程。在企业经营过程中，产品的销售、原材料的采购都会受市场供求关系、供货周期、批量、价格等多因素影响产生波动和不确定性。在企业内部，生产系统也会因为设备故障、零部件不齐、质量缺陷等问题，导致生产过程出现停歇和不能按期交货。为了消减企业外部、内部的波动性对生产系统的冲击，维持生产过程的连续和稳定，企业会建立仓库，通过储备一定数量的库存物资来消减波动性影响。但是，设立库存就会使这部分物资暂时处于生产的价值循环之外，并且要占用流动资金、产生额外的仓储和人工费用等管理成本，甚至会因为库存物资失效、淘汰造成企业的直接经济损失。因此，如何组织好生产、管控好库存、平衡好库存带来的收益与损失成为制造业发展过程中的经典问题与热点问题。

1. 物料需求计划（MRP）的产生

MRP 是 20 世纪 60 年代中期才提出的一种物料需求计划与库存控制的方法。在 MRP 产生之前，企业主要采用订货点法进行采购订货和库存控制。订货点法是根据经济批量和订货点的原则，对生产所需的各种原材料进行采购管理，从而达到降低库存、加快资金周转效益的目的。订货点法是一种按过去的经验预测未来物料需求的方法，它的实质是对不断消耗的库存物资的提前补充。订货点法依据对库存补充周期内的需求量预测，并保留一定的安全库存储备，来确定订货点，一旦库存储备低于预先规定的数量（即订货点），则立即进行订货来补充库存。订货点法原理如图 4–16 所示。

订货点可以用如下公式计算：

$$订货点=单位时段的需求量 \times 订货提前期+安全库存量$$

订货点法的局限性有如下三点：① 订货点法忽略了产品物料之间的结构依赖关系，把每一种物料当作一个独立个体，分别进行物料消耗预测和库存控制，导致生产过程中出现有结构关系的物料之间数量不匹配问题，造成要么缺货、要么积压的后果，形成缺货损失或库存积压浪费；② 订货点法的前提是假定物料需求是稳定连续的，但实际上供销市

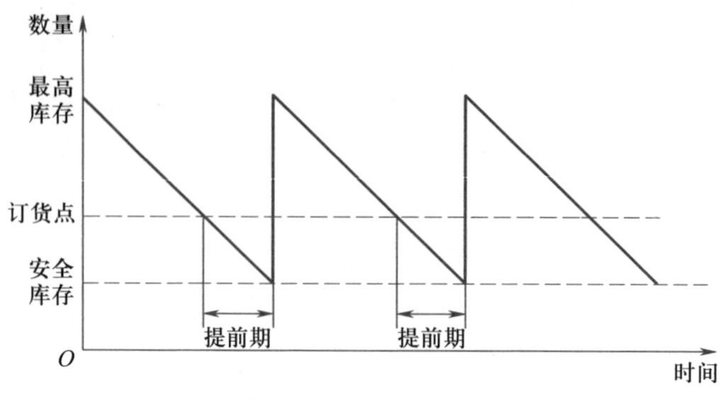

图 4-16　订货点法原理图

场都是波动和不确定的，这种波动不确定性会加剧制造过程中物料需求的不均匀性、不稳定性和不连续性；③ 订货点法的出发点是补充库存而不是满足生产系统对物料的需求计划，不能有效解决何时订货的问题。

MRP 是在订货点法基础上发展起来的，它把企业生产中涉及的所有产品、零部件、原材料等在逻辑上统称为物料，并把物料分成了独立需求和相关需求两类。独立需求是需求量和需求时间由企业外部客户订单或市场需求预测所决定的那部分物料的需求。相关需求是根据产品组成关系，由独立需求的物料分解产生的需求，如产品装配所需要的零部件、原材料的需求就属于相关需求。MRP 与订货点法有如下区别：① 将物料需求区分为独立需求和相关需求并分别加以处理；② 通过产品结构关系建立了相关需求物料之间的需求时间与数量关系；③ 通过引入物料的库存数据实现了物料库存状态的持续控制。

2. MRP 的基本原理

从制造企业的物流过程来看，MRP 以产品结构关系为主线，把客户的产品订单交付和企业的生产、原辅材料的采购有效地关联起来。MRP 围绕客户产品需求组织制造资源，根据产品出产计划倒排相关物料的需求计划，解决了销、产、供脱节难题，实现生产过程既不出现短缺又不积压库存的目标。

MRP 的基本原理如图 4-17 所示。企业依据客户订单、销售预测和其他需求制定主生产计划。按照主生产计划确定的产品在每个计划时间段的产出数量，依据产品的物料清单和提前期信息，逐层逐项分解计算相关物料的需求数量和需求时间，并结合物料的可用库存信息，计算生成物料需求计划。在物料需求计划的基础上，企业可以根据生产能力进一步确定企业的自制

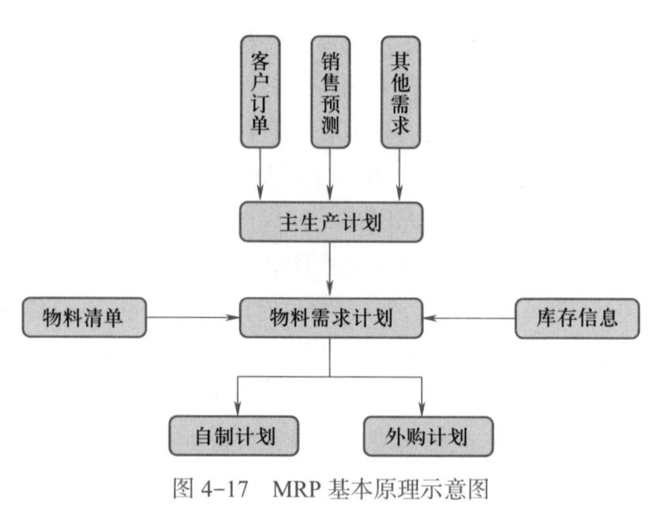

图 4-17　MRP 基本原理示意图

计划和外购计划。自制计划进一步根据工艺路线分解就可以生成车间作业计划。

在 MRP 的分解计算中，有几个关键的基础信息。

1）物料清单

物料清单（bill of material，BOM）是描述组成产品的各个零部件、原材料之间的层次结构关系和用量关系的文件。在 MRP 系统中，产品的层次结构关系用物料编码和特定的数据格式来描述，这种以数据格式来描述产品结构的文件就是 BOM，或称为 BOM 表。

BOM 通过建立物料之间的关联关系，定义了产品生产的“期量标准”，成为企业生产计划、库存控制与成本核算的主要依据，它对于生产资源的协同和物料的高效利用至关重要。近年来，基于产品出产与相关资源之间的耦合关系，BOM 已经在原有的物料关系基础上扩展派生出了设计 BOM、工艺 BOM、质量 BOM、成本 BOM、维修 BOM 等多种 BOM。BOM 已经成为一种建立制造过程各种资源相互关系的理念和思想方法。

案例 4-4

法士特汽车变速器 BOM（图 4-18）

法士特公司的汽车零部件 BOM，一般为两层至多层不等。顶层为大总成协议号，第二层为小总成（如变速器、取力器、缓速器等），接下来依次为分总成、零件、毛坯等。多层 BOM 最低层级一般为生产毛坯的原材料。

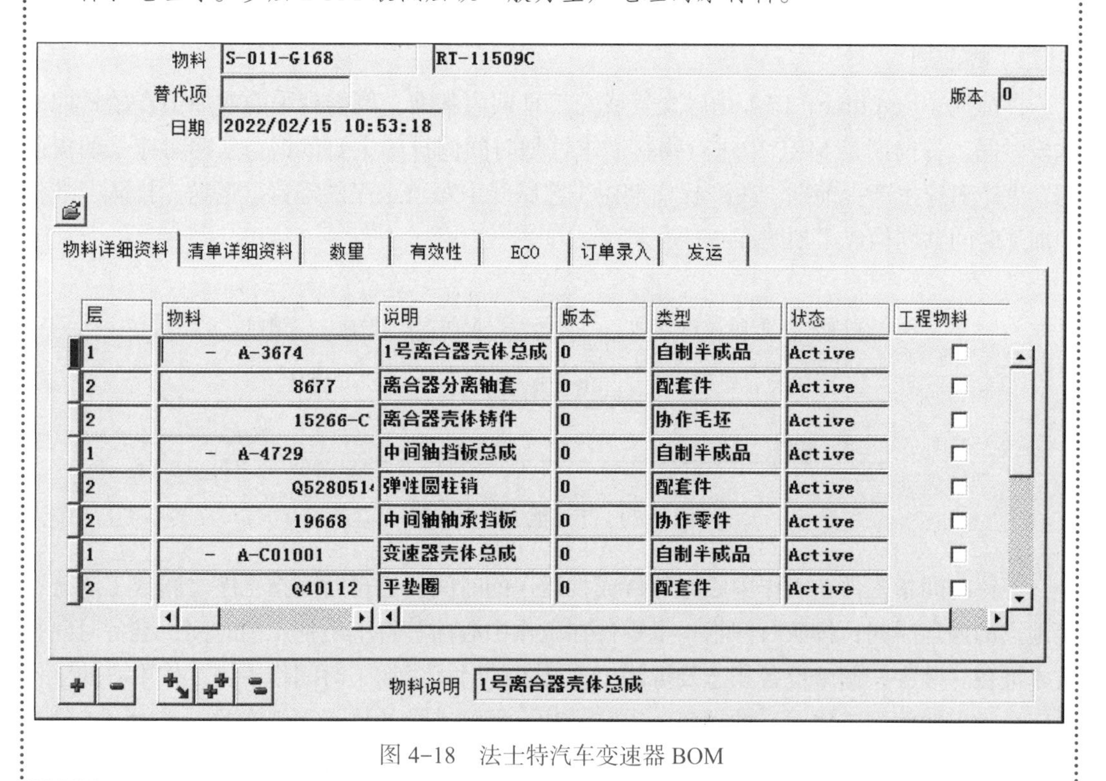

图 4-18 法士特汽车变速器 BOM

案例 4-5

西电高压开关操动机构公司的活塞杆零件加工工艺 BOM

活塞杆零件的生产共有 12 个工艺过程，其加工工艺 BOM 表达如图 4-19 所示。

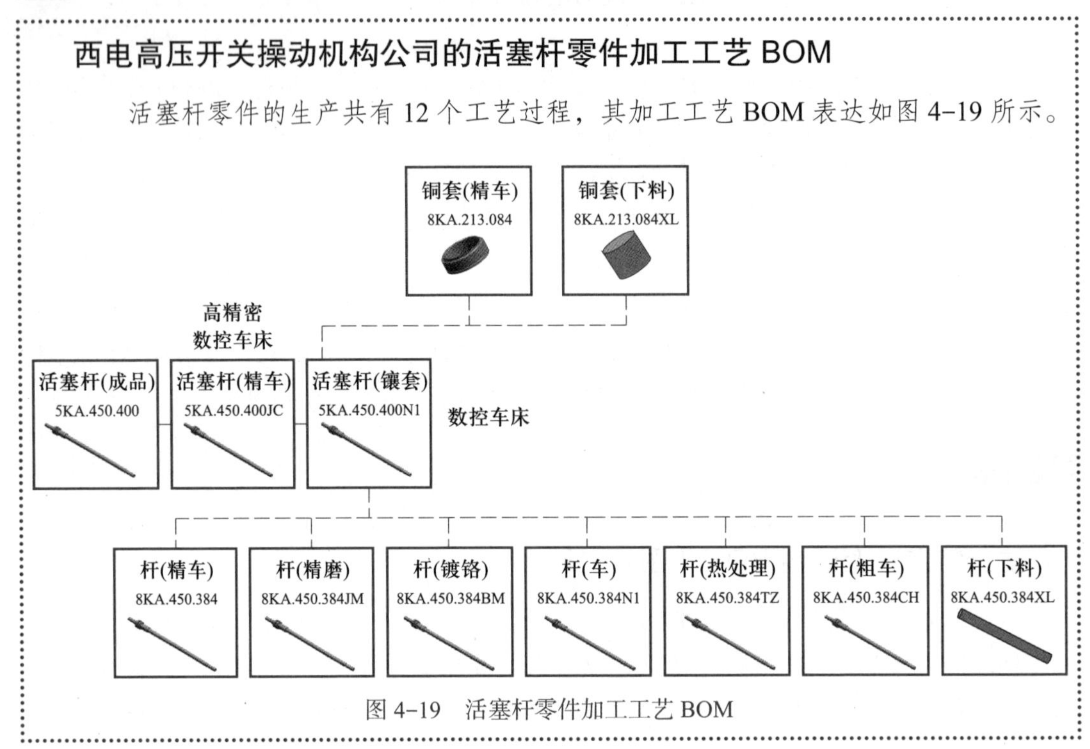

图 4-19 活塞杆零件加工工艺 BOM

2）提前期

提前期（lead time，LT）是以交货或完工日期为基准，倒推到采购或加工开始日期的这段时间。提前期是 MRP 中进行物料需求计划时间倒排的主要依据。采购对应采购提前期，生产对应生产提前期。生产提前期由工艺路线中每道工序的等待、运送、排队、准备和加工时间共同构成，如图 4-20 所示。

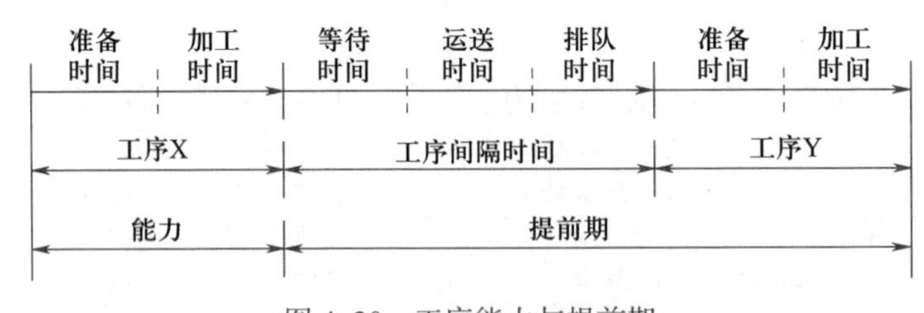

图 4-20 工序能力与提前期

等待时间指工件在工作中心旁等待成批运送的时间；运送时间指工序之间或工序至存储地点的搬运时间；排队时间指一批零件在工作中心前等待上机加工的时间；准备时间指技术准备、装夹、调整设备状态及拆卸工艺装备的时间；加工时间指占用工作中心的工作时间，加工时间同工作中心的效率、工装设计、操作人员的技术水平有关。其中，工件在设备上加工的准备时间 + 加工时间是计算各个任务单元能力的主要依据。

从产品生产的全过程看，提前期还有总提前期和累计提前期。总提前期是产品从设计到交付的总提前期，包括产品设计、生产准备、采购、加工、装配、试车、检测、包装发运的提前期；累计提前期是采购、加工、装配提前期的总和。总提前期和累计提前期可以看成一种标准提前期。在实际运作中，有些工序环节可以通过并行工作或分配在多个任务单元上进行来缩短提前期，实现产品快速上市。

3）生产批量

生产批量是企业根据生产系统和产品的特点，考虑工艺准备时间、加工时间、工装夹具安装及使用成本，按照经济效益法则计算和规定的一次最小生产产品或零部件的经济数量。生产批量也可以是单件，如汽轮机的转子、发动机缸体等高价值的大件。

4）安全库存

安全库存是为了预防需求或供应方面不可预测的波动，在仓库中经常保持的最低库存量。

5）工作中心

工作中心是对各种生产任务与生产能力单元的统称，是生产计划与控制的基本单元。工作中心可以是车间、产线、班组或设备。工作中心的大小与企业生产管理的精细化程度有关。在编制生产计划的过程中，工作中心是下达生产任务、进行任务负荷与能力平衡的基本单元。

6）工艺路线

工艺路线是描述零件加工和产品装配工序的技术文件，它是关联各工序的物料、工作中心、提前期和工时定额等工艺数据的纽带，是安排各工作中心任务、计算各工作中心生产负荷、监控生产进度、核算标准成本的依据。

有了以上基础信息就可以根据主生产计划进行 MRP 分解计算。MRP 分解计算要完成三项主要任务：① 根据产品 BOM 结构自顶向下逐层分解物料需求，确定客户所需要的产品到加工、装配的零部件到外购的原材料或标准件的所有物料；② 根据产品 BOM 父子物料之间的需求数量关系，计算产品需求数量对应的每一种物料的需求数量；③ 按照每一种物料的提前期逐一根据完工日期倒推开工日期。

在 MRP 计算中，把未考虑可用库存量的需求量称为毛需求，把考虑了可用库存量的需求量称为净需求。MRP 计算的基本流程如下。

（1）计算毛需求量

毛需求量=父物料的计划投入量 ×BOM 中父物料对子物料的需求量

（2）计算预计可用库存量

某时段的期末库存量=前期可用库存量+本时段的计划接收量－本期毛需求量

（3）计算净需求量

净需求量=本期毛需求量－前期可用库存量－本时段的计划接收量+安全库存量

（4）计算计划产出量

净需求量＞0，需求根据批量原则安排在本期完工交付相应数量的产品。

（5）计算计划投入量

根据计划产出量、成品率计算需要的投入量，并根据提前期倒排开工时间。

MRP 计算的运算逻辑如图 4-21 所示。图中，主生产计划确定了 X 产品的产出交付时间，按照 X 产品的 BOM 结构和各物料对应的提前期、批量等参数，可以分解确定自制件 A、C 的加工计划和外购件 O 的采购计划。

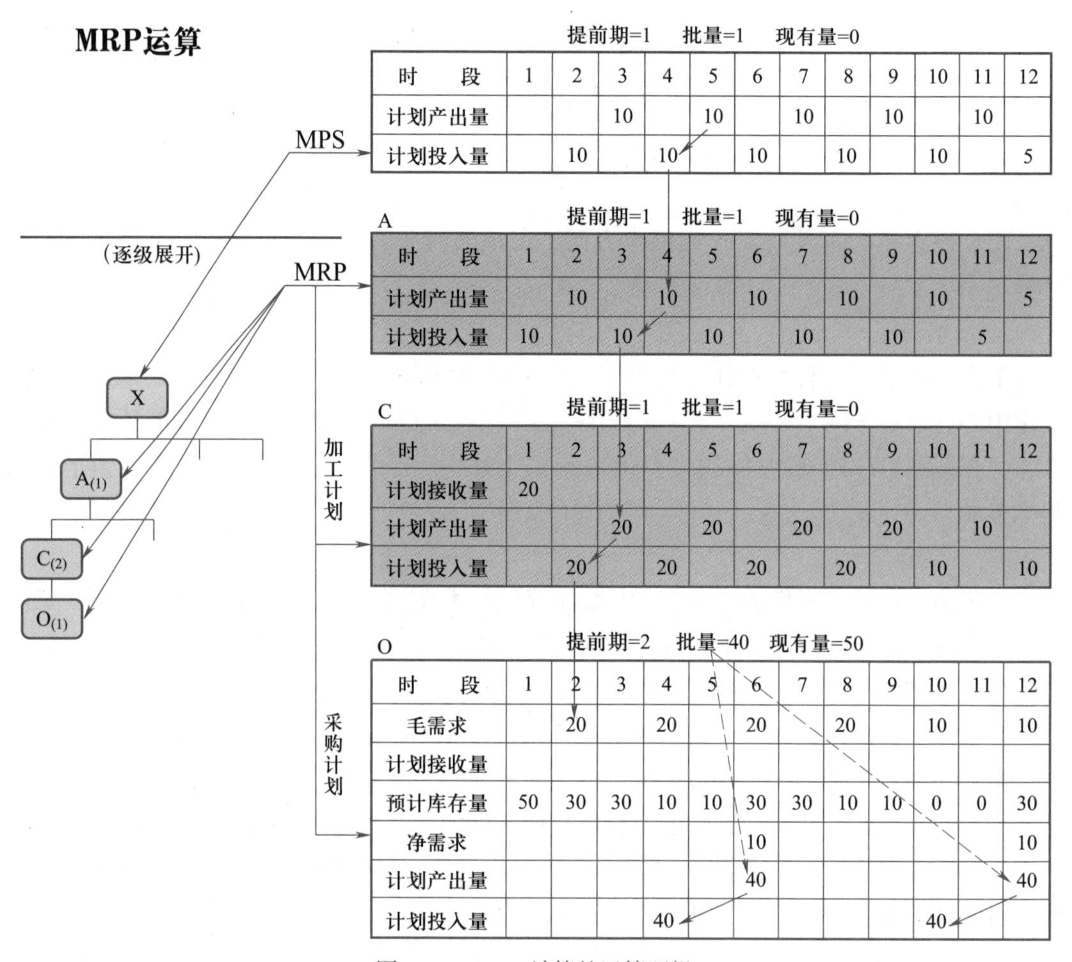

MPS　提前期=1　批量=1　现有量=0

时　段	1	2	3	4	5	6	7	8	9	10	11	12
计划产出量			10		10		10		10		10	
计划投入量		10		10		10		10		10		5

A　提前期=1　批量=1　现有量=0

时　段	1	2	3	4	5	6	7	8	9	10	11	12
计划产出量		10		10		10		10		10		5
计划投入量	10		10		10		10		10		5	

C　提前期=1　批量=1　现有量=0

时　段	1	2	3	4	5	6	7	8	9	10	11	12
计划接收量	20											
计划产出量			20		20		20		20		10	
计划投入量		20		20		20		20		10		10

O　提前期=2　批量=40　现有量=50

时　段	1	2	3	4	5	6	7	8	9	10	11	12
毛需求		20		20		20		20		10		10
计划接收量												
预计库存量	50	30	30	10	10	30	30	10	10	0	0	30
净需求						10						10
计划产出量						40						40
计划投入量				40						40		

图 4-21　MRP 计算的运算逻辑

目前在一些成熟的企业资源计划软件中，MRP 算法已经作为基本功能模块实现在软件中，但是 MRP 的基本原理方法仍然是解决制造企业供产销脱节、产品装配零部件不齐套、生产循环效率低等问题的有效手段，需要学习掌握和有效利用。

4.4.2　企业资源计划

企业资源计划（ERP）是 Garter Group 公司于 1990 年提出的一种企业资源综合计划管理的思想方法，是对 MRP 的发展和完善。MRP 分解实现了根据客户需求分解确定物料需求并进一步形成企业自制件生产计划和原材料采购计划，但是，MRP 并没有考虑企业实际的生产能力限制，也没有考虑生产循环中物流与资金流的协同和人力资源的匹配等问题。于是，在 MRP 后续的发展中先后出现了闭环 MRP、制造资源计划（MRPⅡ）和 ERP，分别解决了制造企业生产运作管理中生产任务负荷与能力平衡问题、生产计划与财务集成管理问题、企业资源的综合计划管理等问题。

1. 生产计划的能力负荷平衡

制造企业由一个个加工单元按照工艺路线串接起来形成产品生产的产线。产品的生产计划需要按照生产工艺路线对应下达给各个加工单元。在生产计划与控制的管理范畴，接收生产计划的生产单元或者任务单元统称为工作中心。工作中心是生产计划、能力平衡、成本核算、工艺规划的基本单元。

生产能力是反映生产单元产出能力的指标，可以用单位时间出产的最大产品数量或者可以提供的工作时间等指标来衡量。单台设备及产线的生产能力可以用以下公式计算：

$$P_0=\frac{F_e}{t} \tag{4-8}$$

式中：P_0 为单台设备生产能力；F_e 为台设备计划期内有效的工作时间；t 为产品的工序时间定额，由加工时间和准备时间构成。

工序由一台设备完成时，单台设备的生产能力就是工序生产能力。工序由 n 台设备完成时，工序生产能力为 P_0n。

任务负荷是反映生产计划下达给工作中心的生产任务量的指标，相应的可以用产品出产的数量或工作时间指标来衡量。工作中心的任务负荷用工作中心完成生产任务时各工件加工的工时定额总量来衡量。生产计划的能力负荷平衡主要是对各工作中心的生产能力和任务负荷进行平衡计算。

在 MRP 进行物料需求分解和生产计划编制的过程中没有考虑工作中心的生产能力与任务负荷的平衡问题。但在实际生产中，企业的生产能力是有限的。为了保证生产计划的可执行性，需要在 MRP 分解计算的基础上对工作中心进行能力负荷平衡，由此发展产生了闭环 MRP。闭环 MRP 在物料需求计划的基础上引申出了能力需求计划，通过能力需求计划对各工作中心的生产能力与任务负荷进行平衡协调，通过闭环反馈最终形成一个可执行的物料需求计划。图 4-22 是美国生产与库存管理协会提出的有限能力闭环 MRP 的原理图。

闭环 MRP 是一个集计划、执行、反馈为一体的综合计划系统，它把生产任务需求和生产能力供给结合起来，对物料需求计划对应的资源能力需求进行计划与控制，使生产的各种资源得到有效协同和利用。闭环 MRP 的能力负荷平衡是企业进行零部件自制和外购、外协的一个重要决定因素。在生产能力不足时，企业可以通过外协加工或外购标准件弥补自身生产能力的不足。

MRP 的逻辑和思想，不仅仅局限在物料的需求计算上，它已经成为现代企业有效协同利用各种资源的一种哲理和方法。据此派生出了资金、人力等资源计划的一系列计算方

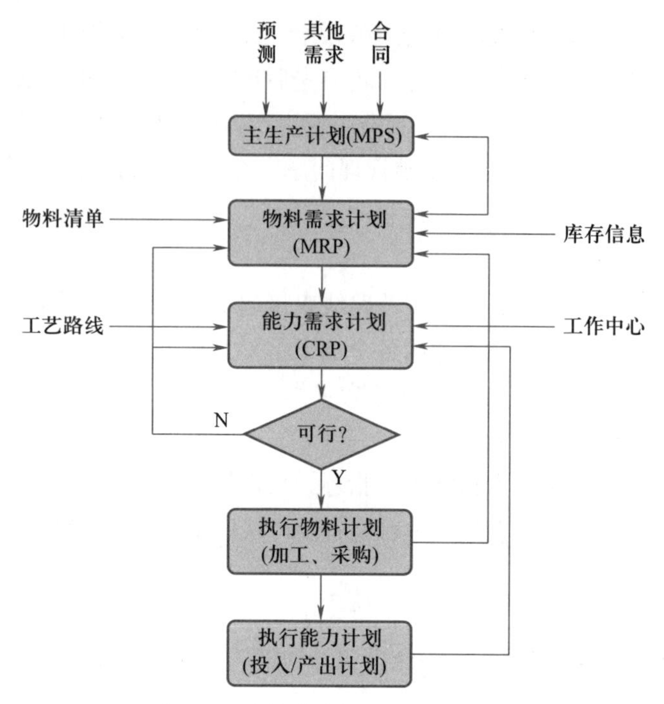

图 4-22 有限能力闭环 MRP 原理图

法，形成了物料、资金、人力等一系列资源的协同和多闭环控制，成为企业 ERP 系统的核心管理逻辑。

2. 生产计划与财务的集成管理

20 世纪 80 年代初，在闭环 MRP 的基础上，制造资源计划将制造资源的管控范围扩大，将人、机、料、法、环、测以及资金、技术、时间、空间等要素都考虑在内，使生产、销售、财务、采购、工程紧密结合在一起，共享有关数据，组成了一个面向生产管理的集成优化模式，形成了 MRPⅡ。MRPⅡ在闭环 MRP 的基础上进一步与财务数据集成，实现了物流、资金流与信息流的双闭环，解决了财务数据与生产数据对不上的问题。

如图 4-23 所示，MRPⅡ从产品规划到主生产计划、物料需求计划建立了多个闭环反馈的资源需求与能力平衡计划。在产品规划层增加了相应的资源需求计划，在主生产计划层增加了对生产过程中任务负荷较重的关键工作中心的粗能力计划，以合理安排计划保证客户订单的按期交付。同时，生产数据与财务系统数据有效集成，实现销售应收账款、采购应付账款、生产成本核算等数据的集成共享，实现物流、资金流、信息流的协同一致。

3. 企业资源计划系统

ERP 在 MRPⅡ的基础上，进一步把企业资源计划的范围从制造环节延伸到企业经营管理的全链条全要素，实现对企业内部与外部资源的协同管控优化。经过多年的发展，ERP 已经成为一种企业资源管理的理念、方法和模式，实现这一理念的应用软件称为 ERP 软件，ERP 软件在具体企业的应用就形成了 ERP 系统。ERP 系统通过贯穿企业销产供全链条的资源协同、信息共享，提升企业生产循环的效率和资源利用率，提高产品和服务质

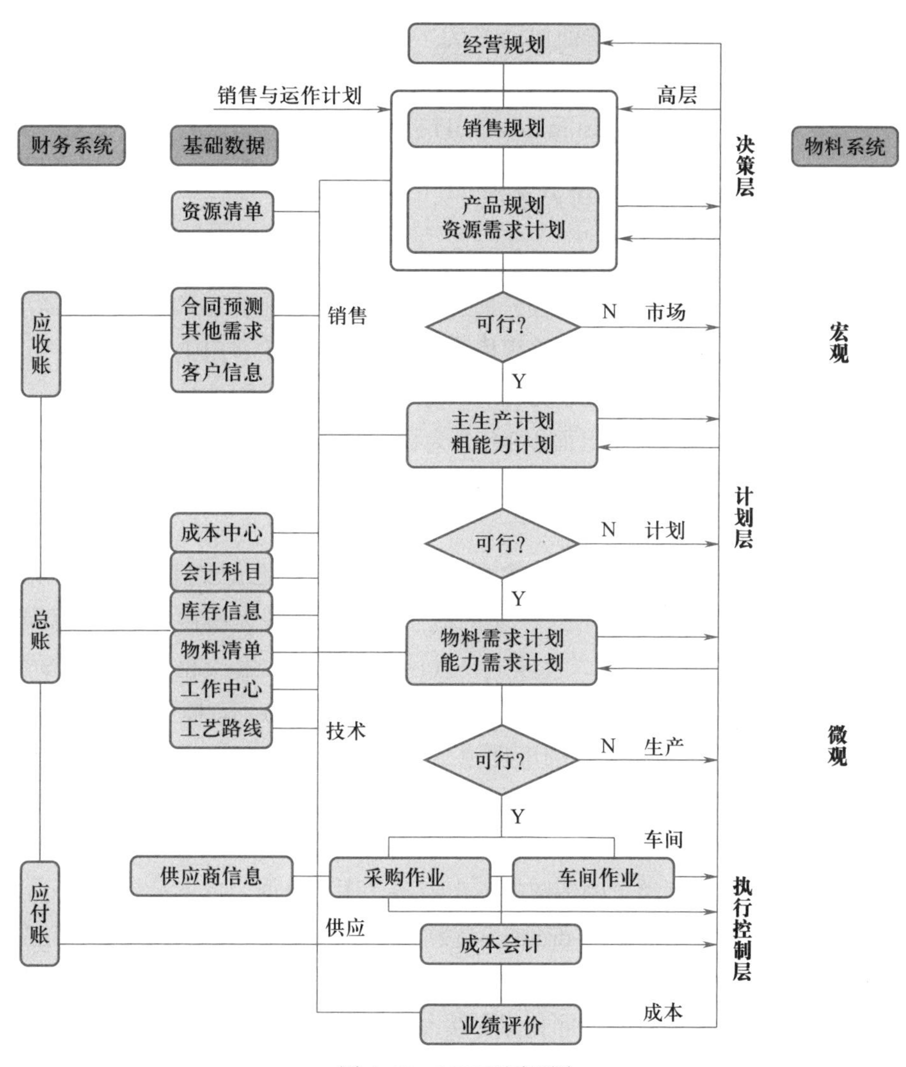

图 4-23 MRPⅡ原理图

量，控制和降低制造成本，帮助企业更好、更快、更高效地响应市场变化，实现可持续发展。

从功能逻辑上看，制造企业的 ERP 系统一般会包括产品销售管理、生产管理、采购管理、库存管理、质量管理、财务管理、人力资源管理、设备管理等功能模块。其中销售管理可以扩展为销售与市场、分销、客户服务等功能模块，采购管理可以扩展为供应链管理。ERP 系统将企业内部和外部资源以及对应的物流、资金流、信息流、工作流进行整合优化，通过事前计划、事中控制与事后核算的计划与控制体系，能够更好地适应当前多品种小批量生产、大规模定制生产等生产模式，提高企业的资源管理能力。

在离散型制造智能化工厂中，ERP 系统是企业生产运作管理的基础支撑平台，它把客户需求和企业内部的制造活动以及供应商的制造资源整合在一起，形成企业一个完整的供应链，提供了信息化智能化制造企业的核心管理模式。从制造企业生产运作管理的全过程看，ERP 建立了销产供全链条的资源协同关系，实现了业务流程与工作流、信息流、资金流、物流以及质量控制流的协同，实现与 PLM、CAD、CAM 以及制造执行系统等企业应用系统的集成，支持准时生产（just in time，JIT）等多种生产方式。

4.4.3　约束理论与高级计划与排产系统

ERP 以 MRP 为核心提供了根据客户订单倒排生产计划的一种计划方法。这种计划方法以无限能力假设和固定提前期为基础，通过能力负荷平衡来修正和解决物料需求计划本身未考虑生产能力限制的问题。在一些规模较大的制造企业中，ERP 的这种生产计划与控制方法会出现生产计划与实际执行情况脱节、计划控制能力减弱的情况。

在生产计划编制方面，除了上面以 MRP 为核心的计划控制方法，还有考虑资源与能力约束的约束理论和高级计划与排产系统等生产计划方法。

1. 约束理论

约束理论（theory of constraints，TOC）是一种识别并消除实现目标的瓶颈约束以达成目标的管理理念和方法。约束是一个广义的概念，可以理解为瓶颈，涵盖了资源、市场和法规等不同类型的约束。在生产管理中，瓶颈资源指实际生产能力小于或等于生产负荷的资源，其余的资源则为非瓶颈资源。约束理论由最优生产技术（optimized production technology，OPT）发展而来。按照约束理论，在一条产品制造链中，瓶颈环节的节拍决定了整条链的节拍，瓶颈环节的产出率决定了整个制造链的产出水平。企业要扩大产能，首要的是突破瓶颈约束。企业要安排生产计划，也要以瓶颈环节的生产节拍安排整个制造链的生产计划，这样才能使整个制造链的产出最多、库存最低、成本最优。

约束理论建立了一种由“鼓”（drum）、“缓冲器”（buffer）、“绳子”（rope）组成的 DBR 计划方法，如图 4-24 所示。鼓是指生产系统中的瓶颈，它控制着制造链的生产节奏，起着鼓点的作用。缓冲器分为时间缓冲和库存缓冲。时间缓冲是将生产所需的物料早于计划时间交付，以防不确定因素造成供应波动影响瓶颈工序生产。库存缓冲是在瓶颈工序前保留一定的库存以保证瓶颈工序的生产。绳子是制造链中的信息传递，信息像绳子一样牵引控制着物料在制造链各工序间按照瓶颈确定的生产节拍进行生产。

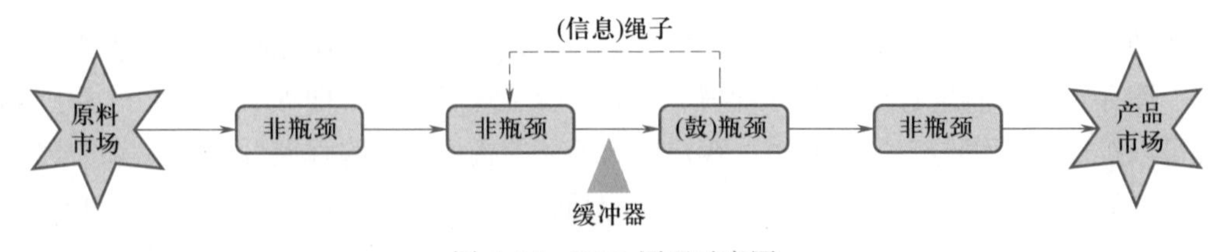

图 4-24　DBR 原理示意图

约束理论将产销率作为一个重要的绩效评价指标。DBR 计划与控制的原则是：追求整个制造链上物流的平衡而不是各工序生产能力的平衡，非瓶颈资源的利用程度是由系统的瓶颈约束决定而不是由其自身生产能力决定，瓶颈上一个小时的损失是整个系统一个小时的损失，非瓶颈资源节省的一个小时无益于增加系统的产销率，瓶颈控制了库存和产销率。DBR 生产计划编制的基本过程如图 4–25 所示。

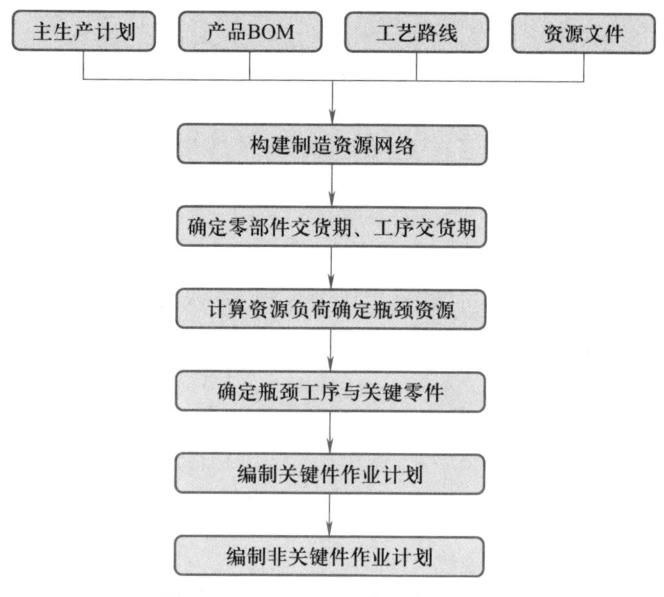

图 4–25 DBR 生产计划编制过程

DBR 的计划与控制的方法是一种推、拉结合的方法。从原材料供应到瓶颈工序之前，工序之间按照瓶颈工序的生产节拍拉动生产。在瓶颈工序之后，工序之间按照瓶颈工序的产出推动生产。在实际生产中，产品制造资源网络中的瓶颈可能不止一个，存在瓶颈和次瓶颈、多个瓶颈的问题，需要综合分析确定，并以瓶颈工序的节拍按照推拉结合的计划方法实现物流的同步与均衡。

2. 高级计划与排产系统

高级计划与排产系统（APS）是一种基于供应链管理和约束理论考虑企业内外的资源和能力约束的高级计划技术，它包含了大量数学模型、仿真模型、智能优化算法，通过模拟仿真优化实现整个供应链战略、战术、操作层面的详尽计划，为顾客提供精确的交货期。

APS 本质上属于数学解析方法。20 世纪 90 年代中期，为寻求克服 ERP 的不足，OPT 发明人高德拉特（Eli Goldratt）等人推出了基于常驻内存运行的交互式 APS 产品。随后在新一代计算机技术的支持下，许多数学或运筹学高级专家将线性规划等优化方法通用化，创造出了几乎能瞬间生成优化计划的软件包，使 APS 的计划方法达到了实用程度，基于数学优化方法的生产计划重新得到关注。

APS 与 ERP 相比，它的特点是：采用基于约束理论的能力约束计划，充分考虑物料、生产能力、运输能力等各种约束对计划制定的影响，关注整个供应链网络，同时提出长期、中期与短期运作计划，实现供应链上多源信息的集成共享。

 **案例 4-6**

陕重汽 ERP 项目实施

2005 年，陕西重型汽车有限公司（简称陕重汽）北郊新基地、第三方物流和企业 ERP 项目同步开始建设。2019 年 9 月，ERP 系统进行升级，并于 2020 年 10 月正式切换上线。该项目实现了陕重汽企业资源管理端到端的流程贯通和业务财务一体化的整体目标。图 4-26 所示为陕重汽北郊新基地的自动化产线。

图 4-26　陕重汽自动化产线

陕重汽两期 ERP 项目的实施以配置化、模块化设计、生产、核算为目标，建设了统一的计划、物料、财务管理平台，实现了基于市场需求趋势进行产品设计，提升了点单率，缩短了总制造周期。通过在陕重汽总部集中计划、多基地资源协同，以按单计划为主线，结合当期已上线的 BOM 系统，以单零件按计划分解采购，专用零件重点跟进，通用零件库存补货，推进 VMI 模式实现采购计划与生产计划融合，并完整覆盖本部车身厂、车架厂大总成自制及周期，实现产供销计划的联动。财务方面统一了集团财务核算构架、会计科目体系、主数据及核算模式，以财务共享与 ERP 归总核算为抓手，按维度进行整车成本核算、财务核算、管控模式，实现了财务业务完全集成。同步推动了各类异常介入规范化，实现下游执行的有效控制。图 4-27 和图 4-28 所示是陕重汽 ERP 系统的物料配送计划和库存实时分析应用。

ERP 作为核心管理系统，此项目带来的附加价值是突破部门行政和数据壁垒，实现主价值链条中跨部门的流程优化与固化落地，但不容忽视的是在单一核心专业信息化系统越来越细分、越强势的今天，ERP 集成也不再是简单的数据汇总，越来越多的系统控制节点需要植根于后台逻辑中，慎重实施决策。

HAND Better Experience

2021-04-14 13:14

>> 门点签收情况总览

配送准时率 75.00%　当日配送进度 47.81%　配送合格率 100%

>> 门点在途配送单时效分析

大于12H 356
6-12H 352
0-6H 345
超时6H内 237
超时超6H 1645

>> 门点当前任务

单据信息：P20210414000002001 BJZ01 A6

扫描人：王小明 扫描时间：04-14 10:49:00

预计配送时间：04-14 10:49:00

物料编码	计划数量	扫描数量
DZ9112190328	8	8
DZ9112190328	8	8

>> 门点待签配送单列表　时间　类型　产线　单据号

未配送 132 30%　已配送 132 30%　配送预警 132 30%　超时配送 132 30%　超前配送 132 30%

预计配送时间	单据号	产线	工位	配送类别	物料类别	班组物料	配送状态
2021-04-16 11:36:00	S20210416000605001	BJZ01	Y4	时段-3003	A-60限位块/油管		未配送
2021-04-16 11:36:00	S20210415001679001	BJZ02	B19XX	时段-4006	水箱分装小件		已配送
2021-04-16 11:36:00	S20210415008966001	BJZ01	A9	时段-4001	箱体分装总成		已配送
2021-04-16 11:36:00	S20210415009017001	BJZ02	A9	时段-4001	箱体分装总成		未配送
2021-04-16 11:36:00	S20210416001447001	BJZ02	A-7	时段-1058	A-24制动气室		已配送
2021-04-16 12:30:00	P20210416001294001	BJZ01	B21	MX075611	消声器总成	班组确认	已配送
2021-04-16 12:30:00	P20210416001294001	BJZ01	B21	MX075612	消声器总成	班组确认	配送预警
2021-04-16 13:30:00	P20210416000550001	BJZ01	Y6	MX051165	转向摇臂	班组确认	超时配送
2021-04-16 13:30:00	P20210416000550001	BJZ01	Y6	MX051165	循环球式动力转向器		未配送
2021-04-16 13:30:00	P20210416000550001	BJZ01	Y6	MX051166	循环球式动力转向器		未配送
2021-04-16 13:30:00	P20210416000550001	BJZ01	Y6	MX051166	转向摇臂	班组确认	超时配送
2021-04-16 13:30:00	P20210416000550001	BJZ01	Y6	MX051167	循环球式动力转向器	班组确认	超前配送
2021-04-16 13:30:00	P20210416000550001	BJZ01	Y6	MX051167	转向摇臂		已配送
2021-04-16 13:30:00	P20210416000550001	BJZ01	Y6	MX051168	循环球式动力转向器		已配送
2021-04-16 13:03:40	L20210416001981	BJZ02	B27	零件需求	保险杠右拖钩盖板		已配送
2021-04-16 13:03:40	L20210416001982	BJZ02	B24	零件需求	螺栓连接件		未配送
2021-04-16 13:03:40	L20210416001983	BJZ02	B26	零件需求	杉树扎带（M9）		未配送
2021-04-16 13:16:49	L20210416002044	BJZ01	A1	零件需求	弹簧销		超前配送
2021-04-16 13:16:49	L20210416002045	BJZ01	A5	零件需求	弹簧销		超前配送

图 4-27　陕重汽 ERP 系统的物料配送计划

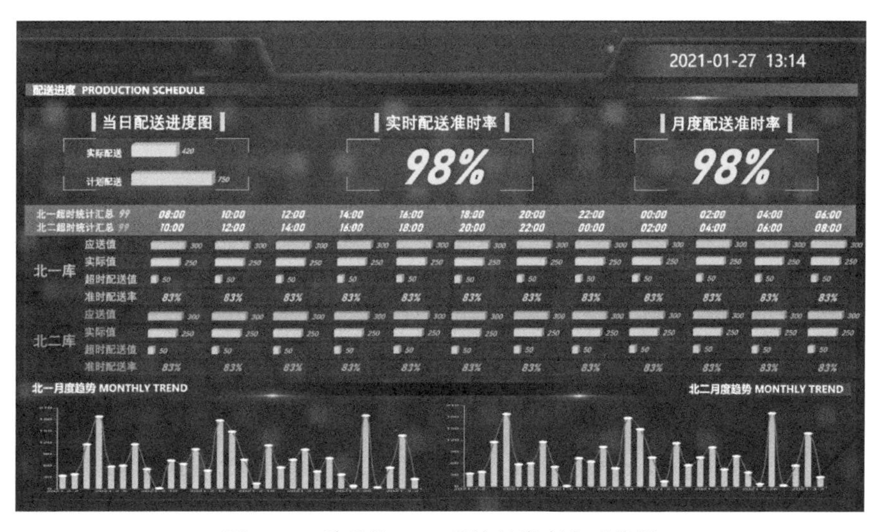

图 4-28　陕重汽 ERP 系统的库存实时分析

4.5　制造执行管理与运行优化

我国制造业传统生产过程的特点是“由上而下”按计划生产。企业根据客户订单或市场情况制定生产计划—生产计划下达给生产车间—车间组织生产—交付产品。企业管理信息化的重点大都在计划层，统筹好资源进行计划与控制是关键。ERP 就是企业上层的生产计划层的资源计划方法，用于整合企业现有的生产资源、编制生产计划。在下层的生产控制层，企业主要利用自动化设备、智能化产线、数字化检测仪器、物流搬运设备等实现生产计划安排的生产任务。这里面生产计划层与生产控制层之间存在两信息“断层”：① 生产计划并不具体调度安排每一台设备、每个班组的生产任务；② 生产计划的执行情况不能自动从生产执行层反馈给生产计划编制人员进行计划的调整。在传统制造企业中，这个断层是由车间的生产调度员来人工处置和协调处理这个断层问题的。在智能化工厂中，制造企业能否良好运营，“计划”与“生产”密切配合至关重要。企业和车间管理人员要在最短的时间内掌握生产现场的变化，作出准确的判断和快速的应对措施，保证生产计划得到合理而快速修正。

在离散型制造工厂中，制造执行系统承上启下，是处于计划层和产线自动化系统之间的执行层，负责车间生产管理和调度执行，广泛应用于现代智能工厂中。一个设计良好的制造执行系统可以根据企业所在的行业、产品特点、工艺路线、生产模式、设备布局、车间物流规划、生产和物流自动化程度、数据采集终端、车间联网等诸多因素，实现生产现场的透明化与生产过程的全程追溯，提升产品的按期交付率，提高设备与人员绩效，提高生产质量等。

4.5.1 制造执行系统

制造执行系统（MES）是美国 AMR 公司在 20 世纪 90 年代初提出来的，旨在加强 MRP 的执行，把 MRP 同车间作业现场控制通过执行系统联系起来。这里的现场控制包括 PLC、数据采集器、条形码、各种计量及检测仪器、机械手等。MES 能够帮助企业实现生产计划管理、生产过程控制、产品质量管理、车间库存管理、项目看板管理等，进而提高企业的制造执行能力。MES 设置了必要的接口，与提供生产现场控制设施的厂商建立合作关系。

制造执行系统的生产运用

制造执行系统协会（MESA）认为：在产品从工单发出到成品完工的过程中，MES 起到传递信息以优化生产活动的作用。在生产过程中，借助实时精确的信息，MES 引导、发起、响应、报告生产活动，做出快速的响应以应对变化，减少无附加价值的生产活动，提高操作及流程的效率。MES 能够提升投资回报、净利润水平，改善现金流和库存周转速度，保证按时出货。MES 保证了整个企业内部及供应商间生产活动关键任务信息的双向流动。随着企业生产过程管理与过程控制功能的相互渗透，新一代企业综合自动化系统体系结构发生了本质的变化。

1. MES 的功能

在智能工厂中，MES 定位为计划的执行和车间制造资源的管理，负责工厂生产计划的执行、生产任务的调度、跟踪与资源管控优化，起到承上启下、调度执行的关键作用。

基于 MES 的定位，MESA 给出了 MES 的 11 个主要的功能模块，如图 4–29 所示。

（1）工序详细调度。该功能提供与指定生产单元相关的优先级、属性、特征等，通过基于有限能力的调度，考虑生产中的交错、重叠和并行操作来准确计算出设备上下料和调整时间，实现良好的作业顺序，最大限度地减少生产过程中的准备时间。

（2）资源分配和状态管理。该功能管理机床、工具、人员物料、其他设备以及生产实体，满足生产计划的要求对其所做的预定和调度，用以保证生产的正常进行，并提供资源

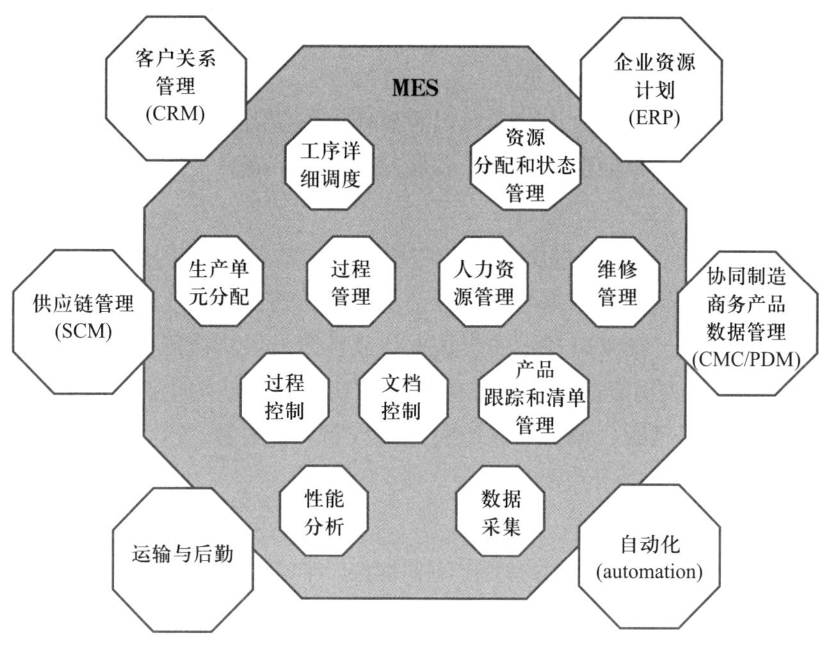

图 4-29 MES 功能模块

使用情况的历史记录和实时状态信息，确保设备能够正确安装和运转。

（3）生产单元分配。该功能以作业、订单、批量、成批和工作单等形式管理生产单元间的工作流。通过调整车间已制订的生产进度，对返修品和废品进行处理，用缓冲管理的方法控制任意位置的在制品数量。当车间有事件发生时，要提供一定顺序的调度信息并按此进行相关的实时操作。

（4）过程管理。该功能监控生产过程、自动纠正生产中的错误并向用户提供决策支持以提高生产效率。通过连续跟踪生产操作流程，在被监视和被控制的机器上实现一些比较底层的操作；通过报警功能，使车间人员能够及时察觉到出现了超出允许误差的加工过程；通过数据采集接口，实现智能设备与制造执行系统之间的数据交换。

（5）人力资源管理。该功能以分钟为单位提供每个人的状态。通过时间对比、出勤报告、行为跟踪及行为（包含资财及工具准备作业）为基础的费用为基准，实现对人力资源的间接行为的跟踪能力。

（6）维修管理。该功能是为了提高生产和日程管理能力的设备和工具的维修行为进行指示及跟踪，实现设备和工具的最佳利用效率。

（7）过程控制。该功能为执行中的作业向上一作业者提供信息反馈和决策支持，把控制焦点放在内部控制或作业计划的跟踪、监视、控制和生产设备上。对外也包含让作业者和每个人都知道的计划变更允差范围的警报管理。

（8）文档控制。该功能控制、管理并传递与生产单元有关的工作指令、配方、工程图纸、标准工艺规程、零件的数控加工程序、批量加工记录、工程更改通知以及各种转换操作间的通信记录，并提供了信息编辑及存储功能，向操作者提供操作数据或向设备控制层提供生产配方等指令下达给操作层，同时包括对其他重要数据（如与环境、健康和安全制度有关的数据）的控制与完整性维护。

（9）产品跟踪和清单管理。该功能可以看出作业的位置和在什么地方完成作业，通过状态信息了解谁在作业、供应商的信息、关联序号、生产条件、警报状态及与生产联系的其他事项。

（10）性能分析。该功能通过历史记录和预想结果的比较，提供以分钟为单位报告实际的作业运行结果。执行分析结果包含资源活用、资源可用性、生产单元的周期、日程执行及标准执行的监测值，结果以报告的形式准备或在线提供对执行情况的实时评价。

（11）数据采集。该功能通过数据采集接口来获取并更新与生产管理功能相关的各种数据和参数，包括产品跟踪、维护产品历史记录以及其他参数。这些现场数据，可以从车间手工方式录入或从各种自动方式获取。

2. MES 的任务调度

制造企业中，ERP 系统根据客户订单安排主生产计划，然后通过 MRP 分解为物料需求计划，并根据产品的生产工艺路线对应为车间级的作业计划。车间作业计划需要进一步排产和资源调度，将生产任务对应为人员、设备、物料、质检等资源的详细日程安排。现代制造企业面临的生存环境是一种面向客户个性化定制需求的敏捷响应生产，供应链企业级、车间级的协同要求越来越高，需要上下游生产环节间高效沟通，信息要及时、准确。在车间的产线、设备级，自动化、信息化、智能化程度日益提升，任务单元越来越小，单件、小批量混流生产能力越来越强，给车间的任务调度执行提出了更高的要求和更多的可能。

生产调度管理的主要功能是排产，其工作内容涵盖订单管理、计划排产、生产监控、急件处理、移交管理等方面。生产调度管理依照车间资源的最优利用率决定满足需求的方案，并根据车间的实际状况和资源的可利用程度进行排产，确保生产任务的完工质量、数量和交货期。生产调度管理不仅要制定出详细的时间进度计划，做好生产的品种、批量、顺序和时间进度的决策，还要做好设备、人力等负荷的平衡决策。对于离散制造业而言，产品的品类、批量、交货期、生产工艺和设备状态、原材料供应等要素频繁变化，如何进行生产调度与优化排产成为制造执行管理的重点。

在智能工厂中，车间的任务排产是将车间生产任务分解为工序级执行计划和资源调度方案的过程。车间排产效率和精度在很大程度上决定了车间生产效率和交付周期。传统的工厂人工排产，首先是排产准确度较低，大量工序间衔接等待时间的浪费，延长了生产周期；其次是难以匹配实时或预测产能开展排产计划，导致排程被动变更频繁，影响生产稳定性；第三是难以实时响应任务延迟、紧急插单和设备故障等生产扰动进行重新排产和动态调度。面对缩短车间计划排程周期，提高排程精准度和敏捷性的需求，通过实时感知车间生产任务和资源状态，依托调度排程系统，应用融合工业机理、数据分析和智能算法的调度模型，预测车间产能、响应动态扰动，进而实现交期、产能和库存等多约束条件下的车间排程优化。车间智能排产全面提升车间排程方案的准确度、合理性，有效提高资源利用率，释放潜在产能，缩短订单交期，同时能够响应动态扰动开展重调度，提升生产稳定性和韧性。

车间智能排产目前在原材料、电子信息、装备制造和消费品等行业的冶炼车间、加工车间、煤接车间、装配车间、涂装车间等得到了广泛应用，如浙江正泰电器股份有限公司应用高级计划排程系统开展日计划排程，提升工厂生产效率 25%。车间智能排产主要包括以下三类典型应用模式。

（1）优化工序安排为目标的离散生产排程。应用排程算法结合数据分析，以工序先后为基本约束，在最合适时间将最合适工序安排在最合适的设备（工位）上，进而缩短计划完工周期，如航空发动机装调生产排程、汽车车身焊接生产排程等。

（2）优化生产连续性为目标的流程生产排程。应用排程算法结合过程机理模型，以过程全局优化为目标获得较优计划排程，通过与装置控制联动，实时优化生产过程，如炼钢、连铸、连轧一体化排程优化，多品种奶制品生产排程优化等。

（3）应对异常扰动为目标的动态排程调度。基于对生产状态的实时感知，应用专家系统、决策树、深度强化学习等技术，自主决策最佳策略应对扰动带来的排程异常。如应对装置收率波动的炼油生产动态排程，应对订单变化的家具生产动态排程等。

4.5.2 人机协同作业与虚实融合优化

在制造执行管理中，打通计划与生产的断层，实现人机协同作业和虚实融合优化高效运行是关键。

1. 人机协同作业

生产作业是指将投入的各种资源通过加工、装配等操作转化为最终产品的过程，是生产活动的核心内容。生产作业能力水平从根本上决定了工厂的生产能力。在自动化、信息化阶段，生产作业优化强调大规模机器替代。首先是对标准化、程序化和少量柔性要求的作业过程进行替代，以突破产能限制；其次，人机关系以人单方面操作设备、人机作业内容分离为主，阻碍了作业效率的深度优化。随着智能传感、深度学习等数字化、智能化技术与传统机器深度融合，机器逐步具备了感知、分析、决策能力，可以通过图像识别、数据分析、智能决策和精准执行等自主适应要素变化，识别人类意图，开展沟通交互，进而协同人类开展工作，推动人机工作方式从控制辅助向共生协同变革。人机协同作业显著扩大了机器的应用场景，增强了生产作业的柔性和韧性，同时推动了人类思维和智能算法有机融合，共同学习，互相增强，协同创新。

人机协同作业目前在汽车、钢铁、纺织、食品等行业的生产作业中的大质量物料搬运、辅助零件装配与包装、辅助工序加工作业等环节得到应用，如中联重科应用模块化人机协同工作站，提升挖掘机下车架部件装配效率 50%。人机协同作业主要有以下三类典型应用模式。

（1）辅助物料识别、抓取与移动。基于工业视觉 + 人工智能算法自主识别物料，自动控制机械臂进行物料的抓取，以及移动放置至预定位置，如机械零件加工机器人自动上下料等。

（2）辅助零件识别、定位与装配。通过机器视觉识别零件，测量和校正位置，控制机械臂基于接触传感等力反馈实现零件精细化装配，如复杂电子装备核心构件的机器人智能化装配、传动箱机器人辅助轴承热装等。

（3）辅助加工作业规划与自执行。依托视觉算法进行目标外观、位姿等加工状态识别，基于智能算法自动规划和决策加工策略，控制机械臂操纵加工装置完成作业，如钢管毛刺机器人自适应打磨、机器人自动钢卷拆捆带作业等。

2. 虚实融合优化

随着数字孪生技术以及工业互联网、物联网、大数据、云计算等技术的推广应用，车间、产线物理系统和数字空间的全面互联与深度协同在生产监控分析与智能辅助决策中发挥出重要的作用。企业通过在数字空间对现实生产过程进行高精度刻画和实时映射，以数字系统替代物理系统开展更高效和近乎零成本的验证分析和预测优化，进而获得较优的结果或决策来控制和驱动现实生产过程。虚实融合优化主要有以下三类典型应用模式。

（1）基于数字孪生样机的仿真分析与优化。通过建立集成多学科、多物理量、多尺度的，可复现物理样机的设计状态，可实现实时仿真的虚拟样机，在数字空间中完成设计方案的仿真分析，功能、性能测试验证，多学科设计优化以及可制造性分析等，加速设计迭代。如莱克电气应用结构、电子、电磁等 CAD 工具，基于设计资源库，构建电动机产品多学科虚拟样机并开展机械、电磁、热等多学科联合仿真分析与优化，产品研制周期缩短 55%。

（2）基于数字孪生的制造过程的监控与优化。依托装备、产线、车间、工厂等不同层级的工厂数字孪生模型，通过生产数据采集和分析，在数字空间中实时映射真实生产制造过程，进而实现仿真分析、虚拟调试、可视监控、资源调度、过程优化以及诊断预测等。例如，一汽红旗采用三维可视化和资产建模技术，实时接入车间生产数据和业务数据系统，建立了整车制造工厂数字孪生模型，从全局、产线、细节等不同角度实时洞察生产状态，对故障、异常状态进行实时识别、精准定位和追踪还原分析，生产异常处理效率提升 30%，工厂产能提升 5%。

（3）基于产品运行数字孪生的智能运维与运行优化。在产品机械、电子、气液压等多领域系统性、全面性和真实性描述的基础上，通过采集产品运行与工况数据，构建能够实时映射物理产品运行状态，以及功能、性能衰减分析的运行数字孪生模型，可以对产品的状态监控、效能分析、寿命预测、故障诊断等提供决策支持。例如，陕鼓动力依托设备智能运维工业互联网平台，通过装备数据采集、识别和分析，结合工业机理，构建透平装备运维数字孪生模型，实现产品健康评估、故障诊断和预测性维护，维护效率提高 20% 以上，维修生产成本降低 8% 以上。

4.5.3　设备运行监控与刀具管理

设备运行监控与刀具管理是智能工厂中生产计划按期完成的基本保障。

1. 设备运行监控

设备运行监控是指通过一定技术手段监控设备运行状态、分析性能指标，对故障进行诊断和报警的过程。良好的运行监测与故障诊断有助于优化设备性能、提升可用性、降低故障损失。传统工厂的设备运行监测与故障诊断主要依靠人工日常巡检和定期停机维护，具有以下不足：① 人工巡检难以及时发现潜在故障隐患和细微寿命衰减，长期积累最终导致设备故障停机；② 设备维修过程依赖于人员经验，故障诊断效率低，停机工时浪费大；③ 人工巡检无法实时掌控设备状态，对快速劣化和突发性故障响应效率低，造成安全风险。面向设备精细管控和高效运维需求通过数字传感实时采集设备运行数据和工艺参数，依托设备管理系统，融合工业机理和数据模型，实现设备运行状态可视化监控，运行效率和性能综合分析，以及故障诊断和失效预警。在线运行监测与故障诊断实现了数据驱动的设备调度、运维保障的优化，提高了设备综合效率，降低非故障停机风险，同时基于数据分析开展故障诊断和维修策划，提高故障修复效率，减少停机工时损失。

目前，在线运行监测与故障诊断在钢铁冶炼设备、石化炼油装置、数控机床与产线、焊接涂装设备、物流运输设备、工业机器人等装备运维上应用，如贵州航天电器股份有限公司通过设备在线状态监控与故障诊断，设备综合效率提升 20%。设备运行监控主要包括以下三类典型应用模式。

（1）设备可视化监控与性能分析。通过实时采集设备运行工况和工艺参数等数据，通过大数据分析和数据可视化技术，动态展示设备运行状态和关键绩效指标，如电路板的 SMT 产线运行监控与综合效率分析、钢铁生产连铸连轧产线状态监控等。

（2）设备健康监测与异常报警。基于工业机理结合数据模型构建设备健康预测模型，实时分析设备运行数据，当存在参数超阈值时进行故障异常的自动报警，如基于机器视觉的传动带失效监测、石化装置泵群健康监测与异常预警等。

（3）故障诊断、策略决策和维修联动。基于聚类回归、深度学习、决策树、知识图谱等算法，构建设备故障分析模型和维修知识库，提取故障特征分析故障原因，决策修复策略，并联动生成维修工单，如数控机床故障诊断与维修方案快速匹配等。

2. 刀具管理

在数字化、智能化工厂中，刀具管理的数字化、信息化与智能化是智能车间管理的重要组成部分。刀具作为生产加工过程中品类多、数量大、使用工况复杂的一类制造资源，其信息化管理的内容主要包括以下五个方面。

（1）刀具信息管理。刀具信息分为刀具的静态信息和动态信息。刀具的静态信息包括刀具类型、刀具编号、刀具适用范围等；刀具的动态信息包括刀具的寿命、借用、归还及报废信息等。刀具的静态信息在刀具入库之初就能确定，刀具的动态信息则在刀具的加工使用过程中在不断变化。目前，国内绝大多数刀具管理系统还未实现刀具的动态信息管理，这给刀具管理的准确性带来很大的挑战。准确管理刀具的静态和动态信息，才能对刀具进行精确管理。

（2）刀具需求计划。它是根据产品的物料需求计划和车间作业计划，规划生产所需刀具的品种、数量，以满足生产需求。刀具需求可以在 BOM 中建立物料生产的刀具清单，利用 MRP 进行计算。同时，还需要对刀具的运输、使用、释放时间等做出准确监测，才能生成准确的刀具需求计划。

（3）刀具使用管理。刀具与物料不同，物料是消耗品，而刀具在使用过程中是可以循环利用的。在数字化车间运行过程中，需要对刀具进行派送并保证刀具的可靠性。机加车间对于刀具的借用、归还、使用记录、工艺参数等需要准确记录，从而对刀具的后续调度、维护和寿命预测提供精确的信息。

（4）刀具寿命管理和预测。刀具寿命管理关乎车间产品的质量、刀具的刃磨维护和报废处理，也关乎车间的生产成本和生产效率。数字化车间中数控机床、加工中心的刀具种类多、数量大、价格高，粗放的刀具寿命管理和定期的刀具刃磨方式已经不能满足对刀具寿命的精确管理需求，需要借助刀具状态监测、智能预测算法等技术方法进行刀具管理和预测，保证生产调度和刀具配送及时、有效、可靠，保证产品质量，保证刀具的使用和维护。

（5）刀具调度。它是给所加工的工件配以相应的刀具，其目标是以最小的成本换取最大的效益。在满足车间生产需求及交货期的情况下，车间工件的生产时间最短，同时使刀具贮存的数量保持在较少的水平。由于刀具的可重用性，为了有效地控制数字化车间中大量的刀具，需要一套刀具调度策略和算法，来规范和决策刀具的调度和使用。

案例 4-7

陕重汽 MES 应用

陕重汽"协同制造"生产组织模式是为适应多品种、小批量、配置化的内外客户而创建的，它基于大规模定制、约束理论和精益生产理念，是按单设计（ETO)、按单生产（MTO)、按单装配（ATO）和备库生产（MTS）四类生产进行全业务、全数据、全能力整合协同后的一种高柔性、高响应、低库存的混合制造模式。该模式2010年开始预研，至2014年基本成熟，2015年开发了产供销一体化MES计划平台，配合ERP、HCS备料平台、WMS-3PL库存、SCM采购等系统，实现产供销业务和数据的高度协同和高效能。图4-30为陕重汽MES中控界面。

陕重汽MES以产销、产产、产供、产配四大主计划同步化为主线，对需求计划—装配计划—锁定计划—车间生产进行精确管控，实现需求计划—7天装配计划—5天锁定计划的智能排产，以产销计划作为拉动源，产品工艺结构为支撑，逐层分解生成多级计划，实现多级计划联拉动式生产；通过大数据算法对订单池进行齐套性、资源负荷精准配给，同步拆解的配送计划连接起主机厂、三方物流、供应商；通过智慧供应链体系保证备料配送的及时、稳定，实现全链物料追溯和配送JIT，车间通过全流程数据信息网络打造实时数字化、可视化透明工厂，准确掌握计划、产品、保障、质量、库存等状态，实现智动化排产、均衡化生产、节拍化出产，达到产能利用最优化、生产成本最小化、质量保障最大化、资金周转最快化。图4-31和图4-32所示分别为陕重汽MES生产监控界面和设备监控看板。

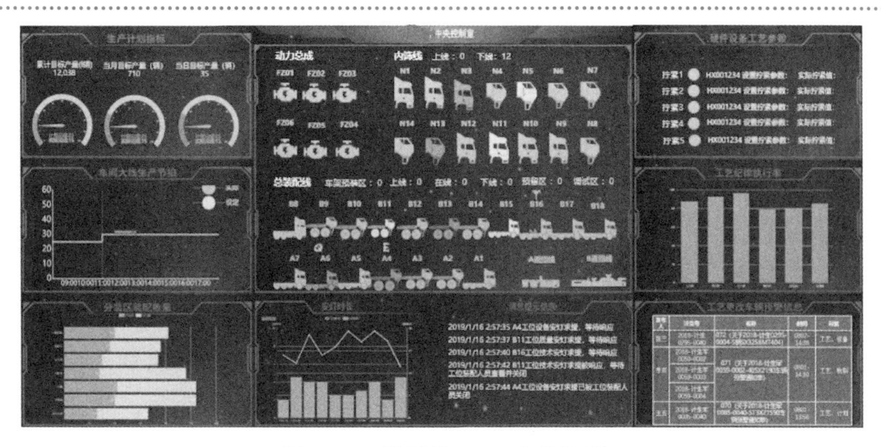

图 4-30　陕重汽 MES 中控界面

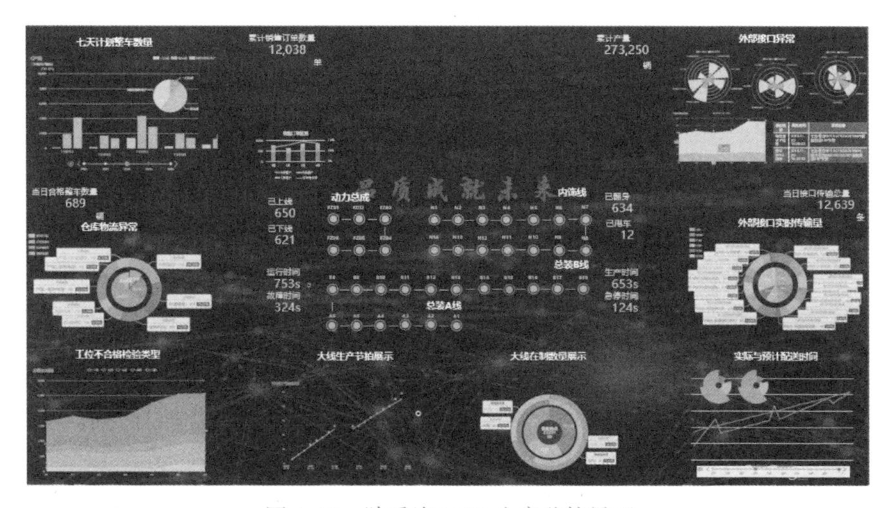

图 4-31　陕重汽 MES 生产监控界面

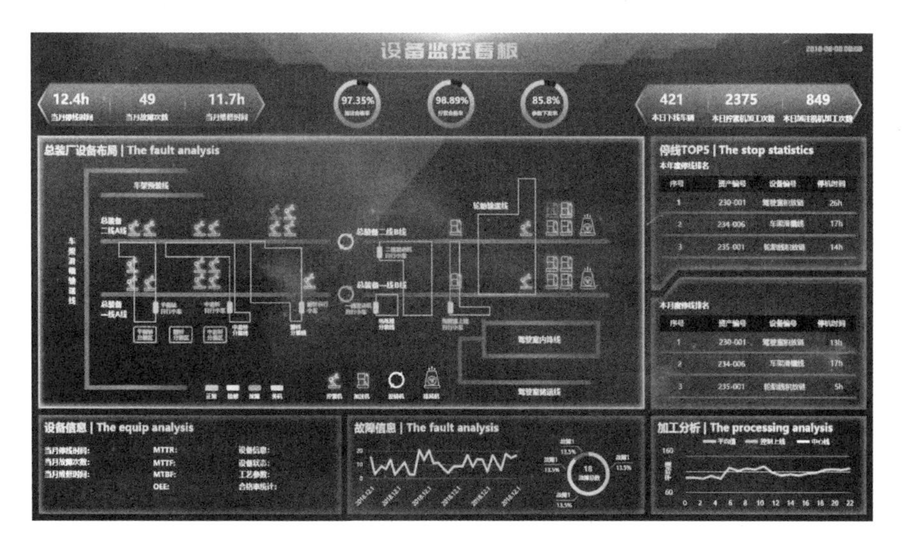

图 4-32　陕重汽 MES 设备监控看板

 **案例 4-8**

法士特刀具管理

法士特公司通过 MES 实现生产准备、现场作业的协同进行，实施包括对刀具、夹具、量检具、物料等准备状态管理，以及生产过程中的各种异常处理、统计分析等功能，有效避免了由于生产准备未完成（如缺少刀具、量检具等情况）而影响生产的正常进行。

生产管理人员可方便地查看刀具参数、准备情况、库存、剩余寿命以及生命周期内的刃磨记录等内容，可以查看正在进行加工刀具的动态信息，结合系统根据实际情况发送的寿命预警、换刀指导及库存预警等，采取科学措施来应对生产过程中的各种变化，如图 4-33 所示。

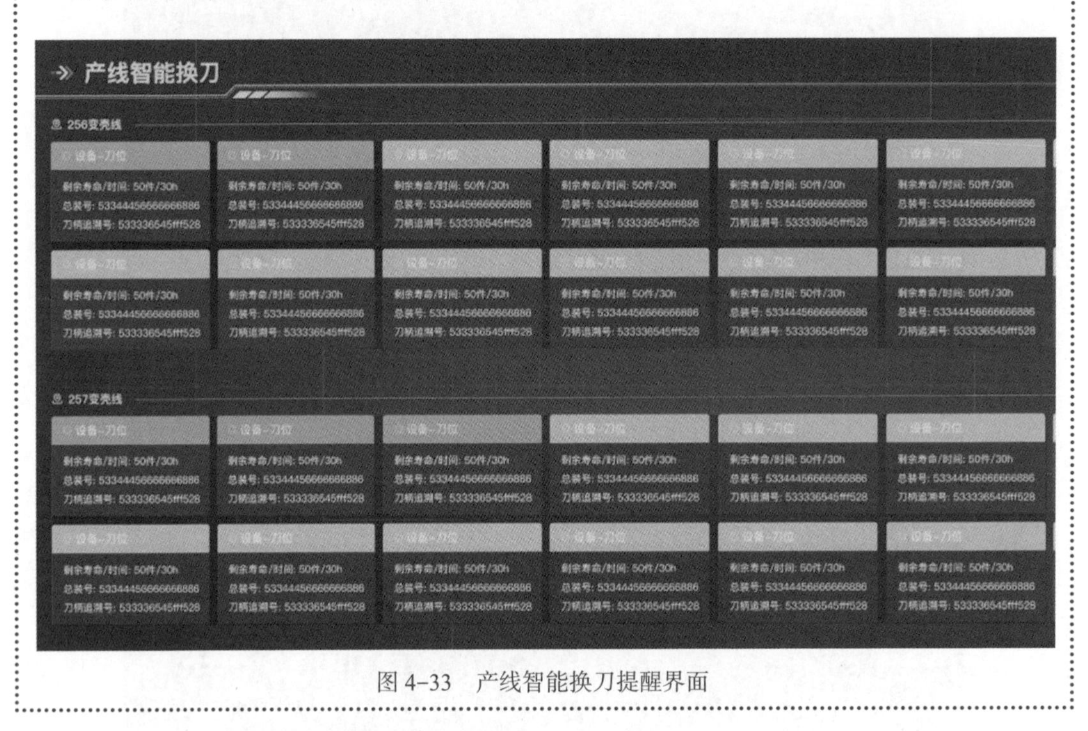

图 4-33　产线智能换刀提醒界面

4.6　质量在线检测与智能管控

4.6.1　质量与质量管理

伴随着经济全球一体化的发展，国际市场的竞争日趋激烈，与时间和成本一样，质量已成为企业生存与发展的主要制胜因素。制造产品的质量问题存在于产品整个生命周期，包括产品构思、产品设计、工艺设计、制造、销售及售后服务等各个阶段，其具体表现是质量特性的期望值及相对于期望值的波动范围。在产品整个生命周期中，任何旨在使产品的质量特性满足消费者的需求与期望或规定标准的努力都是质量管理行为。

质量管理随着时代的发展而不断发展，大约经历了质量检验、统计质量控制（statistics quality control，SQC）及全面质量管理（total quality management，TQM）三个阶段。

第一阶段是质量检验阶段，也称事后检验阶段，历经 20 世纪初到 40 年代末。该阶段是质量控制的初级阶段，主要特点是产品的检验同生产过程分开，产品检验成为一道独立的工序，基本采取全数检查，作出合格与不合格的判断，并挑出不合格品。这种做法有利于保证出厂产品质量，但这种检验机制使检验工作量大、周期长、费用高，而且是事后检验不能预防废次品的产生，且原材料、人工和费用成本等方面所造成的损失已无可挽回，难以适应生产的发展。

第二阶段是统计质量控制阶段，历经 20 世纪 40 年代至 50 年代末。该阶段的主要特点是以工序控制为主要手段，突出了质量的预防性控制与事后检验相结合的管理方式。其中的杰出代表就是美国数理统计学家休哈特提出的用数理统计中正态分布中的“3σ”原则来预防废品，并发明了著名的控制图法。以控制图法为代表的统计过程控制（SPC）技术通过生产现场的实际应用，不仅能了解产品的质量状况，而且还能及时发现问题，有效地预防废次品的产生，适应了大规模生产模型，促进了生产力的进步发展。但是，随着科学技术的发展、生产模式的转变、影响产品质量的因素日趋复杂，单纯依靠统计控制方法难以满足一切质量管理问题。

第三阶段是全面质量管理阶段，这一阶段从 20 世纪 60 年代开始一直延续至今。60 年代初，美国费根堡姆（A. V. Feigonbaum）首先提出“总体质量控制”的思想，接着朱兰（J. M. Juran）博士提出了全面质量管理的概念。TQM 的主要特点在于，充分应用数理统计学作为控制生产的手段，同时结合运筹学、价值分析、系统工程、线性规划等科学对企业进行组织。质量控制工作不仅限于产品的生产过程，也包括决策、设计、检验、使用、服务等有关环节。

70 年代以来，日本在其基础上进行了发展创新，提出了全公司质量管理（CWQC），首创了 OCC 团队质量改进方法、田口质量工程学、5S 现场管理、全面生产维护（TPM）、质量机能展开（QFD）和丰田生产方式（JIT）等（图 4–34），归纳了“老七种”“新七种”统计工具并普遍用于质量改进和质量控制，使全面质量管理充实了大量新的内容。

80 年代末期，美国首先提出先进制造技术概念。先进制造技术比传统制造技术更加重视模式、组织和管理体制的变革，从而产生了一系列技术与管理相结合的新的生产方式。近年来国外快速制造（rapid manufacturing，RM）、精益生产（LP）、敏捷制造（AM）等新的生产模式取得了一定成效，相继出现了准时生产（JIT）、并行工程（concurrent engineering，CE）等新的管理思想和技术，并已成功地促进了质量控制理论的发展，对质量管理变革产生很大影响。

当今制造业正发生着翻天覆地变化，特别是随着计算机技术、自动化技术以及信息技术的发展，生产过程的自动化、智能化水平不断提高，以及消费者对产品的需求多样化，

改进活动		选择课题	掌握现状	设定目标	根因分析	对策制定	效果检查	巩固措施	总结
质量改进老七法	分层法	◎	◎						
	检查表	◎	◎	●	●	●	●	●	
	排列图	◎	◎				●		
	鱼骨图				◎				
	直方图	●	●				●		
	控制图	●	●			●	●	●	
	散布图		●				●		
质量改进新七法	系统图				◎				
	关联图				◎				
	亲和图	●							
	矩阵图					●			
	网络图					●			
	PDPC					◎			
	矩阵数据分析		●		●	●			
其他方法	SIPOC	●	●						
	标杆分析比法	◎	●	◎			●		
	流程图		●			●		●	
	5W2H	●	◎						
	5Why				◎				
	头脑风暴法	◎			◎	◎			
	简易图法	◎	◎	◎	◎	●	◎	◎	◎

图 4-34　质量管理方法

促进了各种先进制造模式的迅猛发展。企业为了能够在日益激烈的市场竞争中得以生存和发展，研究了多种先进制造技术，例如计算机集成制造、即时制造、敏捷制造等。这些技术是微电子、计算机、自动化技术与传统工艺及设备的结合，通过局部或系统集成后，形成了从单元技术到复合技术、从刚性到柔性、从简单到复杂等不同档次的自动化制造技术系统。先进制造技术不仅是一种技术问题，而且与现代管理特别是与质量控制密不可分。传统工艺产生的显著、本质的变化正急剧地改变着过去所奉行的传统质量管理模式，因此将信息技术、质量控制技术与工艺技术紧密结合，已成为先进制造技术的发展趋势之一。这些变化和发展，促使质量控制不能停留在原有的方法上，质量管理也应根据新的发展情况在组织管理上采取相适应的新构思和新方法，也要研究在先进生产模式下的质量控制新技术。

目前，在离散型工业中，过程质量控制通常采用统计过程控制技术进行质量控制；

在流程型工业中，通常采用时间序列模型和自动过程控制（automatic processing control，APC）技术进行质量控制。但随着先进制造技术应用的进一步深化，生产过程中的质量控制理论与技术主要沿着多元化、柔性化、智能化等方向发展。智能质量控制技术就是利用计算机的信息处理能力，根据有关质量信息的若干特征性质，对生产过程的质量状态进行分析、判别，并及时地诊断出造成此质量缺陷的原因，进而提出改进措施以提高产品质量。

4.6.2 质量在线检测

质量在线检测是通过在生产线或生产流程中安装检测装置或系统，实现质量要素的实时检测、实时反馈，进而保证生产过程质量状态的稳定性，减少不必要的浪费。在离散型制造工厂的产品制造过程中，产品质量检测是为了保证所生产的产品质量达到相关标准所采取的措施和活动，其主要目的是在检验过程中及时排除生产过程中产品由于某个环节所出现的缺陷或质量问题。依据需要检测的产品质量要素部位，在线检测技术一般可分为产品外部质量在线检测和内部质量在线检测。外部质量在线检测一般包括接触式检测（如三坐标测量等）和非接触式测量（如光电检测技术等），可实现对产品外在形貌、产品尺寸、表面缺陷进行检测；内部质量在线检测主要为无损检测技术（如射线检测、超声检测、涡流检测等），可实现对产品近表面缺陷、内部结构缺陷、埋藏型缺陷进行检测。具体的检测方法在 3.2.1 节已有详细介绍。

4.6.3 集成化智能化质量控制

目前的智能质量控制方法虽然采用了专家系统、推理学习、模糊数学、人工神经网络（artificial neural networks，ANN）等智能技术，但这些技术的应用大多仍是在 SPC 的基础上来进行质量的分析、诊断和控制的。很明显，建立在统计基础上的智能质量控制方法对样本的需求较大，适应大、中规模的生产模式，对只能提供有限产品数量的多品种小批量的柔性生产模式适应能力不强。另一方面，由于生产过程的时变性，生产过程中质量特征的变化很难用精确的数学模型描述，当影响生产过程质量的因素（人员、设备、材料测量、方法和环境，5M1E）一旦发生变化，就需要重新建立和分析控制图，基于 SPC 的智能质量控制方法柔性不强。因此，对于智能质量控制来说，对生产过程的变化进行在线跟踪控制必将成为其关键技术之一。同时又由于生产系统是一个非常复杂的动态系统，生产过程是一个复杂的动态过程，它具有多输入、多输出、非线性、时间延迟等特点，这种质量缺陷的产生可能是多种原因所致。而一种原因又可能导致多种质量缺陷，对于生产过程如此复杂的因果关系，使得多而杂的质量数据之间存在着严重的相关性，因此研究多工序、多指标生产过程中的复杂质量关系是也当前的主要研究方向之一。所以，寻找恰当的智能工具，建立合理的质量控制模型，研究适应现代生产过程的在线智能质量控制是发展的必然趋势。

案例 4-9

美的集团的智能质量管理模式

2021 年，美的集团以“5 全 5 数”智能质量管理模式荣获第四届中国质量奖，这是中国质量领域最高荣誉。美的经过 50 多年的不断实践和探索，从关注基本需求，能用、可用的传统质量起步，升级到关注用户体验及耐用、易用、产品可靠的全面可靠性质量，通过智能质量管理模式和精细、量化、高效的全面可靠性系统方法论，现已延展至面向全球的智能质量管理（图 4–35）。通俗地理解，就是实现从传统的企业质量管理向智能质量管理的飞跃，把可能出现的质量问题杜绝在生产甚至是策划阶段，“5 全”就是美的集团把握了全世界不同市场、不同用户的不同需求，“5 数”是一种工具和方法，满足不同市场、不同用户的需求，这种工具、方法和体系，就形成了智能质量管理的核心。

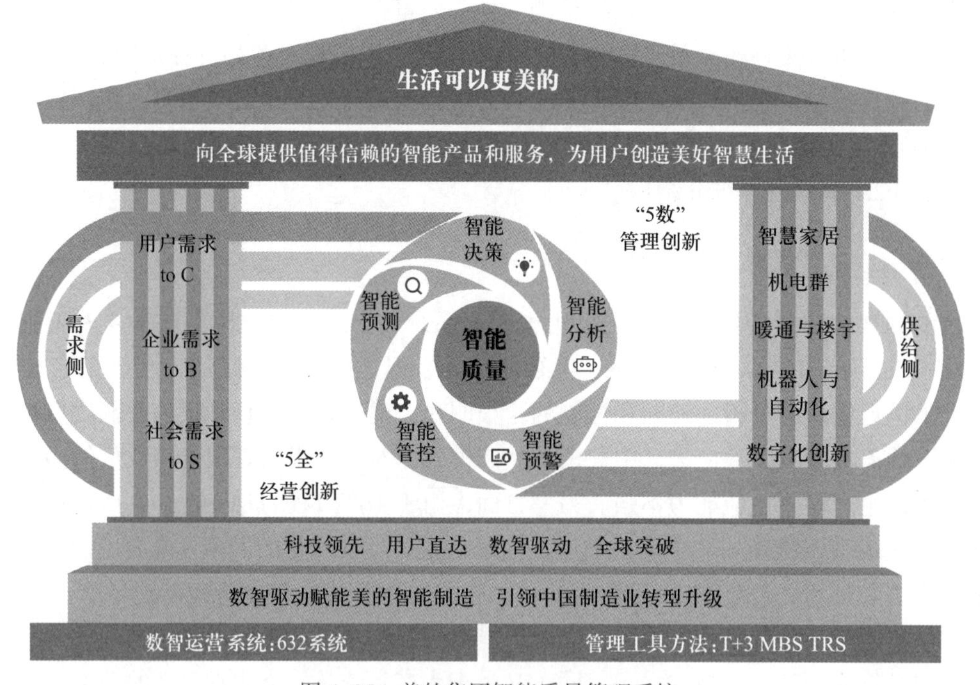

图 4–35 美的集团智能质量管理系统

美的通过数字化智能运营系统和创新管理工具方法，围绕“科技领先、用户直达、数智驱动、全球突破”四大战略主轴，坚持以用户为中心，通过“5 全 5 数”智能质量管理模式，“打通”供需两侧，实现端到端全价值链业务场景的智能分析、智能预警、智能管控、智能预测和智能决策。

“5 全”经营创新模式贯穿企划、研发、制造、销售、服务等各环节，赋能价值链各环节，构建高效协同发展新格局。另外，美的围绕用户需求（to C)、企业需求

（to B）、社会需求（to S），大力推动企业创新，通过“5 数”管理创新模式，打造全价值链智能化质量管理，为高质量发展提供创新管理的“标杆”。

思考题

4-1 大批量生产、多品种小批量生产、个性化定制生产在市场需求分析与预测方面有哪些差异？

4-2 供应链中供应商、制造商、零售商的仓储物流管理各有哪些特点？

4-3 全球各个国家正在全力推行绿色制造，绿色制造下的供应链管理需要考虑什么因素？

4-4 大数据如何服务于供应链、物流网络的建设以及客户关系管理？

4-5 ERP 生产计划的核心思想是 MRP，它的优点与缺点是什么？还可以怎么改进？

4-6 ERP 与 MES 之间的关系是什么？

4-7 数字化、智能化检测在智能工厂中质量提升方面有哪些作用？

4-8 全面质量管理的核心原则之一是“以顾客为中心”。一个制造企业如何有效地将“顾客为中心”的理念融入每一个生产环节和部门？请举例说明该理念的实施方法及其可能带来的具体效益。

4-9 在实施全面质量管理时，员工的参与和持续改进是两个关键要素。请讨论在一个公司中，如何激励员工积极参与 TQM 的实施，以及如何建立一个有效的持续改进机制。举例说明具体的策略和措施。

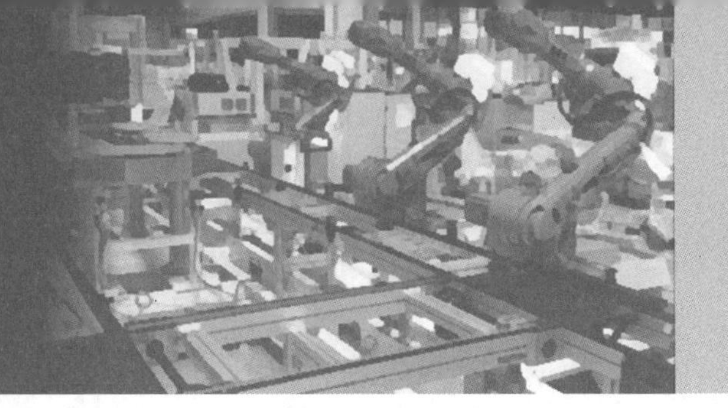

第五章

智能工厂的数字孪生系统

随着新一代信息技术的发展，如云计算、物联网、大数据、人工智能、虚拟空间的角色正变得愈发重要，物理和虚拟空间之间的相互作用比过去任何时候都更有价值。因此，两个空间之间的互相融合是必然趋势，将对工厂的定义提供新的可能。数字孪生系统是“工业 4.0”中的关键概念，是智能工厂的灵魂。数字孪生使用云连接的机器传感器加载实时操作数据，来创建最先进的对现实工厂环境的机器模拟，其涵盖了产品、机器或整个制造过程的虚拟和物理代理。在数字孪生系统中，可以在产品交付之前对预期的设计、改进、变化进行模拟，可以实现高效、互联、低成本的虚拟操作，实现物理和虚拟空间的高效融合。本章旨在系统介绍数字孪生的概念、内涵、关键技术，以及其关键技术在智能工厂中的应用。

5.1 数字孪生的概念与内涵

5.1.1 数字孪生的概念

数字孪生是一种利用物理模型、传感器、生产过程数据，集成多学科、多物理量、多尺度、多概率的仿真过程，在虚拟空间中完成映射，从而反映对应物理实体全生命周期过程的一种技术。数字孪生技术是生产制造过程的一种新模式、新技术，充分利用模型与数据优势，不仅能够做到“事后分析决策”与“事中监测控制”，而且能够发挥“事前诸葛亮”的作用，充分起到提前预判、过程管控、学习优化的作用。数字孪生技术是智能制造的核心，是智能制造深入发展的必然阶段。数字孪生可在产品前期设计、生产制造、运维维护、报废回收等全生命周期发挥作用。它不仅仅是物理世界的镜像，也要接受物理世界实时信息，更要反过来实时驱动物理世界，而且进化为物理世界的先知、先觉甚至超体。这个演变过程称为成熟度进化，即一个数字孪生体的生长发育将经历数化、互动、先知、先觉和共智等过程。

数字孪生以数字化方式创建真实世界物理实体的虚拟实体，借助实时数据模拟物理实体在现实环境中的行为。通过虚实交互反馈、数据融合分析、决策迭代优化等手段，为物理实体增加或扩展新的能力。作为一种充分利用模型、数据、智能并集成多学科的技术，数字孪生面向产品全生命周期过程，发挥连接物理世界和信息世界的桥梁和纽带作用，提供更加实时、高效、智能的服务。

现阶段普遍接受的数字孪生模型是陶飞教授在密西根大学 Michael Grieves 教授三维模型基础上完善的五维模型（图 5-1），其数学集合表达如下：

$$M_{DT}=(PE, VE, Ss, DD, CN)$$

式中，*PE* 表示物理实体，*VE* 表示虚拟实体，*Ss* 表示服务，*DD* 表示孪生数据，*CN* 表示各组成部分间的连接。物理实体（*PE*）是基础，涉及不同阶段、不同层级等，如装备级、产线级及车间级等。虚拟实体（*VE*）是指能够对物理实体进行不同时间维度、尺度维度进行建模与描述，包括几何模型、物理模型、行为模型和规则模型，可再现物理实体的几何形状、属性、行为与规则。服务（*Ss*）是指面向不同领域、不同层次用户、不同业务需求的各类数据、模型、算法、仿真、结果等进行服务化封装，并以工业软件等形式提供给用户，实现不同功能需求。连接（*CN*）是指实现物理实体、虚拟实体、服务及数据之间的工业互联，从而支持虚实实时互联与融合。孪生数据（*DD*）是指物理实体、虚拟实体及服务之间产生的各类数据，是实现数字孪生信息物理融合的关键。来自物理实体的数据，主要包括运行状态和工作条件；来自虚拟实体的数据，由模型参数和模型运行数据组成；来自服务应用的数据，用来描述服务的封装、组合、调用等。

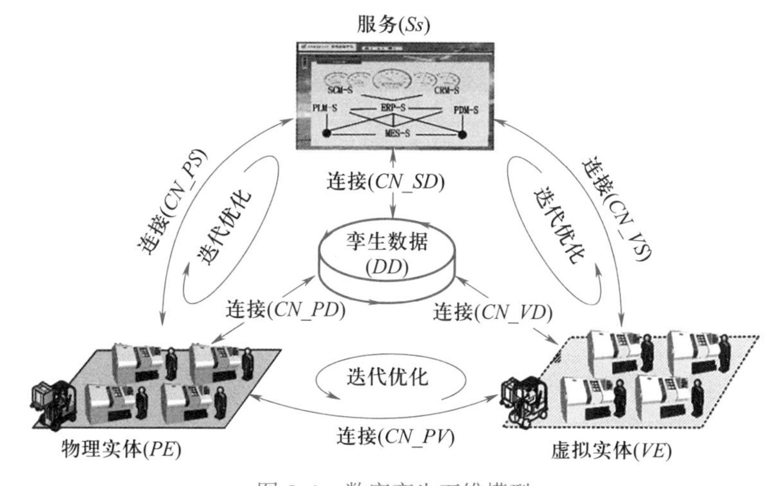

图 5-1 数字孪生五维模型

根据需求不同，基于物理实体构建的虚拟实体模型可分为三维几何模型（形状、尺寸、公差和结构关系）、物理模型（物理现象，如变形、分层、断裂和腐蚀）、行为模型（实体对外部环境变化的行为，如状态转换、性能退化、协调和响应机制）、规则模型（历史数据或者专家领域提取出的规则，使得到的数据可以根据规则来实现推理、判断、评估和自主决策）等。

通过数字孪生五维模型定义可知，数字孪生物理实体与虚拟实体之间讲究虚实映射、动态交互。数字孪生的交互包括物理实体之间、虚拟实体之间、物理实体与虚拟实体、人机交互等交互方式。数字孪生技术作为连接物理实体和虚拟实体的桥梁和纽带，可有效开展制造过程仿真、预测、优化控制等。数字孪生技术可在设备级、产线级、车间级、工厂级实现不同服务需求、不同尺度 / 维度的应用，同时可在产品设计、生产制造、运行维护等阶段发挥巨大的效用。

5.1.2　数字孪生的内涵

数字孪生最初是 Michael Grieves 教授在其产品生命周期管理课程中首次提出的，但仅仅是一个概念描述，并没有具体的解释。2010 年，NASA 发布了飞行器数字孪生的详细定义：利用最优可用物理模型、传感器、历史数据等，通过对飞行器或飞行系统进行多物理、多尺度的集成模拟来反映对应飞行器孪生体的使用寿命。这个概念被很多人接受，但是在不同的领域，不同的研究对象中又有不同的定义。在大多数定义中，数字孪生被认为是一种虚拟的表示，在虚拟实体对象的生命周期中与物理对象交互，并经评估、优化、预测等提供快捷的智能方案。在这个过程中，既关注实体和虚拟物，也关注它们之间的互联作用。

对于智能工厂而言，数字孪生有许多优点，如通过数理或数据驱动建模实现生产过程的可视化、优化运营流程、优化生产质量、提供服务质量等。数字孪生技术的内涵在科研和工业中的研究与应用中被进一步扩展，目前众多企业的工厂通过数字孪生技术实现了成品开发、质量优化、运营管理等（表 5–1）。

表 5–1　企业智能工厂建设中的数字孪生内涵

企业	技术内涵	产品
西门子（SIEMENS）	通过数字孪生高效设计产品；开发了用于生产制造、数据获取和质量优化的数字孪生系统	PLM 软件
通用电气公司（GE）	开发了基于 Predix 平台的资产虚拟场景，使开发、管理者能够更好地理解、预测和优化每个组件的性能	Predix 平台
参数技术公司（PTC）	实现了特定资产的虚拟表示，考虑了序列化的组件、软件版本等	PTC Creo 软件
达索公司（DASSAULT）	对物理产品进行了虚拟，实现了跨企业对产品的优化	3D 体验平台
甲骨文公司（ORACLE）	用于业务运营过程优化	甲骨文物联网云平台
ANSYS	将特定产品的数字信息集成，考虑了基于物理理解和分析	CAE 工具集
国际商用机器公司（IBM）	物理对象或系统全生命周期虚拟地表示，使用实时数据来理解、学习和推理	IBM 沃森物联网平台

5.2 数字孪生的关键技术

数字孪生是将现实世界的物体、系统或过程映射到虚拟空间，实现实体与虚拟体之间的信息交流与协同，需要依靠计算机仿真、实测、大数据分析、工业互联网等技术对物体状态进行感知、诊断和预测，进而优化设计。

5.2.1 建模技术

仿真是在计算机上模拟现实世界系统或过程的技术。它通过对系统或过程的数学建模和分析，以计算机程序的形式模拟系统的运行，从而实现对系统性能的预测、评估和优化。它是实现数字孪生的前提，而建模又是仿真的核心，其目的是建立一个真实物理系统对应的虚拟模型。对于大多数物理系统，虚拟模型可能是求解偏微分方程或矩阵方程的计算机程序包，也可能是基于数据驱动的黑箱模型，这些模型必须通过实验数据验证其可靠性。在此过程中，需要不断升级模型，提高模型的保真性，从而减少物理模型和虚拟模型之间的差异。虚拟模型的不确定性分析通常用于解释物理系统属性的偏差，可以使用统计度量来量化物理模型与虚拟模型之间的偏差，并且可以使用优化方法来最小化这种差异。

1）模型类型

（1）几何模型。几何模型是一个物体或系统的真实或实际模型，如一架公务机的几何模型是物理空间中公务机的三维复制品，这个复制品可以是全尺寸模型，也可以是风洞试验中使用的比例模型。有时在产品被指定用于制造之前，会展示实际模型来说明产品。在智能工厂中，建立起各类装备等硬件的几何模型是实现数字孪生的根本。根据各类装备的几何尺寸与连接关系，使用数字化模型构建数字孪生体，通过对数字孪生体的几何仿真，可以观察到按照工序布置的各类装备之间是否会发生几何结构干涉等，也可按照产品的生产工艺流程进行产线、车间或工厂布局的建模、仿真和优化。这些工作是数字孪生技术可以完成的最基础工作。

（2）运动学模型。运动学模型主要用于研究物体在给定时间段内的运动状态。通过建立数学模型，利用计算机模拟、数据分析等手段，对物体的位置、速度、加速度等运动状态进行预测和模拟。运动学仿真是当前数字孪生技术的主要应用领域，是在数字孪生模型上进行加工过程的仿真。模拟实际运行过程中机床、刀具、工装和各类装备的动作，评估运动行为、优化设备布局、了解设备程序运行时间和生产线节拍。在模拟中可以提前发现动作错误以及机床与刀具或者机床与机械手等的碰撞，从而早在编程时就能降低碰撞风险。同时，有助于提高物理系统中各种主体加工装备和辅助工艺设备运动的精确度和可靠性，最大限度缩短现场调整时间。另一方面，在计算机虚拟环境中，可以模拟机械和电气系统的运行动作，验证加工路径规划、工艺规划、切削余量等，优化设备布局和设备程序运行时间和生产线节拍。工程师可以通过对比前后几台装备的利用率，分析发现系统的瓶颈，进一步采取更改加工工时、改善加工工艺、增加瓶颈装备投入或增加操作人员等措施进行生产线平衡。

（3）动力学模型。动力学模型主要用于研究物体在受到外力作用时的运动过程。与运动学仿真不同，动力学仿真需要考虑物体的质量、惯性、力的作用等因素，仿真模型更加精细和复杂。由于运动学仿真以各类装备的刚体运动学模型为基础，没有考虑装备加工过程中的加减速过程、摩擦阻尼影响、液压控制的非线性过程，以及加工过程中复杂的物理、化学等影响因素，因此采用运动学仿真模型建立的数字孪生体对生产能力的预测并不准确。这就需要针对加工过程中各种物理、化学现象，使用机电耦合动力学、机床动力学、机器人动力学、切削动力学、流固耦合、金属凝固动力学等进行动力学层面的描述，才能建立更真实的数字孪生模型。在此基础上，使用数字孪生技术不断优化零部件生产和制造工艺，实现高质量和稳定生产。

数字孪生动力学仿真常用于生产设备的故障预测与维护方面。数据孪生体系中的智能故障诊断技术主要包括实时预测、结果验证、数字孪生模型修正、深度学习模型重构四个部分。数字孪生提供物理实体的实时虚拟化映射，各类装备通过传感器将温度、振动、碰撞、载荷等数据实时输入数字孪生模型，并将工作环境数据输入模型，使数字孪生的环境模型与实际工作环境的变化保持一致，通过故障机理研究、历史数据趋势、动力学模型优化结果等提前对异常状况预测，以便在预定停机时间内更换磨损部件，避免意外停机。采用数字孪生仿真模拟或在线检测，可实现主要设备的故障诊断，并辅助进行维护保养。

由于实际物理系统的复杂性与环境的不确定性，采用传统确定性的力学和数学模型的方程难以建立实际物理系统精确的动力学模型。实际物理系统的动力学仿真，需要建立在利用新一代人工智能技术完成复杂大系统建模的基础之上，这将是未来智能制造发展的重要方向之一。

2）建模方法

（1）数理建模。通常根据客观事务的内在联系和因果关系，运用适当的建模方法将离散型制造工厂抽象地表达出来。通过研究制造工厂工艺、质量、运维、管控的结构和特性，以便对制造工厂进行分析、综合和优化。数理建模的核心是通过对制造系统本身运行规律的分析，利用数学、物理等知识为制造过程和制造系统建模，进行系统分析和优化。

（2）数据驱动建模。利用数据挖掘描述对象的运行规律和相关知识，通过估计系统参数和结构等来实现对系统的辨识与优化。经典的系统辨识方法包括阶跃响应法、相关分析法、谱分析法、最小二乘法和极大似然法等。随着工业大数据的发展，通过人的感知和认知对多源异构的海量数据分析，实现系统建模是不可能完成的任务。近年来，基于数据驱动的建模方法在大数据和人工智能技术的驱动下得到了长足的进步，其主要思想是利用深度学习、迁移学习、强化学习等机器学习方法对海量数据分析，抽取其中关键特征，实现智能工厂的大数据建模，如图 5-2 所示。

（3）数据与机理混合建模。为弥补基于数据建模解释性和泛化性方面的不足，将机理模型和数据模型相结合进行数据与机理混合建模，如图 5-3 所示。在充分利用过程已知机

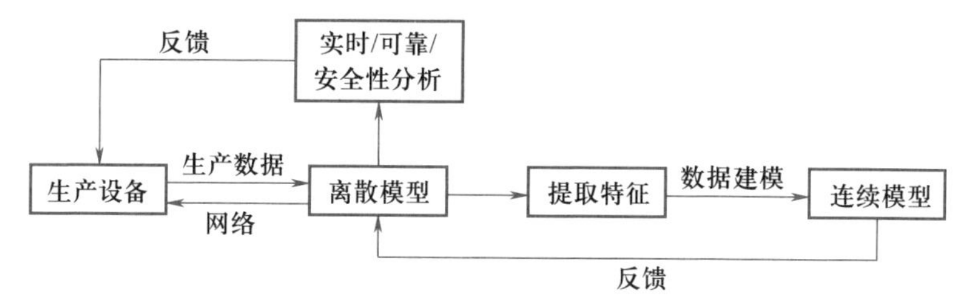

图 5-2 数据驱动建模方法

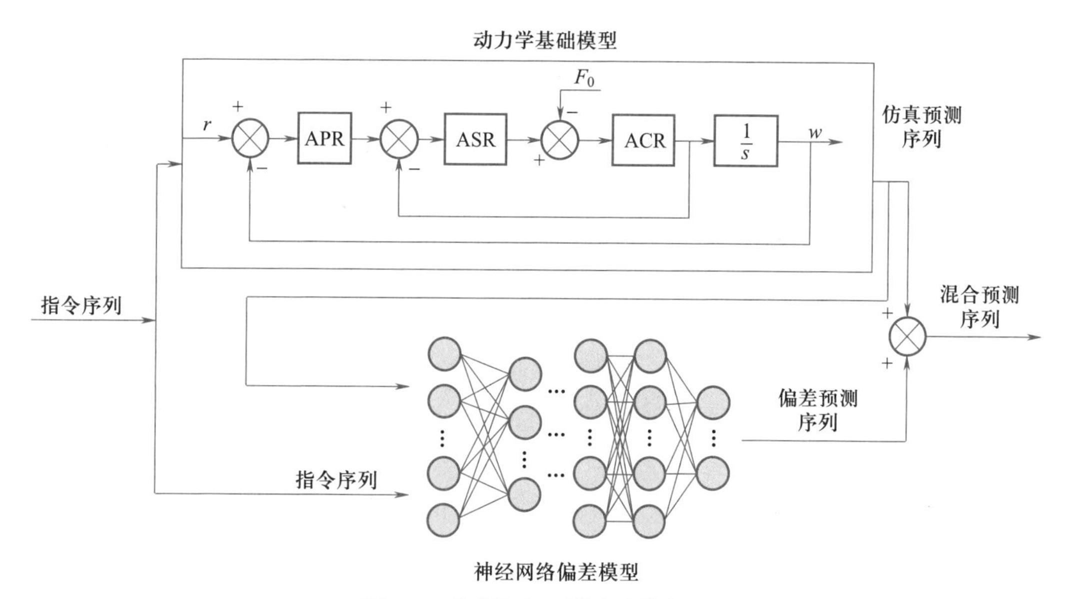

图 5-3 数据与机理混合建模方法

理的情况下，利用经验模型对过程未知的机理知识进行补偿，主要分为串联和并联两种结构分析方法。串联式分析方法是在建立机理模型的基础上，对过程数据采用系统辨识等方法来估计机理模型中未知模型参数，进一步通过实测值与估计值的偏差和过程输入与边界条件的历史数据等来估计上述模型参数。并联式分析方法是将机理模型和基于数据的误差补偿方法相结合来构造预测模型。该类方法适用于离散型制造过程相对明确的工厂，依靠数学、物理、加工过程知识建立机理模型，利用生产数据建立误差补偿模型，补偿主体模型输出与实际输出的差值，以提高模型精度。把人工智能技术和机理建模相结合，实现数据与机理的混合建模，是智能工厂未来建模技术的发展趋势。

5.2.2 传感技术

传感即状态感知，是实现智能制造的基石。装备、产线、车间、工厂的智能化首先离不开对信息物理系统中人、机、料、法、环等要素的实时运行状态数据，有了状态感知（通过智能传感器准确感知设备或系统的实时运行状态），才能实时分析（对获取设备或系统的实时运行状态数据进行快速准确的加工和处理），然后自动决策（根据数据处理结果，按照设定的规则自动做出判断和决策），最后精准执行（执行机构实现自动决策的执行）。

在离散型制造智能工厂中，以力、热、声、光、电、磁六大类为代表的物理量传感器用量最多。例如，数控机床在检测位移、位置、速度、压力等方面均部署了高性能传感器，能够对加工状态、刀具状态、磨损情况以及能耗等过程进行实时监控，以实现灵活的误差补偿与自校正，实现数控机床智能化的发展趋势。在汽车制造行业，视觉测量技术通过测量产品关键尺寸、表面质量、装配效果等，可以确保出厂产品合格；视觉引导技术通过引导机器完成自动化搬运、最佳匹配装配、精确制孔等，可以显著提升制造效率和车身装配质量；视觉检测技术可以监控车身制造工艺的稳定性，同时也可以用于保证产品的完整性和可追溯性，有利于降低制造成本。

5.2.3 大数据分析技术

在工业领域中，从客户需求到销售、订单、计划、研发、设计、工艺、制造、采购、供应、库存、发货和交付、售后服务、运维、报废或回收再制造等产品全生命周期各个环节所产生的各类数据及相关技术和应用，都属于工业大数据。主要包括设备数据（设备与产品的状态信息）、安环应急数据（各类环境、安全应急等数据）、运营数据（存储于企业信息化软件系统内部的数据）、价值链数据（制造企业的客户、供应商、合作伙伴处的相关数据）和外部数据（宏观经济数据、行业状态数据、竞争对手数据、政策法规数据）等。

工业大数据技术是使工业大数据中所蕴含的价值得以挖掘和展现的一系列技术与方法，主要包括数据采集技术、数据管理技术、数据分析技术。

数据采集技术是从各种工业过程中收集和分析大量信息的系统方法，需要考虑数据的体积、种类、采集速度、准确性和获取数据的价值。大数据采集需要结合由人、计算机和传感器等来源生成的结构化、半结构化和非结构化数据。结构化数据是高度组织化地以预定义的格式存在，非结构化数据则没有预定义格式，半结构化数据是以两者的混合形式存在。

数据管理技术包括数据提取阶段、数据转换阶段和数据加载阶段，数据提取阶段将获取的源文件收集整理。在转换阶段，将收集整理的数据按照质量规则执行多个数据操作步骤。除此之外，还需要匹配实例并将其集成到数据暂存区。对从数据源中提取的数据应用一系列规则或函数。最后，将提取的数据加载到数据库。

在可靠的数据库基础上，对数据进行系统分析获取有用信息是建立数据库的最主要目标。与统计学中的数据分析类似，工业大数据分析可以分为预测、总结、估计和假设检验四类。目前，面向大数据的分析方法主要依赖于机器学、深度学习等方法。机器学习、深度学习方法是从大量数据中找到有用信息的有效工具，大数据科学经常寻求开发高性能的模型用于知识提取、预测、决策与探索性分析。机器学习工具提供了有效地总结数据中各种非线性关系的方法。例如，机器学习、深度学习技术可以从大数据中识别模式、趋势和异常，常用的技术有支持向量机、决策树、神经网络、卷积神经网络和循环神经网络，用于处理图像、文本和序列数据等。

5.2.4 3R 技术

虚拟模型是数字孪生的核心部分，为物理实体提供多维度、多时空尺度的高保真数字化映射。实现可视化与虚实融合是使虚拟模型真实呈现物理实体，以及增强物理实体功能的关键。

1）虚拟现实（virtual reality，VR）

VR 技术是一种可以创建和体验虚拟世界的计算机仿真系统，它利用计算机生成一种模拟环境，是一种多源信息融合的、交互式的三维动态视景和实体行为的系统仿真，使用户沉浸到该环境中。它利用计算机图形学、细节渲染、动态环境建模等实现虚拟模型对物理实体属性、行为、规则等方面层次细节的可视化动态逼真显示。它有三个特征，即实时渲染（real time）、真实空间（real space）和真实交互（real interaction）。

2）增强现实（augmented reality，AR）

AR 技术是将数字信息叠加在现实世界的场景中，让用户看到现实世界和数字信息的混合物。它不会创造出一个完全虚拟的环境，而是利用现实世界的场景作为基础，并在此基础上叠加数字信息。如在手机应用程序中显示虚拟物体、在汽车挡风玻璃上显示驾驶信息等。AR 技术的优点在于它能够保留现实世界的感知，并将数字信息融入现实世界中，使用户能够更加自然地与数字信息进行交互。

3）混合现实（mixed reality，MR）

MR 技术是将数字信息与现实世界的场景结合，使用户既能看到现实世界，又能看到数字信息的图像或对象。MR 技术通过跟踪用户的运动和位置，并将数字信息叠加在现实世界的场景中，从而实现数字信息与现实世界的无缝衔接。

5.2.5 区块链技术

区块链是一种去中心化的技术，没有中心化的管理机构，数据被分散存储在网络中的节点上，不易被攻击和篡改。区块链可对数字孪生的安全性提供可靠保证，可确保孪生数据不可篡改、全程留痕、可跟踪、可追溯等。独立性、不可变和安全性的区块链技术，可防止孪生数据被篡改而出现错误和偏差，以保持数字孪生的安全，从而鼓励更好的创新。此外，通过区块链建立起的信任机制可以确保服务交易的安全，从而让用户安心使用数字孪生提供的各种服务。

5.3 智能工厂数字孪生架构

数字孪生智能工厂能接收虚拟工厂、企业信息系统平台发送过来的指令，完成某些动作。依靠高速、低延迟、高稳定的数据传输协议，物理工厂能及时接收虚拟工厂仿真、分析、优化后的管控命令并精准执行，并将执行结果实时反馈给数字孪生体以进一步迭代优化。智能工厂数字孪生系统组成如图 5-4 所示。

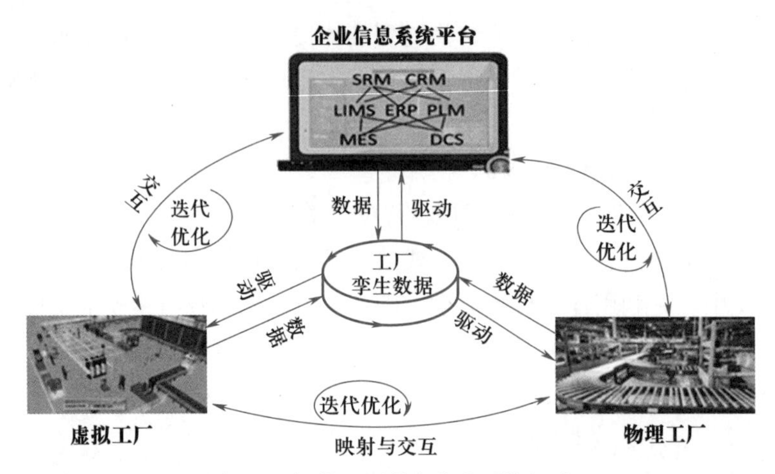

图 5-4　智能工厂数字孪生系统组成

对于一个数字孪生智能工厂而言，其架构一般可表示为五层（图 5-5），自下而上为对象层、数据层、模型层、应用层和可视化层。建立数字孪生，数据是基础，模型是核心，软件或平台是载体。

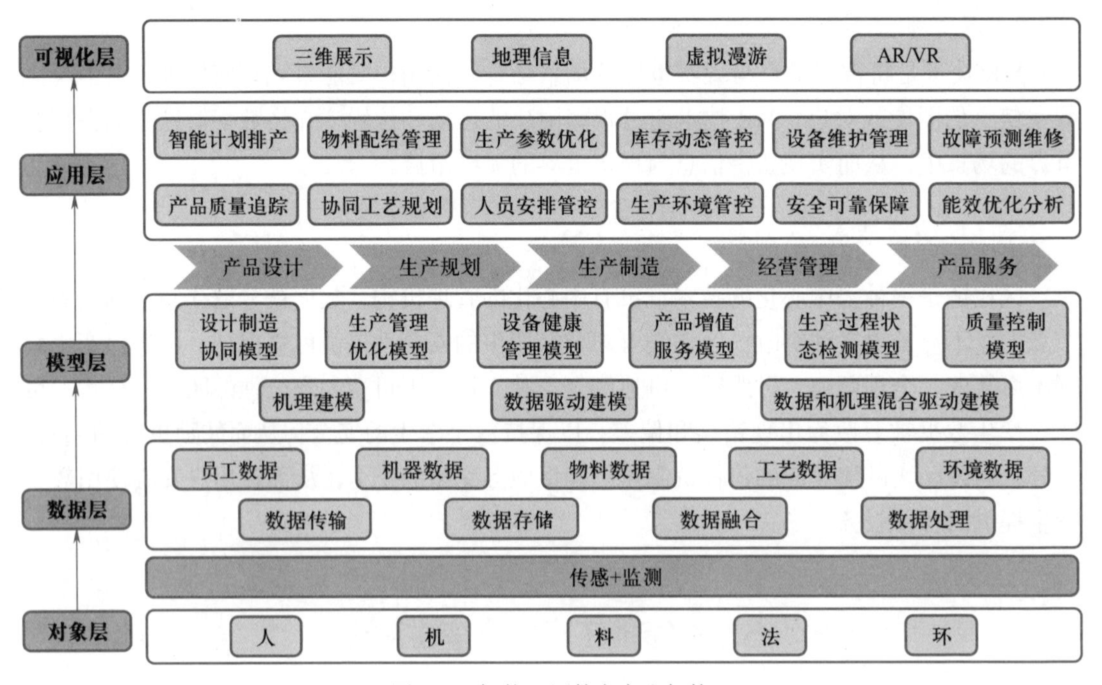

图 5-5　智能工厂数字孪生架构

（1）对象层。工厂中的人、机、料、法、环是物理工厂的实体，是工厂所有数据的来源地。“人”指制造产品的人员，包括操作工人、维修工人等；“机”指制造产品所用的设备、工装等辅助生产用具；“料”指制造产品所使用的物料，包括半成品、原料等用料；

“法”指制造产品所使用的方法，包括工艺指导书、标准工序指引、生产计划表、检验标准、各种操作规程等；“环”指产品制造过程中所处的环境，包括各种设备的布局，以及温度、湿度、噪声等要求。

（2）数据层。为了实时感知物理实体及其运行环境，需要传感技术和监测技术的支撑。通过监测和传感获得的数据，利用先进的通信技术传输到数据平台或数据库中进行存储、处理和建模。如果数据量大，实时性要求高，需要大容量、高速通信技术，也可以采取边缘计算模式存储处理数据。为节省信道和存储空间，需要应用数据压缩技术。为实现多源异构数据的融合、时空数据融合，需要应用数据融合技术。为提高数据处理和建模速度、满足数据孪生的实时性要求，需要采用分布式存储和处理技术、流计算、内存计算等技术。

（3）模型层。建模方法包括机理建模方法、数据驱动建模方法以及二者结合的建模方法。机理建模根据研究对象的机理特性建立数学公式，并赋予参数，然后应用数值计算方法或解析方法进行计算，一般适合于机理清楚的物理系统。数据驱动建模是指采用统计学、机器学习方法建立模型，适合于机理不明确或只存在关联关系的研究对象。机理建模时，由于存在不可避免的假设和简化，有时会带来不容忽视的误差。这种情况下，如果数据足够，也适合采用数据驱动建模方法。另外，采用数据驱动方法时，为了解决小样本、样本不均衡、弱特征以及不可解释性等问题，将机理建模方法和数据驱动方法相结合，具有一定优势。通过以上三种方法，可以形成工厂设计制造、生产管理、状态监测、质量控制等过程的模型。

（4）应用层。建立好各个层面的模型后，就可以分别应用于产品设计、生产规划、生产制造、经营管理、产品服务等环节，从而实现计划排产、质量追踪、工艺规划、设备管理等各模块的孪生应用。

（5）可视化层。数字孪生需要很直观的可视化效果，三维展示、虚拟漫游、地理信息系统、AR/VR 等都是很重要的可视化技术。例如，风机的数字孪生系统，在地理位置上标注了风机的身份信息，点击各个部位，均能直观地看到各个部位的状况。

5.4 智能工厂数字孪生应用层级

5.4.1 装备级数字孪生

数字孪生装备是一种由物理装备、数字装备、孪生数据、软件服务以及连接交互五个部分构成的未来智能装备。数字孪生可在装备设计、加工制造、运行维护等各个环节发挥重大作用。基于装备数字孪生模型、孪生数据和软件服务等，通过传感器采集与装备各阶段相关的数据，借助数模联动、虚实映射和一致性交互等机制，构建物理实体对应的数字孪生模型，实现装备一体化多学科协同优化设计、智能制造与数字化交付、智能运维等，达到拓展装备功能、增强装备性能、提升装备价值的目的。

在虚拟环境下，构建装备的数字孪生模型，一般可以借助装备厂商提供的数字化模型或通过自主开发建立各类装备的三维模型数据库，该数据库包括装备三维模型及基本工艺信息，如图 5-6 所示。通过装备数字孪生模型，企业可进行产品设计验证、虚拟样机调试、计算机辅助编程、机电一体设计制造维护等，节约设备设计开发或改造成本，缩短调试时间，快速抢占市场。用户在使用过程中进行虚拟加工，可以优化工艺，提升加工效率。

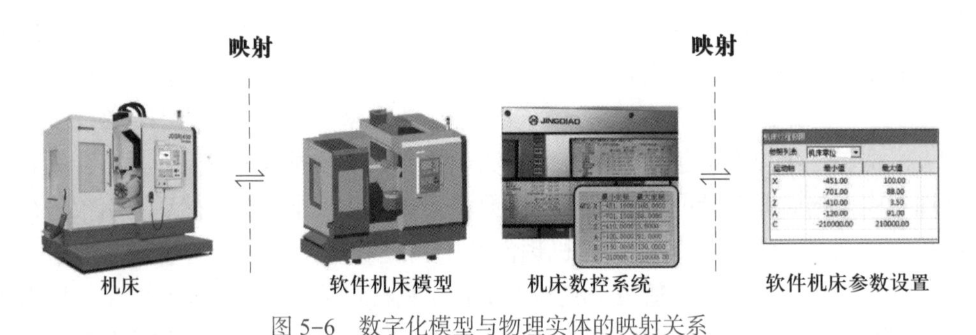

图 5-6 数字化模型与物理实体的映射关系

1. 快速原型设计

数字孪生技术在装备概念设计、模型开发、虚拟验证与快速换型重组方面表现出很强的优势，节省了传统从 3D 建模到样机验证多次优化迭代的冗余环节。使用 3D 建模工具开发出满足技术规格的产品虚拟原型，精确地记录产品的各种物理参数，以可视化的方式展示出来，并通过虚拟仿真手段来检验设计的精准程度。通过一系列可重复、可变参数、可加速的仿真实验，来验证产品在不同外部环境下的性能和表现，在设计阶段就验证产品的适应性。数字孪生驱动的快速原型设计使得设计经验可传承，模型 / 数据可复用，通过虚拟样机可减少产品开发成本，加速产品的研发进度。

 案例 5-1

达索 3D EXPERIENCE 数字孪生虚拟样机平台开发

3D EXPERIENCE 即 3D 体验平台，是达索公司使用云端技术，基于浏览器开发的 3D 建模解决方案，它将产品开发过程从设计到制造和交付连接起来，如图 5-7 所示。平台将产品研发所需的业务从最初的概念设计到产品展示推广，提供了一整套的解决方案。工程虚拟样机仿真平台使用 3D EXPERIENCE 软件打通工业、工程数据，基于同一套数据，虚拟样机既能满足工业设计对外观效果的修改完善，又能满足对工程结构的优化及人机工程学分析，实现了多专业间的数据连续性。基于工程虚拟样机进行产品造型方案、材质方案等外观评审，静态与动态干涉检查等结构评审，以及人机工程的分析与验证。帮助客户改善设计细节、发现设计问题与缺陷，及早发现问题、解决问题，实现产品设计快速迭代。达索公司推出了面向行业客户痛点而推出的“中国机械设计包”，包含“机械设计基础包”“机械工程高级包”以及“混合设计专业包”三种打包解决方案，旨在为机械设计、工业设备等制造业客户有针对性地提供一体化的设计仿真协同研发环境。“中国机械设计包”能够满足工业设备行业客户的 80% 以上结构设计工作，基于单一数据源的协同研发平台，以高性价比的功能支持企业数字化转型。3D 体验平台实现企业数据连续性，以统一平台实现从需求、项目、设计、工艺、仿真、制造管理。

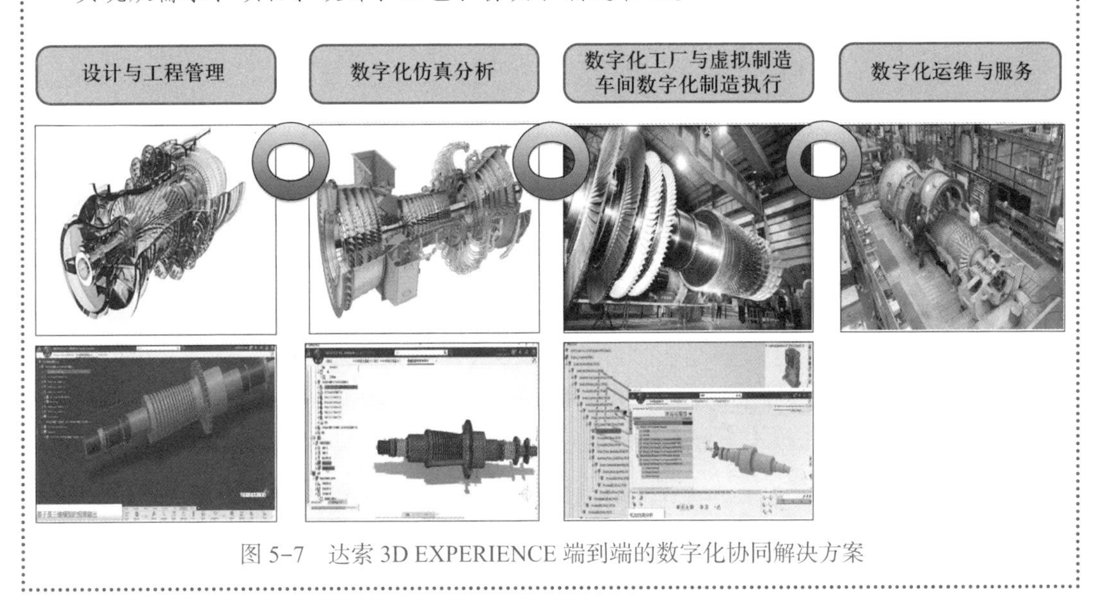

图 5-7　达索 3D EXPERIENCE 端到端的数字化协同解决方案

2. 工艺参数优化

工艺参数是完成复杂零件制造的根本，其选择的合理与否直接关系到加工效率与加工质量。目前，在数控切削加工过程中，工艺人员需要根据零件特征及机床性能等条件在 CAM 软件中生成零件加工制造指令代码，通过大量试切实验来提高零件的合格率。基于物理实体构建高保真数字孪生虚拟实体，通过给定输入信息可提前模拟物理实体真实制造过程，物理空间就有时间选择最优的控制方案作用到物理实体。虚拟实体可走在实体的前头，提前于实体发生变化，确保真实加工过程的稳定性、安全性，生产的产品满足质量要求。

案例 5-2

欧盟 Twin Control 数字化孪生项目在航空与汽车领域应用

Twin Control 项目由欧盟资助，由大学、企业、科研中心等多学科团队参与，旨在利用数字世界更好地控制现实世界的制造过程，其架构如图 5-8 所示。Twin Control 旨在开发了一种仿真和控制系统，该系统集成了影响机床和加工性能的各个方面。与单一功能的仿真软件包相比，这种整体方法可以更好地估计加工性能。系统集成了影响机床和加工性能的不同方面，包括生命周期概念等，提供比单一功能仿真更好的加工性能。整体仿真模型将与真实机床相连，以便根据机器的真实状况进行自我更新。该项目开发的系统主要在欧洲经济的航空航天和汽车两个关键行业进行测试和实施，并已得到验证。Twin Control 采用的集成概念增强了机床制造商和零件制造商之间的必要协作，以提高制造过程的生产率。应用的整体方法提供了更真实的模型性能，因此提供了更准确的预测。通过项目研究，大大提升了切削效率，通过基于模型的控制提高过程性能，通过主动维护提高机器可靠性并增加机器正常运行时间。

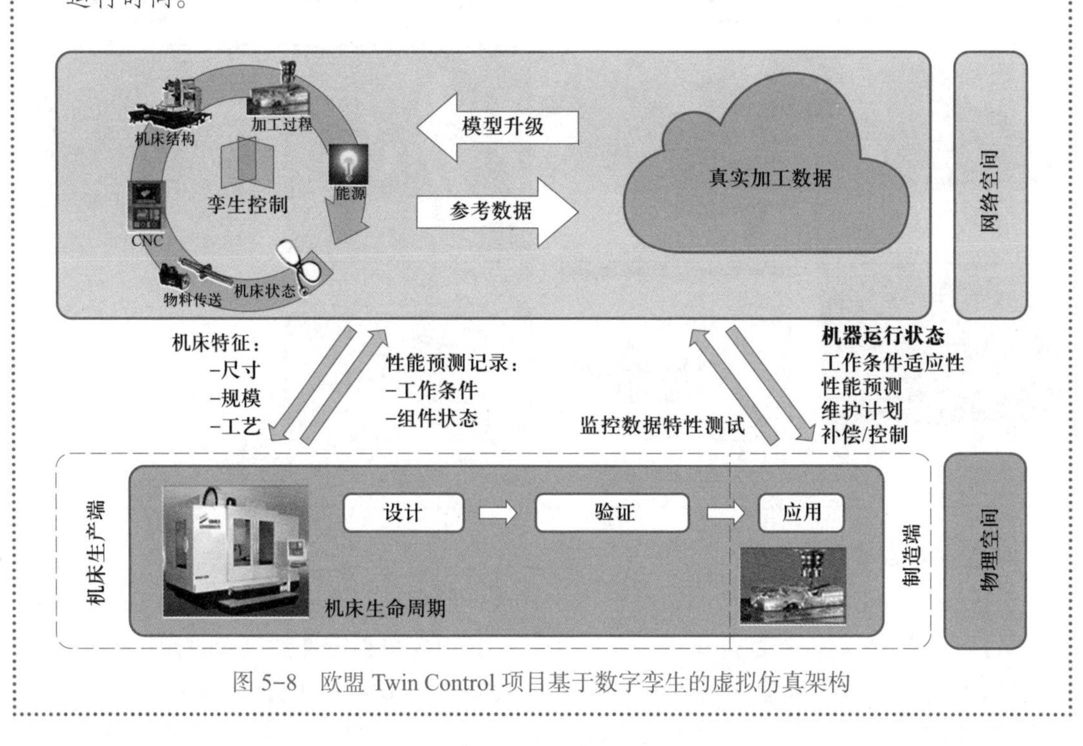

图 5-8　欧盟 Twin Control 项目基于数字孪生的虚拟仿真架构

3. 设备智能运维

设备智能运维是指在设备运行过程中，对设备状态进行大数据状态监测、故障诊断与寿命预测等活动，通过状态监测提前发现问题，将故障消灭在萌芽状态，减少设备停机时间。通过对设备进行寿命预测，提前制定相应的备件管理与订购方案，就能有效提高设备的可靠性，降低设备的运行风险与运行成本。装备运行过程充满不确定性，如装备性能衰退的不确定性、装备运行环境的不确定性、人为因素等原因都会直接影响装备的正常运行。数字孪生驱动的设备智能运维是指根据设备运行过程中的状态数据与工作条件建立反映设备运行过程的数字化模型，实现对复杂装备状态的精准认知与趋势动态预测等。数控机床切削加工过程中，刀具不可避免地会出现性能衰退。在刀具全寿命周期内，可通过智能算法实现刀具状态演变、剩余寿命衰减、可加工性退化过程的精确表征，为刀具的选用、更换等决策提供可靠依据。

案例 5-3

数字孪生技术在 GE 航空发动机的应用

GE 公司基于工业互联网应用，率先提出了数字孪生体概念。2016 年，GE 宣布与 ANSYS 合作，共同打造基于模型的数字孪生体技术。GE 认为，从概念设计阶段开始建立航空发动机数字孪生体的过程更容易地将设计和结构模型与运行数据相关联。反过来，发动机数字孪生体还能有助于优化设计，提高生产效率。目前，GE 的数字孪生体技术正在向这方面发展，它通过汇总设计、制造、运行、完整飞行周期和其他方面的数据，以及在物理层面对发动机的了解，可预测航空发动机如下几个方面的性能表现：① 将航空发动机实时传感器数据与性能模型结合，随运行环境变化和物理发动机性能的衰减，构建出自适应模型，可精准监测航空发动机的部件和整机性能；② 将航空发动机历史维修数据中的故障模式注入三维物理模型和性能模型，构建出故障模型，可应用于故障诊断和预测；③ 将航空公司历史飞行数据与性能模型结合并融合数据驱动的方法，构建出性能预测模型，预测整机性能和剩余寿命；④ 将局部线性化模型与飞机运行状态环境模型融合并构建控制优化模型，可实现航空发动机控制性能寻优，使发动机在飞行过程中发挥更好的性能。这些模型联合刻画出一个具有多种行为特征的数字发动机，并向物理空间传递在特定场景下所呈现的行为信息，GE 实现对航空发动机运维过程的精准监测、故障诊断、性能预测和控制优化。基于航空发动机运维过程的数字孪生体应用，GE 还正式发布了预测性维修和维护产品——TrueChoice，帮助客户优化全生命期内的拥有成本。

5.4.2 产线级数字孪生

柔性生产线是当前机械制造业适应市场动态需求及产品不断迅速更新的主要手段，更高层次的无人值守智能生产线，就是在生产线硬件基础上具备自主决策判定管控系统。利用制造大数据、分析引擎、动态知识图谱、自适应能力，在动态和多维信息收集的基础上，对复杂问题进行自主识别、判断、推理，并做出前瞻性、实时性的决策过程。数字孪生生产线是企业针对物理生产线的搭建，通过数字化的手段构建一个与之对应的数字空间的虚拟生产线。建立生产线的数字孪生模型，在物理与数字两个空间动态刻画复杂的生产制造过程，可以在虚拟空间中对物理空间中的生产过程进行仿真与优化。

1. 产线规划设计

在数字孪生生产线建模过程中，可通过快速导入各类设备的数字化模型，并在各类装备的数字化模型与其物理实体模型之间建立映射关系。装备的数字化模型一般借助机床、机器人等设备供应厂商提供的数字化虚拟模型或通过自主开发建立各类装备的三维模型数据库，该数据库包括装备三维数模及基本工艺信息。在生产线建模时，可共享“装备数据库”，将性能匹配的机床、机器人、桁架机械手、工装、移动工作台、各类辅助工艺单元和刀具等的数字模型直接拖拽出来即可使用，无须单独设置其基本工艺信息。生产线中用到的转台、工具架、仓储、运输轨道等通用设备，在各类仿真软件中已经成为标准元素，可以根据需要改变相关参数来快速建模。基于上述生产线组成要素的数字模型，数字孪生产线建模人员就可以根据企业提供的生产线布局图建立相应的可视化虚拟生产线模型，包括各类加工设备、工位、缓冲区、转运设备、操作人员等。

 **案例 5-4**

陕西法士特变速器壳体数字孪生装配产线

法士特通过建立变速器壳体生产线各类设备的数字孪生体模型，可在实际投入生产之前验证产线的各类装备布局和制造流程，对实际生产过程进行预测和优化，甚至可以进行预防性维护。另外，除了仿真零部件加工生产过程，还可以建立产品虚拟装配线仿真模型，如图 5-9 所示。传统制造模式对于产品的装配性能分析主要采用实物开模试装和经验判断，只能在零部件生产完后进行试装，导致较长的生产周期和较高的产品成本。通过对装配产线进行数字孪生建模与仿真，在产线设计过程中仅通过软件运算、模拟，即可在产线设计初期发现问题。例如，发现因环境因素和静力变形而引起的机械手定位不准的问题、产线装备在产品动态装配过程中可能发生的干涉问题，便于尽早解决问题，避免后期高成本的工程更改。变速器生产车间通过数字孪生技术能够实现车间建设布局的几何仿真以及运行过程的运动学仿真。在进行运营管理时，根据车间生产管控优化系统中的已有数据，包括产品与产线物理模型数据、传感器采集数据、实时运行数据等构建该车间的数字孪生体，在虚拟空间中构建了一个与物理实体相映射的虚拟车间，包括从产线、加工单元到生产工序的所有生产要素的数字化虚拟模型。

图 5-9 变速器装配生产线数字孪生体示意图

2. 产线虚拟调试

虚拟调试技术可以把真实环境下的调试过程转移到数字世界中。通过把机器人等生产设备甚至整条生产线 1∶1 地复制到虚拟世界中，使系统工程师或终端用户可以通过交互式三维可视化查看系统的实际行为。通过模拟和测试可以在早期阶段就发现故障点，可使现场的调试速度更快、风险更低。同时缩短上市时间，降低成本，提高灵活性和生产力。数字孪生生产线主要关注生产过程优化、节拍优化、生产线状态监控等方面，数字孪生生产线的构建主要在于如何对物理生产线进行虚拟建模。目前对数字孪生生产线建模的工业软件比较多，如 Plant Simulaion、FlexSim 等。利用数字孪生技术开展生产线仿真优化的应用研究，一方面能帮助企业生产线建设及投产前在信息空间中进行仿真、分析、优化和测试，及时发现生产线的设计缺陷，另一方面在生产线实际运行过程中可以通过虚实融合的交互环境对实际生产制造过程进行实时监控和动态调整，实现生产过程优化。

案例 5-5

德国 FASTSUITE 飞思德生产线虚拟调试软件

FASTSUITE 飞思德虚拟调试模块基于数字孪生的概念而被构造，如图 5-10 所示。虚拟调试技术是在现场调试之前，基于在数字化环境中建立生产线的三维布局，包括工业机器人、自动化设备、PLC 和传感器等设备，可以直接在虚拟环境下，对生产线的数字孪生模型进行机械运动、工艺仿真和电气调试，让设备在未安装之前已经完成调试。飞思德典型的虚拟调试项目的实施步骤如下：首先，工程师需要规划好生产线的布局和设备资源。布局搭建后，需验证布局，例如可达性和碰撞；接下来，工程师应优化机器的动作流程；集成好数据模型后，下一步是工艺仿真程序，分析加工的路径与工艺参数，对机器人或机床设备编程验证；最后进入调试阶段，接入机电信号，与电器行为同时调试验证，比如传感器、阀门、PLC 程序和 HMI 软

图 5-10 生产线虚拟调试

件等。虚拟调试系统可分软件在环（software in loop，SIL）与硬件在环（HIL）两类环境。SIL把所有设备资源虚拟化，由虚拟控制器VRC、虚拟HMI、虚拟PLC模拟器、虚拟信号及算法软件等进行模拟仿真。HIL则是把全部设备硬件连接到仿真环境中，使用真实物理控制器、真实HMI、真实的I/O信号与虚拟环境交互仿真。在SIL环境中验证通过后，可替换任一虚拟资源为真实设备，进行部分验证，最终全替换为HIL，完成物理与虚拟映射的调试。通过虚拟调试技术可更早地发现编程错误和逻辑问题等棘手情况，无需等设备在物理环境中安装完成。最大程度地避免真实物理环境下的碰撞等错误，从而降低昂贵的修改成本，显著缩短开发时间。

3. 维护决策支持

对于正在运行的产线，通过其数字孪生模型可以实现生产运行过程的可视化，包括生产设备实时的状态、在制订单信息、设备和产线的OEE、产量、质量与能耗等，还可定位每一台物流装备的位置和状态。对于出现故障的设备，可显示出具体的故障类型。在数字孪生产线运行过程中，通过对运行数据进行连续监测和智能分析，预测设备维护工作的最佳时间点，也可以提供维护周期的参考依据，有效提升产线在动态运行过程中的工作效能，减少停机时间。通过预测性维护策略可提前采购容易发生故障、退化的部件。

 **案例5-6**

CNH工业依维柯货车底盘焊接生产线维护决策支持

CNH公司是意大利投资公司Exor进行财务控制，拥有包括凯斯、纽荷兰和依维柯在内的12个品牌。在汽车和相关行业，停机造成的成本可能会非常高，对于像CNH这样的全球企业来说，停机1分钟的成本可能高达16万美元以上，并且这个数字还在逐年上升。CNH工业公司提出通过数字工具用于依维柯日常货车底盘焊接单一生产线评估和选择不同的维护政策。在虚拟环境中，创建底盘焊接单一生产线的数字孪生。CNH公司要求Fair Dynamics将注意力集中在自动焊接站上，当一辆货车停在其中一个工位时，机器人就会协同工作完成焊接。厢式货车——有不同类型的厢式货车智能体，根据厢式货车的类型来生产。每种类型都需要不同的处理操作（可能涉及不同的操作、工作站和机器人），这会影响组件的退化站点——每个站点智能体的特征是它包含的不同数量的机器人，并受特定规则的控制机器人——每个机器人配有一个传感器，向仿真模型发送一个关于机器人实际情况的信号。每个机器人的智能体，依次提供一个特定的预后和健康管理（PHM）模型，根据接收到的信号预测机器人的退化情况。通过以这种方式构建数字孪生，Fair Dynamics为测试和使用引入了三种基本的维护策略：定期维护（根据计划更换部件）、基于状态的维护（根据报警信号更换部件）、预测性维护（组件根据其状态和使用信息按计划更换）。该系统可以处理近期和远期的未来，而且，使用数字孪生进行仿真易于使用工具来分析和比较方案，使人们能够快速了解流程更改如何影响维护成本。数字孪生可以提供各种数据，包括总产量、维护时间、备件总成本和维护工作成本等。

5.4.3 车间级数字孪生

车间数字孪生通过构建物理对象的数字化镜像，描述物理对象在现实车间中的变化，模拟物理对象在现实环境中的行为和影响，以实现状态监测、故障诊断、趋势预测和综合优化。数字孪生车间通过物理车间与虚拟车间的双向真实映射与实时交互，实现物理车间、虚拟车间、车间服务系统的全要素、全流程、全业务数据的集成和融合。在车间孪生数据的驱动下，实现车间生产要素管理、生产活动计划、生产过程控制等在物理车间、虚拟车间、车间服务系统间迭代运行。改变了传统的规划设计理念，将设计规划从经验和手工方式，转化为计算机辅助数字仿真与优化的精确可靠的规划设计，以达成节支降本、提质增效和协同高效的管理目的。整体来看，一个完整的车间数字孪生系统应包含以下四个实体层级：① 数据采集与控制实体，主要涵盖感知、控制、标识等技术，承担孪生体与物理对象间上行感知数据的采集和下行控制指令的执行；② 核心实体，依托通用支撑技术，实现模型构建与融合、数据集成、仿真分析、系统扩展等功能，是生成孪生体并拓展应用的主要载体；③ 用户实体，主要以可视化技术和虚拟现实技术为主，承担人机交互的职能；④ 跨域实体，承担各实体层级之间的数据互通和安全保障职能。

1. 制造工艺仿真

工艺是连接设计和制造的桥梁。在产品越来越复杂的情况下，对制造工艺的要求也越来越高。工艺仿真是利用产品的数字样机，对产品的加工和装配流程等建模，在计算机上实现产品从零件加工到组件装配成产品整个过程的仿真。在建立了产品和资源数字模型的基础上，可以在设计阶段模拟出产品的实际生产过程而无需实物样机。工艺仿真使合格的设计模型加速转化为工厂的完美产品。装配工艺仿真是在虚拟环境中依据设计好的装配工艺流程，通过对每个零件、成品和组件的移动、定位、夹紧和装配过程等进行产品与产品、产品与工装的干涉检查。当系统发现存在干涉情况时报警，并给出干涉区域和干涉量，以帮助工艺设计人员查找和分析干涉原因。在数字孪生中，工艺仿真技术同样是“先知”的支撑技术。不仅能克服传统工艺设计带来的缺陷，还能通过在数字孪生体中提前预测和实时优化，并反馈和控制物理世界的工艺过程，在工艺执行的各个环节避免各种可能发生的问题。

 **案例 5-7**

长城汽车工艺规划、仿真一体化平台

工艺数据与下级供应商数据无法互通，导致供应商需重新搭建线体模型，仿真验证缺乏高效工具，效率低下且仿真数据缺少规范性管理，无法全面且系统自主掌控焊装工艺规划、设计、仿真、调试等业务环节，PLC与机器人程序验证需在现场进行。长城汽车安装并部署了基于Teamcenter的Process Simulate软件，完成测试数据集成应用、相关功能的二次开发，实现PS软件和TCM平台的高效集成，如图5-11所示。结合其他主机厂成熟标准与客户自身情况，协助其制定标准，通过实施具体项目检验标准的可执行性。通过仿真业务导航、虚拟调试业务导航等全方位项目实施服务，根据项目情况指导客户仿真的实施方法和过程，协助完成实际的仿真项目。建成焊装工艺规划、设计、仿真、调试等全流程环节自主可控闭环体系；上下序仿真数据协同，现场调试前移，缩短项目周期15%；二次开发高效、实用的软件工具，提高工作效率20%；工艺规划与仿真数据协同，工时等成本降低15%；数据跨部门跨公司交互过程及数据质量提高10%；建立业界领先的工艺仿真与虚拟调试标准。

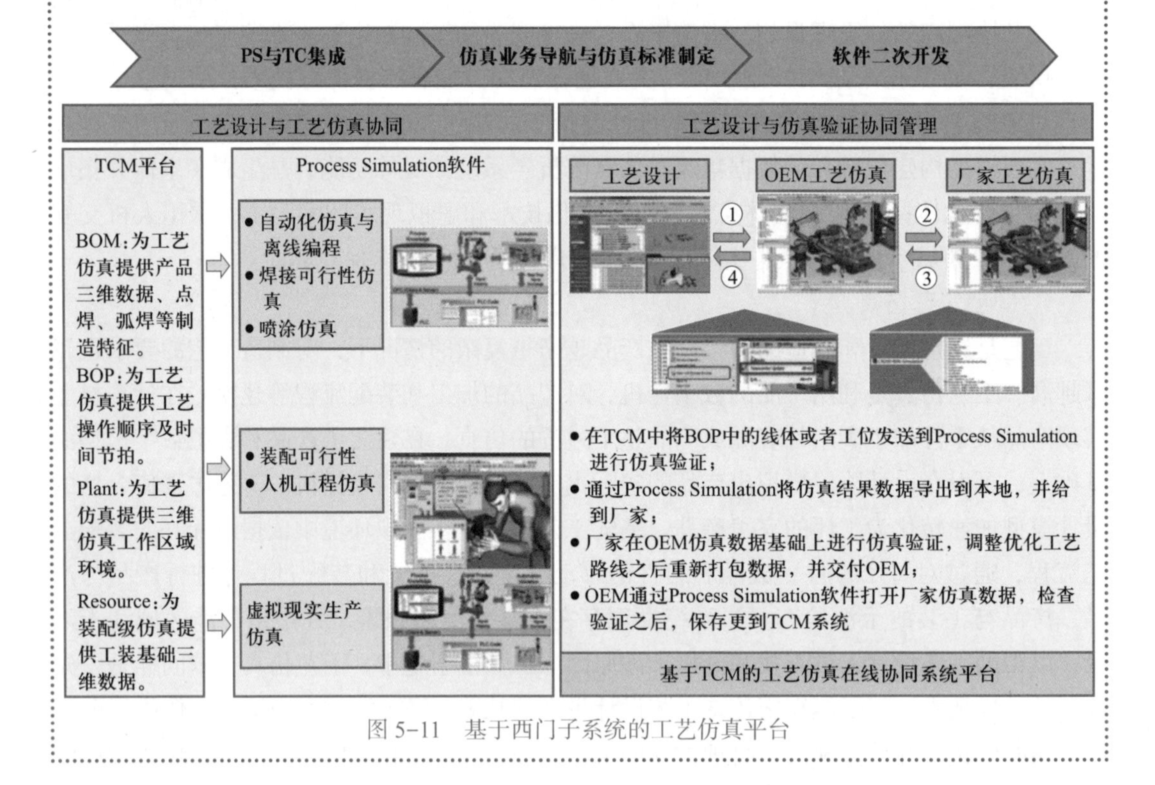

图5-11　基于西门子系统的工艺仿真平台

2. 生产过程管控

对于多品种、小批量、短交期、多变化的自动化车间，生产计划的制定通常是非常困难的，尤其是经常插单、工艺经常变更、生产过程不稳定的情形。同时还需要根据不同品种的工艺差异，合理组合生产计划，减少工艺切换带来的成本。对于自动化的车间，越来越多的车间建设了立体仓库，并配备了自动输送线、AGV等自动化物流设备。数字孪生模型可以对生产过程的每个部分进行建模，以识别发生误差的位置，或者可以使用更好的材料或流程。智能化过程控制基于动态流程模拟仿真技术，结合当前原料成分、生产工况等信息，对化工装置工艺参数进行动态优化，给出操作优化建议，或直接将工艺动态仿真模拟系统与先进过程控制（APC）系统打通，开展从读取数据、优化计算到控制调整的全自动闭环优化控制，减少生产过程中的能耗物耗。企业一体化管控，基于企业级工业互联网平台加强生产与业务的协同，实现企业内资源调度优化，提高资源利用效率，从而减少碳排放、减少资源调度不合理导致的内部消耗。

案例 5-8

东风汽车发动机总装车间数字孪生系统

数字孪生模型贯穿于东风汽车集团有限公司（简称东风）虚拟产品、虚拟生产、实际生产、实际产品全流程，连接数据源和主数据系统，映射（模拟）、监控、诊断、预测和控制产品在现实环境中的形成过程和行为，从根本上推进产品全生命周期各阶段的高效协同，驱动产品创新，东风智能制造将由依照工业互联网体系来推进建设。通过车间数字孪生系统逐级展示车间、产线及单机三个层级的总信息。车间层展示车间基本信息，包含产能、能耗和异常报警信息。产线层展示每条产线实际生产情况，包括设备温度、压力、流量、电量、设备开关状态。单机层展示各工位重点设备生产状态及数据。在以实体工厂为原型重建的三维虚拟数字空间中，对接现有的上位监控数据，既可以共享现有的数据库，又可以通过 OPC Server 方式获取现场生产数据，并通过交互联动将现场生产活动数据推送至数字孪生三维场景中，实时掌控和优化生产过程。生产数据展示样式有三维场景标签显示和二维界面显示两种方式。在工厂数字孪生系统中，可以将生产的实时数据进行优化处理，并存储至数据库。同时还能结合已完成了生产过程的历史数据，在数字孪生系统中进行溯源回放。在产品质量出现异常时，可以迅速定位至异常点。在虚拟的数字空间中，不仅可以对参与生产的设备、物料、人员等参与生产的关键要素进行展示和管理，还可以对生产进度、生产节拍、生产数据、质量信息等生产过程信息进行监控和优化，为降本增效做依据。在三维数字孪生场景中，不仅能对生产线或者某项设备出现的异常情况进行警告，还可以实时联动生产数据。根据良率对生产过程中的非良品进行提醒、销毁，帮助企业进行产线资源优化配置，提示良品率。

3. 零件精准装配

通过数字孪生技术，可以实时监测零件加工状态，将次品零件及时进行处理，降低了次品零件进入装配阶段的可能性。数字孪生技术使得“加工—检测—下一步加工”的工艺流程更为简便，对公差、表面粗糙度等指标可以进行后续工序修正，对于尺寸误差、形状误差等问题，可以进行次品零件处理，降低成本，提高生产效率。装配阶段中，由于不同零件的公差、表面粗糙度等均不相同，需要针对性地进行模型修正，从而保证虚拟空间中的孪生体能够匹配特定产品的实际状态。引入数字孪生技术开展飞机装配车间设计与应用的研究，一方面能够帮助企业在数字孪生车间实际建设及投入生产之前对数字孪生环境进行分析、优化、仿真和测试；另一方面可通过数字孪生飞机装配车间运行的交互环境和载体，对飞机装配车间的工作流程、信息流和物流进行实时、精确的运行分析和优化，从而提高飞机装配车间设计的质量和性能。基于数字孪生的航空航天产品装配技术，能够实现装配车间运行状态的在线可视 – 可测 – 可控，从而提高产品装配质量、缩短装配周期。

 **案例 5-9**

数字孪生在汽车装配车间的应用

数字孪生装配车间虚拟模型，包括静态建模、动态建模、动态仿真等。混流装配车间静态建模，通过对生产现场进行实地测绘，利用 Sketchup 的线条、圆弧、推拉、路径跟随等工具，可实现对物体的几何建模。混流装配车间动态建模，使用 Flexsim 建立一个真实系统的 3D 数字孪生模型，用更短的时间、更低的成本来装配车间数字化建模。通过创建实体、实体连接、参数设置、可视化仿真，为后面数字孪生分析提供数据依据。基于 Flexsim 的混流装配车间仿真，通过静态建模和动态建模，以完成各工段仿真模型的建立。通过对仿真运行结果进行分析，进而指导装配车间并提出相应的改进措施。通过 Flexsim 的 Dashboard 和统计与报告等功能实现对生产线实时数据的监测与统计分析。汽车装配车间的生产要素数字信息可以通过物联网实时上传到虚拟汽车装配车间，虚拟装配车间根据实时数据模拟汽车装配车间实际的运作情况进行仿真优化，并实时调控实际汽车装配车间的运作。实际汽车装配车间与虚拟汽车装配车间通过实时的信息交互不断进化，使整个汽车装配车间的效益最大化。

5.4.4　工厂级数字孪生

数字孪生工厂重在实现工业现场多维智能感知、基于人机协作的生产过程优化、装备与生产过程数字孪生、质量在线精密检测、生产过程精益管控、装备故障诊断与预测性维护、复杂环境动态生产计划与调度、生产全流程智能决策、供应链协同优化。通过三维可视化技术、快速建模技术，集成工厂实时监控设备传感器技术、摄像头、传感器实时数据以及运营管理数据等，最终满足三维数字孪生工厂的管理需求。通过三维数字孪生工厂的建设，管理人员能够实时掌握生产现场的生产进度，计划、目标达成情况，以及生产的人员、设备、物料、质量的相关信息等，使整个生产现场完全透明。

搭建基于数字孪生技术的数字化工厂，通过依托产品整个周期的真实相关数据，在虚拟环境中对生产全过程进行仿真、优化及重构。通过创建虚拟模型来模拟生产过程，并且这些虚拟模型可以为物理工厂车间里所有连接的机器、工具和设备进行数字操作。这就可以使企业能够快速配置生产系统，以最大限度地提高效率，提高资产利用率，防止停机，具备一定的灵活性。企业在数字化工厂建设中，通过数字孪生技术能够并行完成“实物设备数字化、运动过程脚本化、系统整线集成化、控制指令下行同步化、现场信息上行并行化"，形成整线的执行引擎，实物设备与所对应的虚拟模型进行虚实互动、指令与信息同步，形成一个支持实物设备连线的车间快速设计、规划、装配与测试平台。

 案例 5-10

数字孪生在中航飞机起落架制造工厂中的应用

中航工业是典型的离散制造企业通过数字孪生技术为企业搭建智能制造的部署、运营、服务、安全的完整体系，促进信息逻辑和工业逻辑相融合，用数字孪生让真实工厂映射到数字世界，汇聚分散在各封闭组织内的数据，从工业大数据中发掘工业机理和规律，从而以虚实之间有效协同缩短研发设计周期，优化重构生产制造流程，提升设备维护效率，加快组织内外协同合作，带来生产力的变革，触发新型设计、生产、服务模式的演进。以多源 CAD（computer aided design，CAD）模型为数字孪生模型数据源，基于设计任务分配功能实现智能协同设计，实现起落架生产线物理与实物模型的信息实时交互与可视化。构建起落架生产线工艺设计与仿真的工艺知识库，包括实时工艺修正与优化、工艺过程优化、工艺知识提炼与总结、沉浸式工艺设计与仿真，全面有效地挖掘和总结工艺"设计经验"和"设计知识"，结合产品运维阶段的质量状况、使用状况、技术状态等，从产品功能实现的角度对产品研制阶段采用的工艺方法进行评价和比较。虚拟样机是建立在数字世界的、可反映物理样机真实性的数字模型，通过多领域的综合仿真和设备的性能衰减仿真，在物理样机制造之前对装备的性能进行测试和评估，改进其设计缺陷，可以缩短其设计改进周期。

 案例 5-11

数字孪生在华晨宝马数字化工厂的应用

在华晨宝马的数字化工厂中，高度互联的智能数据生态系统集成从设备、流程和技术收集的数据，并进行自动处理和分析，以实现从制造到物流，全价值链的优化升级。该工厂已经在使用数字孪生工厂进行设计，其产品旨在帮助企业主动监控物流功能。工人站在一个正方形的操作台内只需简单点击几下计算机，AGV 接收到指令后根据事先编程设计的搬运路线，通过二维码扫描精准识别动线，将组装所需的零部件送过来；工人从 AGV 上陆续拿出所需的零部件进行操作，工序完毕后点击屏幕，这辆 AGV 便重新出发，继续执行自己的下一个任务。采用 AI 技术应用于检测发动机缸盖表面微小瑕疵，准确率高达 99.7%。此外，华晨宝马还采用视觉识别技术对每一个车身进行缝隙数据分析和在线几何检测，并通过质量数据的流通预测并及时调整生产过程中的质量问题。

数字技术的应用进一步优化提升了生产及运营流程，改善生产效率，提升灵活性。

华晨宝马基于物联网平台建立的焊枪预测性维护系统就是一个很好的应用实例，系统收集超过2 000个焊接机器人的设备数据进行实时在线分析、预测故障，有效减少了停机维护时间。华晨宝马动力总成工厂采用AGV系统关联生产需求自动下单，协助员工完成物流运输拣选工作，从传统"人拣货"升级为"货到人"。在宝马工厂，具有更多的激光摄像头和机械臂组合的应用。在车身裙板抓取工位，机器可以通过拍照，分析车身裙板的方向和位置，并独立完成分拣工作。在质检区，摄像头对车门、机箱盖等位置的扫描也可以实现平整度质检，以及生成数据。机械臂迭代的过程中，生产系统的高效运转，都要把数据拿到数字孪生世界去模拟，然后再回来进行实质性的投产。

图5-12所示为基于数字孪生的汽车装配制造工厂，图5-13所示为其生产线的数字孪生体。

图5-12 基于数字孪生的汽车装配制造工厂

图5-13 生产线的数字孪生体

思考题

5-1　什么是数字孪生？列举其主要特征和预期功能。

5-2　列举数字孪生系统的优、缺点。

5-3　说明数据驱动模型、物理模型或混合模型为什么对数字孪生系统来说非常重要。

5-4　什么是多物理、多尺度融合建模？结合所研究的领域，尝试建立一个多物理、多尺度模型。

5-5　举例说明数字孪生模型可以在哪些不同的制造流程上部署。

5-6　什么是机器学习？有哪些类型？请列举每种类型的异同点。

5-7　机器学习是否必须成为数字孪生应用的一部分？如果是，请说明原因。

5-8　如何在物理建模中使用机器学习方法？

5-9　物理系统与虚拟系统协作过程中，可能产生哪些潜在的问题？应如何解决？

5-10　结合数字孪生的内涵及关键技术，以航空发动机叶片的制造流程为例，尝试说明如何通过数字孪生构建一套智能制造系统。

第六章

离散型智能制造工厂实践案例

前四章已对智能工厂的物理、信息系统组成，智能装备与产线的物理实体以及数据采集，智能工厂的生产运作管理、数字孪生系统做了详细介绍。近些年，国内外离散型制造企业在数字化、网络化、智能化技术的推动下，相继在工厂的各个层面做了大量的软硬件系统部署，实现了生产过程的可视和可控。截至2023年底，在人工智能与制造业的深度融合下，据不完全统计，我国已培育421家国家级示范工厂以及1万多家省级数字化车间和智能工厂。与智能化升级前相比，这些智能工厂的生产效率平均提高50%，运营成本平均降低30%。新质生产力极大地推动了经济的高质量发展。本章给出了汽车、航天、工程机械等领域离散型制造智能工厂的具体实践案例。

6.1 汽车行业智能制造工厂

6.1.1 概况

全球市场对数字化设计、智能化生产、智慧化管理、协同化制造、绿色制造、安全管控等方面的要求随着经济的发展、制造业水平的提升而变得越来越高，这给国内汽车制造行业带来挑战的同时也带来了新的发展机遇。从政策端来看，国家发布的各项智能制造政策对汽车行业发展起到了积极而有力的支撑；从需求端看，当前国内外对汽车产品的需求呈现出多场景、多技术种类、多级别和个性化的特征；从供给端来看，随着众多传统外资车企对智能制造的加码，及对合资品牌的技术支持，国内自主品牌汽车必将面临新一轮的冲击与挑战。从全球智能制造关键技术对汽车行业的影响来看，智能制造的水平仍是企业保持竞争力的关键。国内自主品牌在逐渐占据一定市场份额的同时，迫切需要通过降低制造链、产业链成本来提升竞争力。

浙江吉利控股集团（简称吉利集团）始建于1986年，1997年进入汽车行业，一直专注技术创新和人才培养，现已发展成为一家集汽车整车、动力总成和关键零部件设计、研发、生产、销售和服务于一体，并涵盖出行服务、数字科技、金融服务、教育等业务的全球创新型科技企业集团。

极氪工厂是吉利集团旗下众多整车生产制造工厂之一，作为集团内部典型的标杆智能工厂，该工厂已达到国内汽车行业领先水准。工厂生产产品基于吉利汽车和沃尔沃汽车联合开发的、具备国际先进水平的最新模块化基础架构 SEA 架构，匹配世界先进的纯电动动力系统，生产具备行业先进性和持续生命周期的吉利高端品牌极氪旗下的纯电动汽车产品，肩负着传统汽车向新能源汽车、互联汽车、智能驾驶汽车战略转型的重要使命。

6.1.2 建设目标

吉利集团于 2018 年组建专业的智能制造团队，逐渐开发了一整套集虚拟仿真验证、工厂智能运行与数字孪生、产品智能交付与产业链协同等于一体的全领域智能化解决方案，并以极氪工厂为实施试点，逐步向集团内 20 余个生产基地推广，着力打造以满足客户对汽车的极致体验为核心，价值创造为导向，员工满意、环境友好的智能工厂（图 6–1）。

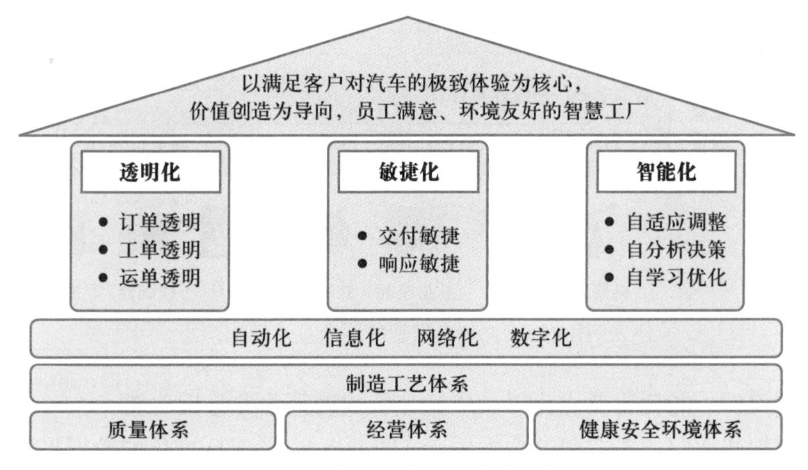

图 6–1 极氪智能工厂建设目标

6.1.3 总体架构

吉利极氪智能制造总体架构分为底层设备、业务执行、业务分析与管理决策四个层次，如图 6–2 所示。

在底层设备层，极氪主要引入各类智能装备并形成了针对工厂内部 100 多种不同品牌设备类型的接口标准。同时在边缘端部署边缘计算设备，承担数据缓存处理、模型计算的功能，应对需要实时计算的场景，让执行指令直接下发到设备执行，实现智能制造的自动化能力。通过在云端（私有云）部署吉利工业互联网平台，平台具有将数据中台中多元异构数据接入能力、大数据管理与运维能力、模块化智能算法包与支持应用开发等能力。平台具有生态友好、低代码开发、架构灵活的特点。在业务执行层，构建如 ERP、MES 等信息执行系统，同时构建 PLM 以及工业控制系统等工艺系统，并综合人工业务数据和从底层设备获取的数据形成数据中台，推动企业信息化转变。在业务分析层，形成工艺参数

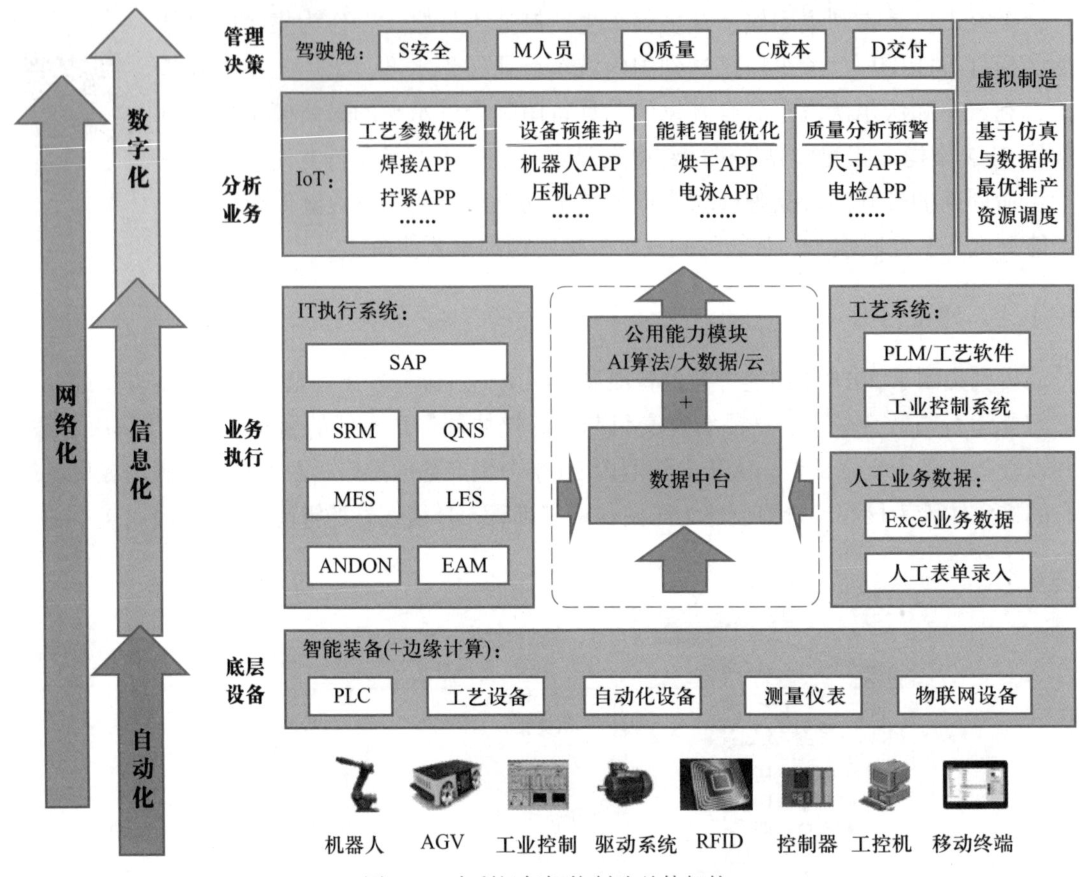

图 6-2 吉利极氪智能制造总体架构

优化、设备预维护、能耗智能优化以及质量分析预警等业务分析功能。

吉利集团构建面向业务应用的数据中台（图 6-3），形成标准化的数据采集方案，对数据进行专业的数据加工与数据建模，进而支持数据应用的构建与数据服务的满足，推动数字化的实现。

在管理决策层，构建数字化驾驶舱，对智能制造过程中的相关指标进行可视化展示，进行风险预警及异常报警，形成数字化。此外，实施一整套的网络架构方案，整合 OT 和 IT 跨领域资源和规范，共同推动一网到底的架构变革，为智能制造的未来需求构建网络连接基础，从而打破原有生产现场与上层 IT 网络之间的隔离，实现从云端到设备端的互联互通，推动网络化的实现。

6.1.4 智能设计

极氪汽车智能制造工厂中的智能设计部分不包含产品设计，仅包含工艺设计。工艺部门接收研发产品数模，并根据大项目策略及产品数模进行制造战略规划、产品可行性分析及验证（虚拟和实物验证）、智能化工艺开发、制造工装和设备开发等工作。

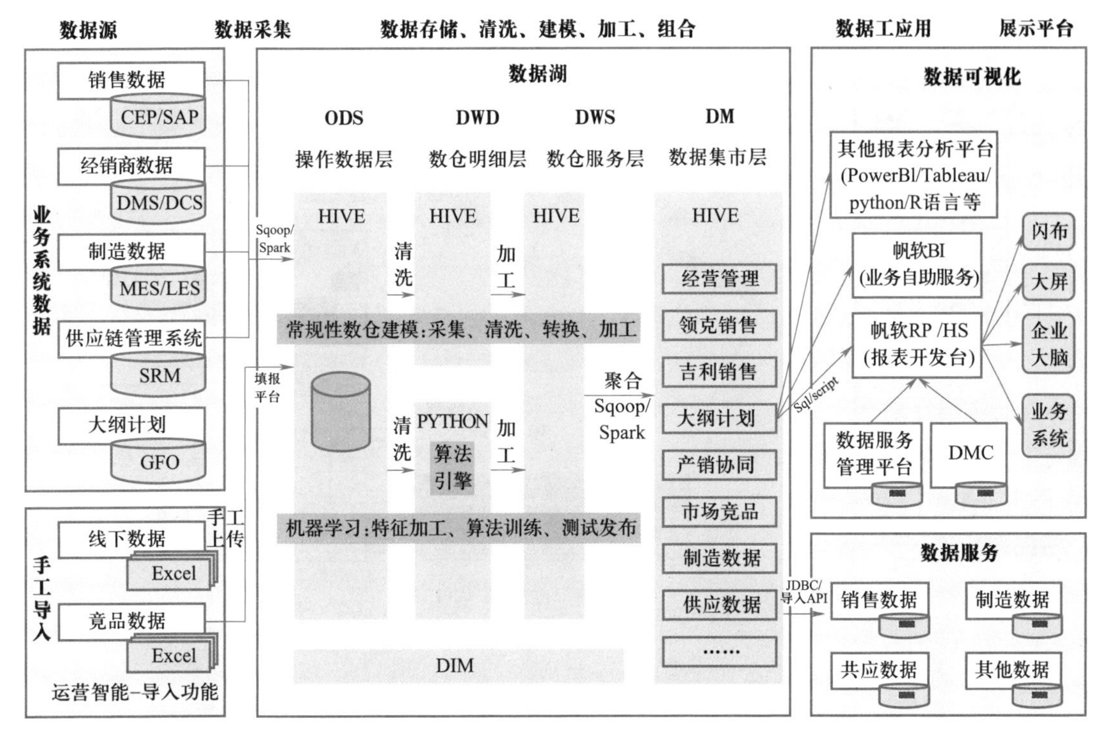

图 6-3 数据中台

1. 产品可行性分析及验证

产品可行性分析及验证过程中，制造工程检查制造可行性的活动称为 DPA5，包括冲压、焊接、涂装、工装可行性分析和材料利用率评估等，主要是为了确认产品数据是否满足既定的制造要求，并在检查完成后把问题反馈到研发进行产品数据优化。

目前的制造要求有 1 100 余条，产品设计过程中很难考虑到全部的制造需求。传统的 DPA5 检查是手工检查，需要工程师对产品数模逐点进行审核，效率低且质量差，浪费大量的人工和时间。基于这种情况，通过开展 MR 自动检查，提高规划效率，缩短工艺开发周期，同时借此打通设计到工艺的数据协同，其流程如图 6-4 所示。

2. 智能化工艺开发

吉利集团通过 Teamcenter 平台进行二次开发，实现工艺数据的在线传递；同时，考虑到 Teamcenter 平台操作复杂、授权费用贵、制造基地难以推广的情况，开发了智能功效系统（GIES），承接 Teamcenter 工艺规划数据，作为制造基地的工艺管理平台。并在 Teamcenter 平台中开发工艺知识库，梳理各项业务工作的机理，进行数学建模，最终定义数据模型和代码开发，实现基于知识工程的自动化规划。工艺开发自动化工具主要完成工程师在整车工艺开发过程中有较多重复且繁琐的工作，例如焊点分配、工具分配等。

针对线下传递的工艺文件管理问题，进行工艺文件管理业务流程重构，如图 6-5 所示。主要流程描述如下。

（1）将所有工艺文件输出物集成到工厂 BOP，增加对象和属性列的方式，集成到工

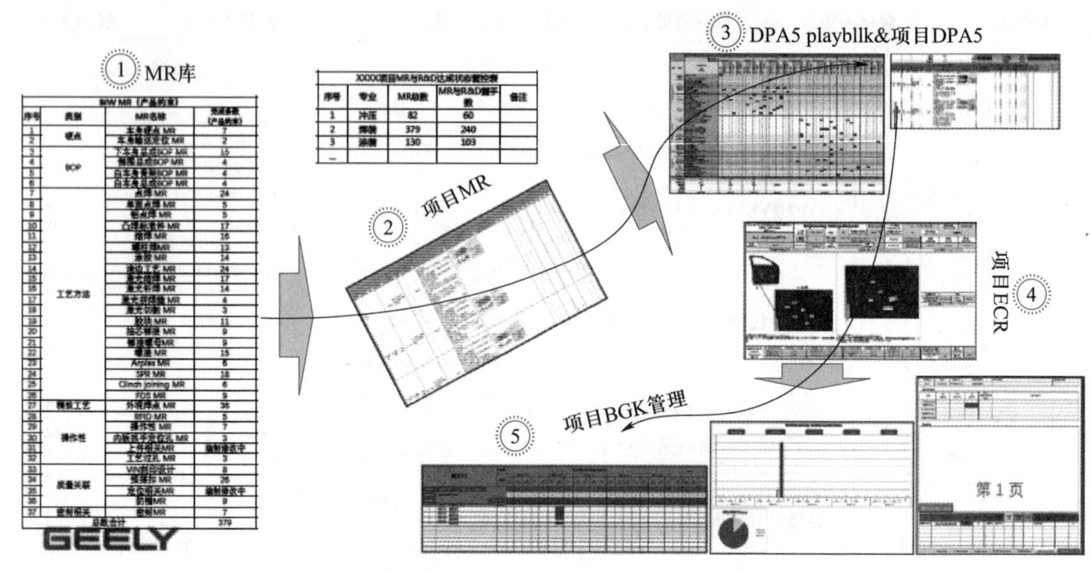

图 6-4　设计-工艺数据协同流程

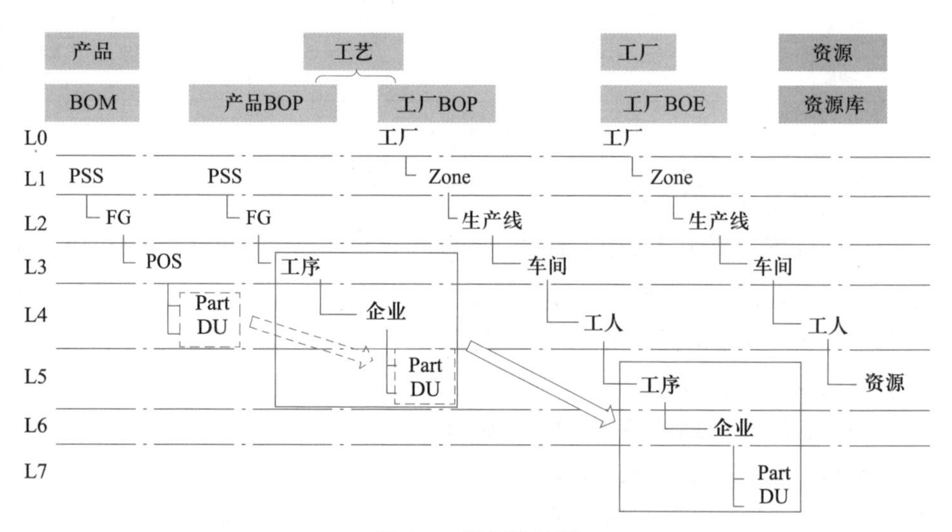

图 6-5　逻辑结构图

厂 BOP 结构树中。

（2）将所有设备、工装、工具、工位器具等资源集成到工厂 BOE 结构树中，资源再挂接到工厂 BOP。

（3）根据 EBOM 的零件配置，自动从标准工序库中提取需要的工序，建立项目产品 BOP 的框架，根据标准的工厂 BOP 装配顺序，自动排序生成项目工厂 BOP 的框架。

（4）根据类似 GPC-FNA 的功能位置号，和标准工序建立链接规则，实现 BOM 零件自动分配到产品 BOP。工厂 BOP 的属性自动填写：工厂 BOP 和工厂 BOE 的属性，尽量开发根据规则自动初设。

（5）开发质量检查程序，对 BOP 和 BOE 的质量进行自动检查。

所开发的 GIES 其主要功能包括 PII、OIS、WES 等工艺文件及参数的管理，实现 PII、OIS、WES 等工艺文件以及工艺参数、设备参数、质量参数上下游协同。

3. 虚拟仿真

吉利集团针对虚拟仿真建立了完整的仿真体系，在满足产品功能和质量的前提下，对产品、工艺进行虚拟装配和验证，准备评估工艺方案，提前识别问题点，缩短投产周期，降低投产成本，取得了良好的成果。

虚拟仿真主要包括结构仿真、产品可制造性仿真、工艺仿真等。结构仿真主要针对厂房、钢构、管网（图 6–6）进行建模及结构仿真验证，重点在于实现干涉的检查，避免后期因干涉问题造成临时变更。

图 6–6　动力管网结构仿真

产品可制造性仿真包括冲压板件成形仿真、焊点分析、产品搭接分析等，涂装产品仿真如图 6–7 所示。

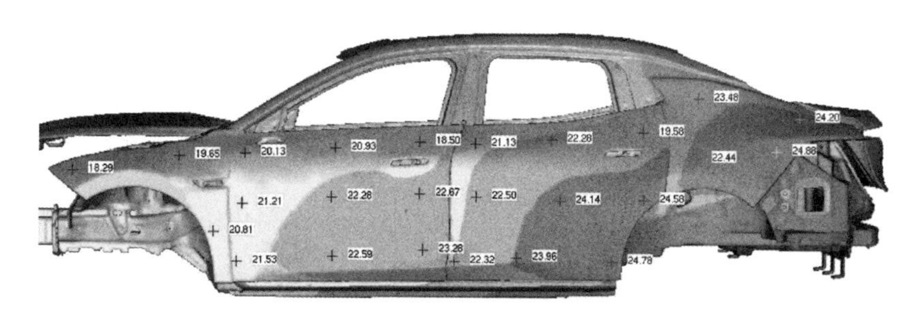

图 6–7　涂装产品仿真

工艺仿真则对制造工艺进行仿真，包括冲压线仿真、机器人仿真、喷涂仿真、人机工程仿真等，总装人机仿真如图 6–8 所示。

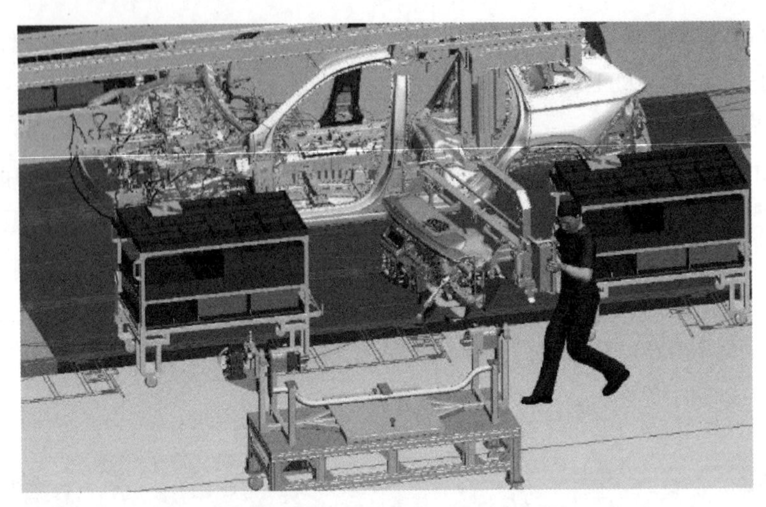

图 6-8 总装人机仿真

6.1.5 智能管控

通过从 ERP 和 MES 等系统获得制造过程数据，可实现相应的业务管理，进一步在此基础上实现智能管控与智能决策。

1. 智能执行——IoT 微服务群

IoT 微服务群是面向各工厂设备工程师、品质工程师、工艺工程师所开发的系列应用产品，通过设备端采集的数据，并结合模块化的智能算法包判断设备的性能、故障发生的风险，监控整厂工艺参数的一致性及可靠性，智能分析质量品质的潜在影响，帮助相关工程师更精益管理设备、管控品质，从而提升整体工厂的设备开动率，保证过程品质。同时，在能源领域结合智能算法对重点耗能设备的开机时间进行精准预测，极大地降低制造成本。IoT 微服务群产品线如图 6-9 所示。

2. 智能调度——虚拟制造

吉利集团开发了基于数据 / 模型 / 在线仿真混合驱动的虚拟制造平台，在平台中构建与实际工厂运行逻辑一致的数字孪生模型，利用离散事件仿真 + 智能优化算法对工厂预发事件进行推演和优化。目前，平台可部署生产计划评价与精益优化反馈、可视化生产过程推演计算与资源拉动、全局调度策略与自动执行、生产异常识别与容错调度等一系列实际应用场景，如图 6-10 所示。

3. 产品智能交付

吉利智能工厂启动 C2M 直销模式、订单透明化以及定制化作业的制造新模式来实现产品的智能交付。

（1）C2M 直销模式。通过产品设计、制造开发、工艺管理、设备管理、供应链管理、生产执行信息系统的打通，支持客户端对产品个性化定制的需求，同时根据订单、工单实时信息输入，合理调度人、机、料等资源，满足质量、效率、成本、交期的最优化。

（2）订单透明化。选取整个过程的关键点以实况的方式展现给客户，包括全自动运

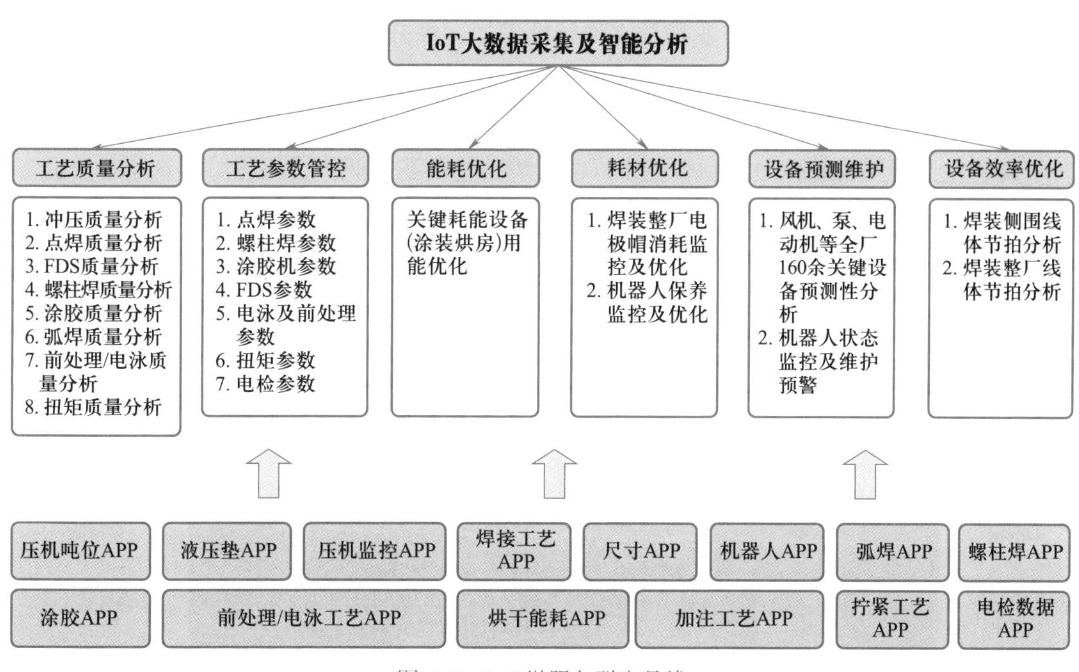

图 6-9 IoT 微服务群产品线

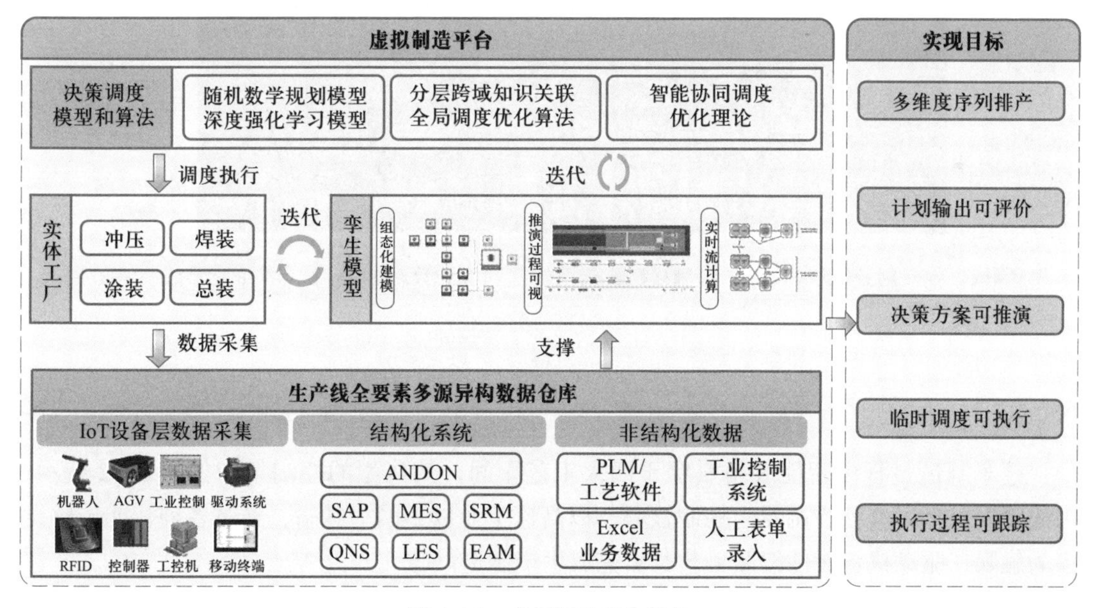

图 6-10 虚拟制造平台架构

载、机器人焊接、机器人涂胶、机器人喷漆、机器人装配、在线视觉监测，以及车辆下线后的全面检测、试验过程。

（3）定制化作业。在产品规划前期建立适用于定制化完整配置识别要素与标准，支持超级零件清单（BOM）与超级工艺清单（BOP）体系，客户下单后通过营销－产品－工艺－生产共用的配置识别标准快速调用资源（人员、设备、物料）、方法进行生产执行，通过一车一单的零件信息、作业指导文件精准推送，提升员工配送、装配、返工、检查、检测准确率。

4. 数字化运营驾驶舱

数字化运营驾驶舱按照吉利智能工厂的组织架构及职能职责，将各层级管理者及员工的工作抽象成指标及支撑指标所涵盖的数据，打通吉利集团内部 15 个系统，覆盖工厂安全（S）、人员（M）、质量（Q）、成本（C）、交互（D）全领域业务，将数据进行加工后以图表的形式进行展示，并同步在 PC、监控大屏及手机端进行实时推送、风险预警及异常报警，辅助实现问题的快速发现及敏捷处理，保证工厂运营的各个领域更顺畅、更精益地运行，为工厂管理数字化转型、管理决策智能化升级提供有力支撑，如图 6-11 所示。

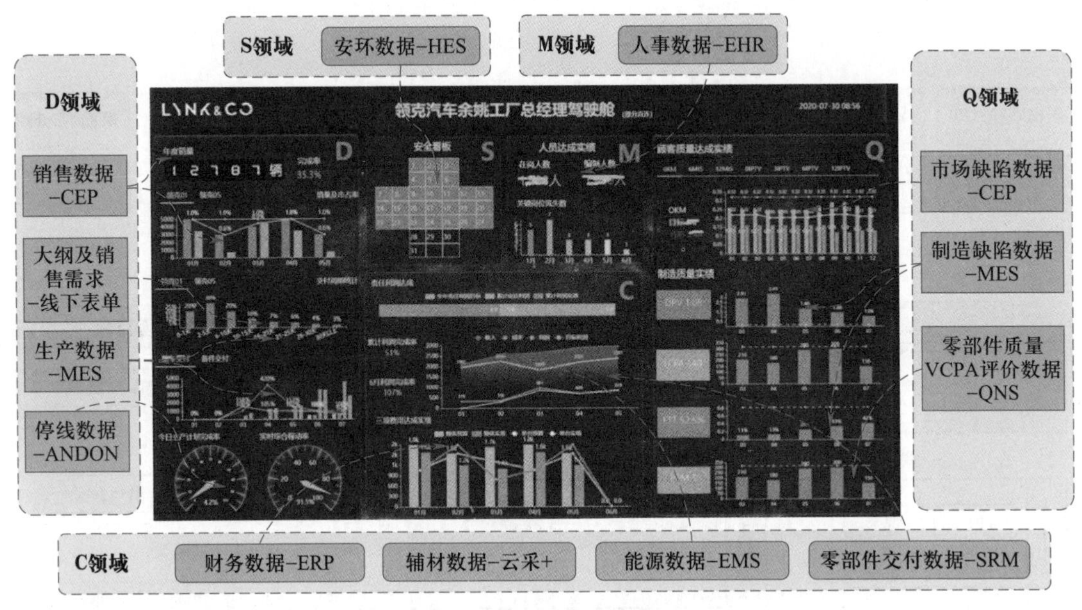

图 6-11　数字化运营驾驶舱

6.1.6　智能装备与产线

整车制造过程中智能装备贯穿于四大工艺车间，其典型的控制架构如图 6-12 所示，以故障安全型可编程控制器为控制核心，以高速工业以太网为脉络，通过各种智能传感设备为触媒，驱动执行元件按照工艺逻辑完成生产制造。

根据生产节拍与人机安全考虑，选用稳定可靠的智能化硬件设备。在全封闭冲压产线中，模具与机械手的配合依赖于高效的自动化伺服系统；在焊装高柔性的主拼系统中，夹具库依据订单无缝隙切换依赖于严密的自动化软件控制系统；在涂装机器人全自动化喷涂工艺中，恒温恒压的环境依赖于高精度的自动化传感系统；在总装遍布车间的无人配送车辆中，高实时性与高精度定位也是依赖于自动化网络的低时延系统。

智能装备的建设从制造基地总体规划的功能需求，到车间设备建设中的安全评估，设备调试阶段的软件虚拟调试，生产验证中的全流程力矩监控防错，逐渐实现少人化，利用

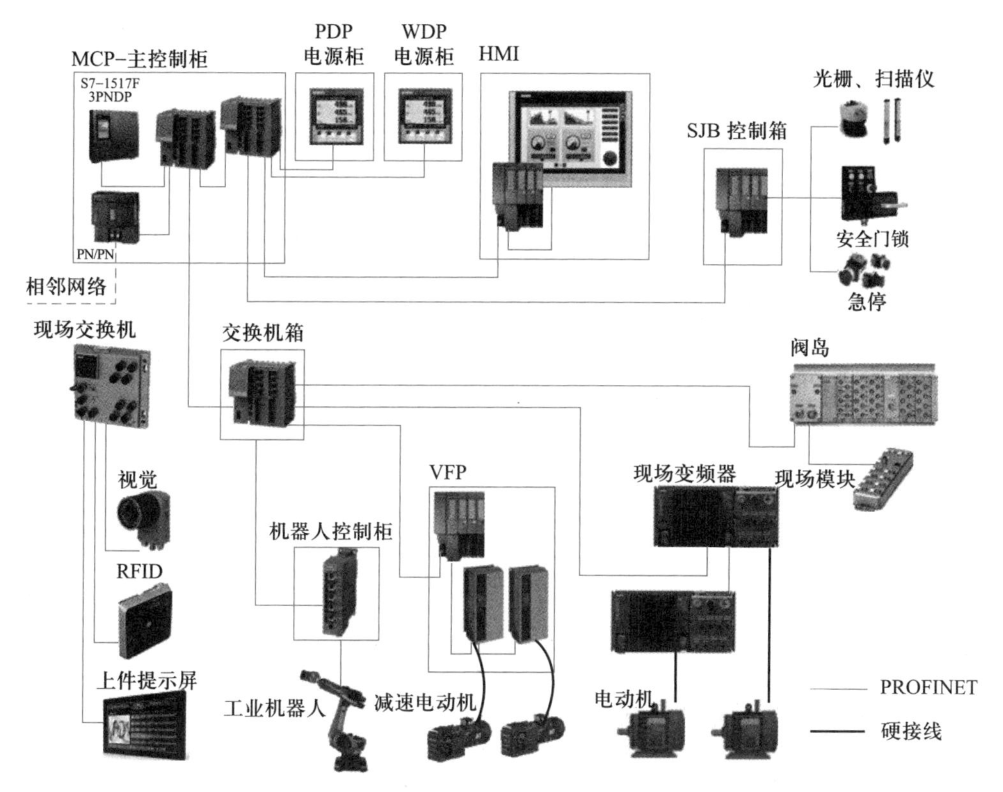

图 6-12 智能装备控制架构图

技术手段替代重复性人员作业。

6.1.7 系统集成

1. 信息化、数字化建设

面向研产供销各个整车业务环节，通过标准化的制造 IT 解决方案，支撑各业务流程环节的自动化流转执行和信息化管控，如图 6-13 所示。

在设计端以产品生命周期管理（PLM）系统为基础，集成各类先进的仿真软件，进行产品设计、工艺开发、虚拟验证、数据协同等业务活动；在销售端以 CEP/DMS 系统为核心，分别根据整车销售、市场营销、售后服务、客户运营等业务活动进行系统支持；在制造端以 ERP 进行整体的资产管理、产销协同、财务管理，以 MES 进行制造执行，以 ANDON 系统进行现场拉动与信息交互，以 QNS 进行全环节质量管控，以供应协作平台（SRM）作为外部供应商信息互通唯一窗口，通过 LES 做厂内物流收存分发的协同，并匹配设备管理系统（EAM）与能源管理系统（EMS）分别支持制造领域在设备与能源管理的业务执行。

其他领域，在人力管理与安全领域分别搭建 HER 与 HSE 等集团级系统形成集团级集中管理与业务运营。

2. 网络化建设

IT 网络广义上用于连接信息系统与现场设备，狭义上与 OT 网络概念相对应，生产制

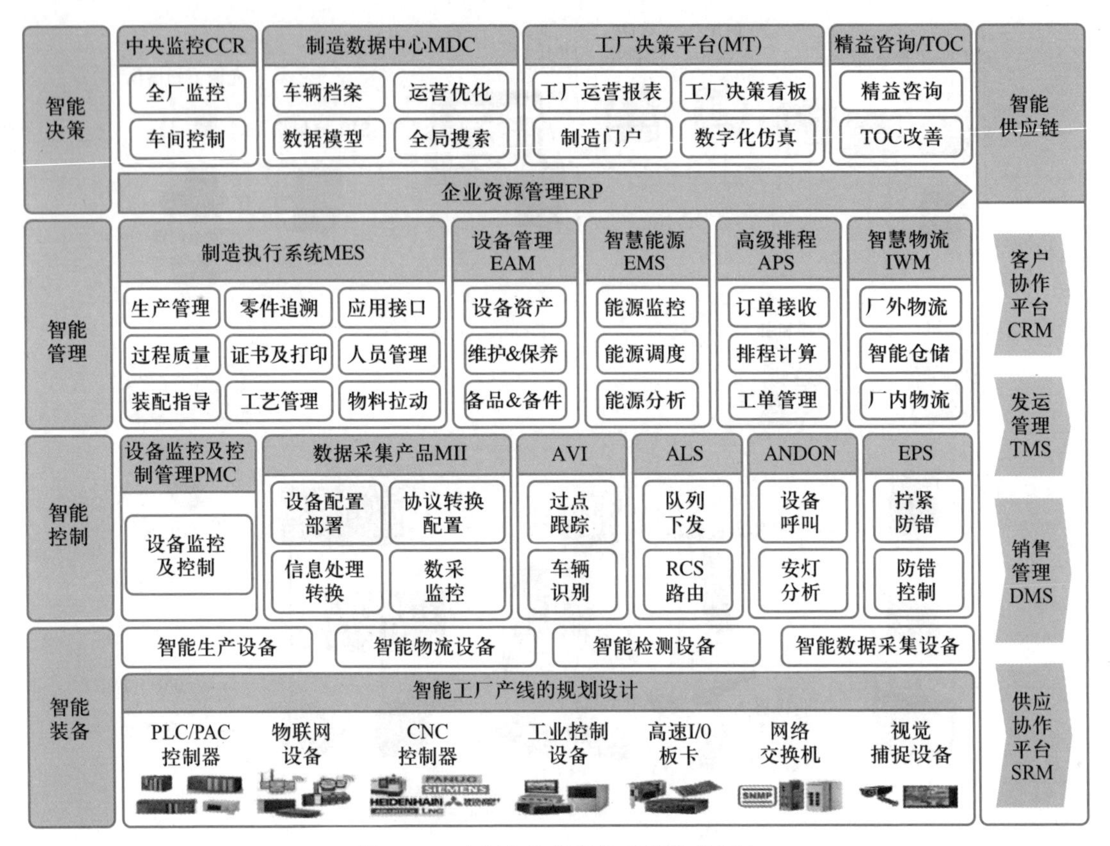

图 6-13　吉利集团信息化系统集成架构

造中的 OT 网络采用三层网络结构，分为核心层、汇聚层、接入层，如图 6-14 所示。核心层交换机一般部署在制造基地核心机房，各个工艺车间部署各自的汇聚层交换机，原则上可形成车间级环网，是 IT 与 OT 融合的聚焦层级；从设备系统互联互通考虑，接入层交换机采用管理型，依据企业工控网络标准设置 VLAN 隔离，避免设备层网络风暴。

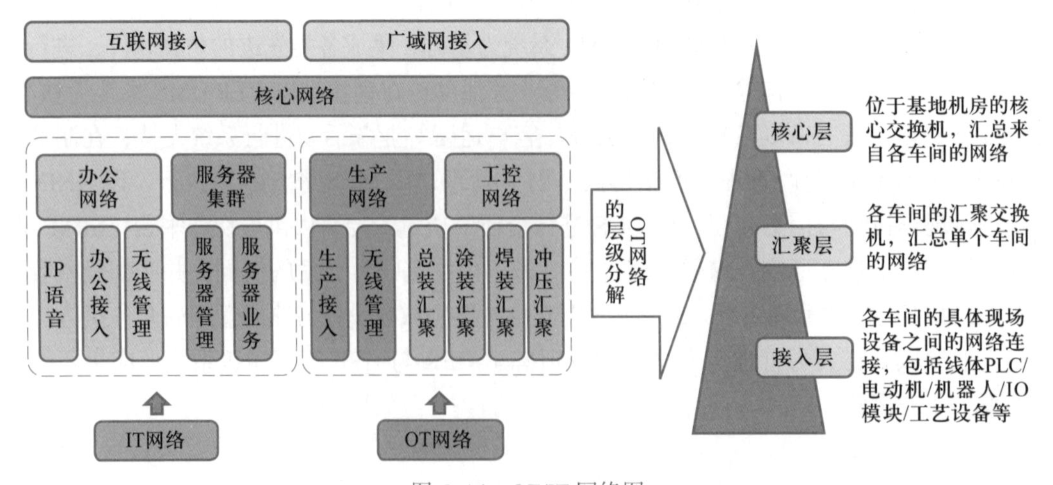

图 6-14　OT/IT 网络图

新一代通信技术以 5G 技术商用为依托，在工业领域充分发挥 5G 低时延、高带宽的优点，积极部署边缘设备，加速网络转型，服务于产业链协调互通。利用最新的 5G LAN 技术可实验 AGV 动态编队和协调作业，有效提高自动化设备协调作业能力。

6.1.8 建设成效

1. 项目实施效果

通过以上项目的落地实施，工厂投产后，现场生产效率提高了 23.5%，能源利用率提高了 15.4%，运营成本降低了 25%，产品研制周期缩短了 31%，产品不良率降低了 30%。

在智能排产方面，现场 MES 接收订单后，已实现自行计算，并判断成本最优、OTD 时间最短等的生产模式，从而给管理层提供最精准的决策服务。

在供应链管理方面，AI 可以通过分析和学习产品发布、媒体信息及天气情况等相关数据来支持客户需求预测，从而发挥影响整个供应链的作用。

在质量控制方面，现场可以利用 AI 图像识别技术识别出零部件的缺陷及功能的偏差，从而使当前现场关键零部件每件必检模式转变为 AI 自动识别问题—人工复检问题零部件模式，保证零件的合格率及一致性，从而保证车身的整体质量。

通过驾驶舱及 IoT 平台功能的拓展，将工厂内部应用拓展到外部，如开放选配功能给消费者，让选择权真正掌握在顾客手里，从而提高顾客对吉利品牌的依赖度。

2. 经济效益分析

将虚拟仿真作为同步工程的重要组成部分，通过前期虚拟仿真，仅焊装工艺就识别出近 500 项问题，涉及内容包括 layout 布局、焊点信息及分配、焊钳的选型、节拍、夹具等方面。针对这些问题，提出解决方案，提高输出工艺文件的准确度，增强指导厂家进行结构设计的可实施性，在项目前期解决问题，直接节约成本近千万。

建筑节能率的提高、能源管理系统的应用、高效设备的采用、群控系统的投用，以及自然通风、天然采光等节能技术的应用，能非常有效地降低运营成本费用，预计年节约费用 1 500 万元。

吉利集团已研制智能工效管理平台，并在极氪工厂部署完成，可实现从产品研发到后期的车间管理实现工艺文件的无纸化，所有的工艺文件通过系统自动生成并输出为电子文档。实现相关部门的信息共享、信息的及时发布与沟通，提高协同工作的效率与工作质量。该平台投入使用后，预计每年可节省 2 500 万元。

通过数字化仿真、虚拟制造、点云扫描等技术手段，在生产线设计阶段，虚拟环境中，对将要安装调试的生产线进行虚拟调试，过程中无须担心实际调试不合理导致的设备 / 产品件干涉、碰撞损坏和人员安全，降低在线调试风险；在优化工艺的同时，同步进行生产线集成程序和安全互锁功能验证、优化，提高产品试生产通过率，降低问题整改费用、缩短产品试生产时间、降低调试能耗。采用虚拟调试后，使车型 SOP 时间提前了 27 天，增加了产品的竞争力。

6.2 航天发动机智能制造工厂

6.2.1 概况

北京动力机械研究所创建于1957年12月3日，隶属于中国航天科工集团第三研究院。它承担着我国中小型涡轮喷气发动机、涡轮风扇发动机、固体火箭发动机、冲压发动机、组合发动机、特种发动机等动力装置及其附件和设备的研制与生产；建有完备的科研管理、质量管理、物资、条件建设、技术安全等技术保障系统和基础管理保障体系。经过60多年动力装置的研制和生产，积累了丰富的制造经验，形成了国内领先的数控加工、特种加工、钣金焊接、精密装调等优势技术为主导的核心制造能力，拥有行业先进的生产制造手段和资源，建立了比较完备的发动机自主创新、集成制造和试验验证研发体系，发展成为集研究、设计、试制、试验和批量生产为一体的综合性动力装置研究所，是我国航空航天动力领域的核心研究单位。

航天发动机复杂结构件制造作为离散型制造的典型代表，具有多品种、小批量的生产特点，在传统的制造模式下，生产现场长期处于异常复杂的多型研制任务与批产任务混线生产状态；受到原材料供应不稳定、质量问题、任务重要等级变化、多任务进线冲突等影响，生产任务安排表现出极大的不确定性，技能人才的能力培养和引进无法匹配产能增速需求。以上问题导致航天发动机复杂结构件生产效率提升困难，制造成本居高不下，无法满足制造周期、产能、质量、成本等高要求。

针对上述背景及存在的问题，以数字化制造及智能制造的思想为指导，基于国产高端五轴数控加工装备，结合已有信息化系统建设应用基础，北京动力机械研究所规划建设了国内首个航天发动机复杂构件智能制造工厂（图6–15）。该智能制造工厂通过数字化工厂布局、自动化系统及信息化系统深度集成，打通了自上而下的数据集成应用链路，实现设计、工艺、制造、质量、物料等各环节全流程全要素的互联互通，建设了一个高度信息化、全流程自动化、生产过程高度可控、人工干预合理减少、生产计划排程智能化、生产执行智能调度的航天发动机复杂构件智能制造示范工厂，显著提升航天发动机制造的智能化水平。该工厂于2020年入选“中国智能制造十大科技进展”。

6.2.2 建设目标

围绕航天发动机智能制造发展规划及型号研制生产任务需求，北京动力机械研究所对现有产能及新增任务进行精准评估，充分借鉴行业内最前沿技术路线，开展自动化、信息化系统建设及补强，按照“产线标准化、装备国产化、流程自动化、信息集成化、生产柔性化、过程可视化、排程智能化、决策自主化”的建设思路，建设面向离散制造的技术先进、可快速复制推广、国产自主可控的航天发动机复杂构件智能制造示范工厂，实现设

图 6-15 航天弹用发动机关重件数控加工数字化车间

计、工艺、制造、物流、质量等环节主要业务协同应用，形成航天发动机智能制造示范基地，支撑核心零部件高质量、高效率、低成本研制生产，有效提升科研生产能力，巩固提升行业领先地位。

6.2.3 总体架构

航天发动机智能制造工厂面向复杂构件制造全流程，梳理设计、工艺、制造、物流、质量等环节主要业务流程，构建企业层、业务层、执行层、设备层的航天发动机智能制造示范工厂的总体架构，如图 6-16 所示。其中企业层包含 PLM 系统和 ERP 系统，业务层

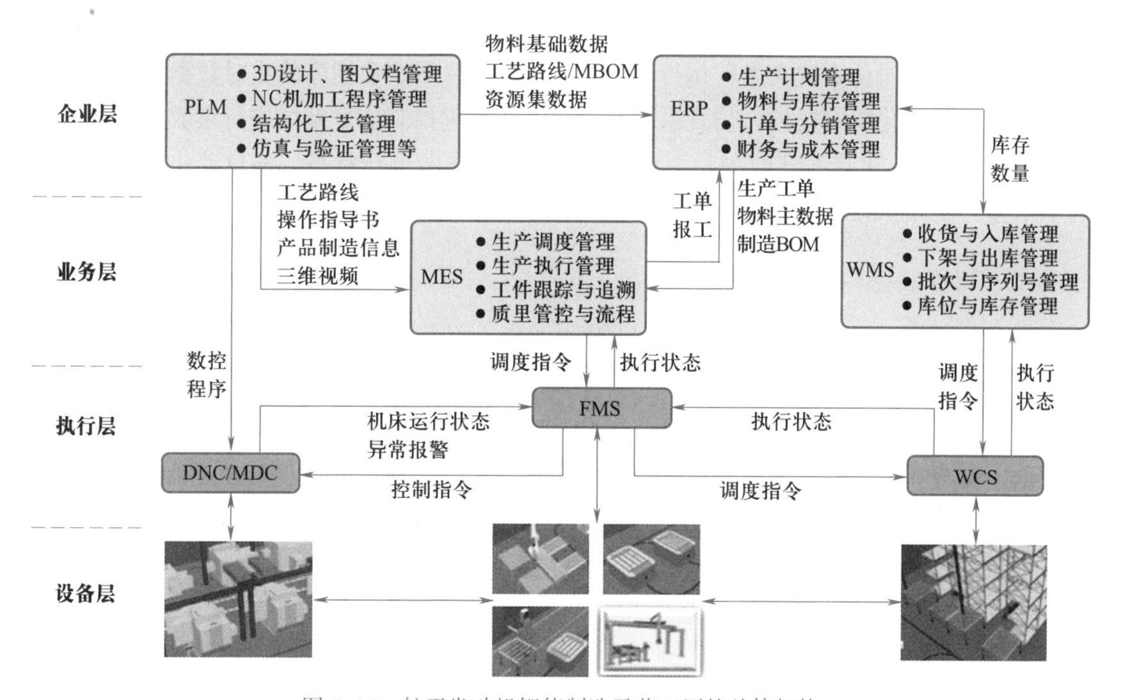

图 6-16 航天发动机智能制造示范工厂的总体架构

主要包含 MES，执行层主要包含 FMS、DNC 等系统，设备层包含底层五轴数控加工设备及其他自动化装备。

智能制造示范工厂涵盖产品研发、工艺设计、计划调度、生产作业、仓储配送、质量管控、设备管理等环节，涉及 PLM、ERP、MES、FMS、WMS、质量管理等多个系统，组成了包含设计、工艺、生产、质量、物料、资源等各要素的智能制造平台总体架构。

6.2.4　智能设计

工艺制造流程设计是工厂稳定运行的基础，包括从毛坯领料、工单下发、呼叫工装、毛坯工装、毛坯入库、毛坯上线、机械手自动上料、自动加工、在线检测、自动下料、换装检测，如图 6–17 所示。

6.2.5　智能管控

生产过程中，生产现场的运维人员通过大屏看板，实时掌握生产过程中的异常情况，及时发现异常后，可迅速处理异常。生产数据看板包括生产监控大屏、生产统计大屏和综合效率大屏。其中生产监控大屏主要展示包括生产统计、设备状态、报警信息、工单列表；生产统计大屏展示包括各个产线的设备产量情况，以及产品、产品批次的合格率统计；综合效率大屏展示包括统计设备在一段时间内的设备稼动时间、设备损失时长、一段时间内每日的状态分布，各个产品的性能稼动率，设备综合效率（Overall equipment effectiveness，OEE）。图 6–18 所示为生产监控大屏。

同时建设了一套三维可视化数字孪生平台（图 6–19），通过各设备三维模型，建立三维的虚拟智能工厂，通过采集实时数据模拟现实工厂的实际运行状态，达到虚拟和现实一体化，可远程实时仿真现实工厂运行情况。通过与信息系统数据库的实时数据交换，实现制造过程的可视化实时监控。仿真系统通过与产线管理控制信息系统进行集成，实现“现实虚拟一体化”。生产线实时展示系统可展示整条产线的运行状态、各自动化系统的实时位置、生产工单执行情况、设备 OEE 和各类生产数据统计。

6.2.6　智能装备与产线

智能制造工厂以一条数字化柔性生产线为主体，引入 14 台国产五轴联动加工中心，建设了 AGV 物流转运系统，实现工件、工装在生产线上自动流转，搭建桁架机械手系统和立体仓库，实现机床自动上下料和工件、工装自动出入库；采用零点定位系统，实现工件快速换装。开发生产线网络及一套柔性制造系统（FMS），实现 FMS 以 MES 工单驱动生产线上资源进行自动生产，整体布局如图 6–20 所示，生产线规划效果图如图 6–21 所示。

数字化柔性生产线按照产线全流程制造过程，进行自动化系统设计，主要包括线外装载站、循环辊道、AGV、立体仓库、桁架机器人、清洗机等，如图 6–22 所示。

1. 桁架机械手

桁架机械手系统对 10 台 KMC800 系列、4 台 KMC400 系列五轴立式加工中心进行组

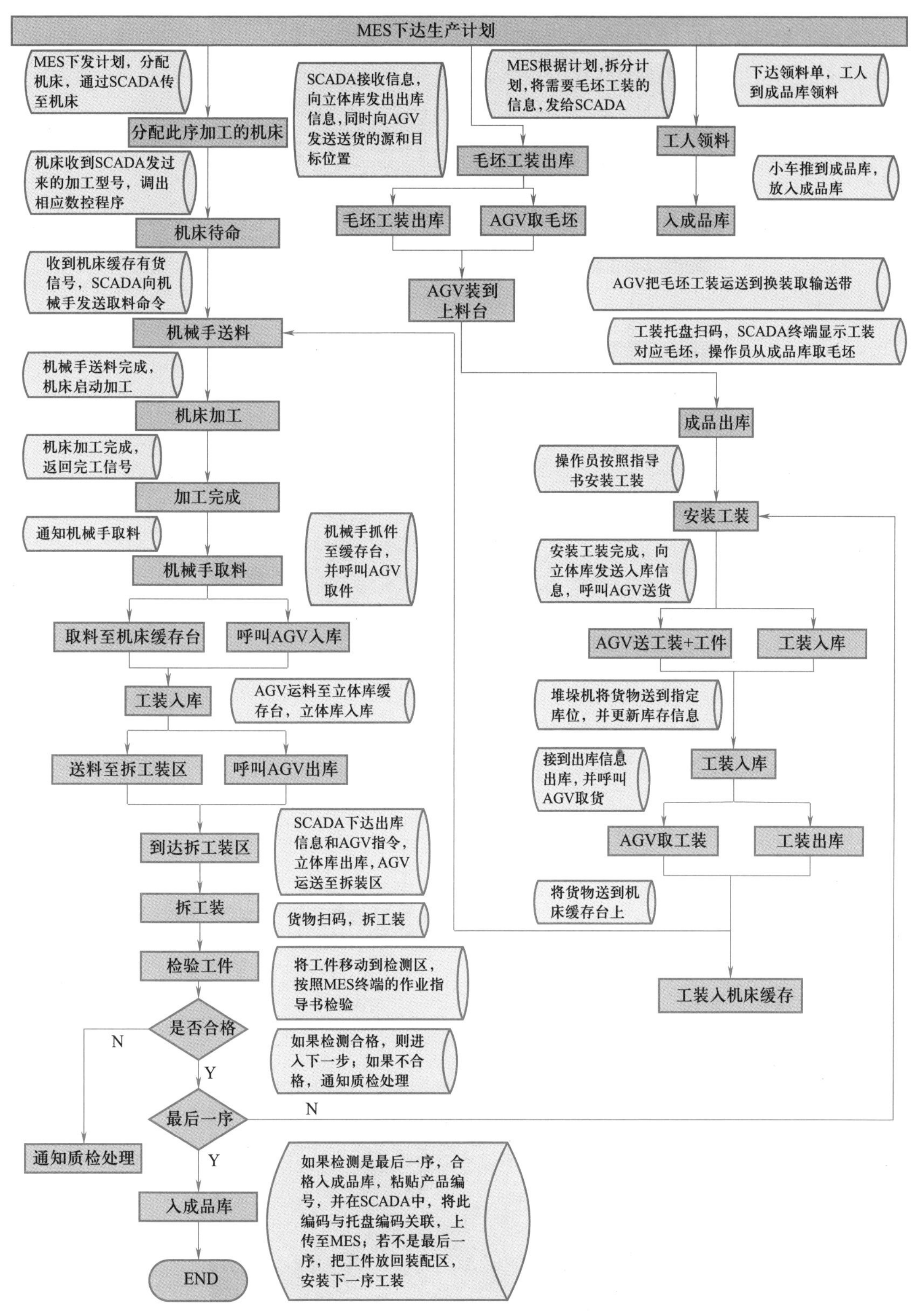

图 6-17 数字化柔性生产线工艺流程图

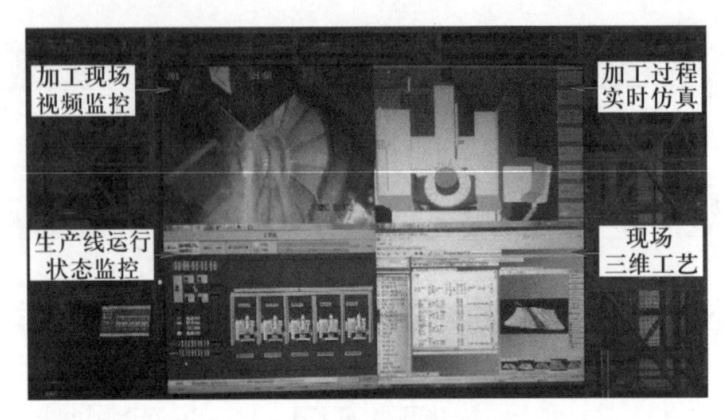

图 6-18 生产监控大屏

图 6-19 三维可视化数字孪生平台

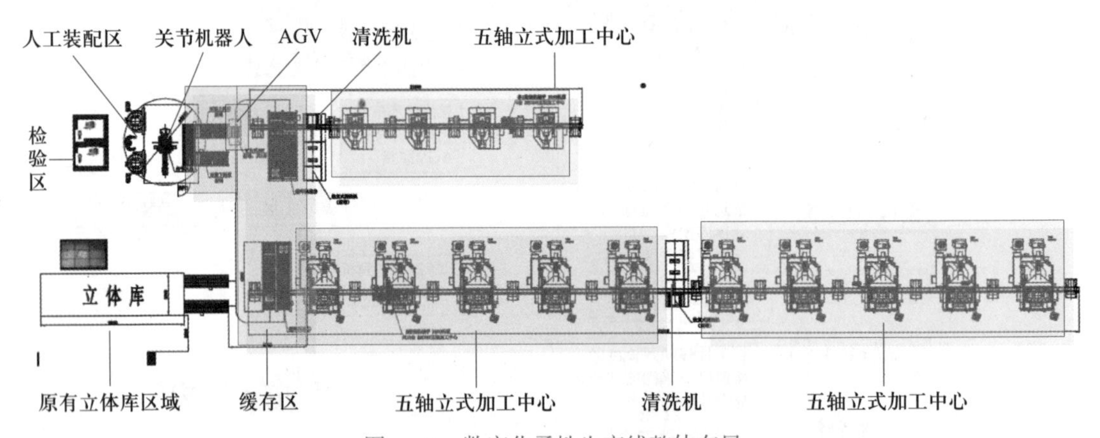

图 6-20 数字化柔性生产线整体布局

图 6-21 数字化柔性生产线规划效果图

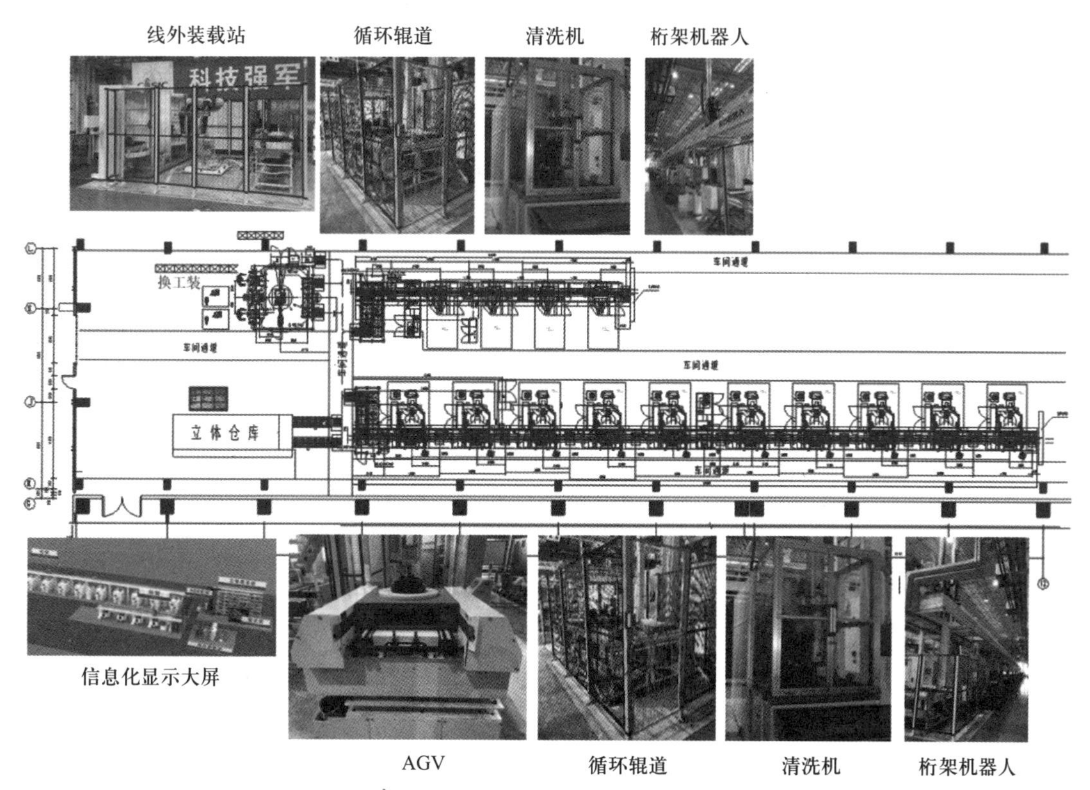

图 6-22　基于智能装备的自动化系统总体设计

线。其中，考虑到设备台数及产品生产节拍，4 台 KMC400 加工单元桁架机械手采用单竖梁结构，10 台 KMC800 加工单元桁架机械手采用双竖梁结构。

桁架机械手系统（图 6-23）包括桁架、三轴机械臂、抓手、零点定位系统供气机构、输送线等配置。机械手集成 RFID 系统，通过 RFID 实现托盘识别。机械手系统使用硬接线和机床进行安全信号交互。机械手系统可以根据 SCADA 指令结合机床动作实现机床自动化上下料。

桁架机械手温度补偿系统，针对长行程移动的桁架机械手对 X 轴方向因温度变化造成的伸缩变形进行补偿。通过安装在横梁两侧的测量机构获取温度梯度变化数据，根据横梁长度、温度梯度和上料精度，由温度补偿系统实现定位精度补偿（图 6-24）。

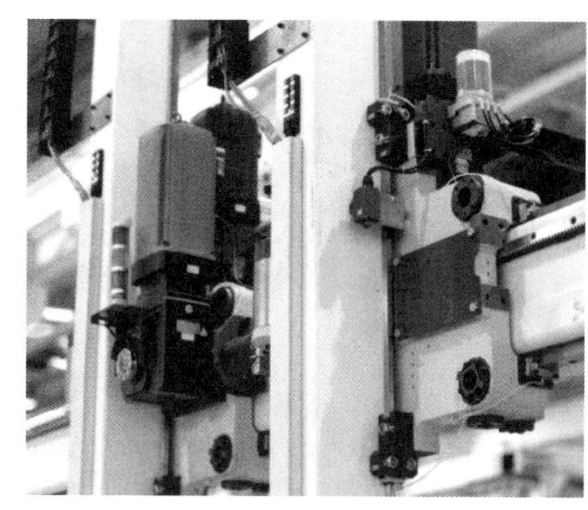

图 6-23　桁架机械手主体

2. 关节机器人

根据生产线工艺需要，配置一台关节机器人（图 6-25），用于不同重量及尺寸的“零点定位系统子板 + 工装 + 工件”组合体，

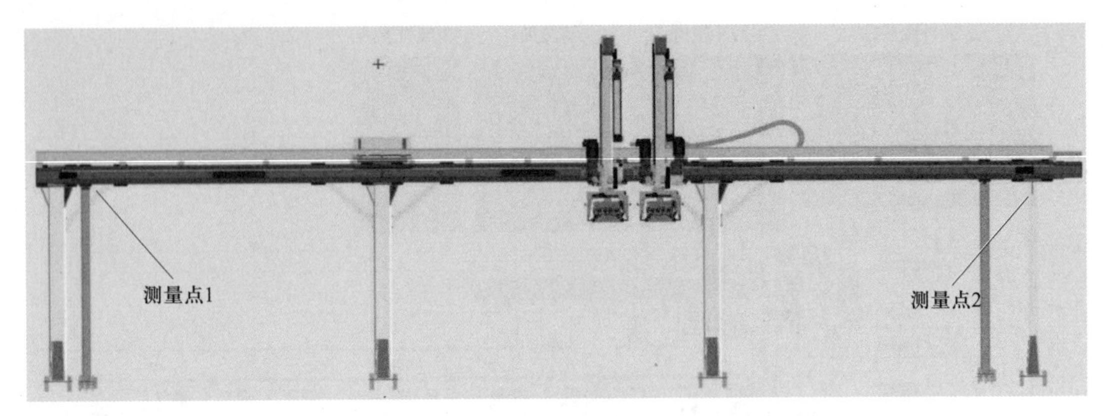

图 6-24　桁架机械手温度补偿

在缓存辊道、人工装配找正工位间的搬运及准确取放，同时设置安全联锁系统，保障操作人员安全。

3. 抓手系统

根据不同工件的规格、尺寸，以及不同的加工工艺要求，在 KMC800 线、KMC400 线、关节机器人分别设置不同结构形式的手爪模块，用于抓取零点定位系统子板。抓手系统（图 6-26）内部设置有防止意外断电情况下的锁死装置，提高了使用过程中的安全性。

图 6-25　关节机器人实物图

图 6-26　抓手系统实物图

4. 循环输送料道系统

4 台 KMC400 加工单元、10 台 KMC800 加工单元和人工装配区循环输送料道系统由本体单元、导向单元、输送输出单元、转向单元、定位机构和检测开关等部件构成。循环输送料道系统中桁架机械手、关节机器人取料点具有工装精确定位装置，并布置限位传感器。加工单元循环输送料道系统可缓存放置 8 个“工件 + 专用工装 + 底托”。

5. AGV

根据产线工艺流程需要，配置一台 AGV，用于找正区域、立体仓库、KMC400 加工单元及 KMC800 加工单元间“托盘 + 零点定位系统子板 + 工装 + 工件”的转运。AGV 可根据自身电量进行智能充电，AGV 系统可根据 FMS 的指令进行移动、停靠、物料对接，实现工件、工装在生产线上自动流转，如图 6-27 所示。

图 6-27　AGV 实物图

AGV 采用能够全向行走的麦克纳姆轮技术，并采用激光 SLAM 导航系统，安装激光导航传感器。该传感器结构紧凑、使用简单、导航范围宽、导航精度高、灵敏度高、抗干扰性好，可利用激光扫描仪对现场环境进行测量、学习，并绘制导航环境，然后进行多少测量学习，修正地图进而实现轮廓导航功能。

6. 立体仓库

配置一套 120 个库位、堆垛机、输送线的自动化立体仓库（图 6-28），自带 WMS 进行库存管理与出入库指令下发。立体仓库使用 RFID 系统进行托盘的信息识别，根据 FMS 的指令实现工件、工装自动出入库。

图 6-28　立体仓库示意图

7. 零点定位系统

工件装夹采用零点定位系统（图 6-29），在装配区配置手动零点定位系统母板，由装配工人进行子板手动取放与夹紧。在机床内配置自动零点定位系统母板，由机械手系统进行子板的取放并控制自动母板的松开、夹紧，实现工件自动快速换装。

8. 清洗机

产线配置了一台清洗机（图 6-30），用于数字化柔性生产线上线产品及工装表面的切削液及切屑的清洗及吹干。

图 6-29　零点定位系统

图 6-30　清洗机

6.2.7　系统集成

1. 信息化与自动化系统集成

工厂建设 PLM、ERP、WMS 等信息化系统，结合生产网络与 FMS 功能需求，对现有 MES、DNC 系统进行改造，并实现配套的 ERP/PLM/MES/FMS 和工业控制设备之间的集成，以及信息流与物资流的互联互通及智能化、自动化。信息化与自动化集成交互如图 6-31 所示。

2. 系统数据集成

工厂业务应用以 BOM 为数据主线，以 ERP、PLM、MES 等系统为核心，并与执行层的 FMS、WMS、SCADA 等系统深度集成，构建了基于模型的设计制造一体化支撑环境，打通了基于同一数据源的设计、工艺、制造、物料、质量等业务，全流程贯通应用。各系统数据集成及应用场景集成应用情况具体如下。

（1）基于 PLM 系统开展 EBOM 建立、三维设计及仿真，在此基础上进行 PBOM 建立、结构化工艺设计及仿真，进而实现设计、工艺一体化。

（2）PLM 系统将 BOM 信息、工艺路线等传递至 ERP 系统，ERP 系统结合整机任务订单生成零部件组批计划及物料需求，组批计划传递至 MES；ERP 系统根据生产订单进行库存管理及物料准备，并进行原材料、零部件自动出库配套。

（3）MES 接收 PLM 工艺路线、结构化工艺、工序质量记录及 ERP 生产订单，通过 APS 生成工序级生产计划，并结合设备资源、人力资源情况，进行精准作业派工，工单计划及质量记录集成至 FMS。

（4）FMS 与 RCS、WMS、SCADA、DNC、数字孪生等系统进行数据交互，驱动设备层的各自动化系统动作，进行人机交互，完成工单任务全流程执行，并进行生产过程监控、自动化装备数据采集、加工过程在线检测、切削过程工艺参数动态调优、质量信息自

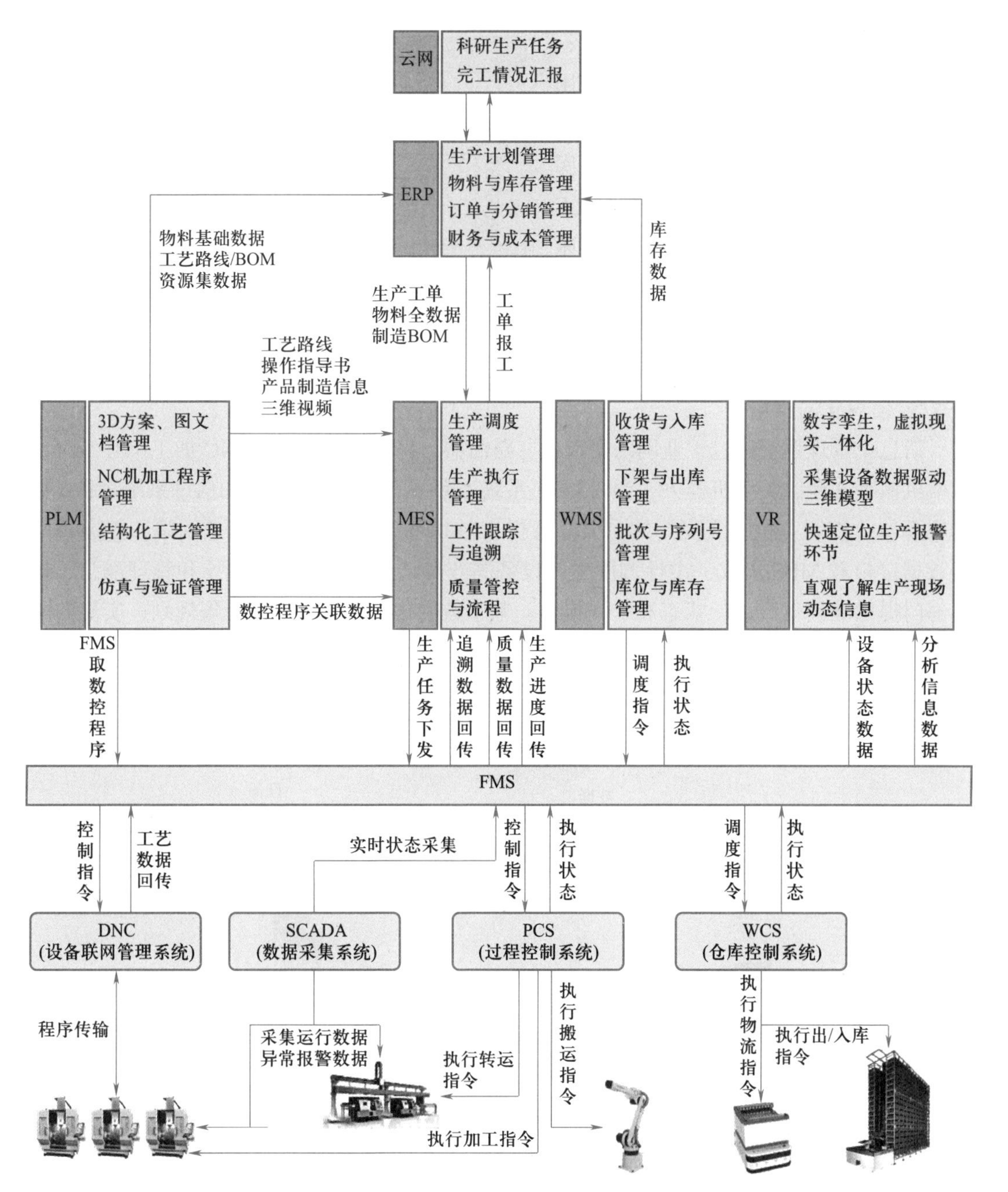

图 6-31 信息化与自动化系统集成

动采集填报、设备在线运行检测及预测性维护等，整个工单执行过程实现高度自动化及一定程度智能化，体现了各条产线的柔性配置及精益生产管理。

（5）工单执行结束，FMS 将工序完工信息、质量履历信息等回传至 MES。当产品全工序生产计划全部完工后，MES 反馈至 ERP，并进行产品入库，同时生成该产品质量履历信息，实现产品质量追溯。

各系统交互关系及交互方式如图 6-32 所示。

MES与FMS通信使用数据库；FMS与装配检验区、机械手之间，使用西门子工业以太网PROFINET总线；FMS与AGV、WMS之间，使用数据库通信；FMS与机床之间，使用经过PLC转换的Socket协议通信；机械手与机床之间，有I/O点互联，保证安全配合运行；DNC与机床之间，采用内部网络实现通信；MES与DNC之间，由工艺员维护信息。

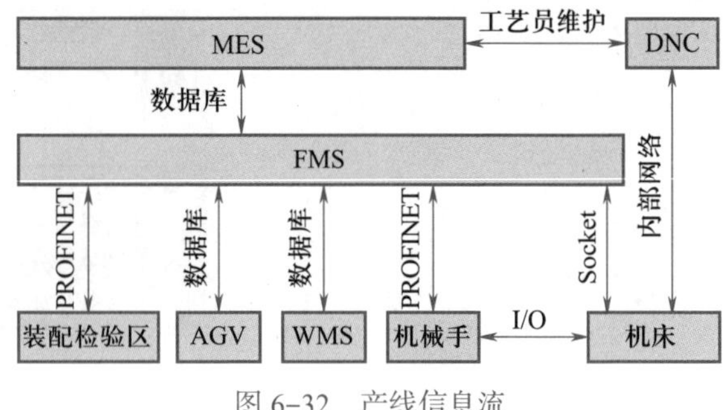

图 6-32 产线信息流

3. 信息化网络拓扑

信息化管理系统通过工业网络交换机、路由器、将各生产设备（CNC加工中心14台、桁架机械手2台、关节机器人1台、AGV系统1套、立体仓库1套）和信息系统设备（数据服务器、控制主机、交互终端、大屏看板、RFID装置）组成工控信息网络，并通过网络数据接口和MES集成，柔性调度生产设备高效自动运行，为企业领导和管理部门、技术部门提供准确生产运行状态和统计报告。基于数字化柔性生产线的管理规划，实现的网络拓扑架构如图6-33所示。

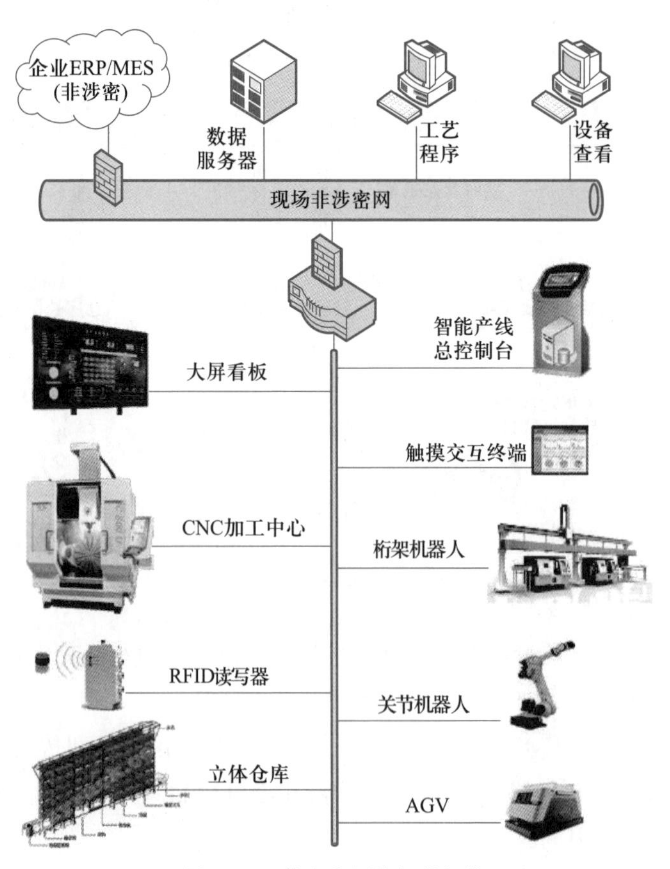

图 6-33 信息化网络拓扑架构

6.2.8 建设成效

航天发动机复杂构件智能工厂彻底改变了传统的数控加工制造模式，引领了离散型智能制造技术的发展。通过 PLM、ERP、MES 等系统深度集成开发，支撑了航天发动机复杂构件设计、工艺、制造一体化业务管理的规范化、精细化，为提升整体整理水平提供了先进平台；通过 FMS、WMS、RCS、DNC 等系统建设及深度集成，并融合快速换装系统、制造过程数据监控、智能调度及决策等先进技术，实现了航天产品混流、柔性、拉式生产，建立了国内离散制造智能工厂的标杆。

全新的生产制造模式有效地减少了人员需求，由原模式配置 35～40 人减少到 10～15 人，人员配置减少 2/3，大幅减少生产过程中的人工参与，降低人为原因造成的质量风险。生产线产能提升超过 30%，设备综合效率（OEE）提升到 70% 以上，零件的流转时间缩短 30% 以上，大幅减少非生产时间和准备时间，单件制造成本降低 10% 以上。通过生产流程监控、看板管理、工艺工装优化、结合自动化的防呆防出错措施，减少人工设置参数导致的输错、减少人工搬运产品造成的磕碰、减少不同人装夹引起的不一致，避免由于人员疏忽大意导致的产品超差报废 / 批次性报废，从多方面提高了产品合格率，有效提升了航天发动机复杂构件的研制生产配套能力。

6.3 工程机械智能制造工厂

6.3.1 概况

中国工程机械起步于 20 世纪 60 年代，在完全开放的市场竞争中，从最初的测绘仿制国外产品到自主技术创新、规模化生产，发展迅速，主要产品的国内品牌市场占有率大幅领先于国外品牌，海外销售量逐年提升，我国已经成为全球工程机械产品品类最齐全、行业规模最大的国家。徐工集团工程机械股份有限公司（简称徐工机械）源于 1943 年创建的八路军鲁南第八兵工厂，是中国工程机械产业的奠基者和开创者，目前位居全球行业第 3 位、国内行业第 1 位、“中国机械工业百强企业”第 4 位、“世界品牌 500 强”第 409 位，是中国装备制造业的一张名片。

徐州徐工矿业机械有限公司（简称徐工矿机）是徐工机械旗下子公司，是中国第一、全球极少能够研发制造成套化大型露天矿业机械的企业，致力于为全球矿山客户提供成套化施工解决方案。公司智能化制造基地占地约 570 亩，是全球首个集矿用挖掘机、矿用自卸车、破碎筛分机械成套化设备生产制造为一体的产业基地，具备焊接、机加工、装配、整机调试、涂装及安装交付等全工序作业能力。工厂全面运用 5G、数字孪生、物联网等技术开展全价值链互联和数据应用，采用精益化、智能化的柔性生产线，具有大型镗铣加工中心、智能化焊接机器人、大型结构件应力消除、激光跟踪检测系统等先进工艺装备及数字化检测能力，有效保证制造过程的质量稳定性与可靠性，具备 4 500 台 / 年的矿业机械生产能力。

6.3.2 建设目标

在技术创新、国际化两大发展战略驱动下，徐工集团聚焦产业转型升级，依托智能制造技术，制定了发展战略路线图。

徐工集团建立矿机智能工厂，逐步适应工程机械“粗大笨”的零件特点及定制化程度高、批量小、周期长的生产特点。推动智能制造技术，以缩短产品研制周期、提高生产效率和产品质量、降低运营成本和资源能源消耗，提高公司在制造各环节的数字化、网络化、智能化整体水平，全面提升产品竞争力和企业核心竞争力，获取行业内可持续性竞争优势。

6.3.3 体系架构

徐工集团矿机智能制造运营体系基于边缘层、应用层概念，运用5G、数字孪生、物联网等技术开展全要素、全价值链的互联和数据应用，创建数据驱动型企业，实现制造系统层级优化，产品、资产和商业的全流程优化，从而实现生产模式、经营模式和商业模式的创新，如图6-34所示。

6.3.4 智能设计

1. 智能设计体系

矿业装备具有单品价值量高、技术和质量要求高、定制化需求多等特点。徐工矿机积极推进设计协同创新，构建协同设计平台PDM、虚拟仿真分析平台、整机试验管理平台TDM，创建行业一流技术研发体系，获取技术创新的优势。

2. 协同设计平台PDM

基于数字化协同设计理念打造“标准化、通用化、模块化、专用化”的协同设计信息平台PDM，对产品设计数据、设计流程、物料BOM、工装等产品设计全过程业务进行管理，并与产品设计应用平台（Creo、MDS）、ERP、OA、TDM、MES等系统进行集成，对产品进行全价值链设计、全生命周期追溯管理，实现产品设计数字化、产品管理集成化、信息发布网络化、项目管理科学化和设计工艺协同化，有效提升了大型、复杂矿用装备的开发质量和开发效率，缩短了产品开发周期及成本。

3. 智能化设计协同仿真体系

搭建从产品设计到制造工艺、质量分析的全流程仿真平台，综合应用有限元、多体动力分析等技术，并探索研究仿真软件的二次开发与机电液耦合仿真技术，提高产品正向设计能力，保证产品可靠性。

整机结构设计与制造工艺可靠性仿真分析采用数字化仿真软件，构建虚拟仿真模型，并根据需求建设验证试验台，通过实验测试反馈对模型不断修正，以保证虚拟测试与实物测试的契合程度。应用专业焊接分析软件Simufact-welding进行焊接变形、焊接应力分

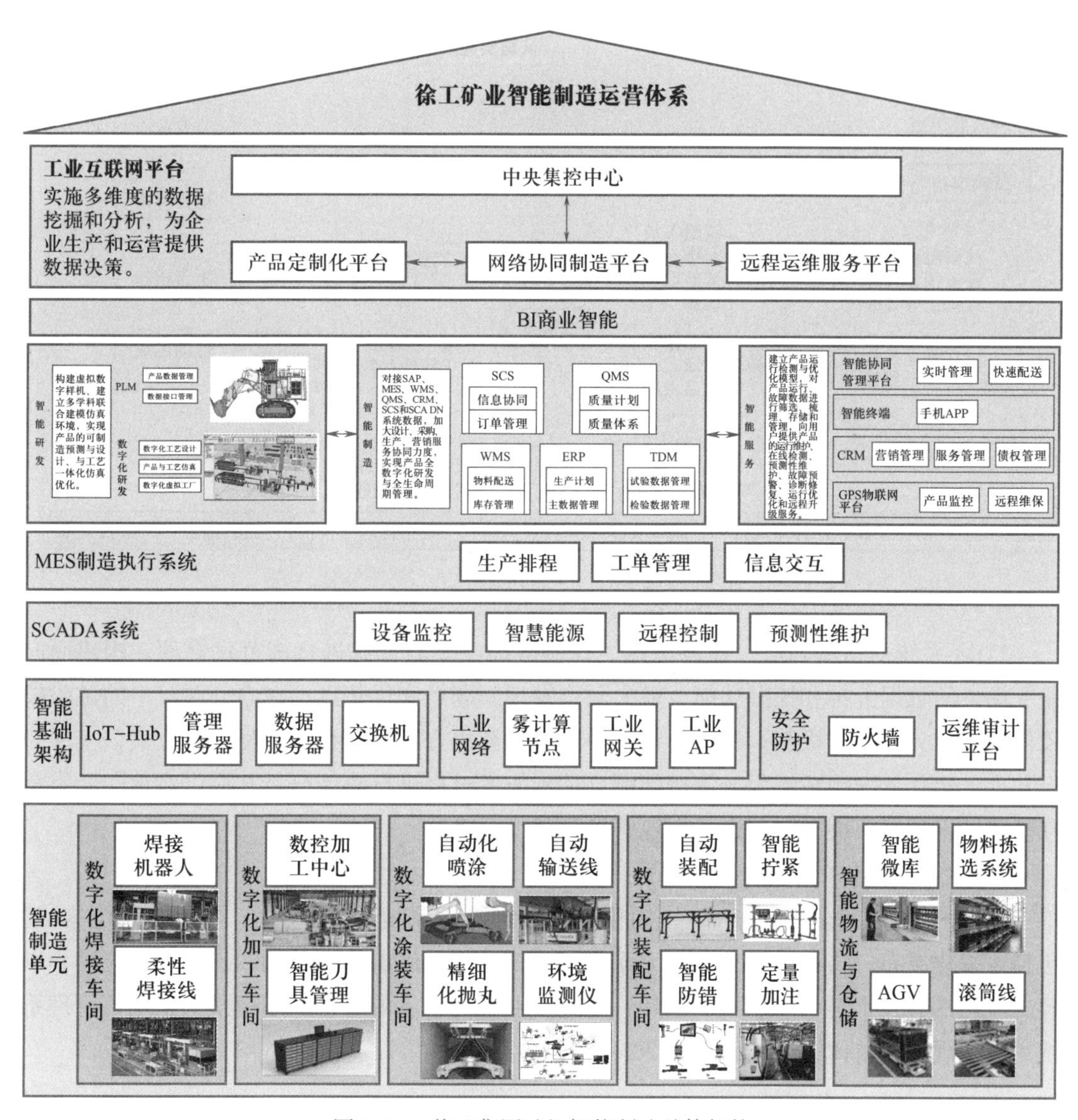

图 6-34　徐工集团矿机智能制造总体架构

析；应用结构优化分析软件 Tosca 进行结构拓扑、形状、起筋等优化分析；应用多学科优化分析软件 Isight 进行过程集成、优化设计和稳健性设计分析；应用疲劳耐久性分析软件 Fe-Safe 进行机械结构和焊缝的疲劳寿命和位置的预测分析。

4. 整机测试业务协同平台 TDM

在设计—仿真—试制—测试—定型—量产的产品研制流程中，测试业务对于设计和制造环节的重要程度不言而喻。徐工集团建成以试验数据管理为核心业务的 TDM 系统（图 6-35），管控产品试验的准备、执行、分析、评估四大阶段，对试验数据进行统一收集、整理，并通过与 PDM、CRM 等系统深度集成，建立实验数据与研发、制造、质量检验及市场数据关系，形成测试问题追踪落实的闭环管理，达到改进产品设计与制造，提高产品质量，提高企业生产力与竞争力的目的。

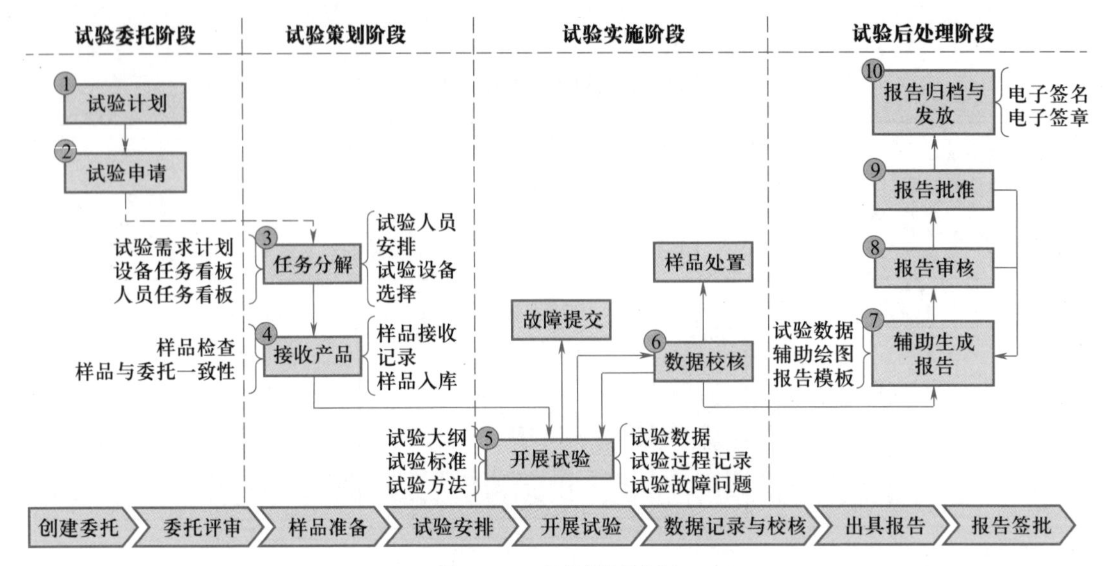

图 6-35　产品测试流程

TDM 系统对试验业务、试验数据、试验故障、试验资源进行规范化管理。构建面向业务场景的数据分析和挖掘功能，最大限度发现问题点和优化点；建立公司统一的试验故障代码库，完善工作机制；建立公司统一的故障解决方案库，积累故障解决方案，实现知识共享；建立故障闭环流程，测试问题反馈到研发过程进行故障分析并提供对策，经审核和验证后将故障解决方案存档，实现研发测试过程协同。

5. 三维结构化工艺设计智能管理系统

基于 PDM 及 Creo 构建三维结构化工艺设计管理系统（图 6-36），并与多系统集成，包括可视化发布、Creo、MES、ERP 系统等，统筹规划底层数据结构，支撑上层应用，以模式应用的方式推进功能应用和循环，构建多业务场景下的综合应用模式。采用该管理系统后，实现工艺整体设计效率提升 20% 以上。

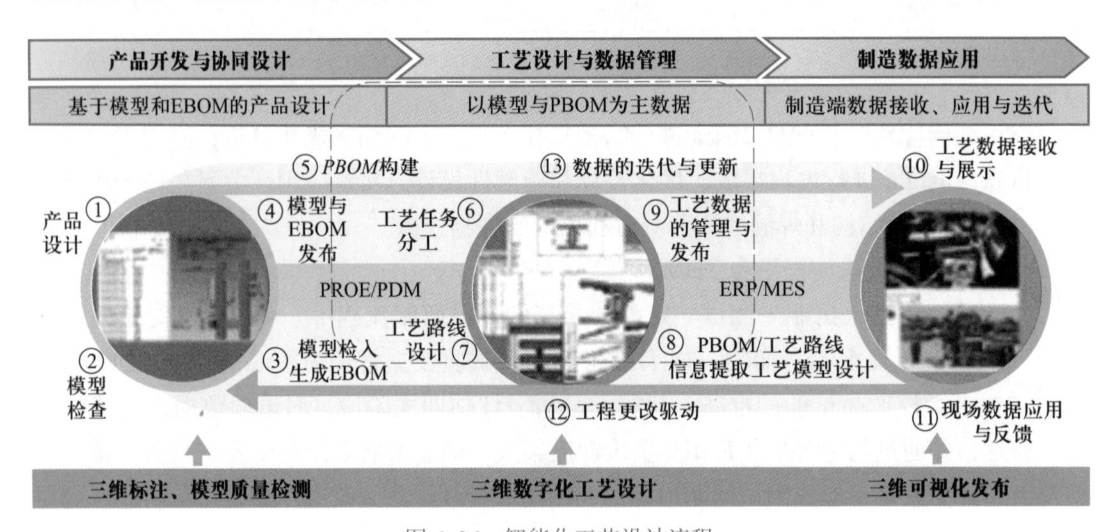

图 6-36　智能化工艺设计流程

6.3.5 智能管控

1. 以客户为中心的 CRM 商业应用系统

基于 Dynamics 平台搭建营销服务集成化平台（图 6–37），对销售过程进行精细化、透明化管理，指引销售过程跟进，销售辅导加速并提升销售转化；集成 SAP，提升销售运营效率的同时，实现销售过程透明化、可跟踪；基于服务绩效驱动，优化并打通端到端的服务闭环管理，提升服务及时性、客户满意度的同时，实现服务过程可视化、可跟踪；通过移动化应用赋能销售服务团队，实现随时随地的业务处理与信息查询；集成化客户基本信息、客户互动与交易等数据，实现客户 360° 视图及客户分析。

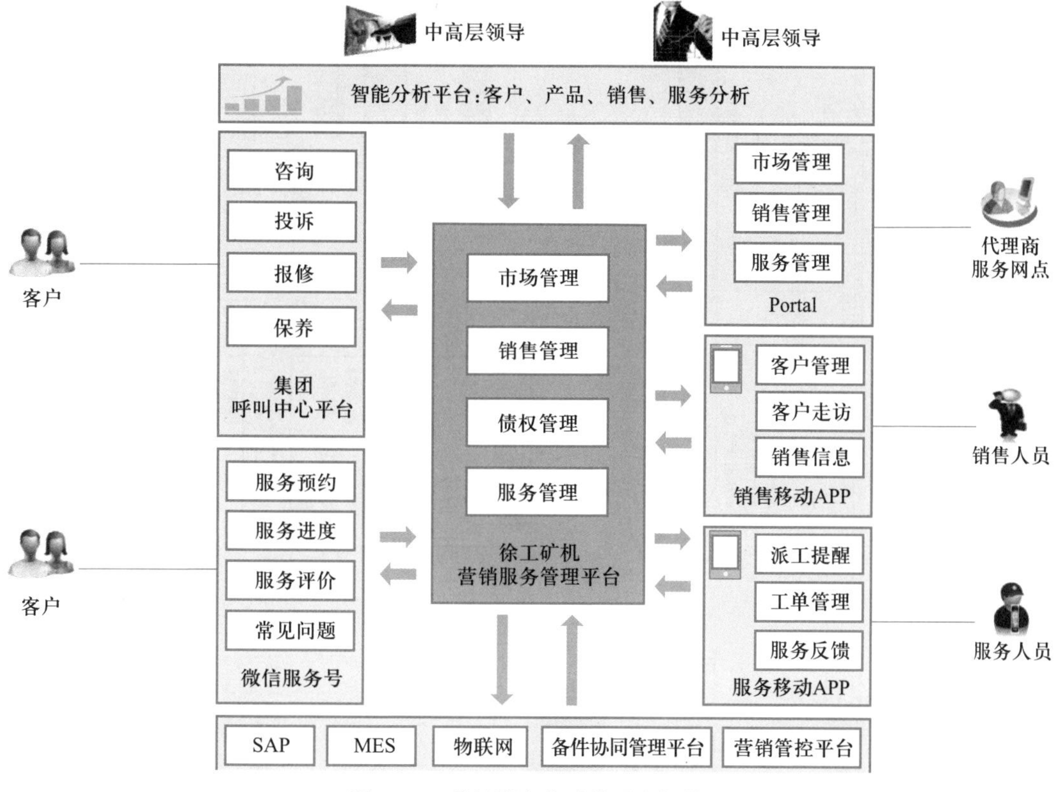

图 6–37 营销服务集成化平台架构

2. 智能生产管控

基于制造执行理论、精益生产、六西格玛、看板管理等管理思想，以交付精准、效率提升、品质改善、过程透明为目标，构建制造执行系统（图 6–38）。打造进货检、过程检、发运检、整机追溯全流程闭环质量管理体系，建立以提升效率为首要目标的物流拉动式体系，构建智能设备联机对接的生产数据采集系统，以此数据为基础，打造数字化透明工厂，支撑深层次大数据分析。

MES 涵盖工厂建模、看板可视化管控、物流配送、设备资源派工、质量追溯、成品发运等功能模块，支持多端接入，以业务为黏合剂，与 CRM、ERP、X–GSS、PDM、

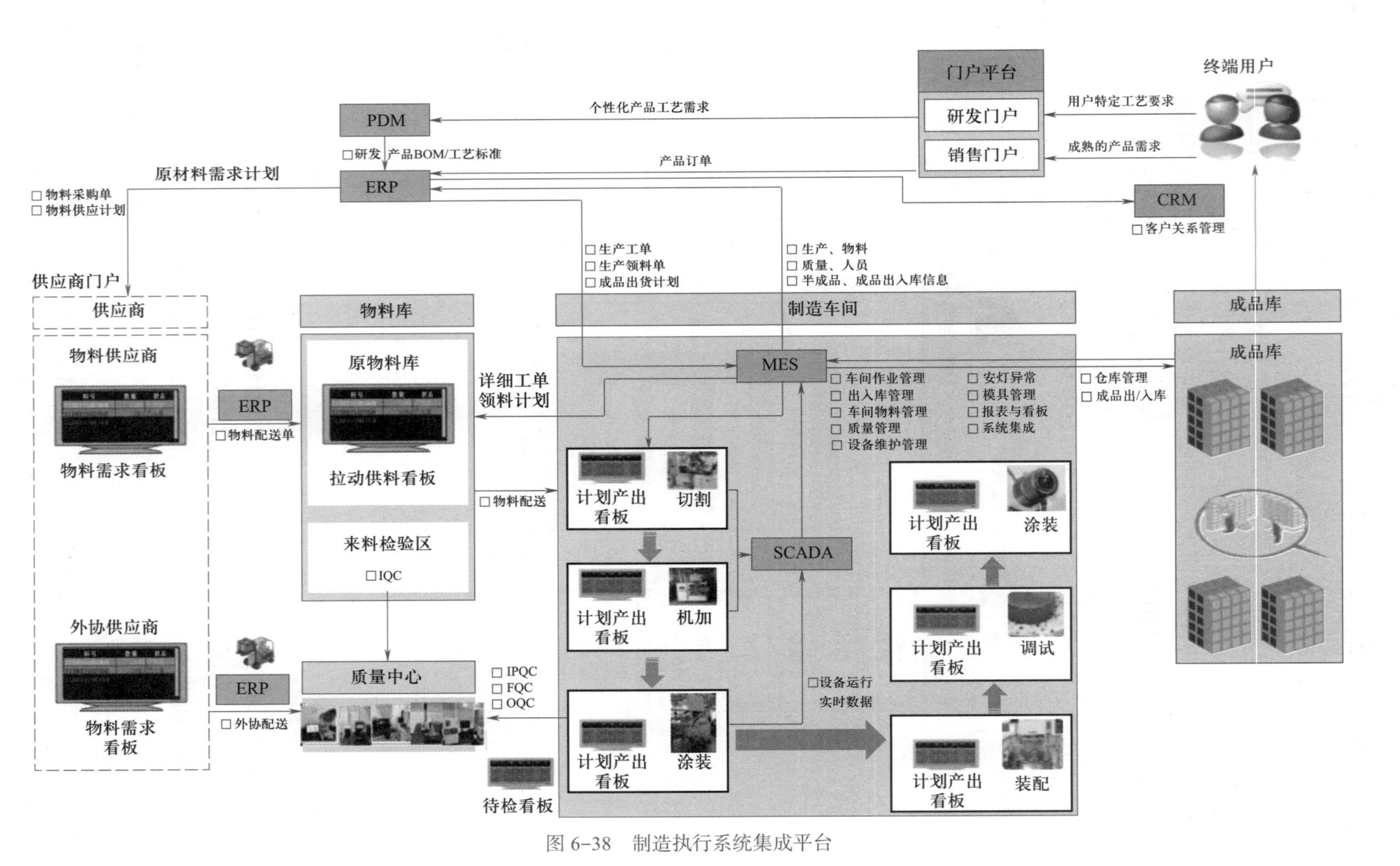

图 6-38 制造执行系统集成平台

IoT、QMS通过接口实现集成，构成计划、控制、反馈、调整的完整闭环信息管理系统，实现生产计划、控制指令、实际信息在整个生产管控过程中透明、及时、顺畅地交互。

实现生产设备数字化及数据互通，消除设备、订单、质量、计划、生产、研发、采购之间的信息孤岛。以设备物联为基础，对生产进度进行实时跟踪预测和交期回复；根据工艺要求，对生产过程进行全面监控，及时发现问题，提升产品合格率；以生产执行过程管控为核心，可监控至每一道工序，提升产线智能化程度，达到自诊断、高协作的目的，完成制造执行闭环；具备APP、Web、扫码、可视化看板等多种系统访问方式，实现高效便捷的数据采集和制造过程监控及调度，实现过程信息、数据的采集、分析，持续提升生产管理的决策速度和准确性。

通过对生产过程数据的挖掘应用和管理提升，最终实现到货及时率提升60%，物流配送及时率提升25%，制造过程不良率下降10%，产能提升20%，物料浪费减少15%，制造成本下降10%。数字精益制造模式显著提升了制造整体效率，降低库存，减少资金压力，降低了个性化定制产品的成本。

3. 质量协同管理平台

质量管理系统QMS（图6-39）致力于全生命周期质量管理业务协同，与PDM、ERP、MES、CRM等系统集成和交互，系统功能包括研发质量管理、供应商质量管理、进货检验管理、制造质量管理、总装/整机检验、售后质量管理、SPC统计过程控制、理化试验管理、质量成本管理、质量变更管理、质量目标管理、质量追溯查询、体系审核管理、质量改进管理、质量管理仪表、任务工作台等。

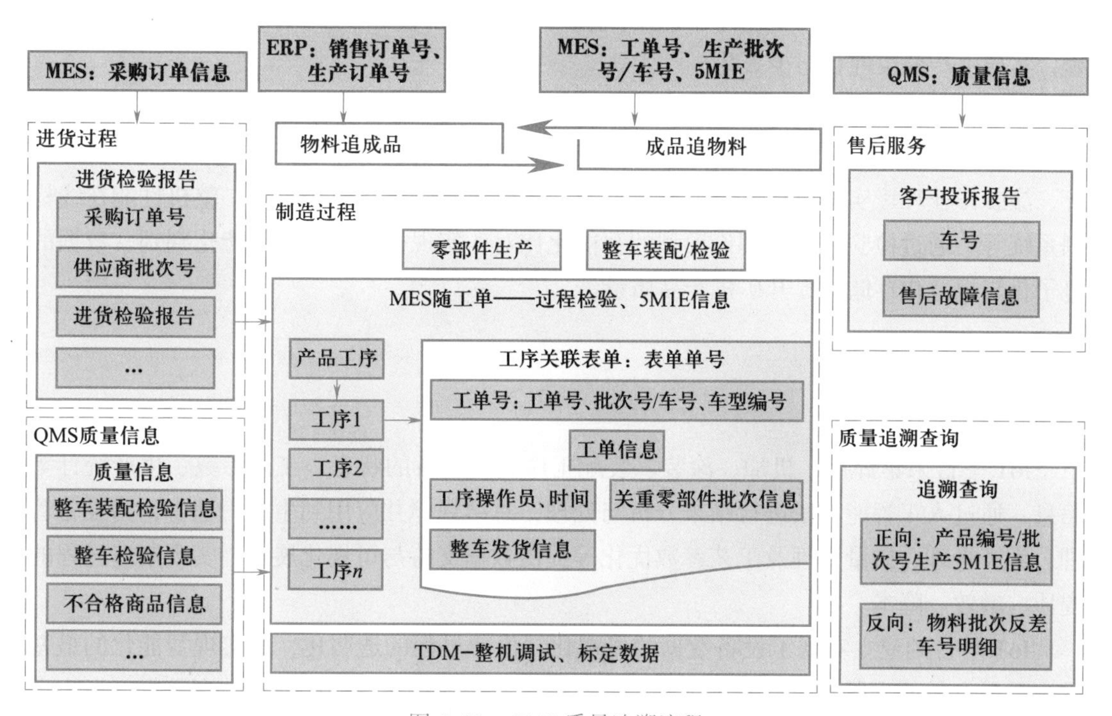

图6-39 QMS质量追溯流程

4. 数字化备件协同平台

数字化备件协同平台建立了公司、代理商、供应商之间的订单信息、库存信息、物流信息等数据通道，提升企业整体的备件服务水平，提高仓库周转率，降低运营成本。通过覆盖业务全流程、更完善的计划编制体系来提升仓库和物流效率、提升代理商业务能力，进而提高客户黏性。

数字化备件协同平台打破传统的点对点模式，在代理商、公司、供应商之间建立业务平台，实现业务单元网络化关联。同时实现与 CRM、SAP/ERP 等系统对接，完善与其他业务的信息流，减少了跨系统的业务操作，提高工作效率。系统内对备件全生命周期进行条码化管理，实现全流程条码追溯。实现关键备件一物一码出入库及扫码结算业务；对每一个库存零件实施精准定位，保障账物相符与准确备货。实现对订单的执行全过程监控，动态更新，状态实时受控。对于需要备件且库存不足的维修单，代理商 / 区域服务平台可在系统中实时查询当前的备件物流和预期到达时间，对派工的备件准备流程进行实时管控。

6.3.6　智能装备与产线

1. 智能柔性生产线

建立矿业机械焊接、加工、涂装、装配数字化智能柔性生产线，配置大型镗铣加工中心、智能化焊接机器人、大型结构件整体去应力设备、大型结构件激光跟踪测量仪、装配流水线、结构件涂装线、在线检测系统、集中加注系统等智能化、信息化先进工艺技术装备，实现全机器人焊接、全数控高精度加工、智能化柔性涂装、自动化装配与调试等过程，实现生产的柔性化与少人化。

2. 智能检测试验体系

智能检测系统包括焊接可视化熔池监控、焊接激光视觉跟踪系统、机加工在线检测系统、涂装作业环境实时监控系统、螺栓拧紧视觉引导及红外线监控系统、整机性能在线检测系统等。通过检验数据与理论模型的智能化比对，实现检验结论的智能化判别、数据的电子化与规范化存储，提升矿机产品质量。

6.3.7　系统集成

1. 工业物联网平台（IoT）

IoT 平台采集焊接、机加、涂装、装配工序关键设备的状态、工艺参数、生产统计等信息，通过人工智能算法进行结果分析与处理，总结规律并应用到生产管理中，为设备管理、生产管理、质量管理及工艺参数优化等提供数据支持与可视化展示，实现制造过程的提质、增效、降本。

IoT 平台的建立实现了设备数据的可视化、生产过程的透明化，是实现智能化的最基本也是最有效的手段。数据采集完成后，打通与各个信息系统的接口并共享数据，极大地提升了各业务模块的协作能力、响应能力和应变能力，满足多品种混产、快速换产及柔性生产要求，适应工程机械小批量多品种生产的特点。

2. 5G+ 工业互联网融合创新应用

在 5G 基础设施基础上搭建 5G 边缘计算平台，实现生产制造过程、仓储过程、物流过程、安全防控过程、决策过程和制造装备智能化的数字管控。建立 5G 端到端切片与边缘计算结合的智慧园区专网，探索 5G 网络在工业互联网营销、生产、质管、采购、服务全过程的可持续发展的业务模式，融合企业全过程业务管控，优化生产与服务流程，建设 5G 质效运营智慧工厂。实现了矿用挖掘机远程控制、车架夹装工序机器视觉检测、挖掘机主阀安装 VR 培训、AGV 物料转运、超高清视频监测、生产设备联网、访客定位、工业现场环境监测、车联网平台、5G 智能决策平台等 10 个应用场景。运用 5G 技术研发智能产品，通过云计算、大数据等技术与传统制造技术结合，研发了融合人机交互、智能控制等技术开发的远程控制挖掘机、无人驾驶矿车，加速产品智能化升级，提升公司产品、技术、品牌等核心优势，实现新一代矿业设备的生产与制造。

3. 集成平台

建立了集团统一的 X-GSS 集成平台（图 6-40），贯通 PDM、SAP/ERP、MES、CRM、物联网等系统，建立面向全球服务支持的技术服务信息发布平台，实现在线浏览、在线搜索、在线反馈的闭环信息流管理，支持随机手册、零件图册的 PDF 发布、Web 发布，支持零部件图册在 AR 终端、移动 APP 端的展示。

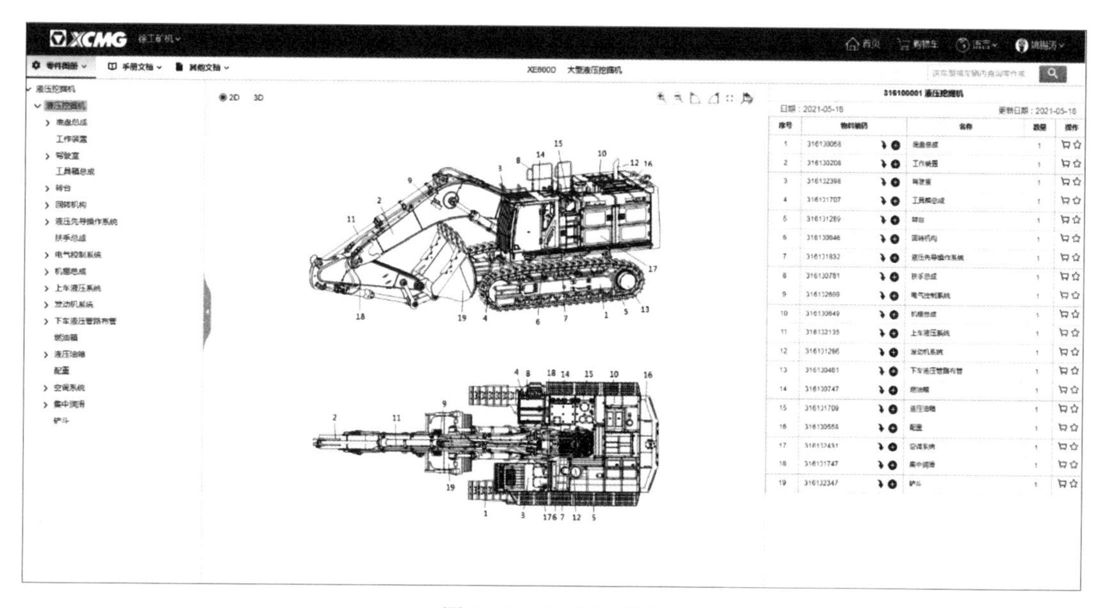

图 6-40 X-GSS 平台

制定平台资料编写规范，并通过系统进行校验，保证资料内容的规范性、一致性、标准化；统一数据格式，实现结构化开发和管理，支持按企业需要定义不同的发布渠道及样式；在集团层面上统一规范手册的发布样式，通过样式定义落实到系统中，实现图册、随机手册的自动排版，实现面向全球大客户、经销商、服务团队和内部人员的技术服务信息交付，多语言自适应。

通过智能决策平台，将生产外围视频监控、巡检安防、物流配送等5G现场应用，与ERP、CRM、MES等信息系统打通，向加工装配、生产控制、安全生产等内部环节深层次延伸，完成涵盖企业研发、生产、供应链、销售、服务和财务的全价值链管控平台，实现生产流程优化、管理效率提升、产品质量提高、经营成本下降，全面提升徐工矿机的核心竞争力。

6.3.8 建设成效

通过工业互联网平台及基础设施建设，智能柔性生产线建设，信息化协同管理平台建设、优化与综合集成，5G+工业互联网融合创新应用等模块应用，完成精准、实时、高效的数据采集体系及多源异构数据采集能力与处理能力的构建；充分将人、机器、产品、业务系统进行连接，实现面向工业大数据存储、管理、建模、分析与赋能环境的建立，融合研发设计、生产制造、经营管理等领域的知识，实现制造资源在生产过程、全价值链、全生命周期的全局优化，打造数据驱动的制造业新体系。

通过项目的实施，徐工矿机成为国内唯一具备全系列电动轮自卸车、矿用挖掘机、机械轮自卸车、铰接式自卸车和破碎机械等大型成套矿业机械产品的集研发、制造、销售、服务为一体的智能化生产基地。生产经营成果显著，生产用工成本降低10%，产品不良率降低15%，生产效率提高20%，制造周期缩短30%，有效提升了市场竞争力，增速行业第一，主要产品的市场占有率行业第一，最终支撑徐工矿机成为国内唯一、全球第四家具备大型成套矿业机械产品研发、制造、销售、服务一体化生产能力的企业，打破外资品牌在大型成套矿业机械领域的垄断，为国家矿山资源安全及矿业机械产业的快速发展和技术进步做出了应有贡献。

6.4 炊具行业智能制造工厂

6.4.1 概况

炊具行业是我国轻工制造业的重要组成部分，是典型的劳动密集型、生产过程离散型的轻工门类。随着人工成本的快速上升，传统落后的企业生产模式，给企业带来了巨大的生存压力，企业根据生产需求进行智能制造升级是必然的选择。

爱仕达集团有限公司（简称爱仕达）是集智能炊具、家电、智慧家居、工业机器人制造及智能集成为一体的国际化品牌科技公司。爱仕达是中国炊具行业领军企业，是世界最大的厨具生产基地之一，围绕金属炊具行业生产过程智能化、企业提质增效和战略转型需求，运用新一代信息技术、先进制造技术，建设具有柔性化、集成化、智能化为特征的金属炊具智能工厂。智能工厂位于浙江省温岭市东部新区，具备年产4 000万只金属炊具的生产能力。

6.4.2　建设目标

爱仕达智能工厂应用智能装备，提升工厂的整体自动化率；打造适合复合金属炊具生产特点的柔性化产线；应用和开发符合金属炊具智造特性软件系统实现关键装备智能数控、生产数据自动采集和传输和产品研发智能设计，打造信息互联互通的数字化车间；通过持续的智能装备与信息系统整合与调优，打造多谱系高端复合金属炊具产品的敏捷化、柔性化、规模化生产的智能工厂。

6.4.3　系统架构

爱仕达智能工厂具有五层构架。底层为智能设备层，主要包括智能喷涂生产线、机器人、智能检测装备、自动化立体仓库、有轨穿梭小车（RGV）、自动导引车（AGV）等。第二层为智能传感层，主要包括机器人传感器、智能质量仪表、射频识别等采集系统装备、可编程控制器等。第三层为智能执行层，由 MES、仓库管理系统（WMS）、高级计划与排程（APS）和相关人工智能软件组成。第四层为智能运营层，由计算机辅助设计（CAD）等三维建模与仿真软件与 ERP、PLM 等管理软件组成。最顶层为智能决策层，由云数据中心、智能决策分析平台等组成。智能工厂构架如图 6-41 所示。

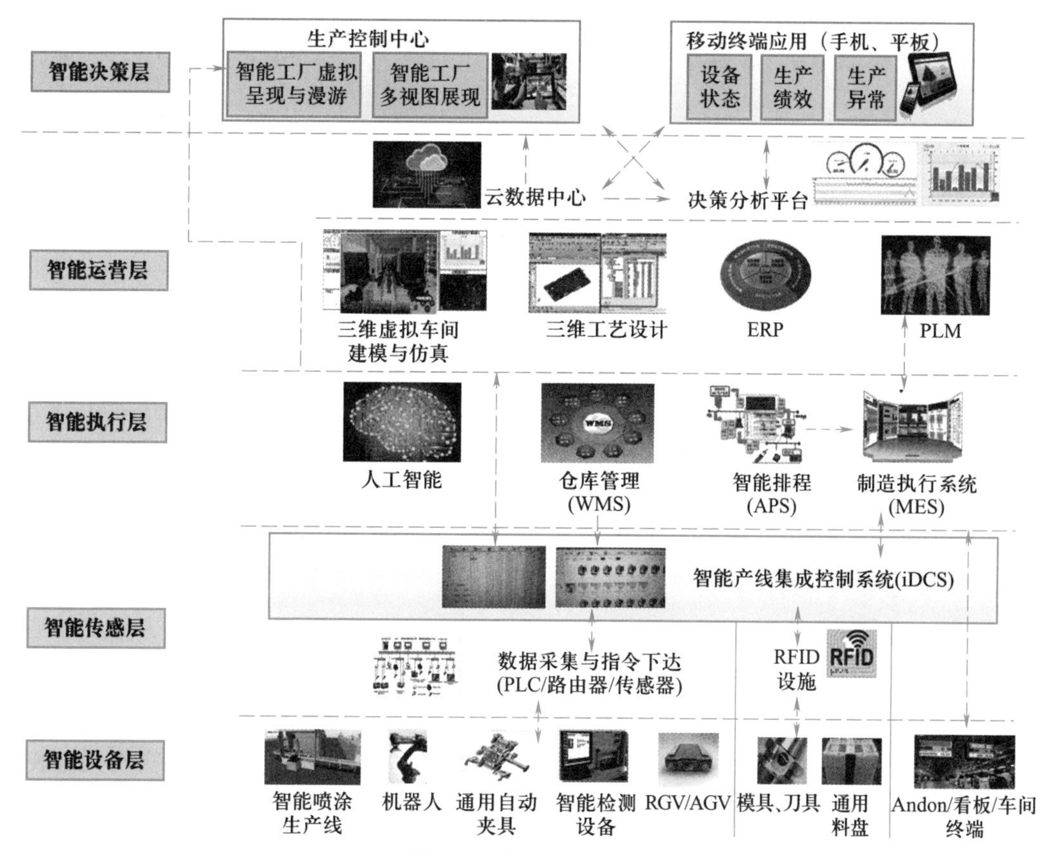

图 6-41　智能工厂架构

6.4.4 智能设计

1. 数据驱动的三维设计与建模系统

智能工厂采用基于模型定义（model-based definition，MBD）技术可以改变传统的由三维实体模型来描述几何形状信息，用二维工程图纸来定义尺寸、公差和工艺信息的分步式产品数字化定义方法。同时，MBD 使三维实体模型作为生产制造过程中的唯一依据，改变传统以工程图纸为合法依据的制造方法，将极大提高产品设计与制造协同效率、有效解决上下游业务流程衔接与变更问题，加速产品上市。针对上述 MBD 模型定义思想，给出了 PLM+CAD 一体化的解决方案，利用 CAD 软件在 MBD 相关标准的规范下完成产品三维数字化数据定义，利用 PLM 实现 MBD 数据的共享控制。

2. 产品全生命周期管理系统（PLM）

爱仕达自 2006 年开始实施 PLM 系统，在整合现有产品的基础上，对技术图档、工艺文件、BOM 数据的统一管理，形成爱仕达集团级的产品设计数据中心和集团级的物料库、工艺库，实现了技术图纸无纸化。

PLM 系统主要集成基础图文档管理、项目管理、变更管理以及与三维设计软件 Creo，同时也实现了与 ERP、APS、MES、WMS 等系统的集成，如图 6-42 所示。

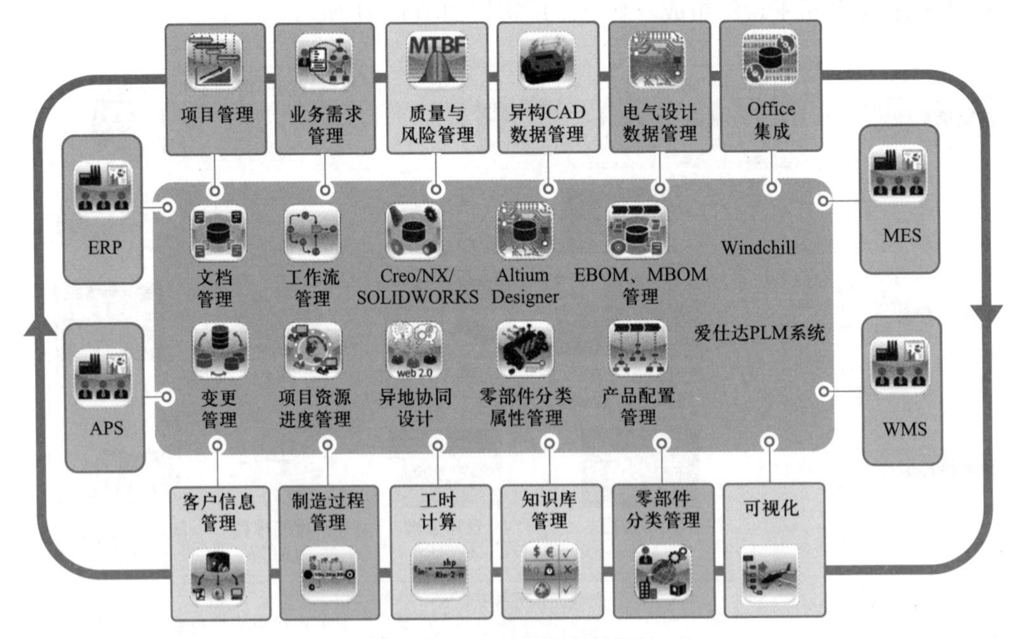

图 6-42　PLM 系统整体架构

6.4.5 智能管控

智能工厂通过 MES、ERP、WMS、PCT、CAPP、人工智能应用等软件实现关键装备数控化、智能化管理、生产数据自动采集和自动传输，关键装备数控化率达到 85% 以上，生产数据自动采集率达到 95% 以上，数据采集分析系统与制造执行系统（MES）之间的数据自动传输率达到100%，其信息化平台如图6-43所示。

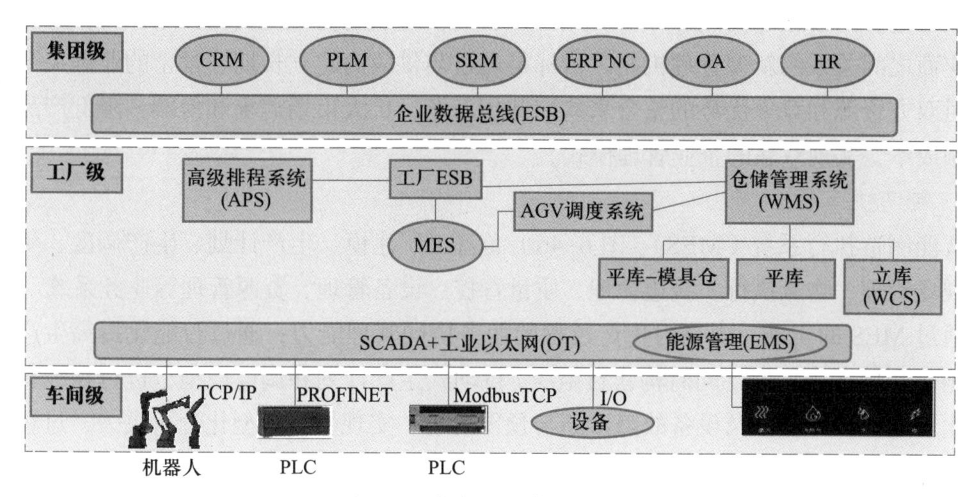

图6-43 智能工厂信息化平台

1. 数字化营销系统

爱仕达的营销系统主要分为前端和营销中台两部分。前端主要是基于移动端开发的一些功能，包括经销商小程序、导购员小程序、业务员小程序、会员中心小程序等。营销中台主要是基于PC端实现的，包括组织、产品、客户等一些基本档案，还包括计划、合同、订单、物流、仓储、费用、财务等一系列的功能。

2. 生产排产系统

通过建设智能制造运营管理系统，实现以下目标：生产计划协同化、生产过程实时化、物流配送准时化、质量管理追溯化、资源管理全面化。其APS模块与功能如图6-44所示。

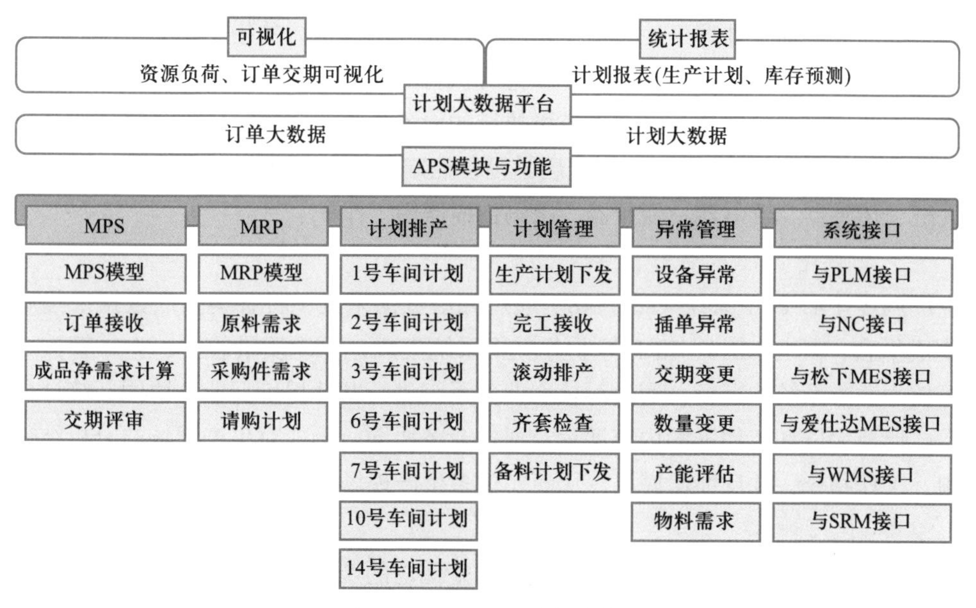

图6-44 APS模块与功能

3. 供应链协同管理系统

供应链协同管理系统（图 6–45）用来改善与供应链上游供应商的关系，旨在改善企业与供应商之间关系的新型管理机制，目标是通过与供应商建立长期、紧密的业务关系，并通过对双方资源和竞争优势的整合来共同开拓市场，扩大市场需求和份额，降低产品前期的高额成本，实现双赢的企业管理模式。

4. 制造执行系统

智能制造执行系统（MES）（图 6–46）涵盖工厂建模、生产计划、生产调度、生产执行、现场管理、物流执行、线边管理、质量管控、设备管理、资源管理等业务系统。

通过 MES 的实施，提高对生产过程的业务协同管理能力；通过智能化提高生产管理的精细化和精准化程度，同时构建自组织 / 拉动式生产计划和调度模型，进行在线智能检验、生产过程实时监控及设备故障诊断与预警管理，实现生产模型化分析决策、过程量化管理、成本和质量动态跟踪以及从原材料到产成品的一体化协同优化，达到降低成本、按期交货、提高产品的质量和提高服务质量的目的。

5. 企业资源管理软件

爱仕达 ERP 使用用友 NC 软件系统，通过与 PLM、MES、WMS 等系统无缝集成，使企业能在统一的信息平台上高效精确地运作，提高企业对日益变化的市场的快速应变能力和竞争力。面向智能制造的 ERP 系统基于事前计划、事中控制、事后反馈的管理思想，将企业内部所有业务部门之间以及企业同外部合作伙伴之间信息实现交换和分享，集成整个供需链管理，实现管理决策和供需链流程优化。

6. 立体仓库管理系统

仓库管理系统（WMS）可以分为四层（图 6–47），第一层与 ERP、MES 接口，接收上层系统的指令，并把指令数据进行存储；第二层为 WMS，针对接收的数据，进行业务操作和系统的数据加工处理，使数据变化成设备和人员可执行的指令；第三层为仓库控制系统（warehouse control system，WCS），把可执行的任务分配给被给设备，被给设备规划运行路径，并把路径分解成各环节设备可执行的设备指令，接收完成设备完成的情况，并把任务执行的情况上报给 WMS；第四层是设备控制系统，可指令 PLC 或单片机控制电动机、气缸、传感器、继电器、变频器、条码扫描器等工作。

7. 生产调度中心 PCT 系统

生产调度中心 PCT 系统（图 6–48）通过底层数据采集，将各类生产数据采集后形成数据集成平台；其与 MES、ERP 等业务应用系统集成，驱动质量管控、生产管控、计划管控等核心业务系统的运行；通过对核心业务系统进行共性提炼、业务协同、统计分析等处理后，形成大屏和工作屏的内容展示；通过业务协同，形成对生产现场的分析结论、操作指南、工作指令，并反馈给底层，从而实现多生产现场的综合管控。

8. 大数据管理软件

工业大数据挖掘和分析的结果广泛应用于爱仕达的产品研发设计、生产制造过程、产品需求预测等各个环节。通过 ERP/PLM/MES 等管理软件系统积累爱仕达生产经营相关的

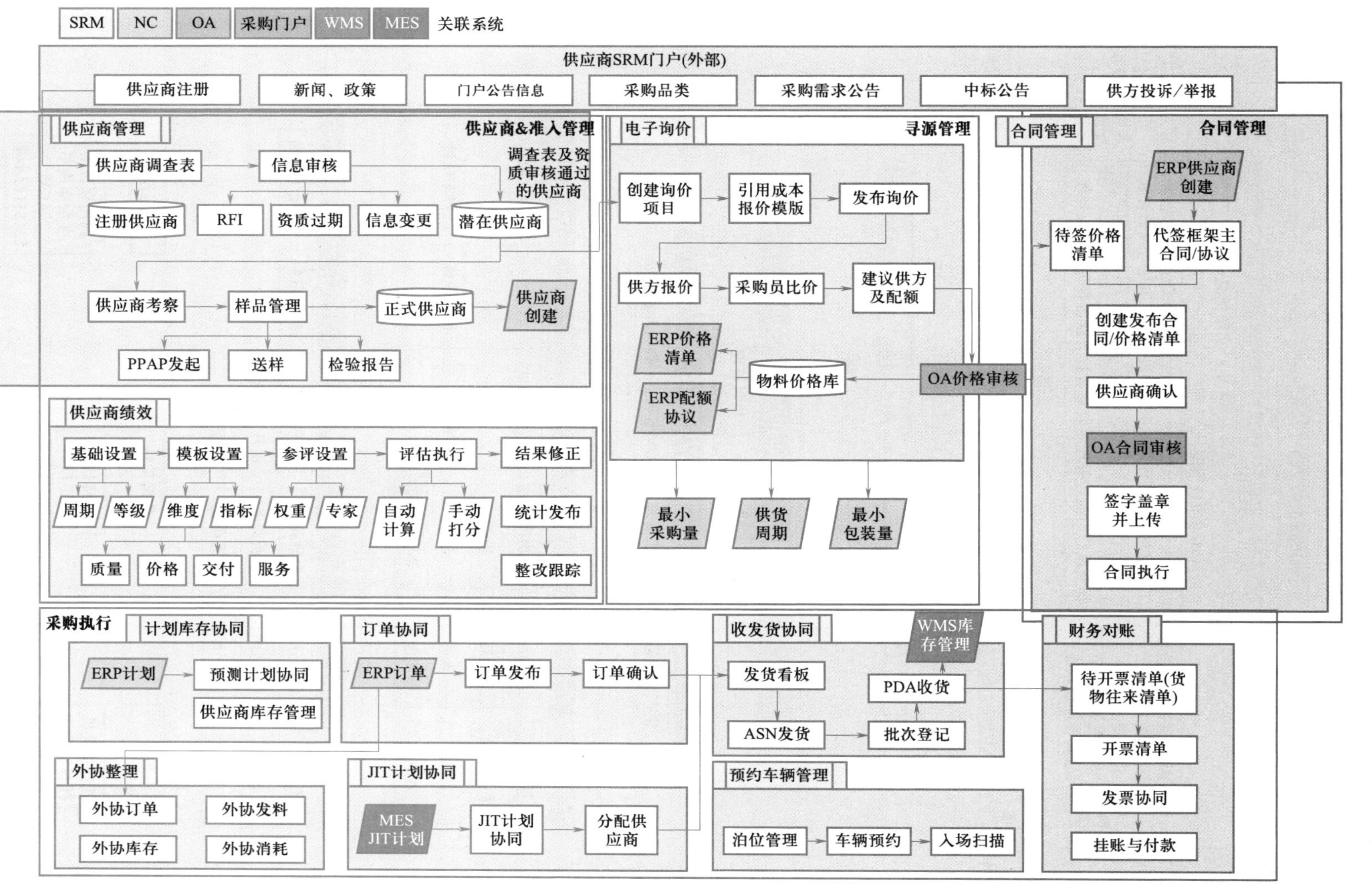

图6-45 供应链协同管理系统

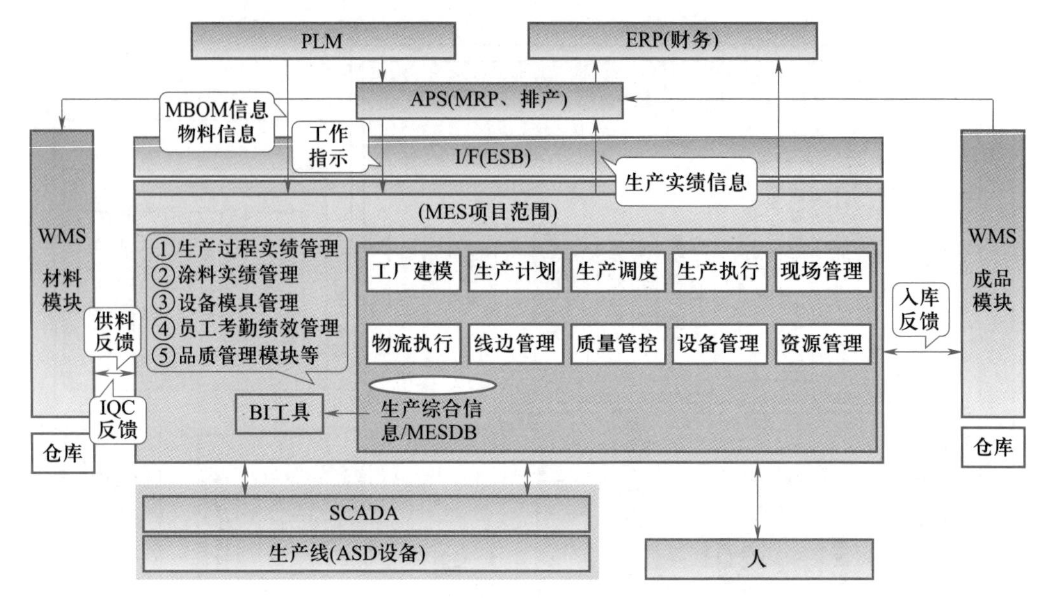

图 6-46　MES 业务示意图

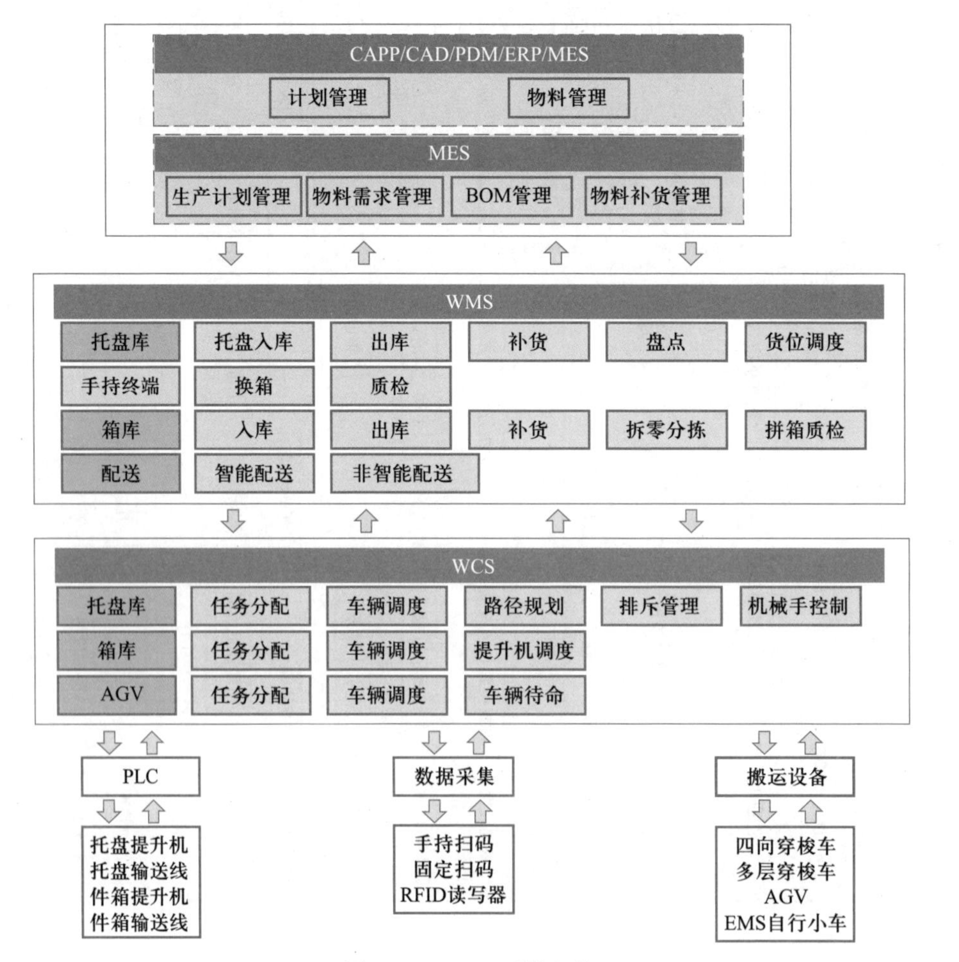

图 6-47　WMS 系统架构

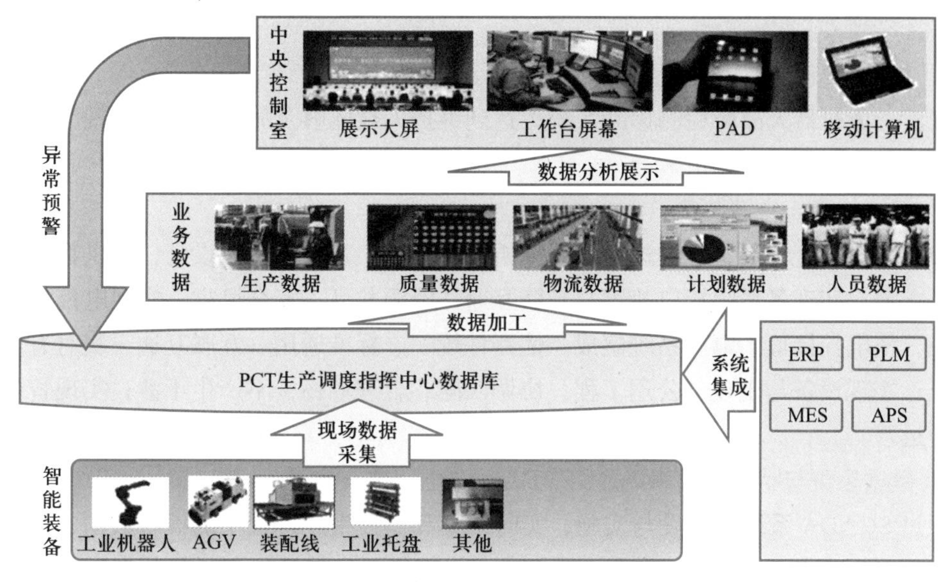

图 6-48 生产调度中心 PCT 系统框架

业务数据、设备物联数据、外部数据等工业数据，建立和完善数据挖掘与分析模型，建立数据挖掘管理体系，实现面向数据分析的精准决策数据应用能力，打造多维度、可扩展、开放式、海量数据挖掘分析平台。

6.4.6 智能装备与系统

1. 智能传感与控制设备

1）视觉传感器

炊具喷涂后会出现一定概率的颗粒、垫印、喷涂不均等现象，以前靠人工检测。现在采用电荷耦合元件（charge-coupled device，CCD）视觉检测替代人工检测，提高产品质量，储存图片等相关数据，为后期品质提升做依据。该系统的实施，完全替代检测人员。通过前端分拣返工，提高终端产品良品率。

2）电子标签等采集系统装备

为了满足多品种、小批量的生产加工要求，在加工车间部署 RFID 采集点，通过 RFID 数据采集以后提供给 PLC 进行判断，以支持柔性生产模式。采集模式分为 AGV 料盘初始化、线头业务、进工作站、出工作站 4 种。

2. 智能检测与装配装备

1）可视化柔性装配装备

通过采用可视化柔性装配装备，可以提高该道工序的装配质量，实现该道工序的自动化和该工位的柔性生产，适应不同类型锅具和手柄的装配；通过视觉系统积累了大量的手柄孔位数据，为后续的产品研发和工艺改进提供了数据分析基础。

2）在线无损检测系统装备

通过在线全过程超声检验，提前检出不良产品，提高产品在后工序生产中的一次合格率。

3）机器人故障检测诊断系统

开发工业机器人故障检测诊断系统，达到维护人员能够及时预测与维护现场工业机器人的目标，保证智能工厂正常运行。

3. 智能物流与仓储装备

智能物流与仓储装备通过进行数据分析，对物流工艺流程进行设计，提供物流系统整体解决方案，实现各系统接口兼容、互联互通、资源共享、安全可靠；实现电控系统的系统集成，使电控接口、电气系统集成，使器件统一、标准通用、互联互通、实时有序、协调匹配；实现设备与土建、公用工程，协调匹配、合理顺畅，不产生干涉；实现智能化物流统一运营。

4. 数据采集与状态监控系统（SCADA）

通过 SCADA 系统的建设与实施，实时采集和监控生产过程中的设备数据、物料追踪数据。同时通过与 MES 等上游系统的集成，将采集的生产过程和物料数据进行分析、反馈给技术、调度、质量和生产等业务人员，保证生产任务的高效完成。SCADA 系统整体技术架构如图 6–49 所示。

通过 SCADA 系统采集监控模块，实时采集冲压、压铸、表面处理过程中设备数据，以及设备控制参数。数据采集结构如图 6–50 所示。远程监控设备状态（运行、空闲、故障、关机、维修等），实时获知每台设备的当前生产产品和生产数量，为上游车间执行和管理系统提供数据支撑和分析依据。

6.4.7　系统集成

1. 软件应用集成

1）信息系统集成架构

智能工厂信息系统集成架构（图 6–51）规划以通用经济技术模型为基础构建，通过“三网”建设最终实现全面集成管理与运行的智能车间。

2）实现 MES、PLM 及 ERP 的集成

MES、PLM 及 ERP 集成是指按应用需求通过技术上的互相连接，以最大限度地提高系统的效率、完整性、灵活性，简化系统的复杂性，并最终为企业提供一套切实可行的应用系统，达到数据准确、信息共享，有效推动企业科研生产快速发展，其集成框架如图 6–52 所示。

2. 智能制造核心软硬件和集成应用

应用云计算、云存储、虚拟化云桌面终端、云安全等技术，为智能工厂中多个子系统（如 ERP、MES、智能仓储等）提供计算、存储、数据采集、信息安全服务，建设统一的工业互联网平台和云计算大数据的协同云平台（图 6–53）。通过现场数据采集平台打通设备层与执行层的数据交互，通过企业数据总线连接上层应用系统，实现智能工厂信息化系统层面的互联互通（图 6–54）。

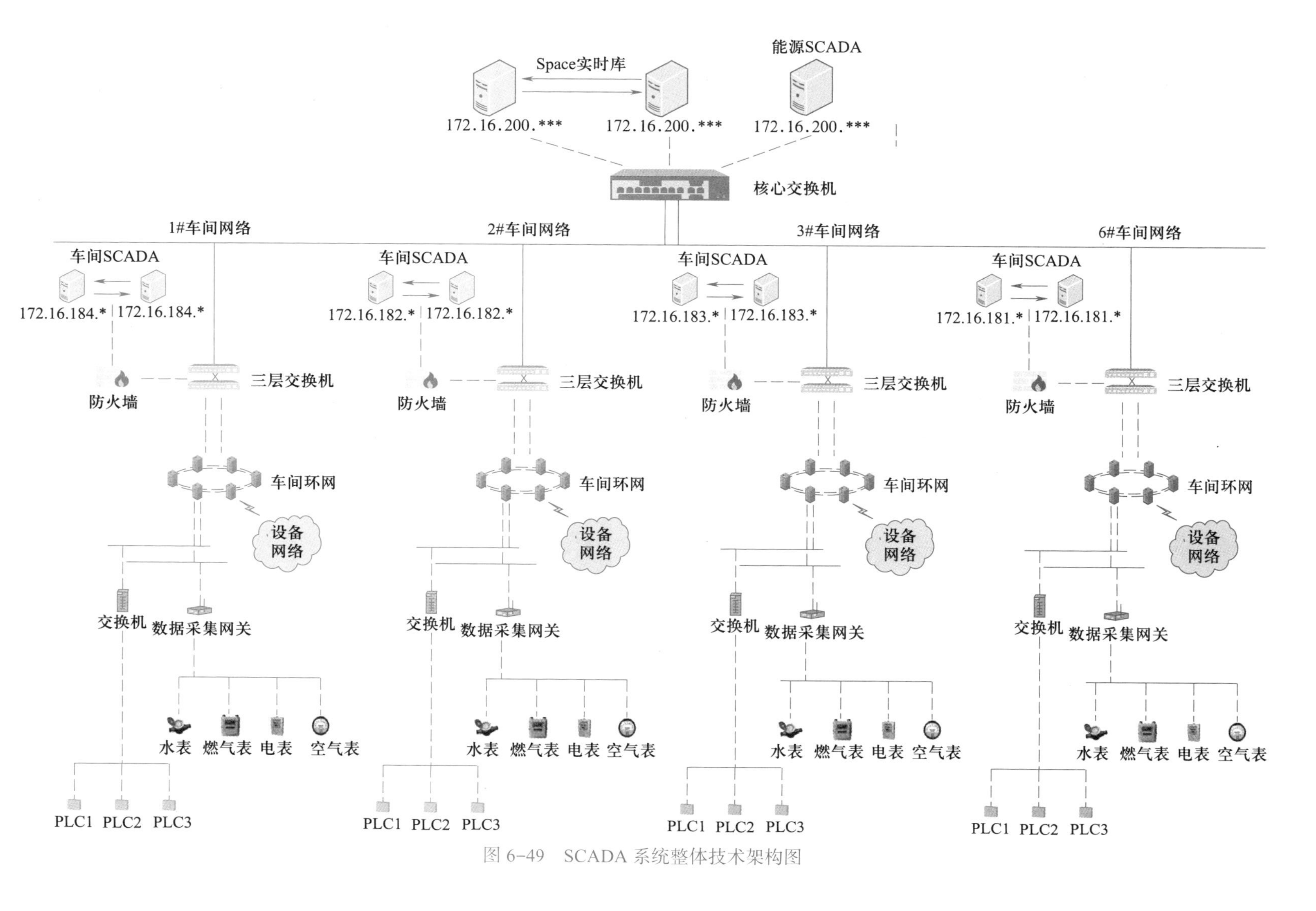

图 6-49 SCADA 系统整体技术架构图

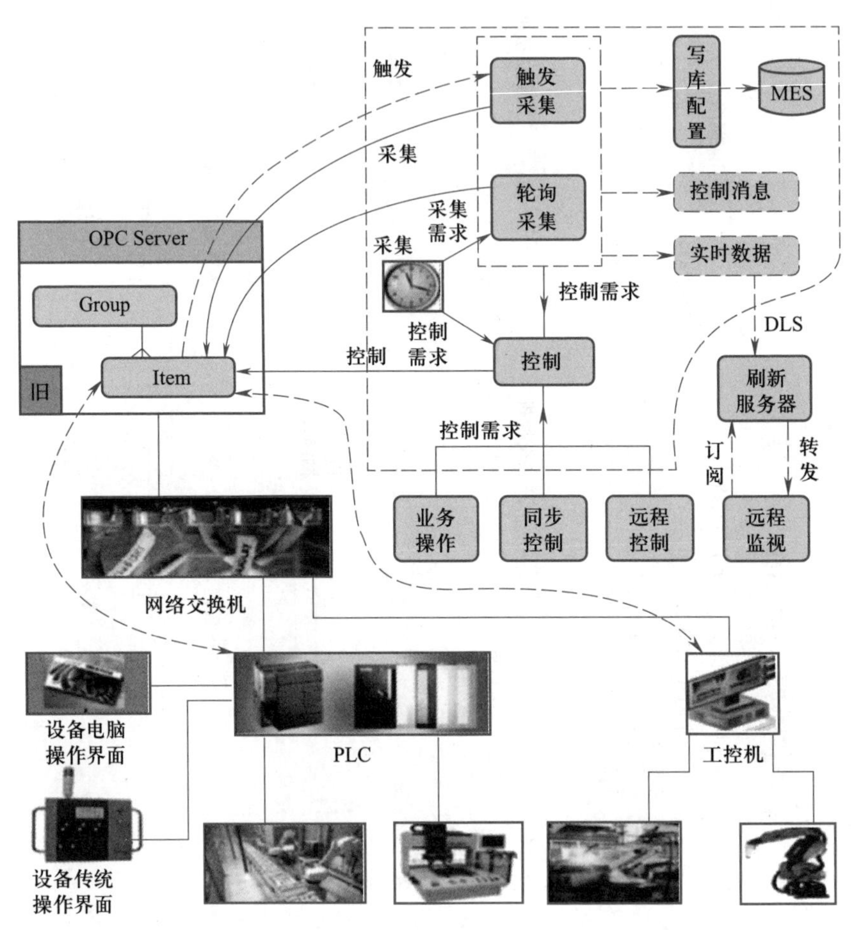

图 6-50 数据采集结构图

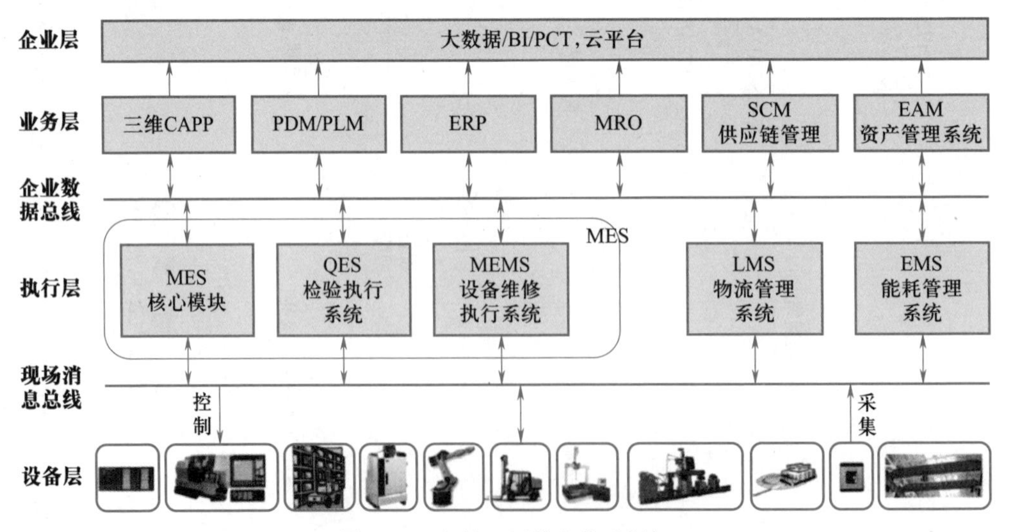

图 6-51 智能工厂信息集成框架

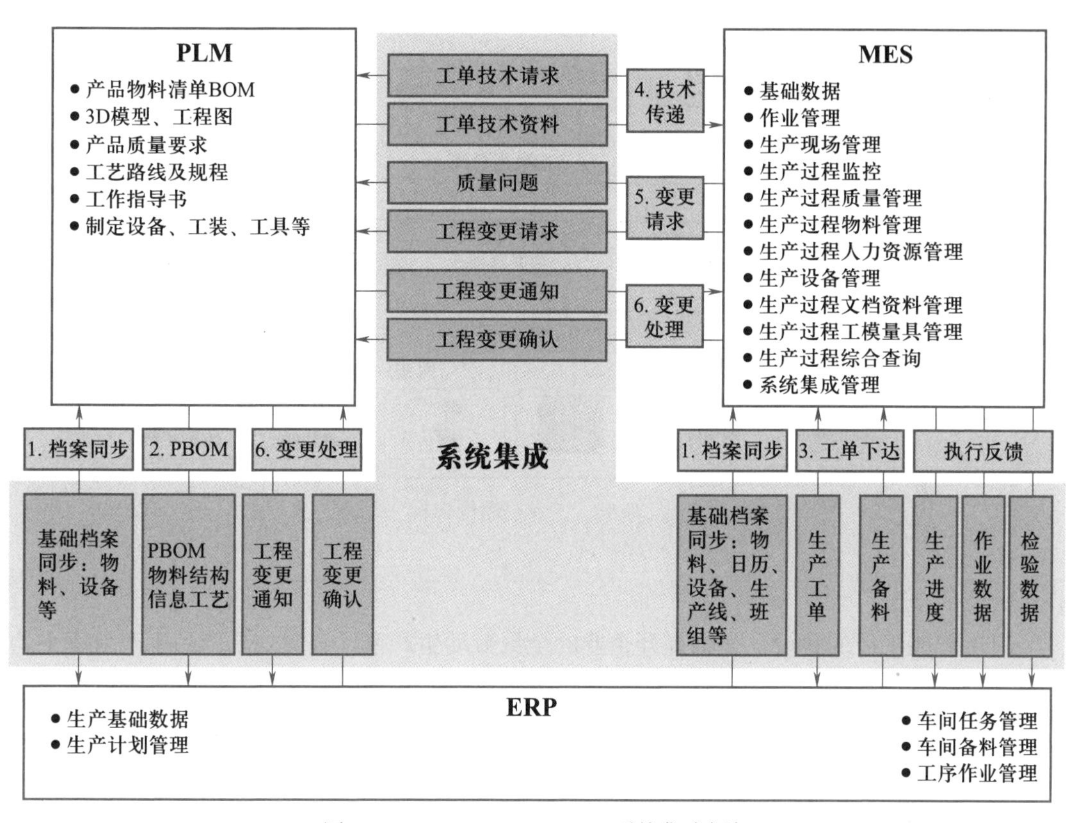

图 6-52　PLM、MES、ERP 系统集成框架

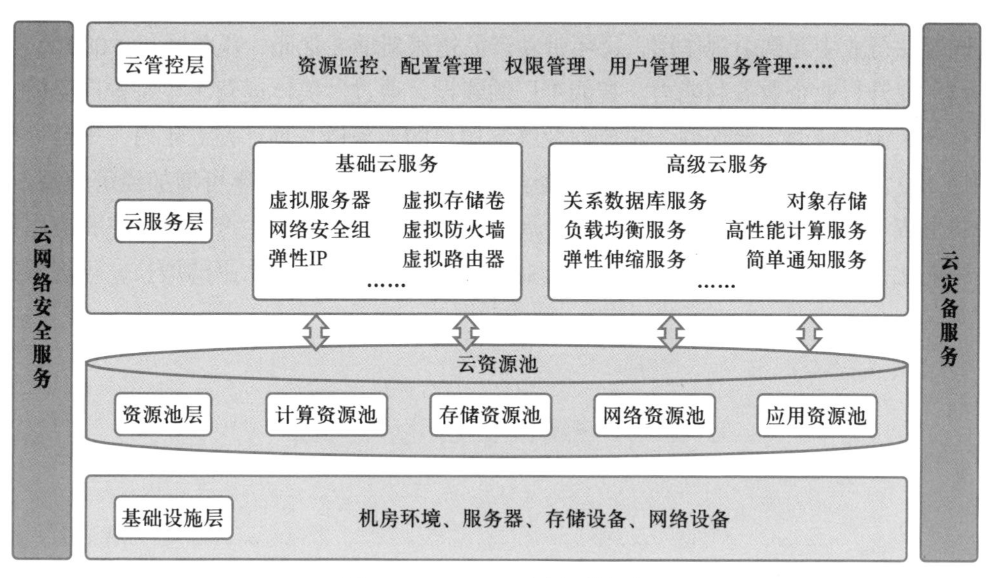

图 6-53　工业云平台整体架构

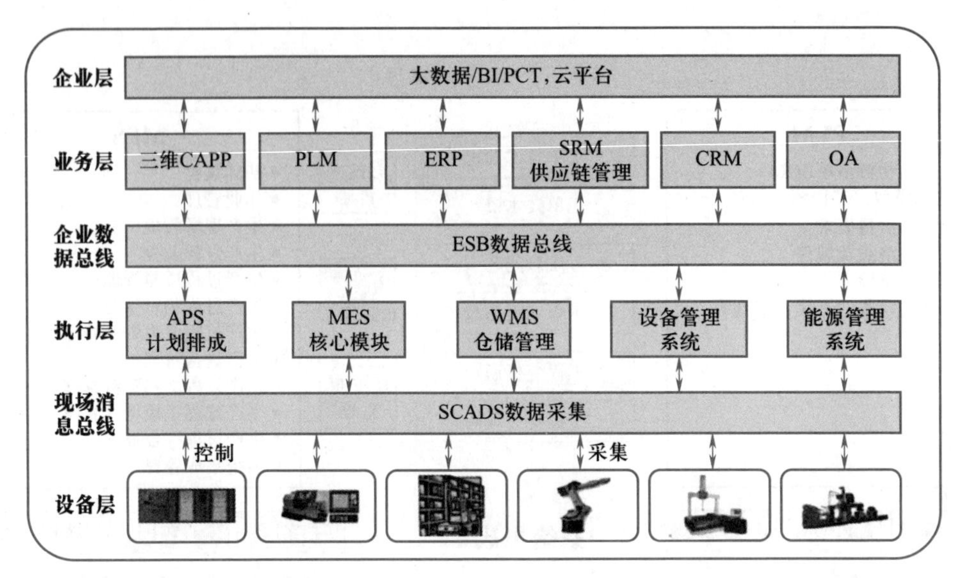

图 6-54　工业物联网架构

6.4.8　建设成效

（1）智能工厂的建设，大幅提升企业的全员劳动生产率。金属炊具产品生产效率平均提高 22.46%，运行成本平均降低 23.16%，产品不良率平均降低 30.5%，单位产值能耗平均降低 21.1%，产品升级周期缩短 34.8%。通过对生产设备过程监测和远程运维，设备运行维护成本降低 30% 以上。

（2）带来企业盈利能力增长。智能工厂的整体推进和实施，带动公司的增效、提质、降本，提高公司的整体创新能力、经济效益和市场核心竞争力，实现公司长期可持续发展，同时在行业中起到引领作用，每年带动产品销额新增 3 亿元、税收增长 1 000 万元。

（3）提升行业企业盈利能力。智能工厂的建设，通过“实体运营＋生态推广”模式和打通行业上游供应商、合作商、集成商及终端用户的业务链，预计在五年内，平台可推广到国内 100 多家炊具及厨房小家电生产企业中运用，预计行业每年可增加经济效益 50 亿元。将形成示范效应和推广效应，引导金属炊具企业尤其是中小生产企业关注和应用数字化、智能化技术，有效促进金属炊具及行业综合竞争能力和利润水平的增长，经济效益十分可观。

6.5　柴油发动机智能制造工厂

6.5.1　概况

现代柴油机已发展成为机电一体化的高技术产品，在国家节能减排的经济发展总目标下，内燃机是目前和今后实现节能减排最现实、最具潜力、效果最为显著的产品。国家对排放、振动、噪声、能耗、机动车安全政策和法规的逐个出台，用户对发动机动力性、经济性、可靠性要求越来越高。昆明云内动力股份有限公司（简称云内动力）是我国多缸小缸径柴油机行业的首家国有控股上市公司，属国家大一型企业，开发和生产能力居同行业前列。2021 年，云内动力柴油机销量近 50 万台，连续多年全国销量第一。

云内动力柴油机生产过程中主要存在以下问题：① 产品质量难以实现精细化管控；② 产品试制周期长，制造工艺不稳定；③ 产品的可制造性难以评估，工艺设计和验证手段落后；④ 缺乏对工艺知识的有效管理；⑤ 工厂物流缺乏相应系统支持仿真分析能力。

云内动力运用当今先进的制造业数字化网络化智能化技术，实施了多缸小缸径柴油发动机制造车间智能化改造，提高了生产效率与产品质量，优化了企业资源，降低了生产成本与能源消耗，实现了制造的智能化和绿色化发展。

6.5.2 建设目标

云内动力柴油发动机离散型制造工厂的智能化改造以提升柴油机的数字化设计和智能化生产水平为目标导向，通过数字化车间技术在发动机行业的应用，将铸造车间及乘柴车间建设成为汽车发动机制造数字化、智能化车间。智能化改造主要用于生产 D19/D20/D25/D30 四种柴油机，改造内容包括仿真、工艺设计、生产制造过程的管控（包括计划、物料、工艺、质量等管理），以实现上述产品的智能化生产，年产能 40 万台以上。

6.5.3 总体架构

本案例以柴油机铸造、机加工及装配智能装备及生产线为基础，以车间智能化管控系统为枢纽，结合产品数字化三维设计与工艺仿真、产品数据管理（PDM)、企业资源计划（ERP）等系统，实现企业从设计、工艺到管理、制造、物流等环节的集成优化，全面提升企业的资源配置优化、操作自动化、生产管理精细化和智能决策科学化水平。如图 6-55 所示，柴油发动机智能制造架构主要分为企业协同层、企业层、车间生产作业管控层、生产资源层四个层次。

6.5.4 智能化设计

1. 产品设计与可靠性评价

公司采用的 CAD 软件 NX，支持实体造型、曲面造型、虚拟装配和产生工程图等设计功能，产品如图 6-56 所示。此外，还集成了 CAD/CAE/CAM 于一体的产品生命周期管理软件，支持产品从概念、设计、分析、制造的完整开发流程。

根据国 4、国 5 排放水平对柴油机产品设计平台智能化能力的需求，采用商业 CAE、NVH 软件，建立发动机设计与开发技术知识、计算方法、数据库、边界条件的输入、计算结果的评估方法，实现柴油机结构和性能计算、结构力学分析（有限元）、非线性结构动力学计算（多体动力学方法）、运动学分析、热力学分析、流体动力学计算、气体动

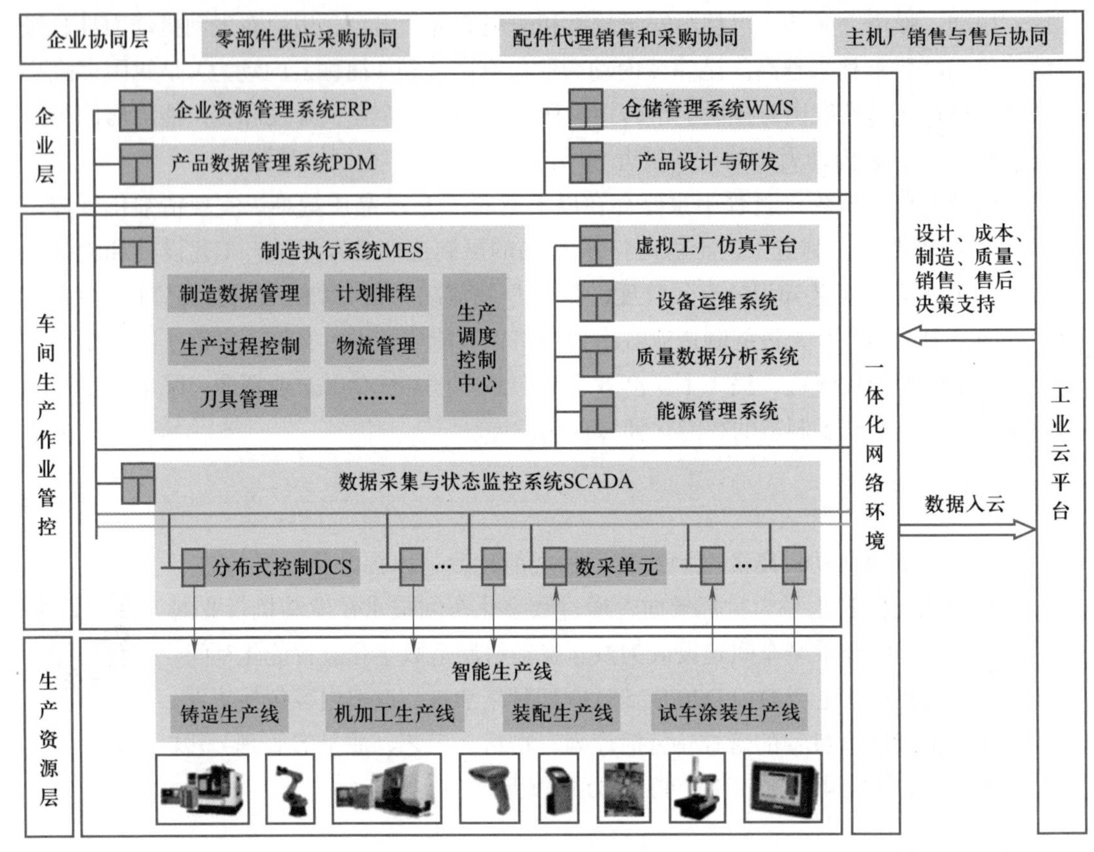

图 6-55 柴油发动机智能制造架构

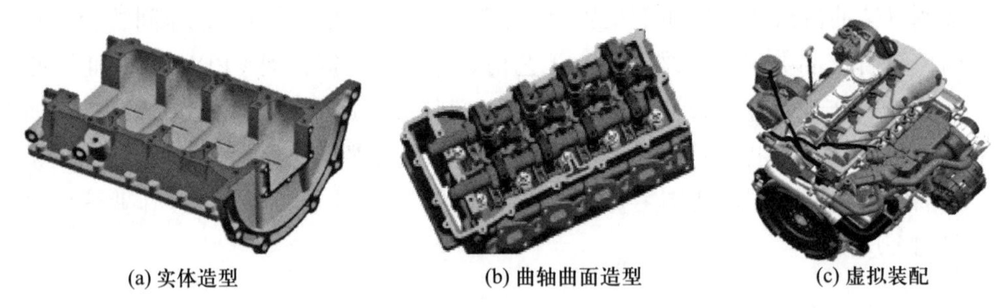

图 6-56 柴油机产品 CAD 模型

力学和气动噪声计算、材料力学计算以及振动噪声、电控策略仿真（电子控制技术），如图 6-57 所示。通过计算机辅助设计与可靠性评估，大大地缩短了产品上市时间。

2. 智能化三维工艺规划

通过建立三维刀具 / 刀柄库、工装夹具 / 设备库等，实现刀具轨迹和 NC 加工代码驱动的机床仿真，保证与实际加工环境的高度一致，提高数控程序的可靠性，实现工艺经验积累、有效重用。通过构建加工、装配、铸造工艺仿真分析平台，提供一个交互式的仿真环境，集成交互式加工仿真、自动路径求解等一系列核心功能。通过该平台可以仿真柴油机零部件的加工、装配路线，以此优化工艺，减少工艺验证时间和资金投入，如图 6-58

所示。

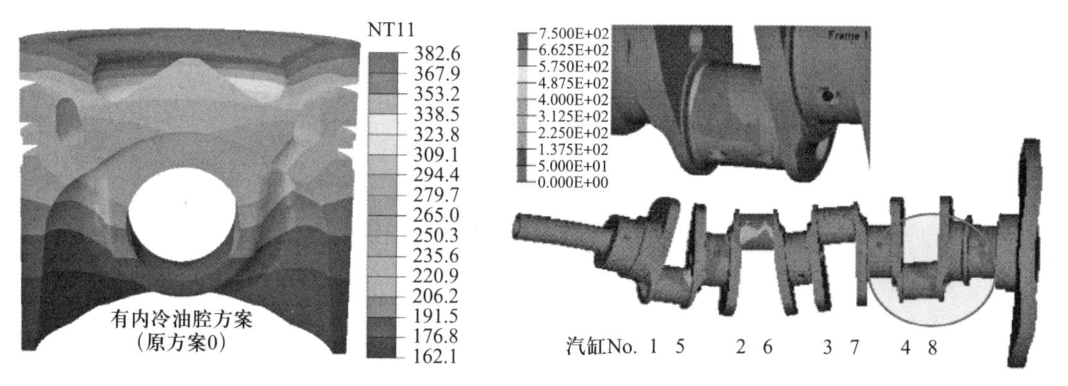

图 6-57 柴油机产品结构力学分析（有限元分析）云图

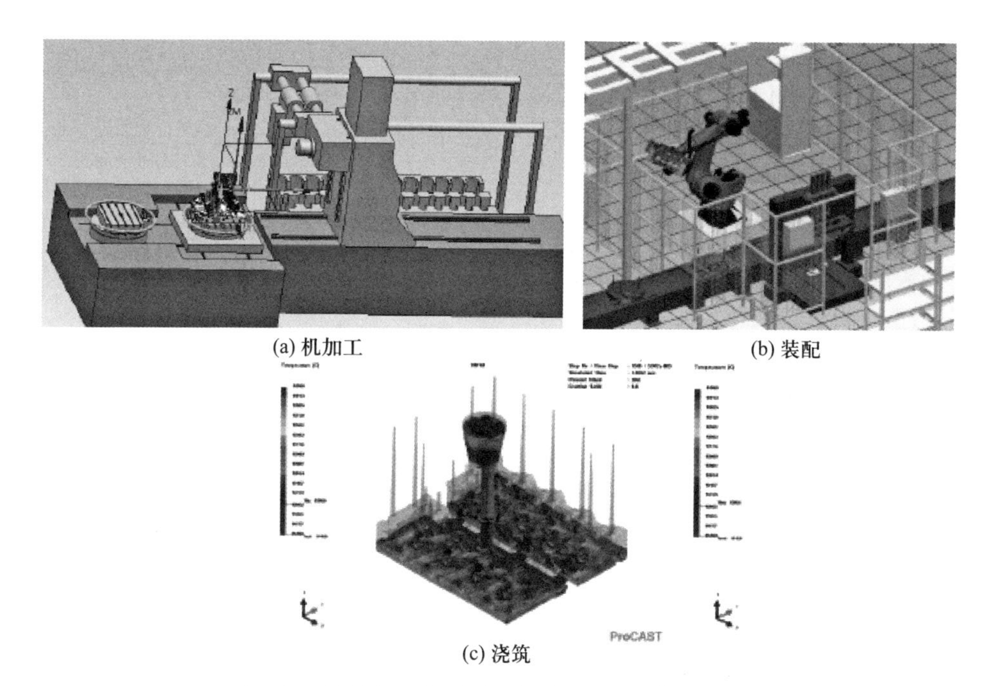

图 6-58 智能化工艺规划与虚拟加工流程仿真示意图

6.5.5 智能管控

1. ERP 系统生产管理与物料配套拓展建设

云内动力采用浪潮 ERP 系统，实现了销售管理、人力资源管理、生产管理与供应商管理四大功能。这四大管理功能的实施效果如下。

（1）销售管理。实现数据的规范化与销售流程的规范化，实现了业务分解与细化管理。销售业务数据在 ERP 系统中记录存档，销售各部门间数据共享，可快速有效地追踪任一单据的流转情况。销售系统的使用提高了工作效率，节省了办公成本。

（2）人力资源管理。实现了人力资源数据规范，帮助人力资源部门员工固化在系统中的业务流程，转变工作模式，提升工作效率。

（3）生产管理。根据月度销售计划形成月度自制件生产计划、月度采购需求，尽量减少自制件和采购零部件的库存，实现产供销平衡；利用统一平台，实现办公协同，促进部门间、公司间业务流程的规范衔接；与车间级 MES 集成，及时下发生产任务，及时获取 MES 完工数据，了解生产任务执行情况。

（4）供应商管理。开放供应商门户，将供应商纳入信息化体系中来。规范供应商准入条件，对供应商进行动态、实时的评价，控制风险，优化供应商渠道。

2. PDM 系统建设

云内动力首先建立产品数据管理系统 PDM，作为全生命周期管理 PLM 的基础，搭建了云内动力的研发平台。通过技术文档的电子化管理，技术规范、研发工具、编码规则等的统一，实现了研发业务流程的规范化，多中心多用户可协同办公，各类数据实现了共享利用，极大地提高了研发效率。

PDM 系统引入云内动力后带来的成效主要体现在以下两个方面。

（1）规范化管理。可实现图文档案电子化管理，规范研发业务流程、编码管理，并统一研发工具。

（2）提升研发效率，确保安全性。主要能够实现产品物料清单统一管理；监控更改行为，技术文件可追溯；技术文件印制流程化；实现数据共享，多用户协同工作以及数据权限统一管理，确保安全性。

3. 仓储管理系统

云内动力采用部署在私有云中的仓储管理软件结合智能仓储、智能物流等硬件设备（一套自动化立体仓库、一套自行葫芦输送系统、10 套激光导航 AGV），构建智能化仓储系统，实现精细化仓储管理与精准物流，缩短了装配生产线待机待料时间，降低物料库存，大大缩短零件转运距离及等待时间，实现降低能耗 10% 以上，同时打造环保、绿色的制造环境。

4. 精准化 MES

车间 MES 的建设充分结合云内动力柴油机生产实际情况和企业经济发展需求，实现铸造、加工、装配过程的制造资源组织与优化、生产过程透明可视化、物流过程数字化全程跟踪、全面质量管理和追溯、生产活动智能分析，实现人、机、物、料、法的实时闭环管控。

MES 引入后带来的成效主要体现在以下三个方面。

（1）车间管理规范化。主要包括基础数据规范化、生产计划规范化、库房与物料管理规范化、质量管理规范化、制造资源管理规范化以及异常管理规范化。

（2）制造过程透明化。主要包括生产数据透明化以及质量数据透明化。

（3）制造过程可追溯。包括物料追溯、工件以及产品追溯。

5. 虚拟工厂仿真平台

通过运用数字仿真技术，构建覆盖制造全过程所有作业单元的三维数字化仿真模型。通过沉浸式的交互体验，为数字化车间的规划提供全新的评估和展示手段。基于虚拟仿真技术，在三维虚拟环境中进行车间总体设计，涵盖车间布局、工艺、物流规划到工艺、物流展示全业务流程，针对生产需求不断验证、修改工艺和物流方案，指导车间规划和现场改善，为后续其他项目的施工以及新产品制造提供科学依据。仿真平台主要工作包括以下两个部分。

（1）三维建模仿真与布局分析。通过开展乘柴、铸造数字化车间仿真建模与优化，根据乘柴车间自动化改造方案布局规划图，建立生产元素三维数模，如图 6-59 所示。

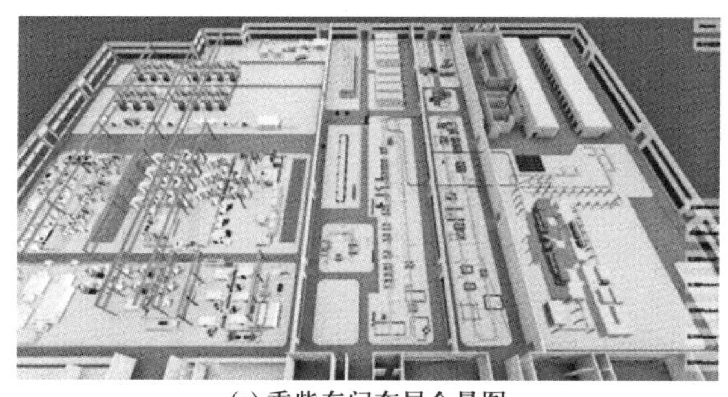
(a) 乘柴车间布局全景图

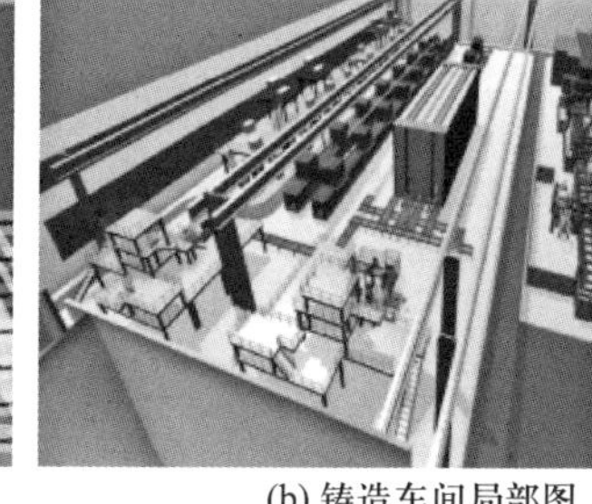
(b) 铸造车间局部图

图 6-59　三维建模仿真与布局分析示意图

（2）生产系统仿真与分析。结合智能物流和自动化改造方案，基于生产系统仿真模型，输出相关生产仿真数据，验证需求的波动对物流配送准时率、物流设备效率等产生的影响，评估验证方案中物流设备、物流路径的合理性，优化线边缓存量等，如图 6-60 所示。

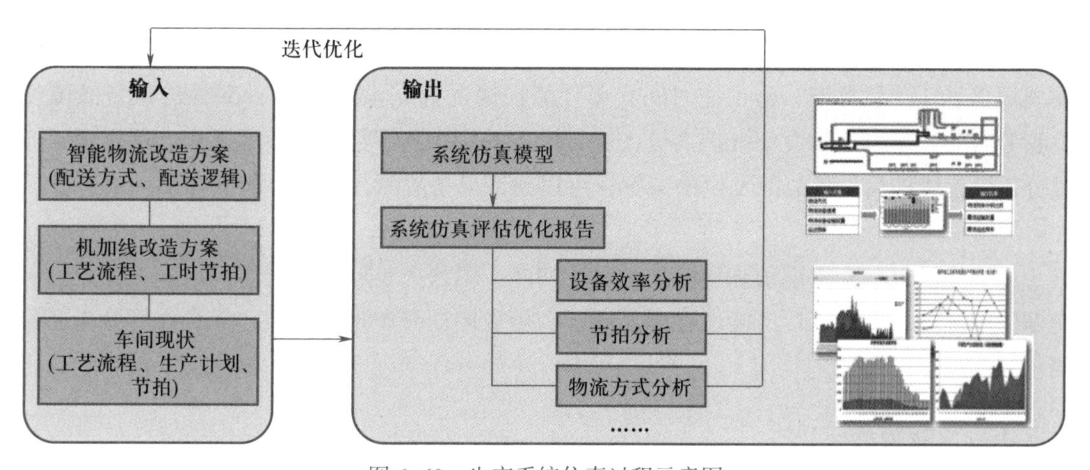

图 6-60　生产系统仿真过程示意图

6. 设备运维管理系统

云内动力的设备运维管理系统包括 1 套设备运维管理系统的软件平台、1 套试车台架故障在线监测系统、2 套加工中心故障在线监测系统、1 套关键设备巡检系统（包括 2 个手持终端）、1 套设备点检系统（包括 8 个手持终端）。该系统建成后达到了以下成效：① 点巡检流程规范化、维护记录可追溯；② 以状态维护与维修取代计划性维修；③ 以综合状态监测与点检手段取代五感（形、声、闻、味、触）检测与简单的点检手段；④ 以网络数据化共享取代手工报表的信息通道。

7. 能源管理系统

云内动力的能源管理系统包括1套能源管理系统的软件平台、能源采集终端44台、电能表619只。系统实现数据召测、冻结表码、终端调试、任务补招、产量录入、能耗标准录入、电能耗查询及分析、报表分析、报表管理、能耗展示、实际单位能耗分析等具体功能。系统建成后，对各车间重要用能工序或单元进行用能监控，对比标准化指标，通过数据分析制定节能措施，跟踪措施落实情况。

8. 制造过程大数据分析

提供各种生产过程数据关联性分析、数据追溯以及设备状态分析功能。在系统中，生产计划、工艺数据、设备数据、产品定义等信息是一个有机的整体，通过建立各种数据的关联性进行数据挖掘与分析。

1）质量缺陷分析

系统通过对生产过程中各种数据建立关联，来分析缺陷出现的原因。分析的重点主要集中在制造过程中出现的质量异常、设备参数异常以及设备警报等方面，通过分析大量历史数据，寻找出造成质量缺陷最大可能的因素，帮助工程师决策整改方向。

系统通过分析工厂生产现场采集大量的数据和设备故障现象，提供设备故障原因相关性分析功能。主要分析易发故障的产品类型、班次、时段、设备连续加工时长等，根据分析结果，工艺工程师与设备工程师制定相应的解决方案。

2）设备故障预测及运行维护

通过设备故障原因的分析结果，可以知道引起设备故障的主要原因。系统通过实时收集现场信息（产品类型、已工作时间、部件磨损情况等），做出具有针对性的设备故障发生趋势预测，及时通知设备维护人员，进行设备的维护和零部件更换等工作。反过来，通过分析设备维护后设备故障发生的概率，可以验证设备故障预测趋势的准确率。

3）订单交期预测

系统提供订单交货期预测功能。通过此功能，销售人员就可以很客观地回答客户订单交期问题。系统考虑工厂产能、在制品情况、历史同期订单量等因素，综合计算分析，预测该类产品生产周期。

6.5.6 智能装备与产线

1. 自动上下料机器人

根据发动机数字化工厂缸体、缸盖加工实际操作的需要，采用3自由度机械手上下料。机械手由机械系统、驱动系统、传动系统和控制系统。机械手的机械结构主要包括机械手手爪、支架、驱动机构等功能部件。图6-61所示为机械手自动上下料场景。

机械手在完成抓、取工件的过程中都有检测信号来控制其动作的准确性，保证机械手抓、取工件准确；机械手控制系统与加工中心集成，保证放件自动准确定位。机械手取下加工好的工件、抓取下一工件、装夹工件、关防护门到完成零件的加工，整个过程协调统

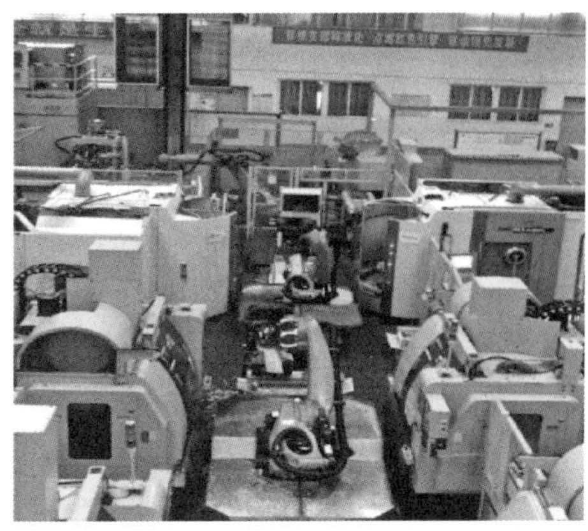

图 6-61 机械手自动上下料

一。采用机械手自动上下料，实现了加工过程的全自动控制。

2. 智能仓储与物流装备

数字化车间自动化物流配送中心负责管理车间范围内各机型发动机外协件、外购件的全部物料物流过程。物流配送中心包括立体仓库、平库、小件库、组盘区、发货缓存区、包装箱板摆放区等，设备包括立体仓库（巷道堆垛机、立体仓库货架、库前输送系统、托盘、电控系统）、AGV、自行葫芦输送系统以及计算机管理系统（软件和硬件）等。

1）自动化立体仓储系统

采用过 DEV 系列自制件自动化立体仓库，如图 6-62 所示。该立体仓库主要用于 D19/D20 机体、缸盖、D25/D30 机体完工品的立库自动存储，实现了 5 000 件以上 DEV 系列缸体、缸盖存储量，优化了车间内自制件物流体系，提高物流配送效率，减少人员劳动强度，提高仓储利用率；通过立库的防尘设计，可保证自制件成品的清洁度，提高装配质量。

图 6-62 立体仓库

2）装配线至热试台架的 AGV 应用

建设了 10 套 AGV 用于智能物流配送，解决了试车区域人工转运发动机劳动强度大、转运效率低等问题，如图 6-63 所示。AGV 通过自动控制程序，实现上下料及来回运输工作，实行不停机换料，规避了人员因素，缩短换料时间。项目实施后，单台 AGV 利用率达到 95%，生产效率提高 120%。

图 6-63　激光导航 AGV 自动转运状况

3）自行葫芦输送线应用

为满足 D 系列发动机装配线改造后发动机下线口数量的新增及位置的变化，满足生产节拍 40 秒 / 台的要求，云内动力对 D 系列自行葫芦输送线进行了改造，如图 6-64 所示。新增了 6 台 SZDSOO 型自行小车，新增轨道 52 m，增加了 1 个总装上线口、预降结构、总装下线口，总节拍增加至 35 秒，接近生产节拍要求。

图 6-64　改造后延长的自行葫芦输送线

3. 智能检测设备

生产线具有完善的高精度和高可靠性的在线检测系统，包括德国尼泊丁（Nieberding）研发制造的发动机缸盖气门座圈的先进测量系统、发动机缸孔在线测量系统和意大利马波斯（Marposs）制造的缸体主轴孔测量及分组打标机。

Nieberding 的气动检具主要以统计过程控制（statistical process control，SPC）测量站的形式分布在生产现场，采用 16 通道测量工控机结合“工艺窗口统计过程控制测量与计划”软件实现测量分析。该系列检具的核心部件是气电转换器，通过把变化的气流量转换成变化的电量传输到工控机来完成数据的采集，同时实现了精密的非接触式测量和快速准确的过程控制。测量过程中若发生误操作，可立即取消当次测量并重新开始，测量结果精确到 0.000 1 mm，直接在显示屏上显示，并辅以柱状图动态效果，超限值用不同的颜色区分，测量数据可自动生成 SPC 控制图，为过程的调整提供及时有效的依据。

Marposs 测量机的测量分组和打标及输送等整个过程为全自动，单件节拍为 1.5 分 / 件，测量机带有环境温度和工件温度补偿传感器，当工件温度与环境温度有差异时，将进行自动温度补偿。工件瞬时温度探头和温度自动补偿功能让测量的实时性更加可靠；采用活动测头实现精准检测，各截面采集多个直径，以最小测得直径作为分组依据，同时对圆度作出评价，对主轴孔的准确分组保证了后续轴瓦装配的合理性，提高了主轴的工作性能和整机质量的可靠性。机体主轴承孔自动测量分组打标机如图 6-65 所示。

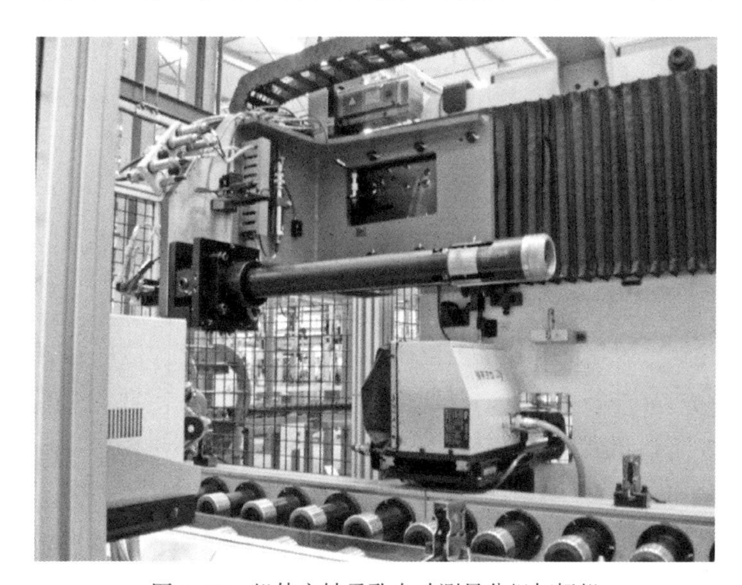

图 6-65 机体主轴承孔自动测量分组打标机

6.5.7 系统集成

1. 采用 SCADA 系统实现异构环境下生产过程数据的实时感知、采集与识别

发动机生产过程所涉及的生产数据类型多、产生途径多、产生频率各异、数据量大、实时性高，因此要实现计划反馈、历史数据追溯、生产过程可视、企业生产过程持续改进必须基于完整、实时的车间生产数据感知、采集与识别。

生产线现场设备通过现场总线实现设备级连接，关键智能部件及工位智能终端通过工业以太网与车间服务器实现互联，自动地采集机床数据、状态和工件的特定信息，通过提供用于过程控制的对象连接与嵌入（object linking and embedding for process control，OPC）服务和总线（display port，DP）转换器的方式完成数据采集，智能识别中间件实现二维码的设备管理、数据容错以及协议转换。感知、采集与识别系统框架如图 6-66 所示。

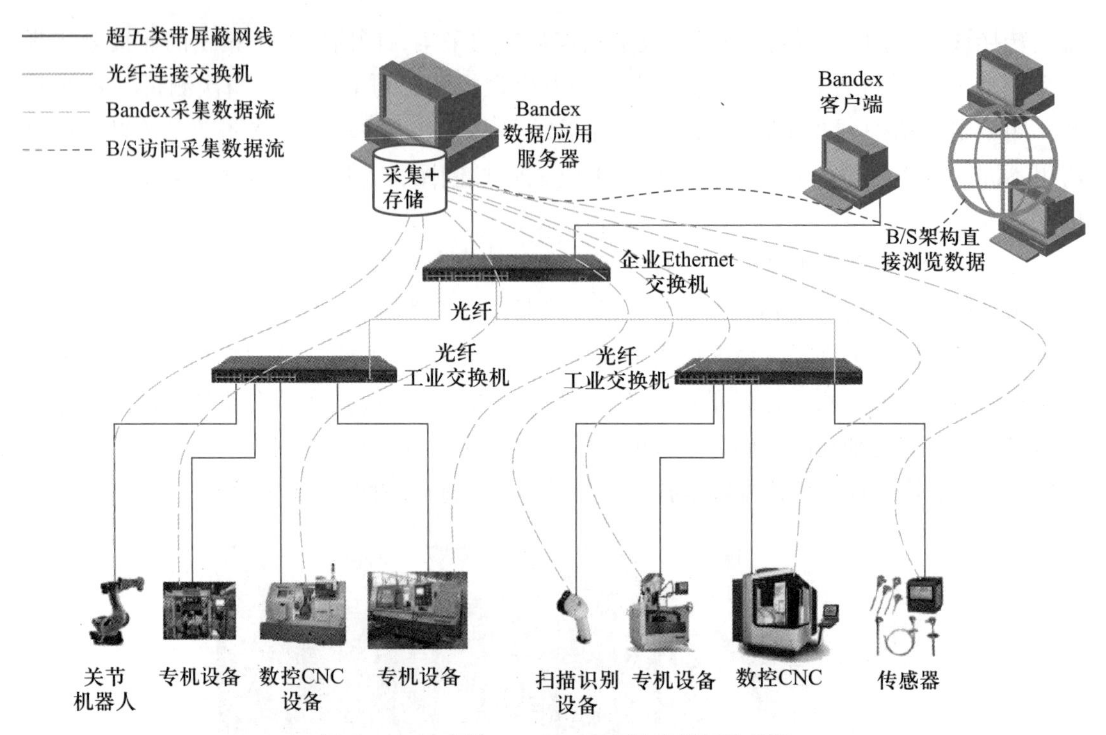

图 6-66 生产线 SCADA 系统设备联网示意图

1）机加工柔性生产线设备互联及数据采集

机加工柔性生产线采用流水线工艺生产缸体缸盖，每个工位之间是顺序生产。生产线设备的控制具备高可靠性和灵敏度，保证了生产的连续性和稳定性。为实现生产过程中的自动或手动数据采集，在缸体、缸盖生产线上设置相应的数据采集点，通过数据采集，实现对车间的透明化监控。

缸体缸盖柔性生产线运用元数据控制器（MDC）/ 可编程逻辑控制器（PLC）采集、条码采集及系统手工录入等方式对加工中心、统计过程分析（SPC）检测站、泄漏测试、清洗、专机自动线、打码、拧紧力矩、识别装置、现场管理装置等 15～30 个点进行信息采集，通过工业以太网、现场总线、转化器等，实现质量、设备、生产管理等数据的交换和管理。

2）装配及测试生产线设备互联及数据采集

发动机装配线设备主要由拧紧、试漏、涂胶、打刻、压装和测试等设备组成。装配线运用 MDC/PLC 采集、条码采集及系统手工录入方式对涂胶、在线检测、泄漏测试、清洗、打码、拧紧力矩、识别装置、现场管理装置等 50～60 个点进行信息采集，通过工业以太网、现场总线、转化器等，实现质量、设备、生产管理等数据的交换和管理。

3）铸造生产线设备互联及数据采集

铸造生产线数据采集主要是依靠生产设备自身的记录数据功能，对设备的过程进行数据记录，记录的数据会通过内网传输到服务器上，MES 会根据服务器提供的接口取得采集的数据进行展示及分析。

2. 一体化智能管控系统构建

以云内动力的铸造车间、乘柴车间为对象，通过结构化的综合布线系统和计算机网络技术，将各个分离的设备、系统等集成到相互关联的、统一和协调的一体化架构中，主要表现为纵向集成和横向集成。

基于此，云内动力一体化智能管控系统架构如图 6-67 所示，其集成内容如下。

（1）MES 与 PDM 系统集成，实现工艺文件、工序卡的相互传递，以及车间现场工艺文件电子化。

（2）MES 与 ERP 系统集成，实现物料信息、物料清单信息、生产订单、完工数据及出入库信息等信息的传递，规范生产计划信息来源，保证物料信息与对应清单信息在系统中的唯一性。

（3）通过 MES 与智能设备、读码器、SCADA 系统的集成，实现对采集设备数据的管控与分析。

（4）通过 MES 与设备运维管理系统的集成，实现了设备状态、设备综合效率、设备台账等数据之间的传递，支撑了 MES 中设备综合效率的计算。同时 MES 数据采集为设备运维管理系统中的设备故障分析提供支持。

（5）通过设备运维管理系统与车间设备以及数据采集系统集成，实现了对设备数据进

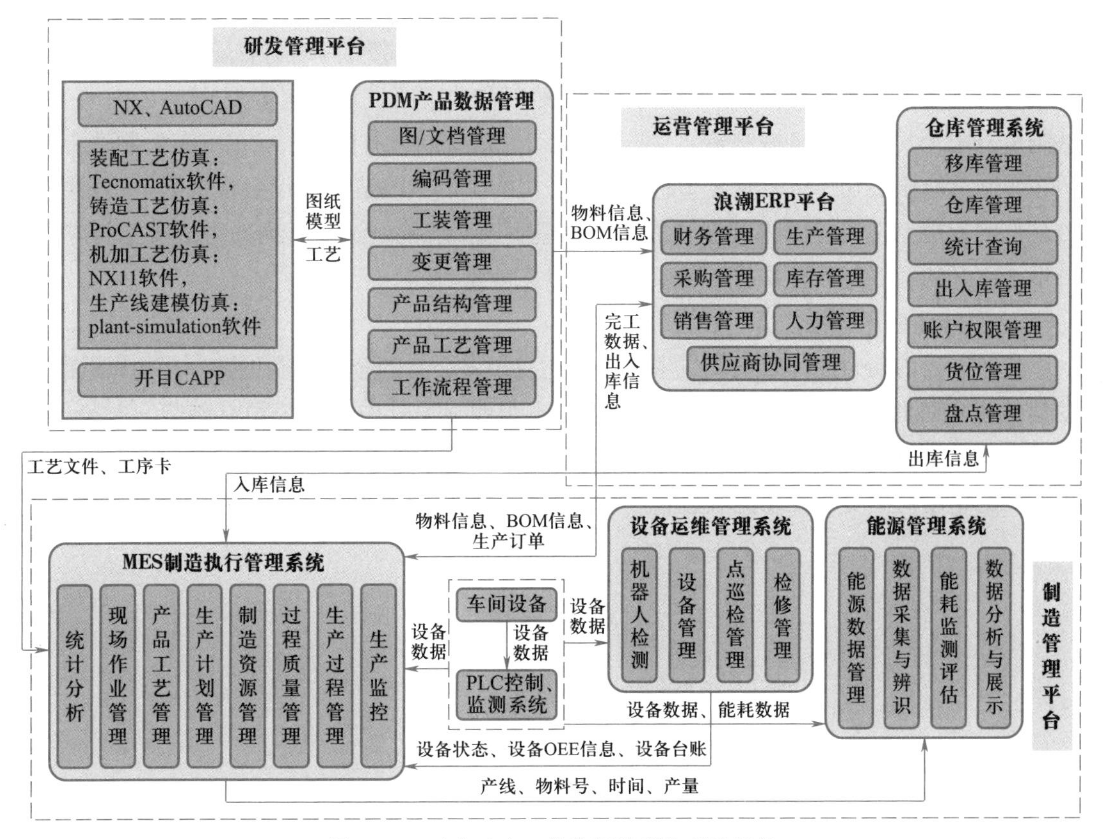

图 6-67　云内动力一体化智能管控系统架构

行维护与管理。

（6）ERP 系统与 PDM 系统集成，实现物料信息、BOM 信息的传递，规范了数据来源，保证了数据唯一性，实现数据系统与管理系统的连接。

6.5.8 建设成效

云内动力针对 D19/D20/D25/D30 系列柴油机铸造、柴乘车间改造，改造前关键绩效指标定为生产效率提高 20% 以上，运营成本降低 20% 以上，产品研制周期缩短 30% 以上，产品不良率降低 20% 以上，能源利用率提高 10% 以上。智能化改造后，实现生产效率提高 79.22%，运营成本降低 53.9%，产品研制周期缩短 31.25%，产品不良率降低 28.24%，能源利用率提高 34.67%。

1. 内部应用与推广

实施改造后，已在公司内部推广应用。云内动力本部还有乘柴车间的机加、装配、试车，一车间 YN 系列柴油机的机加工；装配车间的 YN 系列发动机的装配、试车，封装配车间的尾气后处理，正在进行智能制造生产线的改造和建设，在系统集成、自动化、信息化等方面可在内部生产线的改造和建设中推广应用。

2. 子公司应用与推广

在系统集成、自动化、信息化等方面可在子公司生产线的改造和建设中推广应用。无锡明恒混合动力技术有限公司（混合动力变速箱制造）、山东云内动力有限责任公司（非道路发动机制造）、成都云内动力有限公司（天然气和非道路发动机制造）、云南云内动力机械制造有限公司（农业机械制造）、遂宁云内动力机械制造有限公司（车厢车架制造）、昆明客车制造有限公司（新能源客车制造）等公司的生产线改造和建设必将根据昆明云内动力总部的智能制造实施效果开展智能制造改造实施。智能制造在云内动力的实施与应用，将带来良好的经济与社会效益，带来广阔的推广前景。

3. 同行业应用与推广

类似于云内动力的国内发动机生产企业还有很多，有的企业产能更高，有些靠近沿海发达地区，对此类智能制造的示范推广需求也很明显，其中上市公司有潍柴、玉柴、常柴、上柴、江淮动力、全柴动力等，其余还有约 40 多家，在系统集成、自动化、信息化等方面的建设对主要的发动机制造企业具有借鉴和推广的重要意义。

参考文献

第一章

［1］周济，李培根，赵继．智能制造导论［M］．2版．北京：高等教育出版社，2024.

［2］沈恒超．制造业数字化转型的难点与对策［N］．经济日报，2019-06-05.

［3］周济，李培根，周艳红，等．走向新一代智能制造［J］．Engineering，2018，4（01）：28-47.

［4］周济．智能制造："中国制造2025"的主攻方向［J］．中国机械工程，2015，26（17）：2 273-2 284.

［5］卢秉恒，邵新宇，张俊，等．离散型制造智能工厂发展战略［J］．中国工程科学，2018，20（04）：44-50.

［6］张俊，卢秉恒．面向高端装备制造业的高端制造装备需求趋势分析［J］．中国工程科学，2017，19（3）：136-141.

［7］张曙．工业4.0和智能制造［J］．机械设计与制造工程，2014，43（08）：1-5.

［8］钱忠．中小企业实施智能制造的建议［J］．智慧中国，2022，（11）：86-89.

［9］李培根．浅说智能制造［J］．科技导报，2019，37（08）：1.

［10］工业互联网产业联盟（AII）．工业互联网体系架构（2.0版）［Z］．2020-04.

［11］工业互联网产业联盟（AII）．工业互联网网络连接白皮书（2.0版）［Z］．2021-09.

第二章

［12］卢秉恒．机械制造技术基础［M］．4版．北京：机械工业出版社，2017.

［13］周光辉，张俊，张超．智能装备与产线应用［M］．北京：中国人事出版社，2021.

［14］易兵．2020年智能仓储发展与未来展望［C］//2021年中国仓储配送行业发展报告（蓝皮书）．湖北：普罗格学院研学中心，2021.

［15］王耀南，陈铁健，贺振东，等．智能制造装备视觉检测控制方法综述［J］．控制理论与应用，2015，32（03）：273-286.

［16］陶飞，张萌，程江峰，等．数字孪生车间：一种未来车间运行新模式［J］．计算机集成制造系统，2017，23（01）：1-9.

［17］李伯虎，张霖，王时龙，等. 云制造：面向服务的网络化制造新模式［J］. 计算机集成制造系统，2010，16（01）：1-7，16.

第 三 章

［18］卢秉恒，林忠钦，张俊. 智能制造装备产业培育与发展研究报告［M］. 北京：科学出版社，2015.

［19］杨林建. 机床电气控制技术［M］. 北京：北京理工大学出版社，2016.

［20］秦忠. 数控机床基础教程［M］. 北京：北京理工大学出版社，2018.

［21］赵万华. 机械制造技术基础：微课版［M］. 北京：人民邮电出版社，2024.

［22］袁锋，魏娟. 数控机床［M］. 北京：北京师范大学出版社，2006.

［23］梁桥康，王耀南，彭楚武. 数控系统［M］. 北京：清华大学出版社，2013.

［24］李虹霖. 机床数控技术［M］. 上海：上海科学技术出版社，2012.

［25］陈虎. 深入浅出五轴数控系统［M］. 武汉：华中科技大学出版社，2018.

［26］鄢萍，阎春平，刘飞，等. 智能机床发展现状与技术体系框架［J］. 机械工程学报，2013，49（21）：1-10.

［27］蒲志新. 数控技术［M］. 北京：北京理工大学出版社，2014.

［28］梅雪松. 机床数控技术［M］. 北京：高等教育出版社，2013.

［29］范孝良. 数控机床原理与应用［M］. 北京：中国电力出版社，2013.

［30］王世刚，张洪军. 现代机床数字控制技术［M］. 北京：国防工业出版社，2011.

［31］樊军庆. 数控技术［M］. 北京：机械工业出版社，2012.

［32］王爱民. 制造系统工程［M］. 北京：北京理工大学出版社，2017.

［33］FANUC. Smart machine control [EB/OL]. [2024-08-01]. fanuc 网站.

［34］NIST. Smart machine tools [EB/OL]. (2003-02-18)[2024-08-01]. nist 网站.

［35］ABELEE, ALTINTAS Y, BRECHER C. Machine tool spindle units[J]. Cirp Annals-Manufacturing Technology, 2010, 59(2): 781-802.

［36］NAKAMURA S. Technology development and future challenge of machine tool spindle[J]. Journal of SME-Japan, 2012, 1(1): 1-7.

第 四 章

［37］薛华成，张成洪，魏忠，等. 管理信息系统［M］. 7 版. 北京：清华大学出版社，2022.

［38］陈荣秋，马士华. 生产运作管理［M］. 6 版. 北京：清华大学出版社，2022.

［39］陈志祥. 生产与运作管理［M］. 4 版. 北京：机械工业出版社，2020.

［40］吴澄. 现代集成制造系统导论：概念、方法、技术和应用［M］. 北京：清华大学出版社，2002.

［41］程控，革杨. MRPII/ERP 原理与应用［M］. 北京：清华大学出版社，2002.

[42] 冯耕中，刘伟华，王强. 物流与供应链管理 [M]. 北京：中国人民大学出版社，2021.

[43] 江志斌，周利平. 面向智能制造的生产运作管理：挑战、科学问题、关键研究及部分新进展 [J]. 工业工程，2024，27 (01)：1-9.

[44] 孙玲修，王智璇，饶兴明，等. 生产运作管理 [M]. 北京：研究出版社，2021.

[45] 石淼，向洪玲. 供应链视角下发展智慧物流的多元策略研究：评《智慧物流与供应链管理》[J]. 商业经济研究，2023，(21)：2.

[46] 黄军辉. 基于面结构光大尺寸复杂曲面测量系统的标定与精度提高理论与方法 [D]. 西安：西安交通大学，2013.

[47] 湖南省特种设备管理协会. 无损检测技术培训教材 [M]. 北京：中国电力出版社，2018.

[48] 杨凤霞. 无损检测技术及应用 [M]. 北京：机械工业出版社，2014.

[49] 穆为磊. 射线检测图像处理及缺陷类型识别方法研究与应用 [D]. 西安：西安交通大学，2014.

[50] 党长营. 射线检测缺陷识别方法研究及应用 [D]. 西安：西安交通大学，2016.

[51] 贺帅. 基于卷积神经网络的焊缝缺陷识别方法研究 [D]. 西安：西安交通大学，2019.

[52] ZHI Z, JIANG H, YANG D, et al. An end-to-end welding defect detection approach based on titanium alloy time-of-flight diffraction images[J]. Journal of Intelligent Manufacturing, 2023, 34(04): 1 895-1 909.

[53] JIANG H, YANG D, ZHI Z, et al. A normal weld recognition method for time-of-flight diffraction detection based on generative adversarial network[J]. Journal of Intelligent Manufacturing, 2024, 35(01): 217-233.

[54] OAKLAND S J. Total quality management and operational excellence[M]. Oxford: Taylor and Francis, 2014.

[55] GOETSCH D L, DAVIS S, PEARSON. Quality management for organizational excellence: Introduction to Total Quality [M]. London: Pearson, 2016.

[56] OAKLAND S J. Total quality management and operational excellence[M]. Oxford: Taylor and Francis, 2020.

[57] JIMÉNEZ-JIMÉNEZ D, MARTÍNEZ-COSTA M. The impact of total quality management on innovation performance: the mediating role of organizational learning[J]. Journal of Business Research, 2020, 118, 321-334.

[58] TALIB F, RAHMAN Z, AZAM M. Best practices of total quality management implementation in health care settings[J]. Health Marketing Quarterly, 2011, 28(3): 232-252.

[59] ASIF M, JAJJA M. SEARCY C, et al. The influence of TQM practices on

environmental performance: a study of Pakistan manufacturing firms[J]. International Journal of Quality & Reliability Management, 2020, 37(6/7), 797−814.

［60］MANDERS B, DE VRIES H J, et al. ISO 9001 and product innovation: a literature review and research framework[J]. Technovation, 2020, 96−97.

［61］KUMAR V, SHARMA R R K. The impact of TQM on organizational performance: empirical evidence from the Indian automotive sector[J]. International Journal of Productivity and Quality Management, 2020, 31(1), 1−23.

第 五 章

［62］TAO F, SUI F, LIU A, et al. Digital twin−driven product design framework[J]. Int J Prod Res, 2019, 57: 3 935–3 953.

［63］ROY R B, MISHRA D, Pal S K, et al. Digital twin: current scenario and a case study on a manufacturing process[J]. International Journal of Advanced Manufacturing Technology, 2020, 107: 3 691–3 714.

［64］SHARMA, SHASHANK, et al. Multiphysics multi−scale computational framework for linking process–structure–property relationships in metal additive manufacturing: a critical review[J]. International Materials Reviews, 2023, 68.7: 943−1009.

［65］XIANG F, ZHI Z, JIANG G Z. Digital twins technology and its data fusion in iron and steel product life cycle[C]//2018 IEEE 15th International Conference on Networking, Sensing and Control (ICNSC). [S. l.]: [s. n.], 2018.

［66］BAI L L, LIU H G, ZHANG J, et al. Real−time tool breakage monitoring based on dimensionless indicators under time−varying cutting conditions[J]. Robotics and Computer−Integrated Manufacturing, 2023(81): 102 502−102 514.

［67］LEE R, BIG D. Cloud computing and data science engineering[M]. Berlin: Springer, 2019.

［68］TAO F, ZHANG M, LIU Y, et al. Digital twin driven prognostics and health management for complex equipment[J]. CIRP Annal−Manufacturing Technology, 2018, 67: 169−172.

［69］ROUT M, PAL S K, SINGH S B. Finite element simulation of a cross rolling process[J]. Journal of Manufacturing Processes, 2016, 24(PT.1): 283−292.

［70］LIU C, YANG C, ZHANG X, et al. External integrity verification for outsourced big data in cloud and IoT: A big picture[J]. Future Generation Computer Systems, 2015, 49(08): 58−67.

［71］FAN J, HAN F, LIU H. Challenges of big data analysis[J]. National Science Review, 2014, 1(02): 293−314.

第 六 章

［72］孙俊杰. 宁德时代智能工厂实践与创新［J］. 中国工业与信息化，2022，(Z1):

72–77.

[73] 中国电信浙江公司. 中国电信高性能计算助力吉利汽车高效研发[J]. 通信世界, 2024,(09): 61.

[74] 李媛媛. 实探徐工机械智能工厂: 厚植数字基因加快高端化升级[N]. 中国证券报, 2024-06-05(A06).

[75] 郑锦红. 数字化转型下徐工机械价值链成本控制效果研究[D]. 甘肃: 兰州财经大学, 2024.

[76] 胡金. 双轮驱动爱仕达智能制造开启中国厨具革命[J]. 现代家电, 2018,(18): 51–53.